Lecture Notes in Mathematics

Edited by A. Dold and B. Eckmann

1188

Fonctions de Plusieurs Variables Complexes V

Séminaire François Norguet
Octobre 1979 – Juin 1985

Edité par François Norguet

Springer-Verlag
Berlin Heidelberg New York Tokyo

Editeur

François Norguet
U.E.R. de Mathématique et Informatique
L.A. associé au C.N.R.S. n° 212, Université Paris VII
2 Place Jussieu, 75005 Paris, France

Mathematics Subject Classification (1980): 14-XX, 22-XX, 32-XX, 44-XX, 58-XX

ISBN 3-540-16460-X Springer-Verlag Berlin Heidelberg New York Tokyo
ISBN 0-387-16460-X Springer-Verlag New York Heidelberg Berlin Tokyo

Printing and binding: Beltz Offsetdruck, Hemsbach/Bergstr.
2146/3140-543210

A

PIERRE LELONG

en hommage

déférent et cordial

INTRODUCTION

Depuis quelques années, l'équipe de Géométrie Analytique Complexe de l'Université Paris VII organise trois séries d'activités collectives et publiques: un séminaire de formation des étudiants à la recherche; un séminaire de recherche, lieu de rencontre et d'échange pour les chercheurs; enfin, chaque année, des journées groupées de rencontres nationales et internationales.

Le but principal de ce volume est de rassembler certaines séries de travaux réalisés dans le cadre du séminaire de recherche au cours de plusieurs années; on y a joint les exposés de D. Barlet et J. Varouchas lors d'une récente rencontre; l'ordre général suivi ne peut pas être chronologique; on espère que les deux derniers textes inciteront à des recherches futures.

Ce séminaire eut l'ambition, il y a une quinzaine d'années, de tenter de devenir à Paris VII ce qu'était à Paris VI celui de P. Lelong, qui m'initia aux variables complexes. Ce volume devait naturellement lui être dédié: qu'il veuille bien en accepter l'hommage.

Paris, 11 mai 1985

François Norguet

TABLE DES MATIERES

RESIDU ET DUALITÉ

par

Salomon OFMAN (*)

INTRODUCTION

J. Leray ([L1] et [L2]) a été le premier à édifier une théorie des résidus satisfaisante pour les fonctions de plusieurs variables complexes ; il la situe dans le cadre de l'homologie et de la cohomologie classique des variétés ([LF]). Parmi les chercheurs intéressés par ce sujet, P. Dolbeault et F. Norguet ont tenté de le faire dépendre d'une suite exacte très générale en théorie des faisceaux :

- cohomologie relative à un fermé ([N2] et [N3]).
- cohomologie locale ([N1]).
- homologie de Borel-Moore ([D2] et [D3]).

La théorie des résidus se présente alors comme la description précise des espaces vectoriels et des morphismes de cette suite.

Dans ce qui suit, on considère la suite exacte cohomologique (respectivement homologique) des résidus comme provenant de la suite exacte de cohomologie d'un faisceau $\mathcal{F}$ à support dans un fermé X (respectivement de la suite exacte d'homologie à support dans un compact d'un faisceau $\mathcal{G}$ relativement à l'inclusion de ce fermé). On considère alors qu'il y a une théorie des résidus lorsque les deux suites considérées

$$H^p(Z, \mathcal{F}) \to H^p(Y, \mathcal{F}) \to H_X^{p+1}(Z, \mathcal{F}) \to H^{p+1}(Z, \mathcal{F}) \to H^{p+1}(Y, \mathcal{F})$$

$$H_c^q(Z, \mathcal{G}) \leftarrow H_c^q(Y, \mathcal{G}) \leftarrow H_c^{q-1}(X, \mathcal{G}) \leftarrow H_c^{q-1}(Z, \mathcal{G}) \leftarrow H_c^{q-1}(Y, \mathcal{G})$$

(*) : Le Chapitre I de ce texte est la mise au point définitive du premier chapitre de la thèse de 3° cycle de l'auteur ([O1]).

(où Z est un espace topologique, X un fermé de Z, et $Y = Z - X$) sont transposées l'une de l'autre. La théorie des résidus en ce sens, consiste à réaliser les espaces de cohomologie et les morphismes ci-dessus, en utilisant des opérateurs différentiels induits par les résolutions des faisceaux considérés.

- Pour $\mathcal{F} = \mathcal{G} = \mathbb{C}$, on obtient la théorie de Leray ([L1]) et ses extensions ([N4] et [N2]), ainsi que la théorie des valeurs aux bords, où intervient l'opérateur différentiel d, en considérant Z variété C^∞.

- Si $\mathcal{F}$ et $\mathcal{G}$ sont des faisceaux de germes de formes différentielles holomorphes sur une variété analytique complexe Z de dimension n, l'opérateur différentiel qui intervient est alors le d". Le chapitre I contient l'étude des deux suites exactes :

(1) $$H^p(Z,\Omega^q) \longrightarrow H^p(Y,\Omega^q) \longrightarrow H^{p+1}_X(Z,\Omega^q) \longrightarrow$$

(2) $$H^{n-p}_c(Z,\Omega^{n-q}) \leftarrow H^{n-p}_c(Y,\Omega^{n-q}) \leftarrow H^{n-p-1}_c(X,\Omega^{n-q}) \leftarrow$$

(1) $$\rightarrow H^{p+1}(Z,\Omega^q) \longrightarrow H^{p+1}(Y,\Omega^q)$$

(2) $$H^{n-p-1}_c(X,\Omega^{n-q}) \leftarrow H^{n-p-1}_c(Y,\Omega^{n-q})$$

Le second chapitre étudie les suites exactes qui sont associées à la d'd"-cohomologie, de manière analogue au rapport entre les suites (1) et (2) et la d"-cohomologie par l'isomorphisme de Dolbeault.

Ce texte développe une partie des résultats annoncés dans ([02]). Les variétés seront supposées connexes, paracompactes, de dimension complexe ≥ 2.

CHAPITRE I

ESPACES $H^*(.,\Omega^*)$ DE d''-COHOMOLOGIE

Théorème 1 : *Soit* Y *une variété analytique complexe de dimension* n *vérifiant l'une des conditions suivantes :*

i) $H^q(Y,\Omega^r)$ *et* $H^{q+1}(Y,\Omega^r)$ *(respectivement* $H_c^{n-q}(Y,\Omega^{n-r})$ *et* $H_c^{n-q-1}(Y,\Omega^{n-r})$*) sont de dimension finie.*

ii) $H^q(Y,\Omega^r)$ *et* $H_c^{n-q}(Y,\Omega^{n-r})$ *sont de dimension finie.*

iii) $H_c^{n-q+1}(Y,\Omega^{n-r})$ *et* $H^{q+1}(Y,\Omega^r)$ *sont de dimension finie.*

Alors $H^q(Y,\Omega^r)$ *(resp.* $H_c^{n-q}(Y,\Omega^{n-r})$*) est muni d'une structure de Fréchet-Schwartz (resp. de dual de Fréchet-Schwartz) et sont en dualité.*

Nous avons besoin de 2 lemmes connus et du théorème de Schwartz qui sont rappelés ci-dessous :

Lemme 1 ([G]).- *Soient* E *et* F *deux espaces de Fréchet,* $u : E \to F$ *une application linéaire continue,* ${}^t u : F' \leftarrow F'$ *sa transposée. Alors* u *est un homomorphisme si et seulement si* ${}^t u$ *est un homomorphisme (ou morphisme strict).*

Lemme 2 ([G]).- *Soient* L, M, N *trois espaces vectoriels topologiques ayant une structure de Fréchet-Schwartz,* $L \to M \to N$ *un complexe d'espaces vectoriels (c'est-à-dire* $v \circ u = 0$*) où* u *et* v *sont des homomorphismes et* $N' \to M' \to L'$ *le complexe transposé. Si* $H = \operatorname{Ker} v/\operatorname{Im} u$ *et* $H' = \operatorname{Ker} {}^t u/\operatorname{Im} {}^t v$*, alors* H *est un Fréchet-Schwartz et* H' *est isomorphe au dual topologique de* H.

Théorème de Schwartz ([S]) .- *Soit* u *une application linéaire continue d'un espace de Fréchet* L *dans un espace de Fréchet* M*. Si* u(L) *est un sous-espace vectoriel de codimension finie dans* M, u *est un homomorphisme.*

Rappel.- Si E et F sont des Fréchet, $u : E \to F$ linéaire continue est un homomorphisme si et seulement si elle est d'image fermée dans F.

On considère les suites transposées :

$$(1)\qquad A^{r,q-2}(Y) \xrightarrow{d''_o} A^{r,q-1}(Y) \xrightarrow{d''_1} A^{r,q+1}(Y) \longrightarrow$$

$$(2)\qquad K_c^{n-r,n-q+2}(Y) \xleftarrow{\delta''_o} K_c^{n-r,n-q+1}(Y) \xleftarrow{\delta''_1} K_c^{n-r;n-q}(Y) \longleftarrow$$

$$(1)\qquad \xrightarrow{d''_2} A^{r,q+1}(Y) \xrightarrow{d''_3} K_c^{n-r;n-q-2}(Y)$$

$$(2)\qquad \xleftarrow{\delta''_2} K_c^{n-r,n-q-1}(Y) \xleftarrow{\delta''_3} K_c^{n-r,n-q-2}(Y)$$

où $K_c^{i,j}(Y)$ est l'espace vectoriel des courants à support compact C^∞ de bidegré (i,j) sur Y, $A^{i,j}(Y)$ est l'espace vectoriel des formes différentielles C^∞ de type (i,j) sur Y.

Remarque.- Les espaces $A^{r,q}(Y)$ ont une structure de Fréchet-Schwartz (voir [A-G] par exemple).

Le théorème va résulter du :

Lemme 3.- *Sous les hypothèses du théorème,* d''_i *et* δ''_i *sont des homomorphismes* $(i = 1,2)$.

Démonstration.- i) Si $H^q(Y,\Omega^r)$ et $H^{q+1}(Y,\Omega^r)$ (resp. $H_c^{n-q}(Y,\Omega^{n-r})$ et $H_c^{n-q-1}(Y,\Omega^{n-r})$) sont des espaces vectoriels de dimension finie, Im d''_1 est de codimension finie dans Ker d''_2 et Im d''_2 dans Ker d''_3 (resp. Im δ''_2 est de codimension finie dans Ker δ''_1 et Im δ''_1 dans Ker δ''_o).

Alors d'après le théorème de Schwartz d''_i (resp. δ''_{i+1} sont d'image fermée dans Ker d''_{i+1} (resp. dans Ker δ''_i) $(i = 1,2)$, donc $A^{r,q+i-1}(Y)$ (resp. dans $K_c^{n-r,n-q-i+2}$) autrement dit, d''_i (resp. δ''_i) sont des homomorphismes $(i = 1,2)$, et d'après le lemme 0, d''_i et δ''_i sont des homomorphismes $i \in \{1,2\}$.

ii) $H^q(Y,\Omega^r)$ est un espace vectoriel de dimension finie, Im d''_1 est de codimension finie dans Ker d''_2.

$H_c^{n-q}(Y,\Omega^{n-2})$ est de dimension finie, Im δ''_2 est de codimension finie dans Ker δ''_1.

D'après le théorème de Schwartz d''_1 et δ''_2 sont des homomorphismes et il en est de même, d'après le lemme 1, de d''_2 et δ''_1.

iii) Dimension de $H^{q+1}(Y,\Omega^r)$ est finie, d''_2 est un homomorphisme dimension de $H_c^{n-q+1}(Y,\Omega^r)$ est finie donne de même δ_1'' est un homomorphisme, d'où aussi d_1'' et δ_2''.

Démonstration du théorème.- Les $A^{i,j}(Y)$ (et par dualité $K_c^{i,j}(Y)$) étant des espaces de Fréchet, les applications δ_i'' et d_i'' ($i = 1,2$) étant des homomorphismes, $H^q(Y,\Omega^r)$ et $H_c^{n-q}(Y,\Omega^{n-r})$ sont des espaces de Fréchet. D'après le lemme 2, ils sont en dualité.

Remarque.- Les espaces $A^{p,q}(Y)$ étant des Fréchet-Schwartz (réflexifs) tous les espaces obtenus comme quotient ou duaux sont réflexifs, c'est en particulier le cas des espaces $H^q(Y,\Omega^r)$ et $H_c^{n-q}(Y,\Omega^{n-r})$.

Notation.- Nous adopterons les définitions de q-pseudoconvexité (resp. q-pseudoconcavité) de [A.N.2] (différentes de [A.G]). En particulier si Y est fortement q-pseudoconvexe, $H^p(Y,\mathcal{F})$ est de dimension finie pour tout $p > q$ et tout faisceau cohérent $\mathcal{F}$; si Y est fortement q-pseudoconcave, alors $H^p(Y,\mathcal{F})$ est de dimension finie pour tout $p < n-q$. Un espace de Stein est fortement 0-complet. Un espace compact peut être considéré comme fortement (-1)-pseudoconvexe. Un espace de Fréchet-Schwartz (resp. dual de Fréchet-Schwartz) sera noté F.S. (resp. D.F.S)_ On notera

$$\tilde{H}^r(X,\Omega^s) = H^r(X,\Omega_Z^s) = \underset{\substack{U \supset X \\ U \text{ ouvert ds } Z}}{\text{lim.ind}} H^r(U,\Omega^s).$$

Proposition 1.- *Soit* Z *une variété analytique complexe de dimension* n, Y *un ouvert de* Z, X *le complémentaire de* Y *dans* Z. *On suppose que*

i) $H^{q+i}(Z,\Omega^r)$ *sont des espaces vectoriels de dimensions finies pour* $i = -1,0,1$.

ii) $H_c^{n-q}(X,\Omega_Z^{n-p})$ *est un espace vectoriel de dimension finie.*

iii) $H^{q+1}(Y,\Omega^r)$ *est un espace vectoriel de dimension finie.*

Alors $H^q(Y,\Omega^r)$ *est un* F.S. *et* $H_c^{n-q}(Y,\Omega^{n-r})$ *un* D.F.S, *en dualité l'un par rapport à l'autre* ($q \geq 1$).

Remarque.- Dans toute la suite de l'article, X, fermé et Y, ouvert, seront complémentaires dans Z.

Démonstration.- Pour $i = -1,0,1$, dim $H^{q+i}(Z,\Omega^r)$ est finie, alors (th. 1, condition i)) : $(H_c^{n-q-j}(Z,\Omega^{n-r}) \cong (H^{q+j}(Z,\Omega^r))$ pour $j = -1,0$. En particulier

$H_c^{n-q+1}(Z,\Omega^{n-r})$ et $H_c^{n-q}(Z,\Omega^{n-r})$ sont des espaces vectoriels de dimension finie.

On a la suite de cohomologie relative au fermé X, à supports compacts :

$$H_c^{n-q+1}(Z,\Omega^{n-r}) \leftarrow H_c^{n-q+1}(Y,\Omega^{n-r}) \leftarrow \tilde{H}_c^{n-q}(X,\Omega^{n-r}) \quad .$$

Elle est exacte et ses extrémités sont des espaces vectoriels de dimensions finies. $H_c^{n-q+1}(Y,\Omega^{n-r})$ est de dimension finie.

La proposition résulte alors du théorème 1, iii).

Corollaire 1 :- *Soit Z une variété analytique complexe compacte ou (q-2)-pseudoconvexe et X un compact de Z tel que :*

i) X *admet un système fondamental de voisinages ouverts* U_h *(n-q-1)-pseudoconvexes tels que* dim $H^p(U_h,\Omega^{n+r})$ *soient toutes bornées par un même nombre* M *pour* $p \geq n-q$.

ii) $H^{q+1}(Y,\Omega^r)$ *est un espace vectoriel de dimension finie.*

Alors les conclusions de la proposition 1 subsistent.

Démonstration.- a) D'après le théorème B de Cartan, et les théorèmes de finitude de [A.G], $H^{q+i}(Z,\Omega^r)$ est de dimension finie pour i = 0,1.

Si X est compact, $H_c^{n-q}(X,\Omega_Z^{n-r}) = H^{n-q}(X,\Omega_Z^{n-r}) = \tilde{H}^{n-q}(X,\Omega^n) = \varinjlim_{U_h} H^{n-q}(U_h,\Omega^{n-r})$.

D'après i), dim $H^{n-q}(X,\Omega_Z^{n-r})$ est donc finie et les hypothèses i), ii) et iii) de la proposition 1 sont vérifiées.

Remarque.- En particulier, si Z est un espace de Stein, Y et X vérifiant i) et ii) du corollaire, $H^q(Y,\Omega^r)$ et $H_c^{n-q}(Y,\Omega^{n-r})$ sont en dualité.

Corollaire 2.- *Si* Z *est algébrique projective de dimension* n, X *une sous-variété de dimension pure* (n - q - 1) *de* Z *intersection complète dans* Z, *alors* $H^q(Y,\Omega^r)$ *et* $H_c^{n-q}(Y,\Omega^{n-r})$ *sont en dualité pour* $0 \leq r \leq n$, $(n > q > 0)$.

Démonstration.- Soit Z une variété analytique compacte de dimension n, X une sous-variété de Z de dimension pure (n - q - 1). Sous les hypothèses :
$X = \{z \in Z,\ s_1(z) = \ldots = s_{q-1}(z) = 0\}$ où les s_i sont des sections holomorphes d'un fibré F vérifiant : il existe une métrique hermitienne $h = \{h_i\}$ sur les fibres de

F telle que $-d'd''\log h_i$ soit une forme hermitienne définie positive en tout point de Z, alors : Y est à la fois q-fortement complet et (n - q - 1)-fortement concave et X admet un système fondamental de voisinages ouverts (n - q - 1)-complet.

Théorème 2.- *Soit* Z *une variété analytique complexe de dimension* n, Y *un ouvert de* Z, $X = Z\setminus Y$ *On suppose que :*

i) *Les espaces vectoriels* $H^k(Z,\Omega^r)$ *sont de dimension finie pour* $k = q, q+1, q+2$.

ii) *Les espaces vectoriels* $H^k(Y,\Omega^r)$ *sont de dimension finie pour* $k = q+1,\ q+2$ *ainsi que* $H_c^{n-q+1}(Y,\Omega^{n-r})$.

iii) X *est compact.*

Alors les deux suites exactes

$$(1)\qquad H^q(Z,\Omega^r) \longrightarrow H^q(Y,\Omega^r) \longrightarrow H_X^{q+1}(Z,\Omega^r) \longrightarrow H^{q+1}(Z,\Omega^r) \longrightarrow H^{q+1}(Y,\Omega^r)$$

et

$$(2)\qquad H_c^{n-q}(Z,\Omega^{n-r}) \leftarrow H_c^{n-q}(Y,\Omega^{n-r}) \overset{\delta}{\leftarrow} H_c^{n-q-1}(X,\Omega^{n-r}) \overset{r}{\leftarrow} H_c^{n-q-1}(Z,\Omega^{n-r}) \leftarrow H_c^{n-q-1}(Y,\Omega^{n-r})$$

sont transposées l'une de l'autre, $(1 \le q \le n)$.

Démonstration.- D'après le théorème 1 (condition i)), on a :

$$(H^q(Z,\Omega^r))' \cong H_c^{n-q}(Z,\Omega^{n-r}) \quad , \quad (H^{q+1}(Z,\Omega^r))' \cong H_c^{n-q-1}(Z,\Omega^{n-r})$$

et $\quad (H^{q+1}(Y,\Omega^r))' \cong H_c^{n-q-1}(Y,\Omega^{n-r})$.

D'après le théorème 1 'condition iii)), on a aussi

$$(H^q(Y,\Omega^r))' \cong H_c^{n-q}(Y,\Omega^{n-r}) \; .$$

On considère alors le diagramme

$$(1)\qquad H^q(Z,\Omega^r) \xrightarrow{\ r_1\ } H^q(Y,\Omega^r) \xrightarrow{\ pr_1\ } H_X^{q+1}(Z,\Omega^r) \longrightarrow$$

$$(3)\qquad (H_c^{n-q}(Z,\Omega^{n-r}))' \xleftarrow{\ r_2\ } (H_c^{n-q}(Y,\Omega^{n-r}))' \xleftarrow{\ pr_2\ } (H^{n-q-1}(X,\Omega_Z^{n-r}) \longleftarrow$$

$$(1)\qquad \xrightarrow{\ \partial_1\ } H^{q+1}(Z,\Omega^r) \xrightarrow{\ r_1'\ } H^{q+1}(Y,\Omega^r)$$

$$(3)\qquad \xrightarrow{\ \partial_2\ } (H_c^{n-q-1}(Z,\Omega^{n-r}))' \xleftarrow{\ r_2'\ } (H_c^{n-q-1}(Y,\Omega^{n)r}) \; .$$

a) Les quatre espaces extrémaux de (1) sont des espaces de Fréchet d'après i) et les applications r_1 et r'_1 sont continues car induites par les applications continues de restriction sur les formes différentielles. Les quatre espaces extrémaux de (3) sont des Fréchet par isomorphismes (topologiques) de dualité. Les applications r_2 et r'_2 sont continues comme induites par des applications continues sur les courants à support compact. Enfin elles rendent le diagramme commutatif, car les isomorphismes algébriques commutent avec les morphismes induisant les applications r_i, pr_i, ∂_i er r'_i $(i = 1,2)$.

b) $H_X^{q+1}(Z,\Omega^r)$ peut être muni d'une structure d'espace de Fréchet rendant continues les applications pr_1 et ∂_1. De la suite exacte (1), on déduit la suite exacte :

$$0 \to H^q(Y,\Omega^r)/\mathrm{Ker}\ pr_1 \to H_X^{q+1}(Z,\Omega^r) \to \mathrm{Im}\ \partial_1 \to 0 \quad .$$

On a donc un isomorphisme algébrique :

$$H_X^{q+1}(Z,\Omega^r) = (H^q(Y,\Omega^r)/\mathrm{Ker}\ pr_1) \times \mathrm{Im}\ \partial_1 .$$

Ker pr_1 étant de dimension finie, $H^q(Y,\Omega^r)/\mathrm{Ker}\ pr_1$ est un espace de Fréchet. De même Im ∂_1 est de dimension finie, on peut donc munir $H_X^{q+1}(Z,\Omega^r)$ de la topologie produit qui en fait un espace de Fréchet. Il est alors clair que les applications pr_1 et ∂_1 sont continues pour cette topologie.

c) De manière identique, on munit $H^{n-q-1}(X,\Omega_Z^{n-r})$ d'une structure de Fréchet rendant continus les morphismes δ et r de la suite (2). On considère alors la suite (2)

$$H_c^{n-q-1}(Y,\Omega^{n-r}) \to H_c^{n-q-1}(Z,\Omega^{n-r}) \to H^{n-q-1}(X,\Omega^{n-r}) \overset{\delta}{\to} H_c^{n-q}(Y,\Omega^{n-r}) \to H_c^{n-q}(Z,\Omega^{n-r}).$$

Toutes les applications sont continues. Par construction de $H^{n-q}(X,\Omega^{n-r})$ δ est un homomorphisme, et il en est de même des autres applications dont l'image est de dimension finie (a fortiori fermée). On peut donc appliquer le lemme 2 à la suite excate (2), c'est-à-dire la suite(3) est exacte comme transposée de (2).

d) Il existe une application algébrique i : $(H^{nq-1}(X,\Omega^{n-r})) \to H_X^{q+1}(Z,\Omega^r)$, rendant commutatif le diagramme (1)-(3).

$$\begin{array}{ccccc}
H^q(Y,\Omega^r) & \xrightarrow{\ pr_1\ } & H_X^{q+1}(Z,\Omega^r) & \xrightarrow{\ \partial_1\ } & H^{q+1}(Z,\Omega^r) \\
\alpha \uparrow \cong & & \uparrow i & & \beta \uparrow \cong \\
(H_c^{n-q}(Y,\Omega^{n-r}))' & \xrightarrow{\ pr_2\ } & H^{n-q-1}(X,\Omega^{n-r}) & \xrightarrow{\ \partial_2\ } & (H_c^{n-q-1}(Z,\Omega^{n-r}))'
\end{array}$$

D'après les isomorphismes de b) et c), il suffit de construire des applications linéaires :

i_1 : $\quad (H_c^{n-q}(Y,\Omega^{n-r}))'/\mathrm{Ker}\ pr_2 \to H^q(Y,\Omega^r)/\mathrm{Ker}\ pr_1$ $\quad$ et

i_2 : $\quad \mathrm{Im}\ \partial_1 \to \mathrm{Im}\ \partial_2$,

i_1 est induit par $pr_1 \circ \alpha$ qui passe au quotient, en effet si $z \in \mathrm{Ker}\ pr_2$, $z \in \mathrm{Im}\ r_2$ et d'après le diagramme (1)-(3), $\alpha(z) \in \mathrm{Ker}\ pr_1$.

i_2 est induit par $\beta \circ \partial_2$, en effet $\beta \circ \partial_2(\tilde{H}^{n-q-1}(X,\Omega^{n-r})) \subset \mathrm{Ker}\ r_1'$, d'après le diagramme (1)-(3), donc contenu dans un supplémentaire à $\mathrm{Ker}\ \partial_1$ dans $H_X^{q+1}(Z,\Omega^1)$, et par construction i rend commutatif le diagramme (1)-(3).

e) i est un isomorphisme topologique :

i) pour que i soit continue, il suffit de montrer que i est continue sur $(H_c^{n-q}(Y,\Omega^{n-r}))'/\mathrm{Ker}\ pr_2$ et sur un supplémentaire de celui-ci, c'est-à-dire d'après la construction de l'isomorphisme $H_X^{q+1}(Z,\Omega^r) \cong H^q(Y,\Omega^r)/\mathrm{Ker}\ pr_1 \times \mathrm{Im}\ \partial_1$ (respectivement $\tilde{H}^{n-q-1}(X,\Omega^{n-r}) \cong H_i^{n-q}(Y,\Omega^{n-r})/\mathrm{Ker}\ pr_2 \times \mathrm{Im}\ \partial_2$), il suffit de montrer que i_1 et i_2 sont continues ; i_2 est continue comme application linéaire entre espaces vectoriels de dimension finie, i_1 est continue comme restriction et passage au quotient des applications continues pr_1 et α.

ii) i est bijectif. D'après le lemme des cinq appliqué à (1)-(3), est un isomorphisme algébrique. On a donc une application continue bijective et linéaire entre espaces F.S. ou D.F.S, d'après le théorème de l'application ouverte i est un isomorphisme topologique.

Remarque.- Si l'un des espaces $H_X^{q+1}(Z,\Omega^r)$ ou $H^{n-q-1}(X,\Omega^{n-r})$ admet une autre structure de Fréchet compatible avec le diagramme (1) ou (2), ces structures seront identiques à celles construites dans la démonstration du théorème (cela résulte des suites (1) et (2) et de la décomposition en somme directe des Fréchet). Cela est en particulier le cas si l'on connaît les groupes de d"-cohomologie d'une base de voisinages ouverts de X dans Z, qui donne une structure de F.S. à

$H^*(X,\Omega^*)$ par passage à la limite inductive.

Corollaire 3.- *Soit* Z *une variété analytique compacte (resp. fortement* (q-2)-*pseudoconvexe),* Y *un ouvert de* Z, $X = Z\setminus Y$ *(resp.* X *compact dans* Z*). On suppose que* X *admet :*

i) un système fondamental de voisinages ouverts (U_h) *fortement* (q-2)-*pseudo-concaves.*

ii) Un système fondamental de voisinages ouverts (V_h) *fortement* (n-q-1)-*pseudo-convexes vérifiant : les dimensions des* $H^p(U_h,\Omega^{n-r})$ *et* $H^{p'}(V_h,\Omega^{n-r})$ *sont bornées par un même nombre pour* $n-q-4 \le p \le n-q-2$ *et* $p' = n-q$.

Alors les suites (1) et (2) du théorème 2 sont transposées l'une de l'autre.

Démonstration.- Les conditions i) et iii) du théorème 2 sont trivialement vérifiées sous les hypothèses du corollaire. De plus, les espaces vectoriels $H^p(X,\Omega_Z^{n-r})$ sont de dimension finie pour $p \le \{n-q-4, n-q-3, n-q-2, n-q\}$. Les suites exactes de cohomologie :

$$H_c^{p+1}(Z,\Omega^{n-r}) \leftarrow H_c^{p+1}(Y,\Omega^{n-r}) \leftarrow H^p(X,\Omega_Z^{n-r})$$

entraînent la finitude de $H_c^{p+1}(Y,\Omega^{n-r})$ pour $p \in \{n-q-3, n-q-2, n-q-1, n-q+1\}$, d'où la finitude de $H^{p'}(Y,\Omega^r)$ pour $p' = q+1, q+2$. La condition ii) du théorème est bien réalisée.

Corollaire 4.- *Soit* Z *compacte,* Y *ouvert de* Z, $X = Z\setminus Y$. *Si* X *admet un système fondamental de voisinages ouverts* (n-q-1)-*complets, et* Y *est fortement* q-*pseudoconvexe, alors les suites (1) et (2) du théorème 2 sont transposées l'une de l'autre.*

Démonstration.- Si Y est q-pseudoconvexe alorq $H^{q+1}(Y,\Omega^r)$ est de dimension finie et la démonstration est alors identique à celle du corollaire précédent, la dimension des espaces $H^p(X,\Omega_Z^{n-r})$ étant nulle pour $p \ge n-q$.

Corollaire 5.- *Soit* Z *une variété algébrique projective de dimension* n, X *une sous-variété de dimension pure* $(n-q-1)$, *intersection complète dans* Z. *Alors les suites (1) et (2) sont transposées l'une de l'autre.*

Démonstration.- D'après [A.N.2], Y est q-complet et X admer un système fondamental de voisinages ouverts q-complets [B]. On peut donc appliquer le corollaire 4.

Corollaire 5'.- *Soit* Z *algébrique projective,* O *un point de* Z, $Y = Z\setminus\{O\}$. *Les deux suites*

(1) $$H^{n-1}(Z,\Omega^r) \to H^{n-1}(Y,\Omega^r) \to H^n_{\{O\}}(Z,\Omega^r) \to H^n(Z,\Omega^r) \to H^n(Y,\Omega^r)$$

et

(2) $$H^1_c(Z,\Omega^{n-r}) \leftarrow H^1_c(Y,\Omega^{n-r}) \leftarrow H^o(\{O\},\Omega_Z^{n-r}) \leftarrow H^o(Z,\Omega^{n-r}) \leftarrow H^o_c(Y,\Omega^{n-r})$$

sont transposées l'une de l'autre pour tout r.

Démonstration.- C'est un cas particulier du corollaire 4, avec $q = n-1$.

Corollaire 6.- *Soit* Y *une variété analytique complexe non compacte de dimension* n, *contenue dans une variété fortement* (n-1)*-pseudoconvexe. Alors* $H^n(Y,\Omega^r) = 0$, *pour tout* $r \in \{0,\dots,n\}$.

Ceci est un cas particulier de [SI].

Démonstration.- On a les suites exactes :

(1) $$H^n(Z,\Omega^r) \to H^n(Y,\Omega^r) \to 0 \qquad \text{et}$$

(2) $$H^o_c(Z,\Omega^{n-r}) \to H^o_c(Y,\Omega^{n-r}) \to 0$$

D'après l'hypothèse, $H^n(Z,\Omega^r)$ est de dimension finie, il en est donc de même de $H^n(Y,\Omega^r)$. $H^o_c(Y,\Omega^{n-r}) = 0$ on peut appliquer le théorème 1, ii), d'où $0 = (H^o_c(Y,\Omega^{n-r}))' \cong (H^n(Y,\Omega^r)$.

Remarque 1.- On déduit de ce résultat que le dernier terme de la suite exacte (1) du corollaire 5' $(H^n(Y,\Omega^r))$ est nul si $Y \neq Z$.

Remarque 2.- Cas de la dimension $q = n-1$; si Z est compact, il suffit pour appliquer le théorème 2 au terme $q = n-1$, que $H^2_c(Y,\Omega^{n-r})$ soit de dimension finie. (En effet, d'après la démonstration du corollaire 6, $H^n(Y,\Omega^r)$ est toujours de dimension finie).

Application.- Calcul de cohomologie de $Y = \mathbb{C}^n\setminus\{O\}$. On pose $Z = \mathbb{C}^n$, $\{O\} = X$. Nous allons calculer $H^p(\mathbb{C}^n\setminus\{O\},\mathcal{O})$, les autres espaces $H^p(\mathbb{C}^n\setminus\{O\},\Omega^q)$ s'en déduisant facilement, comme somme directe.

a) D'après le corollaire 6, $H^n(\mathbb{C}^n\setminus\{O\},\mathcal{O}) = 0$. On peut donc appliquer le corollaire 3 à Z qui est de Stein (donc en particulier fortement O-pseudoconvexe) d'où les deux suites transposées :

(1) $$0 \to H^{n-1}(\mathbb{C}^n\setminus\{0\},\mathcal{O}) \tilde{\to} H^n_{\{0\}}(\mathbb{C}^n,\mathcal{O}) \to 0$$

(2) $$0 \leftarrow H^1_c(\mathbb{C}^n\setminus\{0\},\Omega^n) \tilde{\leftarrow} \check{H}^o(\{0\},\Omega^n) \leftarrow 0.$$

b) On va démontrer la dualité de

$$H^n(\mathbb{C}^n\setminus\{0\},\mathcal{O}) \quad \text{et} \quad H^{n-p}_c(C^n\setminus\{0\},\Omega^n) \quad \text{pour} \quad 0<p<n-1.$$

i) D'après la démonstration du théorème 1, l'application

$$d'' : K^{n,1}_c(Y) \to K^{n,2}_c(Y)$$

est un homomorphisme. D'autre part O ayant une base fondamentale de voisinages ouverts de Stein, $H^p(\{0\},\Omega^n_Z) = 0 \ \forall p \in \{1,\dots,n\}$. D'après la suite exacte :

(2') $$H^p_c(\mathbb{C}^n,\Omega^n) \leftarrow H^p_c(\mathbb{C}^n\setminus\{0\},\Omega^n) \leftarrow H^{p-1}_{\{0\}}(\mathbb{C}^n,\Omega^n) \leftarrow H^{p-1}(\mathbb{C}^n\setminus\{0\},\Omega^n)$$

on a pour $p \geq 1$, $H^p_c(\mathbb{C}^n\setminus\{0\},\Omega^n) \cong H^{p-1}_{\{0\}}(\mathbb{C}^n,\Omega^n) = 0$.

ii) D'après le théorème de prolongement d'Hartogs ($n \geq 2$), on a :

$$0 \to H^o(\mathbb{C}^n,\mathcal{O}) \to H^o(\mathbb{C}^n\setminus\{0\},\mathcal{O}) \to 0, \qquad \text{et en particulier}$$

$$H^1_{\{0\}}(\mathbb{C}^n,\mathcal{O}) = 0.$$

iii) $H^{p-1}_c(\mathbb{C}^n\setminus\{0\},\Omega^n)$ et $H^p_c(\mathbb{C}^n\setminus\{0\},\Omega^n)$ étant nuls pour $2 \leq p \leq n-2$, d'après le théorème 1,i), on a la dualité de $H^{n-p}_c(\mathbb{C}^n\setminus\{0\},\Omega^n)$ et $H^p(\mathbb{C}^n\setminus\{0\},\mathcal{O})$ pour $2 \leq p \leq n-2$.

D'après i) et ii) on a les isomorphismes (topologiques) : $H^n_c(\mathbb{C}^n\setminus\{0\},\Omega^n) \cong H^n_c(\mathbb{C}^n,\Omega^n)$ et $H^o(\mathbb{C}^n\setminus\{0\},\mathcal{O}) \cong H^o(\mathbb{C}^n,\mathcal{O})$. Les applications de

$$K^{n,n}_c(\mathbb{C}^n\setminus\{0\}) \leftarrow K^{n,n-1}_c(\mathbb{C}^n\setminus\{0\}) \leftarrow K^{n,n-2}_c(\mathbb{C}^n\setminus\{0\})$$

sont des homomorphismes d'où la dualité $H^{n-1}_c(\mathbb{C}^n\setminus\{0\},\Omega^n)$ et $H^1(\mathbb{C}^n\setminus\{0\},\mathcal{O})$. Finalement on a :

$$H^p(\mathbb{C}^n\setminus\{0\},\Omega^n) = 0 \qquad \text{pour} \qquad p \neq 0 \text{ et } n-1.$$

iv) α) $H^n_{\{0\}}(\mathbb{C}^n, \mathcal{O})$ est isomorphe à $H' = \{S = \sum_{\alpha \in \mathbb{N}^n} C_\alpha \delta^{(\alpha)} / \lim_{|\alpha| \to \infty} |C_\alpha|^{1/\alpha} = 0\}$,

où $\delta^{(\alpha)}$ est la α-ième dérivée de la mesure de Dirac (α étant un multi-indice $(\alpha_1, \ldots, \alpha_n)$). En effet : $\tilde{H}^o(\{0\}, \Omega^n)$ est isomorphe à l'espace des séries entières $T = \sum_{\alpha \in \mathbb{N}^n} D_\alpha z^\alpha$ avec $\lim_{|\alpha| \to \infty} |\alpha|^{1/\alpha} < +\infty$. D'après la dualité des suites (1) et (2), on tire $H^n_{\{0\}}(\mathbb{C}^n, \mathcal{O}) \cong H'$.

β) L'application $\partial : H^{n-1}(\mathbb{C}^n \setminus \{0\}, \mathcal{O}) \to H^n_{\{0\}}(\mathbb{C}^n, \mathcal{O})$ est induite par le d'' des hyperfonctions. Par continuité du d'', on peut se ramener aux courants à supports dans $\{0\}$. Or, à une constante près, $d''\{\psi^\alpha\} = \delta^{(\alpha)}$ où ψ^α est la forme de Martinelli généralisée d'ordre α. On obtient finalement

- $H^{n-1}(\mathbb{C}^n \setminus \{0\}, \mathcal{O}) \cong \{\sum_\alpha C_\alpha \psi^\alpha / \lim_{|\alpha| \to \infty} |C_\alpha|^{1/\alpha} = 0\}$

- $H^p(\mathbb{C}^n \setminus \{0\}, \mathcal{O}) = 0$ pour $p \neq 0, n-1$

- $H^o(\mathbb{C}^n \setminus \{0\}, \mathcal{O}) \cong H^o(\mathbb{C}^n, \mathcal{O}) \cong \{\sum_\alpha C_\alpha z^\alpha / \lim_{|\alpha| \to \infty} |C_\alpha|^{1/\alpha} = 0\}$.

CHAPITRE II

ESPACES $\Lambda^{*,*}$ ET $V^{*,*}$ DE

d (resp. d'd")-COHOMOLOGIE MODULO d'd" (resp. d' ⊕ d")

Nous allons établir une théorie des résidus en utilisant les faisceaux $\mathcal{F} = \tau^{r,s}$ et $\mathcal{G} = \tau^{n-r-1,n-s-1}$, définis ci-dessous par des méthodes analogues à celles du paragraphe précédent ; les espaces de d"-cohomologie seront alors remplacés par ceux de d (resp. d'd")-cohomologie modulo d'd" (resp. d' ⊕ d").

On considère la suite exacte de faisceaux :

$$A^{r-1,s} \oplus A^{r,s-1} \xrightarrow{j} \mathcal{H}^{r,s} \to 0$$

où $\mathcal{H}^{r,s}$ est le faisceau des germes de formes différentielles d'd"-fermées de type (r,s) et j l'application définie par : $(\phi,\tilde{\phi}) \longmapsto d''\phi + d''\tilde{\phi}$. Soit $\tau^{r,s}$ le faisceau noyau du morphisme j, on a une suite exacte de faisceaux :

$$(3) \qquad 0 \to \tau^{r,s} \xrightarrow{i} A^{r,s-1} \oplus A^{r-1,s} \xrightarrow{j} \mathcal{H}^{r,s} \to 0$$

et une résolution acyclique de $\tau^{r,s}$ par le complexe

$$(4) \quad 0 \to \tau^{r,s} \xrightarrow{i} A^{r-1,s} \oplus A^{r,s-1} \xrightarrow{d' \oplus d''} A^{r,s} \xrightarrow{d'd''} A^{r+1,s+1} \xrightarrow{d} \cdots$$

$$\to A^{r+1,s+2} \oplus A^{r+2,s+1} \xrightarrow{d' \oplus d''} \cdots$$

D'où par définition (cf. [N4]) :

$$H^{o}(Y,\tau^{r,s}) = \mathrm{Ker}[A^{r-1,s}(Y) \oplus A^{r,s-1}(Y) \to A^{r,s}(Y)]$$

$$H'(Y,\tau^{r,s}) = \frac{\mathrm{Ker}[A^{r,s}(Y) \xrightarrow{d'd''} A^{r+1,s+1}(Y)]}{\mathrm{Im}[A^{r-1,s}(Y) \oplus A^{r,s-1}(Y) \xrightarrow{d' \oplus d''} A^{r,s}(Y)]} = V^{r,s}(Y)$$

$$H^{2}(Y,\tau^{r,s}) = \frac{\mathrm{Ker}[A^{r+1,s+1}(Y) \xrightarrow{d} A^{r+2,s+1}(Y) \oplus A^{r+1,s+2}(Y)]}{\mathrm{Im}[A^{r,s}(Y) \xrightarrow{d'd''} A^{r+1,s+1}(Y)]} = \Lambda^{r+1,s+1}(Y)$$

On voit facilement qu'on peut définir $V^{r,s}(Y)$ et $\Lambda^{r,s}(Y)$ en remplaçant les formes différentielles par les courants ou les hyperformes (formes différentielles à coefficients hyperfonctions). On définit alors :

$$H_c^1(Y,\tau^{r,s}) = \frac{\mathrm{Ker}[K_c^{r,s}(Y) \xrightarrow{d'd''} K_c^{r+1,s+1}(Y)]}{\mathrm{Im}[K_c^{r-1,s}(Y) \oplus K_c^{r,s-1}(Y) \xrightarrow{d'\oplus d''} K_c^{r,s}(Y)]} = V_c^{r,s}(Y)$$

$$H_c^2(Y,\tau^{r,s}) = \frac{\mathrm{Ker}[K_c^{r+1,s+1}(Y) \xrightarrow{d} K_c^{r+2,s+1}(Y) \oplus K_c^{r+1,s+2}(Y)]}{\mathrm{Im}[K_c^{r,s}(Y) \xrightarrow{d'd''} K^{r+1,s+1}(Y)]} = \Lambda_c^{r+1,s+1}(Y) .$$

Enfin on pose

$$V_X^{r,s}(Z) = H_X^1(Z,\tau^{r,s}) \quad \text{et} \quad \Lambda_X^{r+1,s+1}(Z) = H_X^2(Z,\tau^{r,s})$$

(qu'on peut définir aussi comme ci-dessus en utilisant les hyperformes)

$$\tilde{V}^{r,s}(X) = H^1(X,\tau_Z^{r,s}) = \underset{\substack{U \supset X \\ U \text{ ouvert}}}{\mathrm{lim.ind.}} H^1(U,\tau^{r,s}) = \underset{U \supset X}{\mathrm{lim.ind.}} V^{r,s}(U)$$

$$\tilde{\Lambda}^{r+1,s+1}(X) = H^2(X,\tau_Z^{r,s}) = \underset{\substack{U \supset X \\ U \text{ ouvert}}}{\mathrm{lim.ind.}} H^2(U,\tau^{r,s}) = \underset{U \supset X}{\mathrm{lim.ind.}} \Lambda^{r+1,s+1}(U).$$

Les suites exactes de cohomologie, relatives au fermé X, à supports quelconques et à supports compacts s'écrivent :

$$(5) \quad H^0(Y,\tau^{r,s}) \to H_X^1(Z,\tau^{r,s}) \to H^1(Z,\tau^{r,s}) \to H^1(Y,\tau^{r,s}) \to H_X^2(Z,\tau^{r,s}) \to$$

$$\to H^2(Z,\tau^{r,s}) \to H^2(Y,\tau^{r,s}) \to H_X^3(Y,\tau^{r,s})$$

et

$$\tilde{H}_c^2(X,\tau^{n-r-1,n-s-1}) \leftarrow H_c^2(Z,\tau^{n-r-1,n-s-1}) \leftarrow H_c^2(Y,\tau^{n-r-1,n-s-1}) \leftarrow$$

$$\leftarrow H_c^1(X,\tau^{n-r-1,n-s-1}) \leftarrow H_c^1(Z,\tau^{n-r-1,n-s-1}) \leftarrow H_c^1(Y,\tau^{n-r-1,n-s-1}).$$

On obtient donc la :

Proposition 2.- *Les suites*

$$(1)\qquad \begin{array}{ccccccc} V^{r,s}(Z) & \xrightarrow{res_1} & V^{r,s}(Y) & \xrightarrow{\tilde{\partial}} & \Lambda_X^{r+1,s+1}(Z) & \xrightarrow{pr_1} & \Lambda^{r+1,s+1}(Z) \\ \uparrow & & & & & & \downarrow \\ V_X^{r,s}(Z) & & & & & & \Lambda^{r+1,s+1}(Y) \end{array}$$

et

$$(2)\qquad \begin{array}{ccccccc} \Lambda_c^{n-r,n-s}(Z) & \xleftarrow{pr_2} & \Lambda_c^{n-r,n-s}(Y) & \xleftarrow{\tilde{\delta}} & \tilde{V}_c^{n-r-1,n-s-1}(X) & \xleftarrow{res_2} & V_c^{n-r-1,n-s-1}(Z) \\ \downarrow & & & & & & \uparrow \\ \tilde{\Lambda}_c^{n-r,n-s}(X) & & & & & & \tilde{V}_c^{n-r-1,n-s-1}(X) \end{array}$$

sont exactes. De plus, les applications res_1 *et* pr_2 *(resp.* $\tilde{\partial}$ *et* $\tilde{\delta}$*,* pr_1 *et* res_2 *sont transposées, au sens algébrique, l'une de lautre.*

Démonstration.- L'exactitude provient de celle des suites (5) et (6) et des définitions ; la transposition est immédiate car la transposée de la restriction (resp. du prolongement) sur les formes différentielles est le prolongement (resp. la restriction) des courants à supports compacts, et la transposition du d' (resp. du d") des hyperformes à support dans X est le d' (resp. le d") des formes différentielles à coefficients fonctions analytiques au voisinage de X.

La théorie des résidus relativement aux faisceaux $(\tau^{r,s}, \tau^{n-r-1,n-s-1})$ sera la mise en dualité des deux suites exactes (1) et (2).

Proposition 3.- *Soit* Z *une variété complexe de dimension* n, Y *ouvert dans* Z, $X = Z\backslash Y$. *Si l'une des propriétés ci-dessous est vérifiée :*

i) $H^r(Y,\Omega^{s+1})$, $H^{s+1}(Y,\Omega^r)$ *et* $\Lambda^{r,s}(Y)$

ou

ii) $H_c^{n-r+1}(Y,\Omega^{n-s+1})$, $H_c^{n-s+1}(Y,\Omega^{n-2})$ *et* $V_c^{n-r,n-s}(Y)$

sont des espaces vectoriels de dimension finie. Alors les espaces $\Lambda^{r,s}(Y)$ *(resp.* $V_c^{n-r,n-s}(Y)$*) sont munis d'une structure de Fréchet-Schwartz (resp. de dual de Fréchet-Schwartz) et ils sont en dualité.*

Démonstration.-

1.- On considère les complexes transposés :

a) $\quad A^{r-1,s-1}(Y) \xrightarrow{d'_a d''_a} A^{r,s}(Y) \xrightarrow{d_a} A^{r+1,s}(Y) \oplus A^{r,s+1}(Y)$

b) $\quad K_c^{n-r+1,n-s+1}(Y) \xleftarrow{d'_b d''_b} K_c^{n-r,n-s}(Y) \xleftarrow{d'_b \oplus d''_b} K_c^{n-r-1,n-s}(Y) \oplus K_c^{n-r,n-s-1}(Y)$.

i) dim $\Lambda^{r,s}(Y) < \infty \Rightarrow$(Théorème de Schwartz) $d'_a d''_a$ est un homomorphisme. d_a se décompose en deux applications : $d'_a : A^{r,s}(Y) \to A^{r+1,s}(Y)$ et $d''_a : A^{r,s}(Y) \to A^{r,s+1}(Y)$; dim $H^{s+1}(Y,\Omega^r) < \infty \Rightarrow d''_a$ est un homomorphisme et dim $H^{r+1}(Y,\Omega^s)$ = dim $H^{r+1}(Y,\Omega^s)$ = dim $H^{r+1}(Y,\bar{\Omega}^s) < \infty \Rightarrow d'_a$ est un homomorphisme, donc aussi $d'_a d''_a$.

ii) La démonstration est analogue en considérant cette fois b).

Les applications des suites (a) et (b) sont des homomorphismes, on peut donc passer au quotient d'où, d'après le lemme 3 du paragraphe précédent, la proposition.

COROLLAIRE 7.- *Si*

i) *Pour* i = r - 1 *et* j = s ; i = r *et* j = s + 1 ; i = s *et* j = r, r + 1 *les* $H^j(Z,\Omega^i)$ *sont des espaces vectoriels de dimension finie, ou*

ii) *Pour* i = r *et* j = s - 1,s ; i = s - 1 *et* j = r - 1 ; i = s *et* j = r *les* $H_c^{n-j}(Y,\Omega^{n-i})$ *sont des espaces vectoriels de dimension finie,*

alors $\Lambda^{r,s}(Y)$ *et* $V_c^{n-r,n-s}(Y)$ *sont en dualité (topologique).*

DEMONSTRATION.- Sous les hypothèses de i) (respectivement ii)), les applications d'_a et d''_a (respectivement d'_b et d''_b) sont des homomorphismes (théorèmes de Schwartz) d'où la possibilité de passer au quotient.

PROPOSITION 4.- *Soit* Y *une variété analytique complexe de dimension* n *vérifiant :* $H^r(Y,\Omega^s)$, $H^s(Y,\Omega^r)$ *et* $\Lambda^{r+1,s+1}(Y)$ *sont de dimension finie. Alors les espaces* $V^{r,s}(Y)$ *et* $\Lambda_c^{n-r,n-s}(Y)$ *peuvent être munis d'une structure de Fréchet et sont en dualité (topologique).*

DEMONSTRATION.- On considère cette fois les suites transposées :

$$(a) \qquad A^{r-1,s}(Y) \oplus A^{r,s-1}(Y) \xrightarrow{d'_a \oplus d''_a} A^{r,s}(Y) \xrightarrow{d'_a d''_a} A^{r+1,s+1}(Y)$$

$$(b) \qquad K_c^{n-r+1,n-s}(Y) \oplus K_c^{n-r,n-s+1}(Y) \xleftarrow{d_b} K_c^{n-r,n-s}(Y) \xleftarrow{d'_b d''_b} K_c^{n-r-1,n-s-1}(Y) \quad .$$

La finitude de la dimension de $H^s(Y,\Omega^r)$ et $H^r(Y,\Omega^s)$ qui est isomorphe à $H^r(Y,\bar{\Omega}^s)$ implique que les deux applications d'_a et d''_a de la première flèche de (a) sont des homomorphismes ; $\Lambda^{r+1,s+1}(Y)$ étant de dimension finie, les deux applications d'_a et d''_a de la seconde flèche le sont aussi, d'où la proposition.

De manière analogue, on a :

COROLLAIRE 8.- *Si les espaces* $H^j(Y,\Omega^i)$ *sont de dimension finie pour* i = r, j = s,

$s+1$; $i = s$, $j = r$; $i = s+1$, $j = r+1$, *alors les espaces* $V^{r,s}(Y)$ *et* $\Lambda^{n-r,n-s}(Y)$ *sont en dualité (topologique).*

PROPOSITION 5.- *Soit* Z *une variété analytique complexe de dimension* n, Y *un ouvert de* Z, $X = Z\setminus Y$. *Si les espaces*

i) $V^{r,s}(Y)$ *et* $\Lambda_c^{n-r,n-s}(Y)$

ou

ii) $V^{r,s}(Y)$, $\Lambda_c^{n-r,n-s}(Z)$ *et* $\tilde{V}_c^{n-r-1,n-s-1}(X)$

sont de dimension finie, alors $V^{r,s}(Y)$ *et* $\Lambda_c^{n-r,n-s}(Y)$ *sont en dualité (topologique).*

DEMONSTRATION.- Si i) est vérifié les applications de la suite a) dans la démonstration de la proposition 4 sont des homomorphismes. D'après l'exactitude de :

$$\Lambda_c^{n-r,n-s}(Z) \leftarrow \Lambda_c^{n-r,n-s}(Y) \leftarrow \tilde{V}_c^{n-r,n-s-1}(X)$$

ii) $\Rightarrow$ i).

COROLLAIRE 9.- *Si les espaces* $H_c^{n-j}(Y,\Omega^{n-i})$ *sont de dimensions finies pour* $i = r$, $j = s-1$; $i = r+1$, $j = s$; $i = s$, $j = r-1$, r ; $V^{r,s}(Y)$ *et* $\Lambda_c^{n-r,n-s}(Y)$ *sont en dualité (topologique).*

DEMONSTRATION.- Analogue à celle du corollaire 8 en considérant la suite b) de la démonstration de la proposition 4.

THEOREME 3.- *Soit* Z *une variété complexe de dimension* n, *vérifiant : les* $H^j(Z,\Omega^i)$ *sont des espaces vectoriels de dimension finie pour* $i = r$, $j = s, s+1$; $i = r+1$, $j = s+2$; $i = s$, $j = r$; $i = s+1$, $j = r+1$, $r+2$ *et si de plus* $V^{r,s}(Y)$ *(resp.* $\Lambda^{r+1,s+1}(Y)$*) est en dualité avec* $\Lambda_c^{n-r,n-s}(Y)$ *(resp.* $V_c^{n-r-1,n-s-1}(Y)$*) alors les deux suites*

$$(1) \qquad V^{r,s}(Z) \to V^{r,s}(Y) \overset{\partial_1}{\to} \Lambda_X^{r+1,s+1}(Z) \to \Lambda^{r+1,s+1}(Z) \to \Lambda^{r+1,s+1}(Y)$$

$$(2) \qquad \Lambda_c^{n-r,n-s}(Z) \leftarrow \Lambda_c^{n-r,n-s}(Y) \overset{\partial_1}{\leftarrow} \tilde{V}^{n-r-1,n-s-1}(X) \leftarrow V_c^{n-r-1,n-s-1}(Z) \leftarrow V_c^{n-r-1,n-s-1}(Y)$$

sont transposées.

DEMONSTRATION.- Analogue à celle du théorème 2 du chapitre précédent en appliquant à Z les corollaires 8 et 9. Les morphismes de restriction et prolongement sont continus car induits par les morphismes d, d' ⊕ d", d'd" des courants ou des formes différentielles. On a une structure de Fréchet sur $\Lambda_X^{r+1,s+1}(Z)$ rendant continues ∂_1 et ∂_2, induite par celles de $V^{r,s}(Y)$ et $\Lambda^{r+1,s+1}(Y)$. Tous les morphismes des suites sont des homomorphismes par exactitude. On peut alors appliquer le lemme de cinq et obtenir une application linéaire bijective continue entre $(\Lambda_X^{r+1,s+1}(Z))$ et $\tilde{V}^{n-r-1,n-s-1}(X)$. On termine alors comme dans la démonstration du théorème 2 du chapitre I.

COROLLAIRE 10.- *Soit* Z (*resp.* Y) *une variété analytique* (*resp. un ouvert de* Z) *fortement* (q-1)-*pseudoconvexe. Les suites* (1) *et* (2) *ci-dessus sont pour* $\min(r,s) \geq q$ *transposées l'une de l'autre.*

DEMONSTRATION.- Sous les hypothèses ci-dessus, les conditions du théorème 3 sont vérifiées d'où le corollaire.

COROLLAIRE 11.- *Soit* Z *une variété algébrique projective de dimension* n, X *une sous-variété de dimension* q, *intersection complète dans* Z, $Y = Z\setminus X$. *Pour* $\min(r,s) \geq n - q - 1$, *les suites* (1) *et* (2) *sont transposées l'une de l'autre.*

DEMONSTRATION.- Si Z est compact, il est fortement (-1)-pseudoconvexe et sous les hypothèses Y est (n - q -1)-complet. On peut donc appliquer le théorème 3.

Pour q = 0, on déduit immédiatement le

COROLLAIRE 12.- *Soit* Z *algébrique projective de dimension* n, 0 *un point de* Z, $Y = Z\setminus\{0\}$. *Alors les suites*

$$(1)\qquad V^{n-1,s}(Z) \to V^{n-1,s}(Y) \to \Lambda^{n,s+1}_{\{0\}}(Z) \to \Lambda^{n,s+1}(Z) \to \Lambda^{n,s+1}(Y)$$

$$(2)\qquad \Lambda^{1,n-s}(Z) \leftarrow \Lambda_c^{1,n-s}(Y) \leftarrow \tilde{V}^{o,n-s-1}(\{0\}) \leftarrow V^{o,n-s-1}(Z) \leftarrow V_c^{o,n-s-1}(Y)$$

($s \geq 1$), *sont transposées l'une de l'autre.*

COROLLAIRE 13.- *Soit* Y *un ouvert non compact d'une variété analytique* Z *vérifiant* $H^n(Z,\Omega^{n-i})$ *sont de dimension finie pour* i = 0,1. *Alors* $V^{n,n}(Y) = \Lambda^{n,n}(Y) = 0$.

DEMONSTRATION.- De la suite exacte : $H^n(Z,\Omega^{n-i}) \to H^n(Y,\Omega^{n-i}) \to H_X^{n+1}(Z,\Omega^{n-i})$, on obtient que les espaces $H^n(Y,\Omega^{n-i})$ sont de dimension finie (i = 0,1). Comme

$H^{n+1}(Y,\Omega^n) = H^n(Y,\Omega^{n+1}) = \Lambda^{n+1,n+1}(Y) = 0$, on a $(V^{n,n}(Y))' \cong \Lambda_c^{o,o}(Y) = 0$ (proposition 4), d'où, d'après le corollaire 7, $(\Lambda^{n,n}(Y))' \cong V_c^{o,o}(Y) = 0$.

REMARQUE 1.- D'après [Si], $H^n(Y,\Omega^r) = 0$ pour tout r et toute variété analytique non compacte. Le corollaire 13 est donc vérifié en fait pour toute variété Y non compacte de dimension n.

REMARQUE 2.- Le corollaire 12 s'obtient directement par un raisonnement analogue pour la d'd"-cohomologie au calcul de la d"-cohomologie de $(\mathbb{C}^n \setminus \{0\})$ du chapitre précédent.

BIBLIOGRAPHIE

[A.G] A. ANDREOTTI & H. GRAUERT : Théorèmes de finitude pour la cohomologie des espaces complexes, Bull. Soc. Math. de France, t.90, 1962, p. 193-289.

[A.N.1] A. ANDREOTTI & F. NORGUET : Convexité holomorphe dans l'espace des cycles d'une variété algébrique, Ann. Sc. Norm. Sup. Pisa, vol. 21,1967.

[A.N.2] A. ANDREOTTI & F. NORGUET : Cycles of algebraïc manifolds and d'd"-cohomology, Ann. Sc. Norm. Sup. Pisa, vol. 25, Fasc. 1, 1971.

[B] D. BARLET : Convexité au voisinage d'un cycle, Lect. Notes in Math. n°807, Fonctions de plusieurs variables complexes IV, Sem. F. Norguet, Springer Verlag, p. 102-121.

[D1] P. DOLBEAULT : Formes différentielles et cohomologie sur une variété analytique complexe I et II, Ann. of Math., t. 64 et 65, 1956 et 1957.

[D2] P. DOLBEAULT : Theory of residues and homology, Ist. Naz. di Alta mat. Symposia Mat., III, 1970, p. 295-304.

[D3] P. DOLBEAULT : Theory of residues in several variables, Summer college on global analysis and its applications, 1972, Intern. Center for theorical Physics, Trieste.

[G.R] R. GERARD & J.P. RAMIS : Equations différentielles et systèmes de Pfaff..., Lect. Notes in Math., n° 1015, p. 243-306, Springer Verlag.

[G] A. GROTHENDICK : Espaces vectoriels topologiques, Sao-Paulo.

[LF] S. LEFSCHETZ : Algebraïc topology, New-York, Amer. Math. Soc., 1942. (Amer. Math. Soc. Coll. Publ., 27).

[L1] J. LERAY : Le calcul différentiel et intégral sur une variété analytique complexe, problème de Cauchy III, Bull. Soc. Math. de France, t. 87, 1959, p. 81-180.

[L2] J. LERAY : La théorie des résidus sur une variété analytique complexe, C.R. Acad. Sc. Paris, t. 247, 1958, p. 2253-2257.

[M] A. MARTINEAU : Les hyperfonctions de M. Sato, Sém. Bourbaki, n°214.

[N 1] F. NORGUET : Sur la théorie des résidus, C.R. Acad. Sc. Paris, t. 248, 9159, p. 2057-2059.

[N2] F. NORGUET : Sur la cohomologie des variétés analytiques complexes et sur le calcul des résidus, C.R. Acad. Sc. Paris, 258, 1964, p. 403-405.

[N3] F. NORGUET : Introduction à la théorie cohomologique des résidus, Sém. P. Lelong, 1970, Lect. Notes in Math., n° 205, Springer Verlag, 1971, p. 34-55.

[N4] F. NORGUET : Sur la cohomologie des variétés analytiques complexes, Bull. Soc. Math. de France, t. 100, 1972, p. 435-447.

[O1] S. OFMAN : Intégrale sur les cycles, résidus transformée de Radon, Thèse de 3° cycle, Paris VII, 27 juin 1980.

[O2] S. OFMAN : Intégrale sur les cycles analytiques compacts d'une variété algébrique projective complexe privée d'un point, C.R. Acad. Sc. Paris, t. 292, 1981, p. 259-262.

[S] J.P. SERRE : Un théorème de dualité, Comm. Math. Helv., vol.29, 1955, p. 9-26.

[SI] Y.T. SIU : Analytic sheaf cohomology groups of dimension n of n-dimensional non compact manifold, Pacific Journ. Math. vol.28, n°2, 1969, p. 407-411.

TRANSFORMÉE DE RADON ET INTÉGRALE SUR LES CYCLES ANALYTIQUES COMPACTS DE CERTAINS OUVERTS DE L'ESPACE PROJECTIF COMPLEXE (*)

par

Salomon OFMAN

INTRODUCTION

Le but de cet article est l'étude de la transformation de Radon $\mathcal{R}$ introduite par Gindikin et Henkin dans [G.H] pour certains ouverts Y de $\mathbb{P}_n$. La transformée de Radon de $\bar{\psi} \in H^{n-1}(Y,\Omega^n)$ est définie sur les couples (ξ,η) de formes linéaires sur $\mathbb{C}^{n+1}$, (où $<\xi,z>$ et $<\eta,z>$ désignent les valeurs prises par ξ et η au point z de $\mathbb{C}^{n+1}$, $<\xi,z> = 0$ et $<\eta, z> = 0$ étant des équations homogènes des hyperplans $\check{\xi}$ et $\check{\eta}$ de Y) par la formule :

$$(4) \qquad \mathcal{R}\,\bar{\psi}(\xi,\eta) = \int_{\check{\xi}} <\xi,dz> \lrcorner\, \psi \,.\, <\eta,z> \qquad \text{où } \psi \in \bar{\psi}$$

$\mathcal{R}\,\bar{\psi}(\xi,\eta)$ définit en fait une section d'un fibré sur l'espace des drapeaux $(\check{\xi},\check{\xi} \cap \check{\eta})$.

La définition peut s'écrire encore sous la forme :

$$\mathcal{R}\,\bar{\psi}(\xi,\eta) = \int_{\check{\xi}} \mathrm{Res}_{\check{\xi}} \frac{\psi \,.\, <\eta,z>}{<\xi,z>} \qquad \text{où } \psi \in \bar{\psi}.$$

Sous certaines hypothèses, ([G.H]) montre que la transformée $\mathcal{R}$ est injective et en donnent l'image.

Le premier chapitre de cet article montre comment cette transformation intégrale peut être obtenue par dualité, ce qui permet de la considérer dans le cadre des résidus de ([O3]). Dans le second chapitre, on démontre une formule mettant en relation la transformée de Radon et l'intégration sur les cycles ([O4]) et ([O5]). Cette formule permet de passer de certaines propriétés de l'une à celles de l'autre.

(*) Rédaction définitive des chapitres III et IV de la thèse de 3° cycle de l'auteur([O1]).

Ceci démontre les résultats de ([02]). Gindikin et Henkin définissent également une transformation de Radon sur $H^q(Y,\Omega^n)$ par intégration sur les q-plans ; nous espérons étendre ultérieurement nos résultats à ce cas et au cas général de $H^p(Y,\Omega^q)$ avec $p \leq q \leq n$.

CHAPITRE I

TRANSFORMÉE DE RADON
ET THÉORIE DES RÉSIDUS

1.-Nous avons besoin de considérer les couples d'ouverts dont les formes différentielles d''-fermées vérifient certaines conditions de densité. Plus précisément :

Définition.- On dira que deux ouverts U et U' forment une p-paire de Runge si $U' \subset U$ et si l'image de l'homomorphisme de restriction $r_U^{U'} : Z^{q,q}(U) \to Z^{q,q}(U')$ est d'image dense , $Z^{q,q}(U)$ étant l'ensemble des formes différentielles d''-fermées sur Y, de type (q,q)).

2.- On considère Ω^n, faisceau des germes de formes différentielles holomorphes de type (n,0), Y ouvert de $\mathbb{P}_n$, X complémentaire de Y dans $\mathbb{P}_n$. On supposera Y fortement concave, d'après le corollaire 6 de ([O3]), $H^n(Y,\Omega^n) = 0$ et l'on peut appliquer le théorème 2 de ([O3]).

Proposition 1.- *Il existe un isomorphisme canonique* $\alpha : H^{n-1}(Y_\eta,\Omega^n) \to H^n_X(\mathbb{P}_n,\Omega^n)$ *tel que l'application de restriction* $r_\eta : H^{n-1}(Y,\Omega^n) \xrightarrow{r_\eta} H^{n-1}(Y_\eta,\Omega^n)$ *est la composée du morphisme* $\delta : H^{n-1}(Y,\Omega^n) \xrightarrow{\delta} H^n_X(\mathbb{P}_n,\Omega^n)$ *avec* α^{-1}, *où* $Y_\eta = \{z, \langle\eta,z\rangle \neq 0\}$ $\check{\eta}$ *étant un hyperplan contenu dans* Y *d'équation homogène :* $\langle\eta,z\rangle = \sum_{i=0}^{n} \eta_i z_i$ *si* $\eta = (\eta_o,\dots,\eta_n)$, $z = (z_o,\dots,z_n)$.

On supposera désormais que X est un compact contenu dans un ouvert de carte de $\mathbb{P}_n$.

Remarque 1.- Par hypothèse X est un compact contenu dans une carte, il existe un hyperplan de $\mathbb{P}_n$ (au moins l'hyperplan à l'infini) qui ne passe pas par X. En fait, il en existe une infinité, car on peut considérer X compact contenu dans $\mathbb{C}^n$, et tout hyperplan de $\mathbb{C}^n$, ne passant pas par X se prolongera en hyperplan de $\mathbb{P}_n$ ne passant pas par X.

Démonstration de la proposition.- Soit $\bar{\psi}' \in H^{n-1}(Y_\eta, \Omega^n)$, on lui fait correspondre $f \in (H^0(X,\mathcal{O}))'$ de la manière naturelle suivante : $\langle f,x \rangle = \int_{\partial U_\eta} x\,\psi'$ où U_η est un ouvert relativement compact contenant X, disjoint de η.

Ceci étant indépendant de U choisi contenant X :

$$\int_{\partial U_\eta \setminus \partial U'_\eta} x\,\psi' = \pm \int_{U_\eta \setminus U'_\eta} d(x\,\psi') = \int_{U_\eta \setminus U'_\eta} d''(x\,\psi') = 0$$

car ψ' est d''-fermée de degré maximal en z et x est holomorphe.

Cela permet de définir un isomorphisme α' entre le dual des fonctions holomorphes sur X, à savoir le dual de $H^0(X,\mathcal{O})$ et $H^{n-1}(Y,\Omega^n)$. D'après le théorème I, chapitre I de [03], $H^0(X,\mathcal{O}))' = H^n(X,\Omega^n_{\mathbb{P}_n})$ ce qui termine la démonstration.

Corollaire 1.- $r_\eta : H^{n-1}(Y,\Omega^n) \to H^{n-1}(Y_\eta,\Omega^n)$ *est injective et son image est donnée par la classe* $\bar{\psi}' \in H^{n-1}(Y_\eta,\Omega^n)$ *représentée par* ψ' *tel que* $\int_{\partial Y_\eta} \psi' = 0$.

Démonstration.-

i) r_η est injective : cela résulte de la proposition 2 et de l'exactitude de la suite :

$$H^{n-1}(\mathbb{P}_n,\Omega^n) \to H^{n-1}(Y,\Omega^n) \to H^n_X(\mathbb{P}_n,\Omega^n) \to H^n(\mathbb{P}_n,\Omega^n) \quad \text{où } H^{n-1}(\mathbb{P}_n,\Omega^n) = 0.$$

ii) La seconde partie du corollaire résulte de l'étude de l'image par ∂ de $H^{n-1}(Y, {}^n)$.

On considère les deux suites exactes transposées (1) et (2) :

$$(1) \qquad 0 \to H^{n-1}(Y,\Omega^n) \xrightarrow{\partial} H^n_X(\mathbb{P}_n,\Omega^n) \xrightarrow{pr} H^n(\mathbb{P}_n,\Omega^n) \to 0$$

$$(2) \qquad 0 \leftarrow H^1_c(Y,\mathcal{O}) \xleftarrow{\delta} H^0(X,\mathcal{O}) \xleftarrow{r'} H^0(\mathbb{P}_n,\mathcal{O}) \leftarrow 0$$

Soit $\bar{\varepsilon} \in H^n_X(\mathbb{P}_n,\Omega^n) \cap \partial(H^{n-1}(Y,\Omega^n)) \iff pr\,\bar{\varepsilon} = 0,\ \forall f \in H^0(\mathbb{P}_n,\mathcal{O}),\ \{\bar{\varepsilon},r'f\} = 0.$ $H^0(\mathbb{P}_n,\mathcal{O})$ étant un espace vectoriel complexe de dimension un, et r' étant injective en identifiant la fonction constante égale à 1 sur $\mathbb{P}_n$ avec celle égale à 1 sur X, on en tire :

$$\bar{\varepsilon} \in (H^{n-1}(Y,\Omega^n)) \iff \{\bar{\varepsilon},r'1\} = \{\bar{\varepsilon},1\} = 0$$

D'après la proposition 1 et l'isomorphisme α cela équivaut à :

$$\int_{\partial Y_\eta} \psi' = 0 \quad \text{où} \quad \bar{\varepsilon} = \varepsilon\bar{\psi}'$$

ce qui termine la démonstration.

3.- Nous allons retrouver ici certaines propriétés de la transformée de Radon de [G.H] :

Proposition 2.- *Soit* $\bar{\psi} \in H^{n-1}(Y,\Omega^n)$, $\check{\xi}$ *un hyperplan affine de* Y, $\check{\eta}$ *hyperplan de* Y *distinct de* $\check{\xi}$, *respectivement d'équation homogène* $<\xi,z>$ *et* $<\eta,z>$ *dans* $\mathbb{C}^{n+1}$. *Alors*

$$(3) \qquad \mathcal{R}\,\psi(\xi,\eta) = \int_{\check{\xi}} \psi \cdot \frac{<\eta,z>}{d\,<\xi,z>} = \{\bar{\varepsilon},\partial(\eta/\xi)\}$$

où $\bar{\varepsilon} = \partial\bar{\psi}$ *et les crochets sont ceux de la dualité.*

On peut montrer ([M1]) que la valeur de (3) ne dépend que de la classe de cohomologie de ψ dans $H^{n-1}(Y,\Omega^n)$ et la valeur de l'intégrale est appelée transformée de Radon de ψ, on peut donc noter indifféremment :

$$\mathcal{R}\,\psi(\xi,\eta) = \mathcal{R}\,\bar{\psi}(\xi,\eta) = \int_{\check{\xi}} \psi \cdot \mathrm{Res}_{\xi}\psi \cdot \frac{<\eta,z>}{<\xi,z>}$$

Démonstration de la proposition.-

i) Explicitons la formule (3) : ψ étant une forme de type (n,n-1), d''-fermée de degré maximal en z, on peut diviser ψ par une forme de type (1,0) ([L]) et si $f(z) = <\eta,z> / <\xi,z>$, f définit une fonction holomorphe au voisinage de X, donc $f \in H^0(X,\mathcal{O})$. Enfin $\psi \,.\, <\eta,z>/<\xi,z>$ définit une forme homogène d"-fermée, donc une forme différentielle d"-fermée dans $Y - \check{\xi}$ où $\check{\xi}$ est l'hyperplan de $\mathbb{P}_n$ définie par l'équation homogène $<\xi,z> = 0$.

ii) <u>Démonstration de la formule (3)</u> : $d''vp(f) = d''(\eta vp(1/\xi)) = \eta d''vp(1/\xi)$ (la multiplication commute avec l'opérateur vp valeur principale, et η est holomorphe) et $d''(vp(d\xi/\xi)) = d\xi \wedge d''(vp(1/\xi)) = + 2i\pi\{\xi\}$, d'après la formule de Kodaira pour les diviseurs.

On réalise alors δ par l'opérateur : $+ 2i\pi(d''vp)$ et la forme ψ de type $(n,n-1)$ s'écrit : $\psi = d<\xi,z> \wedge \varepsilon$, on a donc

$$\{\bar{\psi},\delta f\} = \{d\xi \wedge \bar{\varepsilon},\delta f\} = \{\bar{\varepsilon},d\xi \wedge \delta f\} = 2i\pi \;.\; \{\bar{\varepsilon},\eta \,.\, \{\xi\}\} =$$

$$2i\pi \,.\int_{\check{\xi}} \bar{\varepsilon} \,.\, <\eta,z> \; = \; 2i\pi \,.\int_{\check{\xi}} \frac{\bar{\psi} \,.\, <\eta,z>}{d<\xi,z>} = 2i\pi \,\mathcal{R}\,\psi(\xi,\eta)$$

<u>Remarque 2</u>.- D'après la définition du résidu ([L]) et du produit intérieur, on peut encore écrire les égalités pour la formule (3)

$$\int_{\check{\xi}} \frac{\psi}{d<\xi,z>} \,.\, <\eta,z> = \int_{\check{\xi}} \mathrm{Res}_{\check{\xi}} \frac{\psi \,.\, <\eta,z>}{<\xi,z>} = \int_{\check{\xi}} <\xi,dz> \lrcorner\, \psi \,.\, <\eta,z>$$

$dz = (dz_o,\dots,dz_n)$.

<u>Corollaire 2</u>.- *Si* $\mathcal{F}$ *est l'indicatrice de Fantappiè définie pour* $\bar{\varepsilon} \in H^n(X,\Omega^n)$ *par :*

$$\mathcal{F}\,\bar{\varepsilon}\,(f) = \{\bar{\varepsilon},f\} \quad \text{où} \quad f \in H^0(X,\mathcal{O})$$

on a pour $\bar{\varepsilon} \in \partial H^{n-1}(Y,\Omega^n)$

$$\frac{1}{2i\pi} <\mathcal{F}\,\bar{\varepsilon},\frac{\eta}{\xi}> = \mathcal{R}\,\bar{\psi}(\xi,\eta) \quad \text{où} \quad \bar{\psi} = \partial\bar{\varepsilon}$$

<u>Démonstration</u>.- On a les isomorphismes transposés ([O3] et proposition 2 ci-dessus) :

(1') $\qquad H^{n-1}(Y,\Omega^n) \rightarrow H^n_X(\mathbb{P}_n,\Omega^n)$

(2') $\qquad H^1_c(Y,\mathcal{O}) \leftarrow H^0(X,\mathcal{O})$

d'où

$$\{\partial\bar{\psi}\,,\eta/\xi\} = \{\bar{\psi},\partial(\eta/\xi)\} = \{\bar{\varepsilon},\,\eta/\xi\},$$

(en posant $\bar{\varepsilon} = \partial\bar{\psi}$).

D'après la formule (3) de la proposition 2,

$$\mathcal{R}\bar{\psi}(\xi,\eta) = \{\bar{\varepsilon},\delta(<\eta,z>/<\xi,z>)\} = \mathcal{F}\bar{\varepsilon}.(\eta/\xi) .$$

L'application : $z \longmapsto <\eta,z>/<\xi,z>$ n'ayant de singularité que sur $\check{\xi}$, elle définit au voisinage de X une fonction holomorphe.

- Injectivité de la transformation de Radon -

i) On utilise tout d'abord un lemme de démonstration analogue à celle de [K] (voir [G.H]).

Lemme 1.- *Soit* B *une boule fermée contenue dans un ouvert de carte de* $\mathbb{P}_n$. *Alors si* ψ *est une forme différentielle* d''-*fermée dans* $Y = \mathbb{P}_n - B$ *et appartient au noyau de* $\mathcal{R}$ *sur* Y, ψ *est* d''-*exacte (c'est-à-dire* $\ker \mathcal{R} = 0$ *sur* $H^{n-1}(\mathbb{P}_n - B,\Omega^n)$.

ii) Soit alors $X \subset B$, on a une application naturelle : $H^n_X(\mathbb{P}_n,\Omega^n) \to H^n_B(\mathbb{P}_n,\Omega^n)$ et les suites excates

$$(3) \qquad 0 \to H^{n-1}(\mathbb{P}_n - B,\Omega^n) \xrightarrow{\partial_1} H^n_B(\mathbb{P}_n,\Omega^n) \xrightarrow{pr_1} H^n(\mathbb{P}_n,\Omega^n) \to 0$$

$$\uparrow r \qquad\qquad \uparrow pr \qquad\qquad \uparrow i$$

$$(4) \qquad 0 \to H^{n-1}(\mathbb{P}_n - X,\Omega^n) \xrightarrow{\partial_2} H^n_X(\mathbb{P}_n,\Omega^n) \xrightarrow{pr_2} H^n(\mathbb{P}_n,\Omega^n) \to 0$$

Le diagramme est commutatif par fonctorialité des morphismes, r étant l'application de restriction qui à une forme ψ sur $\mathbb{P}_n - X$, lui associe sa restriction à $\mathbb{P}_n - B$, pr étant le prolongement de l'hyperfonction à support dans X en une hyperfonction à support dans B, i étant l'application identité.

iii) Soit alors $\bar{\psi} \in H^{n-1}(\mathbb{P}_n - X,\Omega^n)$ telle que $\mathcal{R}\bar{\psi} = 0$. $\forall f \in H^0(X,\mathcal{O})$ telle que $f(z) = <\eta,z>/<\xi,z>$ où η et ξ sont des équations homogènes d'hyperplans de Y, $\mathcal{R}\bar{\psi}(\xi,\eta) = 0$ équivaut d'après la proposition 2, à $\{\partial_2\bar{\psi},f\} = 0$. On pose $\bar{\varepsilon} = \partial_2\bar{\psi}$, $f'(z) = <\eta,z>/<\xi',z>$ où ξ' est un hyperplan contenu dans $\mathbb{P}_n - B = Y'$ et $\bar{\varepsilon}' = pr\ \bar{\varepsilon}$. Soit r' la restriction naturelle : $H^0(B,\mathcal{O}) \to H^0(X,\mathcal{O})$, on a :

$$\{\partial_2\bar{\psi},r'f'\} = \{\bar{\varepsilon},r'f'\} = \{pr\ \bar{\varepsilon},f'\} = \{\bar{\varepsilon}',f'\} = 0.$$

iv) D'après le théorème 2 du chapitre I de [O3], on a les suites transposées :

$$(3) \qquad 0 \to H^{n-1}(\mathbb{P}_n - B,\Omega^n) \xrightarrow{\partial_1} H^n_B(\mathbb{P}_n,\Omega^n) \xrightarrow{pr_1} H^n(\mathbb{P}_n,\Omega^n) \to 0$$

$$(3') \qquad 0 \leftarrow H^1_c(\mathbb{P}_n - B,\mathcal{O}) \xleftarrow{\delta_1} H^0(B,\mathcal{O}) \xleftarrow{r'_1} H^0(\mathbb{P}_n,\mathcal{O}) \leftarrow 0$$

Soit $\bar{\varepsilon}' \in \partial_1(H^{n-1}(\mathbb{P}_n - B,\Omega^n))$, $\varepsilon' = \partial_1\bar{\psi}'$, $\psi' \in H^{n-1}(\mathbb{P}_n - B,\Omega^n)$; si de plus $\mathcal{F}\varepsilon' = 0$, c'est-à-dire d'après la proposition 2, $\{\bar{\varepsilon}',\eta/\xi\} = 0 \;\; \forall\, \xi'$ hyperplan de Y', par dualité on a :

$$\{\psi',\delta_1(\eta/\xi)\} = 0 \iff \text{(d'après le lemme 1)} \quad \bar{\psi}' = 0,$$

donc $\bar{\varepsilon}' = \partial_1\bar{\psi}' = 0$.

v) $\bar{\varepsilon}' = 0 \iff \{\bar{\varepsilon}',f'\} = 0$, $\forall\, f' \in H^0(\overset{\circ}{B},\mathcal{O})$. Par hypothèse X possède un système fondamental de voisinages formant avec $\overset{\circ}{B}$, une paire de Runge. Pour tout $f \in H^0(X,\mathcal{O})$, on a une suite $f'_\nu \in H^0(B,\mathcal{O})$ telle que $r'f = \lim\limits_\nu f'_\nu$; $\{\bar{\varepsilon},f\} = \lim\limits_\nu \{\text{pr}\,\bar{\varepsilon},r'f_\nu\} = \lim\limits_\nu\{\varepsilon',f'_\nu\} = 0$. $\bar{\varepsilon}$ étant nulle sur tous les éléments de son dual topologique est nulle, autrement dit ε est d"-exacte.

vi) $\partial_2 : H^{n-1}(\mathbb{P}_n - X,\Omega^n) \to H^n_X(\mathbb{P}_n,\Omega^n)$ étant injective d'après la proposition 1 et $\bar{\varepsilon} = \partial_2\bar{\psi}$, ψ est d"-exacte. On a démontré le

<u>Théorème 1</u>.- *Soit* X *un compact de* $\mathbb{P}_n$ *contenu dans une boule* B *d'un ouvert de carte. Si*

i) $\mathbb{P}_n - X$ *est fortement concave*

ii) X *possède un système fondamental de voisinages ouverts* V_X *contenus dans* $\overset{\circ}{B}$ *tel que* $(\overset{\circ}{B},V_X)$ *forment une paire de Runge*.

Alors la transformée de Radon sur $H^{n-1}(\mathbb{P}_n - X,\Omega^n)$ *est injective.*

<u>Remarque</u>.- En fait, sous les hypothèses du théorème 1, on a encore l'injectivité de l'application $\mathcal{R}_\eta$ définie sur $H^{n-1}(\mathbb{P}_n\backslash X,\Omega^n)$ par : $\mathcal{R}_\eta\bar{\psi}(\varepsilon) = \bar{\psi}(\xi,\eta)$.

CHAPITRE II

INTÉGRALES SUR LES CYCLES ET TRANSFORMÉE DE RADON

1.- TRANSFORMEE DE RADON

i) Soit X un compact de $\mathbb{P}_n$, Y son complémentaire, ψ une forme différentielle sur Y, de type (n,n-1), d''-fermée, d'après le théorème de Dolbeault, elle est le représentant d'un élément de $H^{n-1}(\mathbb{P}_n - X,\Omega^n)$. Comme au chapitre précédent, $\mathcal{R}$ désigne la transformation intégrale :

$$\mathcal{R}\psi(\xi,\eta) = \int_{\check{\xi}} \mathrm{Res}_{\check{\xi}} \frac{\psi \,.\, \langle\eta,z\rangle}{\langle\xi,z\rangle}$$

$\langle\xi,z\rangle$ et $\langle\eta,z\rangle$ étant les formes linéaires sur $\mathbb{C}^{n+1}$ $\sum_{i=0}^{n} \xi_i z_i$ et $\sum_{i=0}^{n} \eta_i z_i$ dont les zéros donnent une équation homogène des hyperplans notés $\check{\xi}$ et $\check{\eta}$ contenus dans Y, transformation qui définit par passage au quotient une application sur $H^{n-1}(Y,\Omega^n)$.

Notations.- Pour alléger l'écriture, on confondra systématiquement, sauf mention expresse du contraire, lorsque les égalités ne dépendront que des classes d'équivalence des formes différentielles dans leurs groupes de cohomologie, ces classes et leurs représentants. Dans le cas contraire, ces classes seront représentées en utilisant un de leurs représentants surmonté d'une barre.

2.- FORMULE DES RESIDUS

Définition.-([L]). Soit ψ une forme d-fermée sur Y - S (S hypersurface de Y) ayant une singularité polaire à l'ordre un sur S. Alors au voisinage de chaque point $y \in S$, il existe des formes $\mathcal{C}^\infty$, ζ_y et θ_y, telles que

$$\psi_y = \frac{ds}{s} \wedge \zeta_y + \theta_y$$

où $\zeta_{|S}$ est une forme fermée ne dépendant que de ψ et appelée forme-résidu de ψ.

On note rés $\psi = s\phi/ds_{|S}$.

En particulier si ψ est une forme régulière au voisinage de y (c'est-à-dire $\mathscr{C}^\infty$), telle que $\frac{\psi_y}{s_y}$ est indépendante de y et fermée sur Y - S, on écrira rés$(\psi/s) = \psi/ds_{|S}$; de plus si ψ est holomorphe sur Y - S, rés(ψ) est holomorphe. L'homomorphisme cobord de l'homologie à support compact $\partial : H_{2n-2}(S) \to H_{2n-1}(Y - S)$ se réalise en fibrant un cycle par des cercles à une dimension réelle.

La formule des résidus met en dualité les applications rés et ∂ par :

$$(1) \qquad 2i\pi \int_\sigma \phi = \int_{\partial(\sigma)} (ds/s) \wedge \phi$$

où en posant $\psi = (ds/s) \wedge \phi$, ϕ = rés ψ et σ est un cycle compact de S sous la condition : ψ est d-fermée de degré 2n - 1. On a de plus la rèlation :

$$(2) \qquad d\phi/ds_{|S} = \text{Rés}((ds/s) \wedge \phi) \quad .$$

La relation (2) se déduit immédiatement de ce qui précède. En effet, $(ds/s^2) \wedge \phi = (d\phi/s) - d(\phi/s)$, c'est-à-dire en terme de classe de cohomologie de de Rham, rés$((ds/s^2) \wedge \phi)$ = rés$(d\phi/ds) = d\phi/ds_{|S}$. Désormais nous n'écrirons plus la restriction à la sous-variété S.

On considérera une forme différentielle ϕ de type (n - 1,n - 1), d"-fermée et S sera un hyperplan qu'on notera $\check{\xi}$ si $<\xi,z> = 0$ est une équation homogène de cet hyperplan dans $\mathbb{P}_n$. La variété dans laquelle nous travaillerons désormais est $\check{\mathbb{P}}_n$, et à un hyperplan $\check{\xi}$ il correspond bien entendu une infinité d'équations homogènes qui sont toutes proportionnelles.

<u>Définition</u>.- ([M1]). Un ouvert Y de $\mathbb{P}_n$ est dit linéellement concave, si par tout point de Y, on peut faire passer un hyperplan de $\mathbb{P}_n$, entièrement contenu dans Y.

Soit alors X un compact de $\mathbb{P}_n$, $X \neq \mathbb{P}_n$, $Y = \mathbb{P}_n - X$ linéellement concave, ϕ une forme différentielle sur Y. Pour tout hyperplan de Y, on peut considérer la valeur prise par $\rho_o\phi$ en $\check{\xi}$. D'autre part, si $\psi = (ds/s) \wedge \phi$, où s est une équation globale dans un ouvert V contenu dans Y de $\check{\xi} \cap V$, ψ sera d-fermée dans V ;

$$d((ds/s) \wedge \phi) = - (ds/s) \wedge d\phi : - (ds/s) \wedge d'\phi = 0 \quad d'\phi \text{ étant saturé en } z.$$

On pourra donc appliquer les formules (1) et (2) des résidus à ψ.

3.- ETUDE DE LA VARIATION DE $\int_{\check{\xi}} \phi$ FONCTION DE $\check{\xi}$

(La méthode est celle de ([N1]) et ([N2]).

Soit alors X un compact de $\mathbb{P}_n$, $X \neq \mathbb{P}_n$, $Y = \mathbb{P}_n - X$ linéellement concave, ϕ de forme différentielle sur Y. Pour tout hyperplan $\check{\xi}$ de Y, on peut considérer la valeur prise par $\rho_o\phi$ en $\check{\xi}$. Si $\psi = (ds/s) \wedge \phi$, où s est une équation locale de $\check{\xi}$, ψ sera d-fermé :

$$d((ds/s) \wedge \phi) = -(ds/s) \wedge d\phi = (-(ds/s) \wedge d'\phi = 0$$

(car $d'\phi$ est de degré maximal en z). On peut donc appliquer les formules (1) et (2) des résidus à ψ.

A) Considérons $\check{\eta}$ un hyperplan fixé contenu dans Y, $\check{\xi}$ un autre hyperplan qui peut varier dans Y, différent de $\check{\eta}$. On peut toujours (au besoin en faisant un changement linéaire de coordonnées) supposer que $\check{\eta}$ est l'hyperplan à l'infini donné par l'équation $\{z_o = 0\}$ et considérer alors l'équation inhomogène de $\check{\xi}$ en dehors de $\check{\eta}$. $\check{\xi}$ et $\check{\eta}$ étant en position générale, $\check{\xi} - \check{\eta}$ est une sous-variété de codimension 1 dans $\check{\xi}$. On a donc :

$$\int_{\check{\xi}} \phi = \int_{\check{\xi}-(\check{\xi}\cap\check{\eta})} \phi + \int_{\check{\eta}\cap\check{\xi}} \phi = \int_{\check{\xi}-(\check{\xi}\cap\check{\eta})} \phi$$

$\check{\eta}$ étant fixé, on peut donc se ramener à une carte de $\mathbb{P}_n$, ce qui permet d'avoir une équation globale (inhomogène) de $\check{\xi}' = \check{\xi} - (\check{\xi} \cap \check{\eta})$ et nous donne une paramétrisation des hyperplans par l'expression de son équation inhomogène.

B) i.- X étant un compact de $\mathbb{P}_n$ disjoint de $\check{\eta}$ hyperplan à l'infini, est encore compact dansla carte $\mathbb{P}_n - \check{\eta}$. Si $\check{\xi}$ est un hyperplan disjoint de X, en se restreignant à $Y' = \mathbb{P}_n - \check{\eta}$, on peut trouver un voisinage dans cette carte, d'hyperplans parallèles à $\check{\xi}$ disjoint de X. En effet X' étant compact disjoint de $\check{\xi}'$ fermé, on a $d(X,\check{\xi}) > 0$ dans $\mathbb{P}_n - \check{\eta}$ (où $d(X,\check{\xi})$ est la distance de X à $\check{\xi}$), et l'ensemble des hyperplans $\check{\xi}'_h$, qui se prolongent en des hyperplans $\check{\xi}_h = \check{\xi}'_h \cup (\check{\xi} \cap \check{\eta})$ dans $\mathbb{P}_n$, contenus dans le tube τ centré sur $\check{\xi}'$ et de rayon $1/2\, d(X,\xi')$ remplissent la condition voulue.

ii) On pose : $U_i = \frac{z_i}{z_o}$ $(i = 1,\dots,n)$ dans $Z\setminus\check{\eta}$, $P(u_1,\dots,u_n) = -\sum_{i=1}^{n} \frac{\xi_i}{\xi_o} u_i$ (si $\xi_o \neq 0$), $P_h(u_1,\dots,u_n) = P(u_1,\dots,u_n)/(1-h)$ $(h \in \mathbb{C}\setminus\{1\})$. Pour simplifier on note P (respectivement P_h) pour $P(u_1,\dots,u_n)$ (respectivement $P_h(u_1,\dots,u_n)$). P_h induit une équation inhomogène s_h dans $Z\setminus\check{\eta}$ de l'hyperplan $\check{\xi}_h$ d'équation homogène : $\xi_o z_o + \frac{1}{1-h} \sum_{i=1}^{n} \xi_i z_i$ par : $s_h = 1 - P_h$.

Soit $\psi_h = (ds_h/s_h) \wedge \phi = -(dP_h/(1-P_h)) \wedge \phi$, où ϕ est définie dans Y. ψ_h est une forme différentielle définie dans $Y - \check{\xi}$ et ψ_h est d-fermée de degré $2n-1$. En effet :

$$d\psi_h = d((ds_h/s_h) \wedge \phi) = (ds_h/s_h) \wedge d'\phi = 0.$$

On restreint h dans $\mathbb{C}$ en sorte que P_h appartienne au tube τ, donc $P_h \cap X = \emptyset$ et $P_o = P$. Cela revient à considérer h appartenant à un certain voisinage de 0 dans $\mathbb{C}$.

Soit ∂ l'homomorphisme de corésidu : $H_{2n-2}(\check{\xi}) \to H_{2n-1}(X - \check{\xi})$. On se place dans un ouvert Ω de Y tel que $\bar{\Omega} \subset Y' - \check{\xi}'$, choisi en sorte que $\partial(\check{\xi}') \in \Omega$.

Ceci est possible par construction de ∂ en choisissant par exemple le tube plein contenant τ de i).

On peut alors choisir $h \in \mathbb{C}$ tel que $|h/(1-P)| < 1$ pour $z \in \partial\Omega$, z étant donné par ses coordonnées inhomogènes (car sur $\partial\Omega$ par construction, $|1-P| > d > 0$). Soit $h \in D$ un voisinage de 0 dans $\mathbb{C}$ dans lequel ces conditions sont vérifiées.

iii) Il est possible de développer en série entière normalement convergente la fonction $\frac{ds_h}{s_h}$ dans Ω par rapport à h contenu dans D

$$(3) \quad \frac{ds_h}{s_h} = -\frac{dP_h}{1-P_h} = -\frac{1}{1-h}\,\frac{dP}{1-\frac{1}{1-h}} = -\frac{dP}{1-h-P} = -\frac{1}{1-P}\,\frac{dP}{1-\frac{h}{1-P}}$$

$$= -\frac{dP}{1-P} \sum_{n\geq 0} \left(\frac{h}{1-P}\right)^n .$$

<u>Lemme 1</u>.- *Soient* $\check{\xi}$ *et* $\check{\xi}_h$ *2 hyperplans parallèles dans* $Y - \check{\eta}$, *considérés comme contenus dans un* $\mathbb{C}^n = \mathbb{P}_n - \check{\eta}$, $\partial : H_{2n-2}(\check{\xi}) \to H_{2n-1}(Y - \check{\xi})$ *et* : $\tilde{\partial} : H_{2n-2}(\check{\xi}_h) \to H_{2n-1}(X - \check{\xi}_h)$, *alors il existe un cycle* τ *dans* Y *tel que l'injection de* τ *dans* $Y - \check{\xi}$, *(respectivement* $Y - \check{\xi}_h$ *) est l'image par* ∂ *(respectivement* $\tilde{\partial}$*) de* $\check{\xi}$ *(respectivement* $\check{\xi}_h$*), pourvu que* $\check{\xi}$ *et* $\check{\xi}_h$ *soient assez proches.*

Démonstration.- $\check{\eta}$ est l'hyperplan à l'infini d'équation homogène : $z_o = 0$. On peut considérer un tube τ autour de $\check{\xi}$ et $\check{\xi}_h$.

Soient $\xi_o z_o + \ldots + \xi_n z_n = 0$ et $(\xi_o + h)z_o + \xi_1 z_1 + \ldots + \xi_n z_n = 0$ équation homogène de $\check{\xi}$ et $\check{\xi}_h$, et τ le tube, ensemble des points de $\mathbb{P}_n$, d'équation homogène $\xi_o z_o + \ldots + \xi_n z_n = \varepsilon z_o$, $\varepsilon > 0$. Alors pour ε assez petit et $|h| < \varepsilon$, le tube plein $\tilde{\tau}$ est contenu dans Y et contient à la fois $\check{\xi}$ et $\check{\xi}_h$.

La condition de cocycle revient à démontrer qu'on a bien une fibration de $\check{\xi}$ et $\check{\xi}_h$. Alors dans $\mathbb{C}^n = \mathbb{P}_n - \check{\eta}$, $\tilde{\tau}$ est clairement une fibration de $\check{\xi}$ et $\check{\xi}_h$. Comme par ailleurs $\check{\xi} \cap \check{\eta} = \check{\xi}_h \cap \check{\eta}$, $\tilde{\tau}$ est encore une fibration de cette intersection, τ est bien le cocycle cherché.

Soit alors : $\psi_n = - \dfrac{dP}{(1 - P)^{n+1}} \wedge \phi$, en remplaçant dans (3), on a pour $h \in D$ dans Ω :

$$- \frac{dP_h}{1 \quad P_h} \wedge \phi = \sum_{n \geq 0} h^n \psi_n = \frac{ds_h}{s_h} \wedge \phi \tag{4}$$

iv) Les formes ψ_n sont fermées :

$$d\psi_n = - d\left[\frac{dP}{(1 - P)^{n+1}} \wedge \phi\right] = \frac{dP}{(1 - P)^{n+1}} \wedge d\phi = 0$$

par raison de type (ϕ étant une forme de type $(n - 1, n - 1)$, d"-fermée).

On peut appliquer la formule des résidus ainsi que le lemme 1 :

$$2i\pi \int_{\check{\xi}'_h} \phi = \int_{\partial(\check{\xi}'_h)} \frac{ds_h}{s_h} \wedge \phi = \sum_{n \geq 0} h^n \int_{\partial(\check{\xi}'_h)} \psi_n = \sum_{n \geq 0} h^n \int_\tau \psi_h$$

(la série est normalement convergente). D'où

$$(4') \quad \sum_{n\geq 0} h^n \int_\tau \psi_n = \sum_{n\geq 0} h^n \int_{\partial(\check{\xi}')} \psi_n = \int_{\partial(\check{\xi}')} \psi_o + 2i\pi \sum_{n\geq 1} h^n \int_{\check{\xi}'} \mathrm{Res}_{\check{\xi}'} \psi_n$$

$\displaystyle\int_{\partial(\check{\xi}')} \psi_1 = \int_{\partial(\check{\xi}')} \frac{ds}{s^2} \wedge \phi =$ (formule de Stokes appliquée à $\tilde{\tau}' = \partial(\check{\xi}')$ au

voisinage duquel $\frac{\phi}{s}$ n'a pas de singularité) $\displaystyle\int_{\partial(\check{\xi}')} \frac{d\phi}{s} = 2i\pi \int_{\check{\xi}'} \frac{\psi}{1 - P}$

(4') devient donc :

$$\int_{\check{\xi}'} = -(2i\pi)^{-1} \int_{\partial(\check{\xi}')} \frac{dP}{1 - P} \wedge \phi + h \int_{\check{\xi}'} \mathrm{Res}_{\check{\xi}'} \frac{\psi}{1 - P} +$$

$$+ \sum_{n\geq 2} h^n \int_{\check{\xi}'} \mathrm{Res}_{\check{\xi}'} \left(- \frac{dP}{(1 - P)^{n+1}} \wedge \phi\right)$$

v) Soit U l'ensemble des hyperplans contenus dans le tube plein $\tilde{\tau}$, $\vec{P}$ (respectivement $\vec{P}_h$) le vecteur de $\mathbb{C}^n$ de coordonnées les coefficients de P (respectivement P_h). Nous allons définir dans D (respectivement U), une fonction g_p (respectivement $\rho\phi$) par :

$$g_p : D \to \mathbb{C}, \quad g_p(h) = \int_{\check{\xi}_h} \phi$$

$$\rho\phi : U \to \mathbb{C}, \quad \rho\phi(\vec{P}_h) = \int_{\check{\xi}_h} \phi$$

g_p et $\rho\phi$ sont analytiques comme composées de fonctions analytiques (ou bien d'après le développement de (5)) :

$$h \longmapsto \vec{P}_h \longrightarrow \check{\xi}_h \longrightarrow \rho_o\phi(\check{\xi}_h)$$

$$g_p : h \mapsto \rho_o\phi(\check{\xi}_h), \qquad \rho\phi : \vec{P}_h \mapsto \rho_o\phi(\check{\xi}_h)$$

L'égalité (5) s'écrit encore :

$$(5') \quad g_p(h) = -\frac{1}{2i\pi} \int_{\partial(\check{\xi})} \frac{dP}{1 - P} \wedge \phi + h \int_{\check{\xi}} \frac{d\phi}{d(1 - P)} + P_2(h)$$

où P_2 est un polynôme de degré supérieur à deux en h, dépendant de ϕ et de P.

De la formule des résidus (1), on a :

$$(2i\pi)^{-1}\int_{\partial(\check{\xi})} (dP/(1-P)) \wedge \phi = -\int_{\check{\xi}} \phi = -\rho_o\phi(\check{\xi}).$$

En faisant dans (5') h = 0, on obtient :

$$(5'') \quad g_p(0) = \rho_o\phi(\check{\xi}).$$

D'autre part :

$$g'_p(0) = \int_{\check{\xi}} \phi/d(1-P) = \int_{\check{\xi}} \phi/d(1-P) = \int_{\check{\xi}\setminus(\check{\xi}\cap\check{\eta})} \text{Rés}_{\check{\xi}}[\phi/(1-P)]$$

$$s(u_1,\ldots,u_n) = 1 - P(u_1,\ldots,u_n) = \sum_{i=1}^{n} \frac{\xi_i}{\xi_o} u_i = \sum_{i=1}^{n} \frac{\xi_i}{\xi_o} \frac{z_i}{z_o},$$

l'égalité s'écrit :

$$g'_p(0) = \int_{\check{\xi}} \text{Rés}_{\check{\xi}}\phi \, . \, z_o/(<\xi,z>/\xi_o)$$

($<\xi,z> = 0$ est une équation homogène de $\check{\xi}$). D'après la définition de $\mathcal{R}$, on a donc obtenu :

$$(5''') \qquad g'_p(0) = \mathcal{R}\, d\phi\, (\frac{\xi}{\xi_o},\eta)$$

$\check{\eta}$ étant l'hyperplan à l'infini donné par l'équation $\{z_o = 0\}$. ($\frac{\xi}{\xi_o}$ étant le vecteur de $\mathbb{C}^{n+1}$ de coordonnées : $(1, \frac{\xi_1}{\xi_o}, \ldots, \frac{\xi_n}{\xi_o})$).

FORMULES (6) et (7)

D'après les définitions des fonctions g_p et $\rho\phi$ on obtient g_p comme composée des applications : $h \mapsto \vec{P}_h = \vec{P}/(1-h) \mapsto g(h) = \rho\phi(\vec{P}_h)$.

D'après la dérivation des fonctions composées, (5") et (5''') donnent :

$$(6) \qquad \boxed{[\rho\phi(\vec{P}_h)]' \, . \, \vec{P}/(1-h)^2 = [\rho\phi(\vec{P}_h)]' \, . \, \vec{P}_h/(1-h) = g'(h)}$$

et

$$(7) \qquad \boxed{\mathcal{R}\, d\phi\, (\xi/\xi_o,\eta) = [\rho\phi(\vec{P})]' \, . \, P}$$

4.- QUELQUES CONSEQUANCES DE LA FORMULE (7)

Corollaire 3.- *Soit* $\phi \in H^{n-1}(Y,\Omega^{n-1})$ *si* $\phi \in \ker\ \rho_o$, *alors* $d\phi \in \ker \mathcal{R}$, (*c'est-à-dire si* $\rho_o\phi(\check{\xi}) = 0$ *pour tout hyperplan* $\check{\xi}$ *de* Y , *alors* $\mathcal{R}\, d\phi(\xi,\eta) = 0$ *pour tout* ξ *et* η, *où* ξ *et* η *son les équations d'hyperplans contenus dans* Y).

Démonstration.- Ceci résulte immédiatement de la formule (7) si l'on remarque que $\psi \in H^{n-1}(Y,\Omega^n)$ est telle que $\mathcal{R}\psi(\xi,\eta) = 0$ pour $<\eta,z>$ équation de l'hyperplan à l'infini $\{z_o = 0\}$, qu'on peut choisir arbitrairement dans Y. On peut en effet toujours se ramener par un changement linéaire de coordonnées au cas où l'hyperplan $\check{\eta}$ est défini par l'équation $\{z_o = 0\}$.

Corollaire 4.- *Soit* X *un compact de* $\mathbb{P}_n$, *vérifiant*

i) $H^1(X,\mathbb{C}) = 0$

ii) *La transformée de Radon est injective sur* $(\mathbb{P}_n - X) = Y$.

Alors le noyau de l'application $\rho_o : H^{n-1}(Y,\Omega^{n-1}) \to H^0(C^+_{n-1}(Y),\mathcal{O})$, *est égal à* $d'H^{n-1}(Y,\Omega^{n-2})$.

Remarque.- Les hypothèses de l'injectivité de la transformation de Radon, sont vérifiées dans ([G.H]) dès que $\mathbb{P}_n - X$ est concave, ce qui est en particulier vérifié lorsque X est convexe.

Démonstration du corollaire 4.- On considère la suite de cohomologie à support compact associé à X dans $\mathbb{P}_n$: $H^1(X,\mathbb{C}) \to H^2_c(Y,\mathbb{C}) \to H^2(\mathbb{P}_n,\mathbb{C})$. Si $H^1(X,\mathbb{C}) = 0$, on en déduit, $H^2(\mathbb{P}_n,\mathbb{C})$ étant un espace vectoriel complexe de dimension un, que $H^2_c(Y,\mathbb{C})$ est un espace vectoriel complexe de dimension zéro ou un.

D'après le théorème de Poincaré : $H^{2n-2}(Y,\mathbb{C}) \cong (H^2_c(Y,\mathbb{C}))'$. La restriction à Y de la forme de Fubini ω^{n-1} n'est pas d-exacte car il existe au moins un hyperplan $\check{\eta}$ contenu dans Y et tel que $\int_{\check{\eta}} \omega^{n-1} \neq 0$. La dimension de $H^{2n-2}(Y,\mathbb{C})$ est donc égale à un et on a un générateur : $\omega^{n-1}{}_{|Y}$.

Soit alors $\bar{\phi} \in \ker \rho_o$, alors d'après le corollaire 3, $d\bar{\phi} \in \ker \mathcal{R}$, donc d'après les hypothèses faites ($\mathcal{R}$ injective), il existe une forme différentielle μ sur Y, de classe $\mathcal{C}^\infty$, de type (n,n-2) telle que $d\phi = d''\mu$. Le corollaire 4 résulte alors des lemmes suivants :

Lemme 2.- *Soit* $\bar{\phi} \in H^{n-1}(Y,\Omega^{n-1})$ *telle que* $d\bar{\phi} = 0$. *Alors si dimension de* $H^{2n-2}(Y,C) = 1$, *il existe des formes différentielles* $\mathcal{C}^\infty$ *sur* Y, θ *et* $\tilde{\theta}$ *telles que* $\phi = \lambda\omega^{n-1} + d''\theta + d'\tilde{\theta}$ *avec de plus* $d''\tilde{\theta} = 0$ $(\lambda \in \mathbb{C})$.

Démonstration.-

a) $d\phi = d''\mu$, μ étant $\mathcal{C}^\infty$, de type (n,n - 2) donc d'-fermée. On considère j l'anti-isomorphisme de conjugaison de $\mathbb{C}$, on a : $j(d'\mu) = d''j(\mu) = 0$. Il existe alors une forme différentielle $\mathcal{C}^\infty$ sur Y tel que $j(\mu) = d''\alpha$, d'où $\mu = j(d''\alpha) = d'j(\alpha)$ (l'exactitude de $j(\mu)$ résultant de la nullité de $H^n(Y,\Omega^p)$ pour tout entier p

([O3] et [S])). $d\phi = d'd''\alpha = d'\phi \iff 0 = d'(\phi - d''\alpha) = d(\phi - d''\alpha)$. Par hypothèse $\phi - d''\alpha = \lambda\omega^{n-1} + d\theta$ (car $\omega^{n-1}_{|Y}$ est un générateur de $H^{2n-2}(Y,\mathbb{C})$). En posant alors : $\tilde{\phi} = \phi - d''\alpha - \lambda\omega^{n-1}$ (8)

$$\tilde{\tilde{\phi}} \quad H^{n-1}(Y,\Omega^{n-1}),\ \tilde{\phi} \text{ étant } d''\text{-fermée car } d''\omega^{n-1} = 0 \text{ et } \tilde{\phi} = d\theta.$$

b) On décompose alors θ qui est une forme de degré $2n - 3$, en parties homogènes de type donné :

$$\theta = \theta^{n,n-3} + \theta^{n-1,n-2} + \theta^{n-3,n}$$

et par raison de type :

$$\left.\begin{array}{lr} & d''\theta^{n-1,n-2} + d'\theta^{n-2,n-1} = \phi \\ (*) & d'\theta^{n-3,n} + d''\theta^{n-2,n-1} = = 0 \\ (**) & d''\theta^{n,n-3} + d'\theta^{n-1,n-2} = 0 \end{array}\right\}$$

c) Il reste à montrer qu'on peut choisir en modifiant $\theta^{n-1,n-2}$, $\theta^{n-2,n-1}$ d''-fermée : $d''\theta^{n-3,n} = 0$, d'où en appliquant le théorème de [5] à $H^n(X,\Omega^{n-3})$) $\theta^{n-3,n} = d''\tilde{\theta}^{n-3,n-1}$. En remplaçant dans (*), on a : $d'd''\theta^{n-3,n-1} + d''\theta^{n-2,n-1} = 0$ $\iff d''(\theta^{n-2,n-1} - d'\theta^{n-3,n-1}) = 0$. On pose alors : $\tilde{\theta}^{n-2,n-1} = \theta^{n-2,n-1} - d'\theta^{n-3,n-1}$. La troisième égalité (**) devient : $\tilde{\phi} = d''\theta^{n-1,n-2} + d'\tilde{\theta}^{n-2,n-1}$ (car $d'\tilde{\theta}^{n-2,n-1} = d'\theta^{n-2,n-1}$ et $d''\tilde{\theta}^{n-2,n-1} = 0$), où $d''\tilde{\theta}^{n-2,n-1} = 0$. En remplaçant dans (8), on a

$$(9) \qquad \phi = \lambda\omega^{n-1} + d''\tilde{\theta}^{n-2,n-2} + d'\tilde{\theta}^{n-2,n-1}$$

avec $\tilde{\theta}^{n-1,n-2} = \theta^{n-1,n-2} + \alpha$ et $d''\tilde{\theta}^{n-2,n-1} = 0$.

ii) <u>Suite de la démonstration du corollaire</u>.- De (9), on tire

$$(10) \qquad \rho_o\phi(\check{\xi}) = \lambda\int_{\check{\xi}}\omega^{n-1} + \int_{\check{\xi}} d''\tilde{\theta}^{n-1,n-2} + \int_{\check{\xi}} d'\theta^{n-2,n-1}$$

$d''\tilde{\theta}^{n-2,n-1} = 0$ et $d'\tilde{\theta}^{n-2,n-1} = d\tilde{\theta}^{n-2,n-1}$, d'où : $\int_{\check{\xi}} d'\tilde{\theta}^{n-2,n-1} = 0$, c'est-à-dire en reportant dans (10) : $\rho_o\phi(\check{\xi}) = \lambda\int_{\check{\xi}}\omega^{n-1} = 0$ ($\phi \in \ker\rho_o$) $\implies \lambda = 0$. (9) devient $\phi = d''\tilde{\theta}^{n-1,n-2} + d'\tilde{\theta}^{n-2,n-1}$ avec $d''\tilde{\theta}^{n-2,n-1} = 0$, c'est-à-dire finalement $\ker\rho_o \subset d'H^{n-1}(Y,\Omega^{n-2})$; l'inclusion étant toujours vraie on a l'égalité cherchée.

Corollaire 5.- *Soient X un compact de $\mathbb{P}_n$ et U' l'ensemble des hyperplans de $\mathbb{P}_n$ contenus dans $Y = \mathbb{P}_n - X$. On suppose que Y est linéellement concave et que U' est connexe. Alors si $\ker \rho_o = d'H^{n-1}(Y,\Omega^{n-2})$, la transformée de Radon $\mathcal{R}$ restreinte à $d'H^{n-1}(Y,\Omega^{n-1})$ est injective.*

On déduit immédiatement du corollaire 4 et du corollaire 9 de [05] le

Corollaire 6.- *Soient X compact de $\mathbb{P}_n$ et U' l'ensemble des hyperplans de $\mathbb{P}_n$ contenus dans $Y = \mathbb{P}_n - X$. On suppose Y linéellement concave et U' connexe. Alors si $H'(X,\mathbb{C}) = 0$, la transformée de Radon $\mathcal{R}$ restreinte à $d'H^{n-1}(Y,\Omega^{n-1})$ est injective.*

Pour le corollaire 5 on va démontrer tout d'abord les lemmes ci-dessous.

Lemme 3.- *Soit B une boule fermée de $\mathbb{P}_n$ contenue dans un ouvert de carte $\mathbb{P}_n - \check{\eta}$ où $\check{\eta}$ est l'hyperplan à l'infini. On peut joindre tout hyperplan $\check{\xi}$ ne passant pas par B à $\check{\eta}$ en ne passant que par des hyperplans parallèles à $\check{\xi}$.*

Démonstration du lemme 3.- B étant compact et convexe, d'après le théorème de Hahn-Banach, il existe un hyperplan réel H séparant B et $\check{\xi}$ et parallèle à $\check{\xi}$. On peut donc en restant dans la composante connexe contenant $\check{\xi}$, considérer les hyperplans complexes parallèles à $\check{\xi}$, qui sont disjoints de B et dont une suite tend vers l'hyperplan à l'infini $\check{\eta}$. Il suffit pour s'en convaincre de choisir un repère orthonormé, dont un axe Ox contient le centre C de la sphère et est orthogonal à l'hyperplan réel choisi, cet hyperplan contenant l'origine. On peut alors choisir les hyperplans d'équations inhomogènes $s_h = 1 - \frac{1}{1-h}(1 - s)$ avec $h > 0$, avec C ayant une coordonnée sur Ox négative.

Soit alors $\overset{\circ}{B}$ une boule ouverte de $\mathbb{P}_n - \check{\eta}$ contenant X. On va montrer que sur les hyperplans $\rho_o\phi$ prend une valeur constante. Mais d'abord :

Lemme 4.- *Soit* $\bar{\psi} \in H^{n-1}(Y,\Omega^n)$, *il existe* $\bar{\phi} \in H^{n-1}(Y,\Omega^{n-1})$ *telle que* $\bar{\psi} = d\bar{\phi}$ *dès que* $H^{2n-1}(Y,\mathbb{C}) = 0$.

Démonstration.- $d\psi = 0 \Longrightarrow \psi = d(\phi^{n,n-2} + \phi^{n-1,n-1} + \phi^{n-2,n}) = d''\phi^{n,n-2} + d'\phi^{n-1,n-1} + d''\phi^{n-1,n-1} + d'\phi^{n-2,n}$; on a donc $d''\phi^{n-1,n-1} + d''\phi^{n-2,n} = 0$. $d''\phi^{n-2,n} = 0 \Longrightarrow$ (lemme 3) $\phi^{n-2,n} = d''\phi^{n-2,n-1}$ d'où $d''(\phi^{n-1,n-1} - d'\phi^{n-2,n-1}) = 0$; en posant alors $\phi = \phi^{n-1,n-1} - d'\phi^{n-2,n-1}$, on a alors : $\psi = d''\phi^{n,n-2} + d'\phi$ avec $d''\phi = 0$; d'où le lemme.

Remarque.- D'après [S], $\psi = d'\phi$ dans tous les cas, mais on a besoin de plus ϕ d''-fermée. Le lemme 10 donne une condition nécessaire pour que $\ker \mathcal{R} = \{0\}$, si $\ker \rho_o = d'H^{n-1}(Y,\Omega^{n-2})$.

Si $\psi \in \ker \mathcal{R}$, d'après la formule (6) $\rho_o\phi$ est constant sur les hyperplans $\check{\xi}_h$ parallèles à ξ dans $\mathbb{C}^n = \mathbb{P}_n - \check{\eta}$ et contenus dans Y. En se plaçant dans $\mathbb{P}_n - B$, et en considérant la suite $\check{\xi}_h$ qui tend vers $\check{\eta}$ (d'après le lemme 3, cette suite existe dans Y), et par continuité de $\rho_o\phi$ on tire $\rho_o\phi(\check{\xi}_h) = \rho_o\phi(\check{\xi}) = \rho_o\phi(\check{\eta})$. Ceci étant vérifié pour tout hyperplan $\check{\xi}$ contenu dans $\mathbb{P}_n - B$, on a donc en posant $U' = \{\check{\xi}, \text{hyperplan de } \mathbb{P}_n \backslash B\}$, $\rho_o\phi_{|U'}$ est constant. U' étant un ouvert dans l'ensemble U des hyperplans contenus dans $Y = \mathbb{P}_n - X$, et $\rho_o\phi$ étant analytique sur U', $\rho_o\phi$ est constant dans U' qui est connexe. On a démontré le

Lemme 6.- *Soit* $\bar{\phi} \in H^{n-1}(Y,\Omega^{n-1})$, *si* $d\phi \in \ker \mathcal{R}$, *alors* $\rho_o\phi$ *est constant sur tous les hyperplans contenus dans* Y.

Lemme 7.- *Soit* $\bar{\phi} \in H^{n-1}(Y,\Omega^{n-1})$, $d\bar{\phi} \in \ker \mathcal{R} \iff \phi = \lambda\omega^{n-1} + d'\theta + d''\chi$ *(avec* $d''\theta = 0$ *et* $\lambda \in \mathbb{C}^n$*) où* ω^{n-1} *est la forme de Fubini de type* $(n-1,n-1)$ θ *et* χ *des formes différentielles* $\mathcal{C}^\infty$ *sur* Y.

Démonstration.- D'après le lemme 1, soit λ la constante, image de $\rho_o\bar{\phi}$ par U. La forme $\phi - \lambda\omega$ est donc nulle sur U ($\int_{\check{\xi}}\omega = 1$, $\forall\ \check{\xi}$), donc par hypothèse, il existe deux formes différentielles $\mathcal{C}^\infty$ θ et χ, θ d''-fermé tel que $\phi - \lambda\omega = d'\theta + d''\chi$.

Démonstration du corollaire 5.- $\psi = d\phi + d''\chi_1$ et $\phi = \lambda\omega^{n-1} + d'\theta + d''\chi$, d'où $\psi = d''d'\theta + d'd''\chi + d''\chi_1 = d''\zeta$ en posant $\zeta = d'\theta + \chi_1 - d'\chi$.

<u>Remarque 1</u>.- Martineau donne une condition pour que l'ensemble des hyperplans de $Y = \mathbb{P}_n - X$ soit contractile donc en particulier connexe, à savoir X convexe.

<u>Remarque 2</u>.- Le lemme 4 donne une condition suffisante pour passer de la connaissance du noyau de ρ_o à celle de la transformée de Radon.

<u>Remarque 3</u>.- Le corollaire 3 permet de passer de l'injectivité de la transformation de Radon à la connaissance du noyau de ρ_o.

BIBLIOGRAPHIE

[A.N] A. ANDREOTTI & F. NORGUET : Cycles of algebraïc manifolds and d'd"-cohomology, Ann. Sc. Norm. Pisa, vol. 25, Fasc. 1, 1971.

[B] D. BARLET : Espaces des cycles et d"d'-cohomologie de $\mathbb{P}_n - \mathbb{P}_k$, Lect. Notes in Math. n°409, Fonctions de plusieurs variables complexes (Sém. F. Norguet), Springer Verlag, pp.98-123.

[G.H] G. GINDINKIN & M. HENKIN : Géométrie intégrale pour la d"-cohomologie dans les domaines q-linéellement convaves de $\mathbb{P}_n(C)$, Funktsionnal'nyi Analiz i Ego Prilozheniya, vol.12, n°4, pp.6-23, 1978.

[K] H. KREBS : Intégrales de formes différentielles d"-fermées sur les cycles analytiques compacts de certains ouverts de $\mathbb{P}_n(C)$, Lect. Notes in Math. n°482, Fonctions de plusieurs variables complexes (Sém. F. Norguet), Springer Verlag, pp.217-249.

[L] J. LERAY : Le calcul différentiel et intégral sur une variété analytique complexe, problème de Cauchy III, Bull. Soc. Math. de France, t.87, 1959, pp. 81-180.

[M1] A. MARTINEAU : Sur la topologie des espaces de fonctions holomorphes, Math. Ann. pp. 62-88, 1966.

[M2] A. MARTINEAU : Equations différentielles d'ordre infini, Bull. Soc. Math. de France, 95, pp 109-154, 1967.

[N1] F. NORGUET : Intégrales de formes différentielles non fermées, Séminaire P. Lelong, 1961, n°8.

[N2] F. NORGUET : Intégrales de formes différentielles non fermées, Rendiconti di Matematica (3-4), vol.20, 1961, pp. 355-372.

[O1] S. OFMAN : Intégrale sur les cycles, résidus, transformée de Radon, thèse de 3° cycle, Paris VII, le 27-06-1980

[O2] S. OFMAN : Transformée de Radon et intégrale sur les cycles analytiques compacts de certains ouverts de l'espace projectif complexe, C.R. Acad. Sc. Paris, t.292, 1981, pp.179-182.

[O3] S. OFMAN : Résidu et dualité, dans ce volume, p. 1.

[O4] S. OFMAN : Injectivité de la transformation obtenue par intégration sur les cycles analytiques, A. Cas d'une variété compacte, dans ce volume, p.183.

[O5] S. OFMAN : Injectivité de la transformation obtenue par intégration sur les cycles analytiques, B. Cas d'une variété algébrique projective privée d'un point, dans ce volume, p.190.

[S] Y.T. SIU : Analytic sheaf cohomology groups of dimension n of n-dimensional non compact complex manifold, Pacific Journ. Math., vol.28, n°2, 1969, pp. 407-411.

FONCTIONS DE PLUSIEURS VARIABLES COMPLEXES
ET FORMULES DE REPRÉSENTATION INTÉGRALE

par

Guy ROOS (°)

INTRODUCTION

Ce travail est consacré à l'étude de la structure et à la construction de formules de représentation intégrale pour les fonctions holomorphes de plusieurs variables complexes - et les formes différentielles - dans certains ouverts bornés de $\mathbb{C}^n$. Il trouve son origine essentiellement dans les travaux de J. LERAY [1], F. NORGUET [19] et W. KOPPELMAN [3]. Dans son mémoire [1], J. LERAY énonce la "première formule de Cauchy-Fantappiè"; F. NORGUET montre dans sa thèse [15] que cette formule contient comme cas particuliers, moyennant des images réciproques et des intégrations partielles de formes différentielles, un grand nombre de formules de représentation intégrales connues antérieurement, telles que celles de A. WEIL et E. MARTINELLI ; enfin, W. KOPPELMAN [3] généralise pour la première fois ces formules au cas de la représentation intégrale des formes différentielles, ouvrant la voie à un grand nombre de travaux sur l'opérateur $\bar{\partial}$ dans les domaines pseudoconvexes (notamment [5], [6], [7], [10]).

Le chapitre I présente (théorème 2) la "première formule de Cauchy-Fantappiè" de J. LERAY, dont le noyau Φ s'écrit

$$\Phi = \theta \wedge (d\theta)^{n-1} ,$$

(°) Ce texte est la rédaction définitive d'un ensemble d'exposés et constitue la Thèse de Doctorat d'Etat de l'auteur, soutenue le 7 juillet 1983 à l'Université Paris VII.

où θ est une forme différentielle de degré 1, sur le "fibré de Leray" $\mathcal{L}$(cf. (1.1)) ; le "noyau universel" Φ fournit par image réciproque un noyau spécifique $\Phi(s) = s^*\Phi$ pour chaque section s du fibré de Leray, définie au voisinage de $D \times bD$, où D est un domaine borné de $\underline{\underline{C}}^n$; un exemple connu est le noyau de Bochner-Martinelli $K = b^*\Phi$, lié à une section b qui ne dépend pas du domaine D, mais seulement du choix d'une structure hermitienne sur $\underline{\underline{C}}^n$. Le théorème 1 (annoncé dans [V] et [VI]) montre que les noyaux des formules intégrales, impliquant plusieurs sections $s_0,\dots,s_p$ du fibré de Leray et des homotopies entre celles-ci, sont aussi des images réciproques d'autres noyaux universels $\Phi_{[p]}$; ceux-ci ont la forme

$$\Phi_{[p]} = \sum_{|r|=n-p-1} \theta_0 \wedge \dots \wedge \theta_p \wedge (d\theta_0)^{r_0} \wedge \dots \wedge (d\theta_p)^{r_p} ,$$

où les θ_i sont des formes de degré 1 liées à θ. Le théorème 1 permet un calcul facile de certains noyaux (tel celui d'A. WEIL [9]) et permet de donner directement la forme "intégrée" des noyaux de G.M. HENKIN [5] ou de R.M. RANGE et Y.T. SIU [10] ; des cas particuliers du théorème 1 figurent dans des travaux ultérieurs de G.M. HENKIN. Le théorème 1 explique également (cf. son corollaire) les identités de W. KOPPELMAN [2] pour certains " déterminants de formes différentielles". Dans le paragraphe 3 du chapitre 1, on énonce et démontre un équivalent de la "première formule de Cauchy-Fantappiè" pour les formes différentielles et l'opérateur $\bar{\partial}$. Enfin, dans le paragraphe 4, on donne une "formule de Cauchy-Fantappiè" pour le calcul des dérivées partielles $D^\alpha f$ des fonctions holomorphes (théorème 4, formulé dans [VII] et démontré par une autre méthode dans [II]) ; cette formule généralise une formule de A. ANDREOTTI et F. NORGUET [4], qui en est l'équivalent pour le noyau de Bochner-Martinelli. Curieusement, le noyau Φ^α d'une telle formule apparaît comme la restriction à une <u>autre</u> variété $\mathcal{L}^\alpha$ du <u>même</u> noyau que celui qui admet Φ comme restriction à $\mathcal{L}$; ce phénomène est constaté, mais non expliqué ; il serait intéressant de pouvoir l'étendre à d'autres fonctionnelles analytiques.

Les paragraphes 1 et 2 du chapitre 2 explicitent le calcul et les propriétés des noyaux liés à une ou plusieurs sections du fibré de Leray au-dessus de $D \times bD$, où D est un ouvert borné de $\underline{\underline{C}}^n$. Dans le paragraphe 3, on montre que la forme des noyaux ainsi obtenus à l'aide du théorème 1 permet facilement une généralisation des résultats précédents au cas de l'intersection d'un ouvert borné D de $\underline{\underline{C}}^n$ et d'une hypersurface principale $\Sigma = \{F = 0\}$ dont l'équation F possède une propriété de divisibilité dans $\bar{D}$; on montre ainsi l'existence de noyaux et de formules intégrales induits sur Σ, que l'on calcule explicitement ; une telle formule est due à E.L. STOUT [12] dans le cas particulier des fonctions holomorphes sur l'intersection d'un domaine strictement pseudoconvexe et d'une hypersurface principale.

Les paragraphes 4 et 5 du chapitre 2 sont consacrés aux formules intégrales pour les réalisations bornées de certains domaines hermitiens symétriques de rang 2. Le paragraphe 4 est consacré à la série des sphères de Lie L_n dans $\underline{\underline{C}}^n$ $(n \geq 3)$; L_n est la réalisation bornée de $SO(n,2) / SO(n).SO(2)$, mais aussi la boule-unité de la norme nucléaire de $\underline{\underline{C}}^n = \underline{\underline{R}}^n \otimes_{\underline{\underline{R}}} \underline{\underline{C}}$, où $\underline{\underline{R}}^n$ est muni d'une structure euclidienne. On établit, par la construction d'un cycle naturel dans le fibré de Leray, une formule d'homotopie pour l'opérateur $\bar{\partial}$, qui contient en degré 0 la formule de Cauchy-Szegö-Hua (cf. HUA [14]) pour les fonctions holomorphes. Le paragraphe 5 est consacré au domaine symétrique exceptionnel de dimension 16 ; celui-ci est un quotient d'un groupe de Lie exceptionnel E_6 et sa réalisation en domaine borné de $\underline{\underline{C}}^{16}$ est

$$\Omega_{16} = \{\rho < 1,\ G < 1\},$$

où ρ est la forme hermitienne de $\underline{\underline{C}}^{16}$ et G un polynôme réel de degré 4, qui s'exprime à l'aide des opérations de l'algèbre de Cayley complexe de dimension 8. A partir de cette caractérisation, obtenue récemment par D. DRUCKER [17], on donne une description détaillée de la frontière de ce domaine : fibration de la partie régulière du bord en boules de $\underline{\underline{C}}^5$, caractérisation et paramétrisation de la frontière de Bergman-Šilov, cône tangent en un point singulier de la frontière ; ceci permet de construire à nouveau un cycle naturel dans le fibré de Leray, qui donne naissance à une formule d'homotopie pour l'opérateur $\bar{\partial}$, dont les noyaux sont des fractions rationnelles explicites. En particulier, on calcule le noyau de Cauchy-Szegö du domaine symétrique exceptionnel de dimension 16 (cf. (5.167)), son noyau de Poisson (cf. (5.171)) et le volume euclidien de sa frontière de Šilov.

On a rassemblé en appendice les définitions, notations et résultats relatifs aux courants sur une variété et à l'intégration partielle des formes différentielles.

SOMMAIRE

CHAPITRE 1

FORMULES DE CAUCHY-FANTAPPIE

§ 1. LES FORMES DE CAUCHY-FANTAPPIE.

Soit E un espace vectoriel complexe, de dimension finie n (n>0). On désigne par E' l'espace vectoriel complexe dual $E' = \mathrm{Hom}_{\underline{\underline{C}}}(E,\underline{\underline{C}})$; si $z \in E$, $u \in E'$, on note $\langle z,u\rangle$ la valeur de u en z.

Soit $\mathcal{L}$ la quadrique de E×E' définie par

(1.1) $\mathcal{L} = \{(z,u) \in E\times E' ;\ \langle z,u\rangle = 1\}$.

L'espace tangent $T\mathcal{L}$ de $\mathcal{L}$ est alors la sous-variété de $T(E\times E') = (E\times E')\times(E\times E')$ définie par

(1.2) $T\mathcal{L} = \{(z,u,\zeta,\nu) \in E\times E'\times E\times E' ;\ \langle z,u\rangle=1,\ \langle z,\nu\rangle+\langle\zeta,u\rangle=0\}$.

On désignera par $T_{(z,u)}\mathcal{L}$ l'espace tangent à $\mathcal{L}$ en $(z,u) \in \mathcal{L}$:

(1.3) $T_{(z,u)}\mathcal{L} = \{(z,u,\zeta,\nu) \in E\times E'\times E\times E' ;\ \langle z,\nu\rangle+\langle\zeta,u\rangle=0\}$.

et par $\tilde{T}_{(z,u)}\mathcal{L}$ l'espace vectoriel

$$\tilde{T}_{(z,u)}\mathcal{L} = \{(\zeta,\nu) \in E\times E' ;\ \langle z,\nu\rangle+\langle\zeta,u\rangle=0\}$$

qui lui est naturellement isomorphe.

Comme $(z,u) \notin \tilde{T}_{(z,u)}$ (puisque $\langle z,u\rangle=1$), une forme linéaire $\alpha : \tilde{T}_{(z,u)}\mathcal{L} \to \underline{\underline{C}}$ possède une extension unique à E×E', que nous noterons encore α, telle que $\alpha(z,u)=0$; il existe alors un unique élément (α_1,α_2) de E×E' tel que

$$\alpha(\zeta,\nu) = \langle\alpha_1,\nu\rangle+\langle\zeta,\alpha_2\rangle$$

pour tout $(\zeta,\nu) \in E\times E'$; α_1 et α_2 sont caractérisés par les relations

$$\langle\alpha_1,\nu\rangle = \alpha(0,\nu)\quad (\nu\in E'),\quad \langle\zeta,\alpha_2\rangle = \alpha(\zeta,0)\quad (\zeta\in E);$$

la condition $\alpha(z,u)=0$ équivaut donc à $(\alpha_1,\alpha_2) \in \tilde{T}_{(z,u)}\mathcal{L}$. En résumé, l'application $\alpha \to (\alpha_1,\alpha_2)$ est un isomorphisme de l'espace vectoriel des formes linéaires (complexes) $\alpha : \tilde{T}_{(z,u)}\mathcal{L} \to \underline{\underline{C}}$ sur l'espace vectoriel $\tilde{T}_{(z,u)}\mathcal{L}$ lui-même; α et (α_1,α_2) sont liés par les relations

(1.4) $\alpha(\zeta,\nu)=\langle\alpha_1,\nu\rangle+\langle\zeta,\alpha_2\rangle$ $(\langle\zeta,u\rangle+\langle z,\nu\rangle=0,\quad \langle\alpha_1,u\rangle+\langle z,\alpha_2\rangle=0)$;

autrement dit, l'isomorphisme ci-dessus entre $(T_{(z,u)}\mathcal{L})'$ et $T_{(z,u)}\mathcal{L}$ est induit par la forme quadratique $2\langle\zeta,\nu\rangle$, qui est non dégénérée sur $T_{(z,u)}\mathcal{L}$. On en déduit un isomorphisme naturel entre l'espace des formes différentielles de type (1,0) définies dans un ouvert U de $\mathcal{L}$ et l'espace des champs de vecteurs tangents à $\mathcal{L}$ dans l'ouvert U.

En particulier, on désignera par θ la forme différentielle sur $\mathcal{L}$, associée au champ de vecteurs $(z,u)\mapsto\frac{1}{4i\pi}(-z,u)$; on a donc, pour $(z,u)\in\mathcal{L}$ et $(\zeta,\nu)\in\tilde{T}_{(z,u)}\mathcal{L}$,

(1.5) $$\langle(\zeta,\nu),\theta(z,u)\rangle = \frac{1}{4i\pi}(\langle\zeta,u\rangle-\langle z,\nu\rangle),$$

ou encore, puisque $\langle\zeta,u\rangle+\langle z,\nu\rangle = 0$,

(1.6) $$\langle(\zeta,\nu),\ \theta(z,u)\rangle = \frac{1}{2i\pi}\langle\zeta,u\rangle = -\frac{1}{2i\pi}\langle z,\nu\rangle.$$

Soit $E_\bullet = E\setminus\{0\}$; soit $\Pi:\mathcal{L}\to E_\bullet$ la restriction à $\mathcal{L}$ de la projection $E\times E'\to E$; pour tout $z\in E_\bullet$, la fibre $\mathcal{L}_z = \{u\in E';\ \langle z,u\rangle=1\}$ est un hyperplan complexe affine de E'. L'application $\Pi:\mathcal{L}\to E_\bullet$ est appelée <u>fibré de LERAY</u> (on donnera aussi ce nom, par abus de langage, à la variété analytique $\mathcal{L}$); la forme différentielle θ définie sur $\mathcal{L}$ par les relations (1.5) ou (1.6) est appelée <u>forme différentielle canonique</u> du fibré de LERAY.

Pour tout entier $p\geq 0$, désignons par $\Pi_{[p]}:\mathcal{L}_{[p]}\to E_\bullet$ le produit fibré de p+1 copies de $\Pi:\mathcal{L}\to E_\bullet$, que nous réaliserons de la manière suivante: $\Pi_{[p]}$ est la restriction de la projection $E\times(E')^{p+1}\to E$ à

$$\mathcal{L}_{[p]} = \{(z;u_0,\dots,u_p)\in E\times(E')^{p+1};\ \langle z,u_j\rangle=1\quad (0\leq j\leq p)\}.$$

Soit $\varepsilon_j:\mathcal{L}_{[p]}\to\mathcal{L}$ $(0\leq j\leq p)$ l'application

$$\varepsilon_j:(z;u_0,\dots,u_p)\mapsto(z,u_j);$$

on définit sur $\mathcal{L}_{[p]}$ les formes différentielles

(1.7) $$\theta_j = \varepsilon_j^*\theta\quad (0\leq j\leq p)$$

et

(1.8) $$\Phi_{[p]} = \theta_0\wedge\dots\wedge\theta_p\wedge\sum_{|r|=n-p-1}(d\theta_0)^{r_0}\wedge\dots\wedge(d\theta_p)^{r_p},$$

où la sommation est effectuée sur tous les multi-indices $r=(r_0,\dots,r_p)$ de longueur $|r|\equiv r_0+\dots+r_p=n-p-1$. La forme différentielle $\Phi_{[p]}$ est de degré $2n-p-1$ pour $0\leq p\leq n-1$; elle est nulle pour $p\geq n$. Les deux cas particuliers suivants sont à signaler:

si p=0, on a $\mathcal{L}_{[0]}=\mathcal{L}$ et la forme $\Phi_{[0]}$, notée simplement Φ, vaut

(1.9) $\Phi = \theta\wedge(d\theta)^{n-1}$

(comme on le verra plus loin, Φ est le noyau figurant dans la "première formule de Cauchy-Fantappiè" de J. LERAY [1]);

si p=n-1, on a

(1.10) $\Phi_{[n-1]} = \theta_0\wedge\ldots\wedge\theta_{n-1}$.

La forme différentielle $\Phi_{[p]}$ sera appelée forme de Cauchy-Fantappiè d'ordre p. Soit S_p le simplexe affine canonique de dimension p:

(1.11) $S_p = \{\lambda=(\lambda^0,\ldots,\lambda^p)\in \underline{\underline{R}}^{p+1};\ \lambda^j\geqslant 0\ \ (0\leqslant j\leqslant p),\ \Sigma\lambda^j=1\}$

et soit A_p l'hyperplan affine

$$A_p = \{\lambda=(\lambda^0,\ldots,\lambda^p)\in \underline{\underline{R}}^{p+1};\ \Sigma\lambda^j=1\}.$$

L'application d'homotopie $H_p:\mathcal{L}_{[p]}\times A_p\to\mathcal{L}$ est définie par

(1.12) $H_p(z;u_0,\ldots,u_p;\ \lambda^0,\ldots,\lambda^p) = (z,\ \sum_{j=0}^{p}\lambda^j u_j)$.

On oriente A_p et S_p par la forme différentielle

(1.13) $\omega'(\lambda) = \sum_{j=0}^{p}(-1)^j\,\lambda^j\,d\lambda^0\wedge\ldots\wedge[d\lambda^j]\wedge\ldots\wedge d\lambda^p$,

où les crochets [ ] signifient que le terme $d\lambda^j$ qu'ils entourent doit être omis dans le produit correspondant.

THEOREME 1. On a la relation

(1.14) $\int_{S_p} H_p^*\,\Phi = (-1)^{p(p+1)/2}\,\Phi_{[p]}$.

Le premier membre de cette relation est l'intégrale partielle de la forme différentielle $H_p^*\Phi$, définie sur $\mathcal{L}_{[p]}\times A_p$, par rapport au courant d'intégration sur S_p, pour la projection canonique $Q:\mathcal{L}_{[p]}\times A_p\to\mathcal{L}_{[p]}$; cette intégrale partielle est caractérisée par la relation

$$Q_*(H_p^*\,\Phi\,\lrcorner\,[\mathcal{L}_{[p]}\times S_p]) = (\int_{S_p} H_p^*\Phi)\,\lrcorner\,[\mathcal{L}_{[p]}].$$

Démonstration. Montrons d'abord la relation

(1.15) $H_p^*\,\theta = \sum_{j=0}^{p}\lambda^j\,\theta_j$,

où les λ^j $(0\leqslant j\leqslant p)$ désignent les restrictions à A_p des fonctions coordonnées de $\underline{\underline{R}}^{p+1}$. L'application tangente de H_p au point $(z;u_0,\dots,u_p;\lambda^0,\dots,\lambda^p) \in \mathcal{L}_{[p]} \times A_p$ transforme $t = (\zeta;\nu_0,\dots,\nu_p;\delta\lambda^0,\dots,\delta\lambda^p)$ $(\Sigma\delta\lambda^j = 0;\ <\zeta,u_j> + <z,\nu_j> = 0,\ 0 \leqslant j \leqslant p)$ en $(H_p)_* t = (\zeta,\ \Sigma\lambda^j\nu_j + \Sigma u_j\delta\lambda^j) \in \tilde{T}_{(z,\Sigma\lambda^j u_j)}$; d'où

$$<t,H_p^*\theta> = <(H_p)_* t,\theta> = \frac{1}{2i\pi}<\zeta,\Sigma\lambda^j u_j> = \Sigma\lambda^j<t,\theta_j>.$$

De la relation (1.15), on déduit les relations

$$H_p^* d\theta = \Sigma\lambda^j d\theta_j + \Sigma d\lambda^j \wedge \theta_j ,$$

$$H_p^*\Phi = \Sigma\lambda^j \theta_j \wedge (\Sigma\lambda^j d\theta_j + \Sigma d\lambda^j \wedge \theta_j)^{n-1} .$$

L'intégrale partielle de $H_p^*\Phi$ sur S_p se calcule par intégration sur S_p de sa composante de degré partiel p en A_p, qui est

$$\binom{n-1}{p}\Sigma\lambda^j\theta_j \wedge (\Sigma d\lambda^j \wedge \theta_j)^p \wedge (\Sigma\lambda^j d\theta_j)^{n-1-p} ;$$

en développant et réordonnant, on trouve

$$\Sigma\lambda^j\theta_j \wedge (\Sigma d\lambda^j \wedge \theta_j)^p = (-1)^{p(p+1)/2}\, p!\,\theta_0 \wedge \dots \wedge \theta_p \wedge \omega'(\lambda) ,$$

d'où

$$\int_{S_p} H_p^*\Phi = \int_{S_p} (-1)^{p(p+1)/2} \frac{(n-1)!}{(n-p-1)!}\theta_0 \wedge \dots \wedge \theta_p \wedge (\Sigma\lambda^j d\theta_j)^{n-1-p} \wedge \omega'(\lambda) ;$$

comme les $d\theta_j$ sont de degré 2 , elles commutent et on a

$$\int_{S_p} H_p^*\Phi = (-1)^{p(p+1)/2}\,\theta_0 \wedge \dots \wedge \theta_p \wedge Q(d\theta_0,\dots,d\theta_p) ,$$

où $Q(X_0,\dots,X_p)$ est le polynôme (commutatif) à p+1 variables défini par

$$Q(X_0,\dots,X_p) = \int_{S_p} \frac{(n-1)!}{(n-p-1)!}(\Sigma\lambda^j X_j)^{n-1-p}\,\omega'(\lambda) ;$$

on a alors $Q(X_0,\dots,X_p) = \sum_{|r|=n-1-p} c_r X_0^{r_0}\dots X_p^{r_p}$ avec

$$c_r = \frac{(n-1)!}{r_0!\dots r_p!}\int_{S_p} \lambda_0^{r_0}\dots{}_p^{r_p}\,\omega'(\lambda) = 1$$

pour $r = (r_0,\dots,r_p)$, $|r| \equiv r_0 + \dots + r_p = n-p-1$, d'où

$$Q(X_0,\dots,X_p) = \sum_{|r|=n-1-p} X_0^{r_0}\dots X_p^{r_p} ,$$

ce qui achève la démonstration du théorème.

COROLLAIRE. Soit $\eta_j : \mathcal{L}_{[p]} \to \mathcal{L}_{[p-1]}$ l'application définie par $(z;u_0,\dots,u_p) \mapsto (z;u_0,\dots,[u_j],\dots,u_p)$ $(0 \leqslant j \leqslant p)$ et soit $\delta = \sum_{j=0}^{p}(-1)^j\eta_j$. On a les relations

(1.16) $\quad d\Phi_{[p]} + \delta\Phi_{[p-1]} = 0 \quad (0 \leqslant p \leqslant n).$

Démonstration. La forme Φ est fermée, car elle est de type (2n-1,0) et à coefficients holomorphes sur la variété analytique complexe $\mathcal{L}$, dont la dimension complexe est 2n-1. Appliquons la relation

$$\int_{S_p} d\alpha = d\int_{S_p} \alpha + w^* \int_{bS_p} \alpha$$

à la forme fermée $\alpha = H_p^* \Phi$; comme $\int_{bS_p} \alpha$ est de degré (2n-1)-(p-1)=2n-p, on obtient

$$d\int_{S_p} H_p^* \Phi + (-1)^p \sum_{j=0}^{p} (-1)^j \int_{S_{p-1}^j} H_p^* \Phi = 0,$$

où $S_{p-1}^j = S_p \cap \{\lambda^j = 0\}$; si $\varepsilon^j : S_{p-1} \to S_p$ désigne l'injection canonique d'image S_{p-1}^j, on a

$$\int_{S_{p-1}^j} H_p^* \Phi = \int_{S_{p-1}} (\varepsilon^j)^* H_p^* \Phi = \int_{S_{p-1}} \eta_j^* H_{p-1}^* \Phi = \eta_j^* \int_{S_{p-1}} H_{p-1}^* \Phi ;$$

enfin, en appliquant le théorème 1 à $\int_{S_p} H_p^* \Phi$ et à $\int_{S_{p-1}} H_{p-1}^* \Phi$, on obtient la relation (1.16).

Le corollaire est équivalent aux relations découvertes par W. KOPPELMAN [3] pour certains "déterminants de formes différentielles". Une autre démonstration de ces relations figure dans [III].

§ 2. LA FORMULE DE CAUCHY-FANTAPPIE POUR LES FONCTIONS HOLOMORPHES.

PROPOSITION 2.1. <u>La variété $\mathcal{L}$ a même homologie compacte que E. ; les espaces vectoriels d'homologie compacte $H_j(\mathcal{L};\mathbb{C})$ sont donc nuls pour $j \neq 0$, 2n-1 et l'espace $H_{2n-1}(\mathcal{L};\mathbb{C})$ est de dimension 1. Plus généralement, si U est un ouvert de E et si $U_\bullet = U \setminus \{0\}$, l'ouvert $\mathcal{L}_U = \Pi^{-1} U$ a même homologie compacte que $U_\bullet$; si $U_\bullet$ a même homologie que $E_\bullet$, l'espace $H_{2n-1}(\mathcal{L};\mathbb{C})$ est encore de dimension</u> 1.

Démonstration. Soit $(y,z) \to \langle z,q(y)\rangle$ une forme hermitienne définie-positive sur E, déterminée par une application $\mathbb{R}$-linéaire $q: E \to E'$. L'application $\beta = \beta_q : E_\bullet \to \mathcal{L}$ définie par

$$\beta_q(z) = (z, q(z)/\langle z,q(z)\rangle) \qquad (z \in E_\bullet)$$

est une section $\mathbb{R}$-analytique de $\Pi : \mathcal{L} \to E_\bullet$. Soit $H = H_q : S_1 \times \mathcal{L} \to \mathcal{L}$ l'application définie par

$$H_q(\lambda^0,\lambda^1;z,u) = (z, \lambda^0 \beta_q(z) + \lambda^1 u) \qquad ((\lambda^0,\lambda^1) \in S_1 ; (z,u) \in \mathcal{L}).$$

Si T est un courant fermé, à support compact contenu dans $\mathcal{L}_U$, on a

$$bH_*(S_1 \times T) = H_*(bS_1 \times T) = H_*(\delta_{(0,1)} \times T - \delta_{(1,0)} \times T) = T - \beta_* \Pi_* T.$$

Le courant T est donc homologue dans $\mathcal{L}_U$ à $\beta_* S$, où $S=\Pi_* T$ est un courant fermé à support compact dans U.; comme β est une section de Π, l'application β est injective. L'homologie compacte de $\mathcal{L}_U$ est donc isomorphe par Π_* à celle de U., d'où la proposition.

Le courant de $\mathcal{L}$ associé à un polydisque. Soit $(z^1,\dots,z^n)$ un système de coordonnées linéaires de E; on identifie E à $\underline{\underline{C}}^n$ par ce système de coordonnées. Soit $r=(r^1,\dots,r^n)$ une suite de n nombres réels strictement positifs; on désigne par D_j le disque $D_j = \{z\in\underline{\underline{C}};|z|<r^j\}$ $(1\leq j\leq n)$ et par $P=P(r)$ le polydisque

$$P = P(r) = \{z\in E;|z^j|<r^j \ (1\leq j\leq n)\} = D_1\times\dots\times D_n.$$

On oriente E (et P) par la forme différentielle $\prod_{j=1}^{n}(\frac{i}{2}dz^j\wedge d\bar{z}^j)$, de sorte que P est le produit orienté de $D_1,\dots,D_n$. Le bord orienté bP du polydisque P est égal à

$$bP = \sum_{j=1}^{n} \partial_j^1 P,$$

où $\partial_j^1 P$ désigne la "face"

$$\partial_j^1 P = D_1\times\dots\times D_{j-1}\times C_j\times D_{j+1}\times\dots\times D_n \qquad (1\leq j\leq n),$$

C_j étant le cercle $C_j = \{z\in\underline{\underline{C}};|z|=r^j\}$ orienté comme bord de D_j. Le bord orienté de $\partial_j^1 P$ est à son tour égal à

$$b\partial_j^1 P = \sum_{k<j} D_1\times\dots\times D_{k-1}\times C_k\times D_{k+1}\times\dots\times D_{j-1}\times C_j\times D_{j+1}\times\dots\times D_n$$
$$- \sum_{k>j} D_1\times\dots\times D_{j-1}\times C_j\times D_{j+1}\times\dots\times D_{k+1}\times C_k\times D_{k+1}\times\dots\times D_n,$$

ce qui s'écrit encore

$$b\,\partial_j^1 P = \sum_{k\neq j} \partial_{kj}^2 P,$$

où $\partial_{kj}^2 P$ est défini par

$$\partial_{kj}^2 P = D_1\times\dots\times D_{k-1}\times C_k\times D_{k+1}\times\dots\times D_{j-1}\times C_j\times D_{j+1}\times\dots\times D_n$$

si k<j, et par

$$\partial_{kj}^2 P = -\partial_{jk}^2 P$$

si k>j. Plus généralement, soit $j_1<\dots<j_p$ $(p\leq n)$; on définit $\partial_{j_1\dots j_p}^p P$ par

$$(2.1) \qquad \partial_{j_1\dots j_p}^p P = A_1\times\dots\times A_n$$

avec $A_k=C_k$ si $k\in\{j_1,\dots,j_p\}$ et $A_k=D_k$ si $k\notin\{j_1,\dots,j_p\}$; on étend ensuite la définition de $\partial_{j_1\dots j_p}^p P$ à une suite $j_1\dots j_p$ quelconque par la condition que $\partial^p_{j_1\ldots j_p} P$ soit une fonction antisymétrique de la suite d'indices $(j_1,\ldots,j_p)$. On a alors

$$b(\partial^p_{j_1\ldots j_p} P) = \sum_k \partial^{p+1}_{kj_1\ldots j_p} P .$$

Soient $\sigma_{j_1\ldots j_p} : \partial^p_{j_1\ldots j_p} P \to \mathcal{L}_{[p-1]}$ les applications définies par $\sigma_{j_1\ldots j_p}(z) = (z;\sigma_{j_1}(z),\ldots,\sigma_{j_p}(z))$, où $\sigma_j(z) = (0,\ldots,0,1/z^j,0,\ldots,0)$ ($1/z^j$ à la j-ième place) dans les coordonnées de E', duales de $z^1,\ldots,z^n$). Le courant de $\mathcal{L}$ associé au polydisque P est, par définition, le courant

$$(2.2)\qquad T(P) = \sum_{k=1}^{n} (-1)^{k(k-1)/2} \sum_{j_1<\ldots<j_k} (H_{k-1})_*(S_{k-1}\times\sigma_{j_1\ldots j_k}\partial^k_{j_1\ldots j_k} P);$$

il résulte de cette définition que T(P) est un courant à support compact, de dimension 2n-1.

PROPOSITION 2.2. Le courant T(P) est fermé.

Démonstration. On a

$$b(H_{k-1})_*(S_{k-1}\times\sigma_{j_1\ldots j_k}\partial^k_{j_1\ldots j_k} P)$$
$$= (H_{k-1})_*(b\, S_{k-1}\times\sigma_{j_1\ldots j_k}\partial^k_{j_1\ldots j_k} P)$$
$$+ (-1)^{k-1}(H_{k-1})_*(S_{k-1}\times\sigma_{j_1\ldots j_k} b\, \partial^k_{j_1\ldots j_k} P)$$
$$= \sum_r (-1)^{r-1}(H_{k-2})_*(S_{k-2}\times\sigma_{j_1\ldots[j_r]\ldots j_k}\partial^k_{j_1\ldots j_k} P)$$
$$+ (-1)^{k-1} \sum_s (H_{k-1})_*(S_{k-1}\times\sigma_{j_1\ldots j_k}\partial^{k+1}_{sj_1\ldots j_k} P);$$

par conséquent,

$$b \sum_{j_1<\ldots<j_k} (H_{k-1})_*(S_{k-1}\times\sigma_{j_1\ldots j_k}\partial^k_{j_1\ldots j_k} P)$$
$$= \sum_r \sum_{j_1<\ldots<j_k} (H_{k-2})_*(S_{k-2}\times\sigma_{j_1\ldots[j_r]\ldots j_k}\partial^k_{j_rj_1\ldots[j_r]\ldots j_k} P)$$
$$+(-1)^{k-1} \sum_s \sum_{j_1<\ldots<j_k} (H_{k-1})_*(S_{k-1}\times\sigma_{j_1\ldots j_k}\partial^{k+1}_{sj_1\ldots j_k} P)$$
$$= V_{k-1}+(-1)^{k-1} V_k$$

si on définit V_k par

$$V_k = \sum_s \sum_{j_1<\ldots<j_k} (H_{k-1})_*(S_{k-1}\times\sigma_{j_1\ldots j_k}\,\partial^{k+1}_{sj_1\ldots j_k}P) \quad (1\leqslant k\leqslant n-1),$$

$$V_0 = V_n = 0.$$

On en déduit que

$$bT(P) = \sum_{k=1}^{n} (-1)^{k(k-1)/2}(V_{k-1}+(-1)^k V_k) = 0.$$

PROPOSITION 2.3. _Soit_ f _une fonction holomorphe au voisinage de_ $\overline{P}$. _On a la relation_

(2.3) $\quad <T(P),\Phi\wedge\Pi^* f> = f(0).$

Démonstration. La forme différentielle $\Phi\wedge\Pi^* f$ est C^∞ au voisinage du support de T(P) et on a

$$<T(P),\Phi\wedge\Pi^* f>$$

$$= \sum_k (-1)^{k(k-1)/2} \sum_{j_1<\ldots<j_k} <(H_{k-1})_*(S_{k-1}\times\sigma_{j_1\ldots j_k}\,\partial^k_{j_1\ldots j_k}P,\Phi\wedge\Pi^* f>$$

$$= \sum_{k=1}^{n} \sum_{j_1<\ldots<j_k} <\sigma_{j_1\ldots j_k}\,\partial^k_{j_1\ldots j_k}P,\ \Phi_{[k-1]}\wedge\Pi^*_{[k-1]}f>,$$

par application du théorème 1 et des propriétés de l'intégrale partielle des formes différentielles. On a donc

$$<T(P),\Phi\wedge\Pi^* f> = \sum_{k=1}^{n} \sum_{j_1<\ldots<j_k} <\partial^k_{j_1\ldots j_k}P,(\sigma^*_{j_1\ldots j_k}\Phi_{[k-1]})\wedge f>.$$

Comme $\sigma^*_{j_1\ldots j_k}\theta_r = (2i\pi)^{-1}dz^{j_r}/z^{j_r}$, on a $\sigma^*_{j_1\ldots j_k}d\theta_r = 0$; toutes les formes $\sigma^*_{j_1\ldots j_k}\Phi_{[k-1]}$ sont donc nulles, à l'exception de

$\sigma^*_{1\ldots n}\Phi_{[n-1]} = \bigwedge_{r=1}^{n}(dz^r/2i\pi z^r)$; on a donc

$$<T(P),\Phi\wedge\Pi^* f> = <\partial^n_{1\ldots n}P,\sigma^*_{1\ldots n}\Phi_{[n-1]}\wedge f>$$

$$= \int_{C_1\times\ldots\times C_n} f \bigwedge_{r=1}^{n}(dz^r/2i\pi z^r)$$

et, par application de la formule de Cauchy itérée,

$$<T(P),\Phi\wedge\Pi^* f> = f(0).$$

REMARQUE 1. En prenant $f\equiv 1$, on obtient la relation

$$<T(P),\Phi> = 1,$$

qui montre que T(P) est un générateur de l'homologie compacte de dimension 2n-1 de $\mathcal{L}$ et Φ un générateur de la cohomologie de degré 2n-1 de $\mathcal{L}$.

THEOREME 2 ("Première formule de Cauchy-Fantappiè; J. LERAY [1]). <u>Soit U un voisinage ouvert de 0 dans E; on suppose que $U_\bullet = U \setminus \{0\}$ a même homologie compacte que $E_\bullet$. Soit T un courant fermé, de dimension 2n-1, à support compact dans $\mathcal{L}_U$. On a alors pour toute fonction $f: U \to \mathbb{C}$ holomorphe dans U</u>

(2.4) $\quad \langle T, \Phi \wedge \Pi^* f\rangle = \langle T, \Phi\rangle f(0)$.

<u>Démonstration</u>. En vertu de la proposition 2.3, la relation (2.4) est valide lorsque T est le courant T(P). Soit T un courant satisfaisant aux hypothèses du théorème. Il résulte alors de la proposition 2.1 et de la remarque 1 que T est homologue dans $\mathcal{L}_U$ à $\lambda T(P)$, P étant un polydisque tel que $\overline{P} \subset U$; d'autre part, $\Phi \wedge \Pi^* f$ est fermée dans $\mathcal{L}_U$ car elle est de type (2n-1,0) et à coefficients holomorphes dans une variété analytique complexe de dimension complexe 2n-1. On a donc

$$\langle T, \Phi \wedge \Pi^* f\rangle = \langle \lambda T(P), \Phi \wedge \Pi^* f\rangle = \lambda f(0)$$

et $\lambda = \langle T, \Phi\rangle$ en appliquant cette relation à $f \equiv 1$.

Le nombre e(T) défini par

(2.5) $\quad e(T) = \langle T, \Phi\rangle$

est appelé <u>indice</u> du courant T (dans $\mathcal{L}$ ou $\mathcal{L}_U$); deux courants fermés et de dimension 2n-1 de $\mathcal{L}$ sont homologues si et seulement s'ils ont même indice.

<u>Le noyau de Bochner-Martinelli associé à une forme hermitienne définie-positive</u>. Soit $q: E \to E'$ une application $\mathbb{R}$-linéaire telle que $(y,z) \mapsto \langle z, q(y)\rangle$ soit une forme hermitienne définie-positive sur E. Désignons par $\beta_q : E_\bullet \to \mathcal{L}$ la section $\mathbb{R}$-analytique du fibré $\Pi: \mathcal{L} \to E_\bullet$ définie par

$$\beta_q(z) = (z, q(z)/\langle z, q(z)\rangle) \quad (z \in E_\bullet).$$

Le <u>noyau de Bochner-Martinelli</u> associé à q est la forme différentielle

(2.6) $\quad K(q) = \beta_q^* \Phi$.

Des propriétés de Φ, il résulte que K(q) est de degré 2n-1 et fermée dans $E_\bullet$; on a $K(q) = \theta(q) \wedge (d\theta(q))^{n-1}$, où $\theta(q)$ est la forme différentielle définie par

(2.7) $\quad \theta(q) = \beta_q^* \theta$.

Si $(z,\zeta) \in T(E_\bullet) = E \times E_\bullet$, il résulte de la relation (1.6) que l'on a $\langle (z,\zeta), \theta(q)\rangle = \langle \beta_{q*}(z,\zeta), \theta\rangle = (2i\pi)^{-1} \langle \zeta, q(z)/\langle z, q(z)\rangle\rangle$, c'est-à-dire

(2.8) $\quad \langle (z,\zeta), \theta(q)\rangle = \langle \zeta, q(z)\rangle / 2i\pi \langle z, q(z)\rangle$.

Soit $\rho(q)$ la fonction $z \mapsto \langle z,q(z)\rangle$; la relation (2.8) s'écrit alors

(2.9) $$\theta(q) = \partial\rho(q) / 2i\pi\,\rho(q) = (2i\pi)^{-1}\partial \operatorname{Log}\rho(q).$$

On en déduit les relations

$$d\theta(q) = \bar\partial\theta(q) = -(2i\pi)^{-1}\,\partial\bar\partial \operatorname{Log}\rho(q)$$
$$= (2i\pi)^{-1}(\rho^{-2}(q)\,\partial\rho(q)\wedge\bar\partial\rho(q) - \rho^{-1}(q)\,\partial\bar\partial\,\rho(q))$$

et les expressions connues du noyau de Bochner-Martinelli:

(2.10) $$K(q) = -(-2i\pi)^{-n}\,\partial \operatorname{Log}\rho(q)\wedge(\partial\bar\partial \operatorname{Log}\rho(q))^{n-1}$$
$$= -(-2i\pi)^{-n}\,\rho^{-n}(q)\,\partial\rho(q)\wedge(\partial\bar\partial\,\rho(q))^{n-1}.$$

Notons que le noyau de Bochner-Martinelli $K(q)$ est de type $(n,n-1)$.

PROPOSITION 2.4 ("Formule de Bochner-Martinelli"). Soit U un voisinage ouvert de 0 dans E, tel que $U_\bullet = U\setminus\{0\}$ ait même homologie compacte que $E_\bullet$. Soit S un courant de dimension $2n-1$, fermé et à support compact dans $U_\bullet$. On a alors, pour toute fonction holomorphe $f:U\to\underline{\mathbb{C}}$, la relation

(2.11) $$\langle S,K(q)\wedge f\rangle = \langle S,K(q)\rangle\,f(0).$$

Démonstration. On applique la relation (2.4) du théorème 2 à $T = \beta_{q*}S$.

Remarque 2. Le nombre $\langle S,K(q)\rangle$ qui figure au second membre de la relation (2.11) est indépendant de la forme hermitienne q. En effet, $\langle S,K(q)\rangle$ est égal à l'indice $\langle\beta_{q*}S,\Phi\rangle$ de $\beta_{q*}S$ dans $\mathcal{L}$. Soient q_1,q_2 deux formes hermitiennes définies-positives; les courants $T_1 = \beta_{q_1*}S$, $T_2 = \beta_{q_2*}S$ ont même projection $\Pi_*T_1 = \Pi_*T_2 = S$; ils sont donc homologues dans $\mathcal{L}$ (cf. la démonstration de la proposition 2.1) et ont par conséquent même indice.

Le nombre $\langle S,K(q)\rangle$ sera noté $e(S)$ et appelé indice de S dans $E_\bullet$. Il ne dépend que de la classe d'homologie compacte de S dans $E_\bullet$; si S est un bord dans $E_\bullet$, on a $e(S) = 0$; si S est le bord orienté (dans E) d'un ouvert relativement compact V qui contient 0, on a $e(S) = 1$: en effet, si P est un polydisque de centre 0 tel que $\bar P$ est contenu dans V, S et bP sont homologues, car $S-bP = b(\bar V\setminus P)$, et $e(S) = e(bP) = e(T(P))=1$.

§ 3. LA FORMULE DE CAUCHY-FANTAPPIE POUR LES FORMES DIFFERENTIELLES.

Soit E un espace vectoriel de dimension n sur $\underline{\mathbb{C}}$; soit $q:E\to E'$ une application $\underline{\mathbb{R}}$-linéaire telle que $(y,z)\mapsto\langle z,q(y)\rangle$ soit une forme hermitienne définie-positive sur E; on désigne par $K = K(q)$ le noyau de

Bochner-Martinelli associé à q. Il est bien connu que le courant $[K]$ associé à K est une solution élémentaire de l'opérateur $\bar{\partial}$ dans E:

LEMME 3.1. <u>Le noyau de Bochner-Martinelli</u> K <u>est localement intégrable et le courant</u> $[K]$ <u>vérifie la relation</u>

(3.1) $\quad b[K] = b''[K] = \delta.$

<u>Démonstration</u>. Soit $\rho=\rho(q)$; les coefficients de K sont majorés par $C\rho^{1/2-n}$ qui est localement intégrable dans $E\simeq\underline{\underline{R}}^{2n}$. Soit $B_\varepsilon = \{\rho<\varepsilon^2\}$, $S_\varepsilon = bB_\varepsilon$. Pour toute fonction $f\in\mathcal{D}(E)$, on a

$$<b''[K],f> = <[K],\bar{\partial}f> = \int_E K\wedge\bar{\partial}f$$
$$= -\int_E d(Kf) = \lim_{\varepsilon\to 0} -\int_{E\setminus B_\varepsilon} d(Kf) = \lim_{\varepsilon\to 0}\int_{S_\varepsilon} Kf,$$

d'où $<b''[K],f> = f(0)$ puisque $\int_{S_\varepsilon} K = e(S_\varepsilon) = 1$ (§ 2, remarque 2).

Soit S un courant fermé de dimension 2n-1, à support compact dans E; alors S est un bord dans E et s'écrit $S = bB$ où B est un courant de dimension 2n dans E, à support compact; dans toute composante connexe V de $E\setminus\operatorname{supp} S$, on a $B_{|V} = \lambda[V]$, où $\lambda\in\underline{C}$. Si $0\notin\operatorname{supp} S$ et si V_0 est la composante connexe de 0 dans $E\setminus\operatorname{supp} S$, il résulte des considérations de la remarque 2 du § 2 que l'on a $B_{|V_0} = e(S)[V_0]$, où $e(S) = \int_S K$. Si $t\notin\operatorname{supp} S$ et si V est la composante connexe de t dans $E\setminus\operatorname{supp} S$, le nombre λ tel que $B_{|V} = \lambda[V]$ est l'<u>indice</u> de S par rapport à t; il sera noté $e(S,t)$ et est donné par la relation

(3.2) $\quad e(S,t) = \int_S K_{0,0}(t,z)$,

où $K_{0,0}(t,z)$ désigne la forme différentielle, image réciproque de $K(z)$ par $z\mapsto z-t$.

PROPOSITION 3.2 ("Formule de Bochner-Martinelli-Koppelman"; W. KOPPELMAN[3]). <u>Soit</u> B <u>un courant de</u> E, <u>à support compact, de dimension</u> 2n; <u>soit</u> $S = bB$ <u>son bord. On désigne par</u> $K_{p,q}(t,z)$ <u>la composante de</u> $K(t-z)$ <u>qui est de type</u> (p,q) <u>en</u> t (<u>et de type</u> (n-p,n-q-1) <u>en</u> z). <u>Pour toute forme différentielle</u> α <u>de type</u> (p,q), <u>définie et de classe</u> C^1 <u>dans un voisinage ouvert</u> W <u>de</u> supp B, <u>la relation suivante est vérifiée dans</u> $W\setminus\operatorname{supp} S$:

(3.3) $$e(S,t)\,\alpha(t) = \int_{z\in S} K_{p,q}(t,z)\wedge\alpha(z) + w^*\int_{z\in B} K_{p,q}(t,z)\wedge\bar{\partial}\alpha(z)$$
$$+ w^*\,\bar{\partial}\int_{z\in B} K_{p,q-1}(t,z)\wedge\alpha(z)\,.$$

Rappelons que $t \to e(S,t)$ est constant dans chaque composante connexe de $E \setminus \operatorname{supp} S$. Les intégrales figurant au second membre de la relation (3.3) sont les intégrales partielles de formes différentielles par rapport aux courants $[W \setminus \operatorname{supp} S] \times S$ et $[W \setminus \operatorname{supp} S] \times B$ (pour la projection $(t,z) \mapsto t$).

Pour démontrer la relation (3.3), on calcule le bord du produit de convolution $[K] * (B \llcorner \alpha)$; on obtient

$$b([K] * (B \llcorner \alpha)) = \delta * (B \llcorner \alpha) - [K] * b(B \llcorner \alpha)$$

$$= B \llcorner \alpha - [K] * (S \llcorner w^* \alpha) + [K] * (B \llcorner w^* d\alpha),$$

d'où on déduit la relation

$$(3.4) \qquad B \llcorner \alpha = [K] * (S \llcorner w^* \alpha) + b([K] * (B \llcorner \alpha)) + [K] * (B \llcorner dw^* \alpha).$$

Dans chaque composante connexe de $E \setminus \operatorname{supp} S$, B est multiple du courant d'intégration de E; nous allons montrer que les courants figurant dans la relation (3.4) sont associés, en dehors du support de S à des formes différentielles continues; la relation (3.3) s'obtiendra en identifiant leurs composantes de type (p,q).

Il est clair que le courant $B \llcorner \alpha$ est associé, en dehors de $\operatorname{supp} S$, à la forme différentielle (continue) $t \mapsto e(S,t)\alpha(t)$. Calculons $[K] * (B \llcorner \alpha)$; soit $\phi \in \mathcal{D}(E)$; on a

$$< [K] * (B \llcorner \alpha), \phi > = \int_{E \times B} K(t) \wedge \alpha(z) \wedge \phi(z+t)$$

$$= \int_{E \times B} K(t-z) \wedge \alpha(z) \wedge \phi(t) \ ;$$

par conséquent, $[K] * (B \llcorner \alpha)$ est le courant associé à la forme différentielle $t \to \int_{z \in B} K(t-z) \wedge \alpha(z) = \int_{z \in B} K_{p,q-1}(t,z) \wedge \alpha(z)$; là où celle-ci est de classe C^1, c'est-à-dire en dehors de $\operatorname{supp} S$, son bord $b([K] * (B \llcorner \alpha))$ est le courant associé à $w^* d \int_{z \in B} K_{p,q-1}(t,z) \wedge \alpha(z)$, qui est la somme de $w^* \partial \int_{z \in B} K_{p,q-1}(t,z) \wedge \alpha(z)$ (composante de type $(p+1,q-1)$) et de $w^* \bar\partial \int_{z \in B} K_{p,q-1}(t,z) \wedge \alpha(z)$ (composante de type (p,q)). De la même façon, on montre que le courant $K * (B \llcorner dw^* \alpha)$ est associé à la forme différentielle $t \mapsto \int_{z \in B} K(t-z) \wedge dw^* \alpha(z)$, qui est la somme de $\int_{z \in B} K_{p+1,q-1}(t,z) \wedge \partial w^* \alpha(z)$ (composante de type $(p+1,q-1)$) et de $\int_{z \in B} K_{p,q}(t,z) \wedge \bar\partial w^* \alpha(z)$ (composante de type (p,q)). Enfin, si $\phi \in \mathcal{D}(E \setminus S)$, on a

$$\langle [K]*(S\llcorner w^*\alpha),\phi\rangle = \int_{E\times S} K(t)\wedge w^*\alpha(z)\wedge\phi(z+t)$$
$$= \int_{E\times S} K(t-z)\wedge w^*\alpha(z)\wedge\phi(t)\ ,$$

ce qui montre que $[K]*(S\llcorner w^*\alpha)$ est associé, en dehors de $\operatorname{supp} S$, à la forme différentielle $w^*\int_{z\in S} K(t-z)\wedge w^*\alpha(z)$, qui est la somme de $\int_{z\in S} K_{p,q}(t,z)\wedge\alpha(z)$ (composante de type (p,q)) et de $\int_{z\in S} K_{p+1,q-1}(t,z)\wedge\alpha(z)$ (composante de type $(p+1,q-1)$). En identifiant les termes de type (p,q) dans la relation (3.4), on obtient la relation cherchée, valide pour $t\notin \operatorname{supp} S$:

$$(3.3)\qquad e(S,t)\alpha(t) = \int_{z\in S} K_{p,q}(t,z)\wedge\alpha(z) + w^*\bar\partial\int_{z\in B} K_{p,q-1}(t,z)\wedge\alpha(z) + w^*\int_{z\in B} K_{p,q}(t,z)\wedge\bar\partial\alpha(z)\ ;$$

par ailleurs, l'identification des termes de type $(p+1,q-1)$ fournit la relation, également valide pour $t\notin \operatorname{supp} S$:

$$(3.5)\qquad 0 = \int_{z\in S} K_{p+1,q-1}(t,z)\wedge\alpha(z) + w^*\partial\int_{z\in B} K_{p,q-1}(t,z)\wedge\alpha(z) + w^*\int_{z\in B} K_{p+1,q-1}(t,z)\wedge\partial\alpha(z)\ .$$

Le fibré $\tilde{\mathcal{L}}$. On désigne toujours par E un espace vectoriel complexe de dimension n, par E' son dual complexe; soit $E\times_{\bullet} E$ l'ouvert de $E\times E$ défini par

$$E\times_{\bullet} E = \{(t,z)\in E\times E;\ t\neq z\}.$$

On désigne par $\tilde{\mathcal{L}}$ la sous-variété de $E\times E\times E'$, de dimension complexe $3n-1$, définie par

$$\tilde{\mathcal{L}} = \{(t,z,u)\in E\times E\times E';\ \langle z-t,u\rangle = 1\}$$

et par $\tilde\Pi:\tilde{\mathcal{L}}\to E\times_{\bullet} E$ la restriction à $\tilde{\mathcal{L}}$ de la projection de $E\times E\times E'$ sur $E\times E$.

$$\begin{array}{ccc} \tilde{\mathcal{L}} & \xrightarrow{\ \tau\ } & \mathcal{L} \\ {\scriptstyle\tilde\Pi}\downarrow & & \downarrow{\scriptstyle\Pi} \\ E\times_{\bullet} E & \xrightarrow{\ \tau\ } & E_{\bullet} \end{array} \qquad\qquad \begin{array}{ccc} \tilde{\mathcal{L}}_t & \underset{\sigma_t}{\overset{\tau_t}{\rightleftarrows}} & \mathcal{L} \\ {\scriptstyle\Pi_{2,t}}\downarrow & & \downarrow{\scriptstyle\Pi} \\ E_{\bullet t} & \underset{\sigma_t}{\overset{\tau_t}{\rightleftarrows}} & E_{\bullet} \end{array}$$

Soit $\tau:E\times_{\bullet} E\to E_{\bullet}$ l'application $\tau:(t,z)\mapsto z-t$; on voit que $\tilde\Pi:\tilde{\mathcal{L}}\to E\times_{\bullet} E$ est l'image réciproque par τ du fibré $\Pi:\mathcal{L}\to E_{\bullet}$; on notera encore $\tau:\tilde{\mathcal{L}}\to\mathcal{L}$ l'application définie par $\tau(t,z,u)=(z-t,u)$. On désigne par $\Pi_1,\Pi_2:\tilde{\mathcal{L}}\to E$ les projections partielles définies par $\Pi_1(t,z,u)=t$, $\Pi_2(t,z,u)=z$ et par p_1, p_2 les projections de $E\times E$ sur E, de sorte que l'on a $\tilde\Pi=(\Pi_1,\Pi_2)$, $\Pi_1=p_1\circ\tilde\Pi$, $\Pi_2=p_2\circ\tilde\Pi$. Pour $t\in E$, soit $\tilde{\mathcal{L}}_t=\Pi_1^{-1}(t)$; le fibré $\Pi_{2,t}:\tilde{\mathcal{L}}_t\to E_{\bullet t}$ (où

$E_{\bullet t}$ désigne $E\setminus\{t\}$ et $\Pi_{2,t}$ la restriction de Π_2 à $\tilde{\mathcal{L}}_t$) est isomorphe à $\Pi:\mathcal{L}\to E_\bullet$, par les applications τ_t (restriction de τ à $\tilde{\mathcal{L}}_t$) et $\sigma_t:\mathcal{L}\to\tilde{\mathcal{L}}_t$ (définie par $\sigma_t(z,u)=(t,z+t,u)$).

On définit sur $\tilde{\mathcal{L}}$ les formes différentielles

(3.6) $\quad \tilde{\theta} = \tau^*\theta\,, \quad \tilde{\Phi} = \tau^*\Phi\,.$

Comme l'application τ est holomorphe, les propriétés de θ et Φ se transmettent à $\tilde{\theta}$ et $\tilde{\Phi}$; par conséquent, $\tilde{\theta}$ est de type (1,0), $\tilde{\Phi}$ est de type (2n-1,0) et elles vérifient les relations

(3.7) $\quad \tilde{\Phi} = \tilde{\theta}\wedge(d\tilde{\theta})^{n-1}, \quad d\tilde{\Phi} = 0.$

Le fibré $\tilde{\mathcal{L}}$ admet une section analytique-réelle $\tilde{\beta}=\tilde{\beta}_q:E\times_\bullet E\to\tilde{\mathcal{L}}$, canoniquement associée à la forme hermitienne q, définie par

(3.8) $\quad \tilde{\beta}(t,z) = (t,z,q(z-t)/\langle z-t,q(z-t)\rangle) \quad (t,z\in E;\ t\neq z),$

de sorte que le diagramme

$$\begin{array}{ccc} \tilde{\mathcal{L}} & \xrightarrow{\ \tau\ } & \mathcal{L} \\ {\scriptstyle\tilde{\beta}}\uparrow & & \uparrow{\scriptstyle\beta} \\ E\times_\bullet E & \xrightarrow{\ \tau\ } & E_\bullet \end{array}$$

est commutatif. On a par conséquent

(3.9) $\quad \tilde{\beta}^*\tilde{\Phi} = \tau^*K;$

on notera $\tilde{K}$ la forme différentielle $\tau^*K=K(z-t)$. On désignera par $\tilde{\beta}_t:E_\bullet\to\tilde{\mathcal{L}}_t$ l'application définie par $\tilde{\beta}_t(z)=\tilde{\beta}(t,z)$.

LEMME 3.3. <u>Soit B un courant de E, de dimension 2n, à support compact; soit $S = bB$ son bord. Soit U un ouvert de E tel que $U\cap\operatorname{supp}S = \emptyset$; on désigne par $\tilde{\mathcal{L}}_U$ l'ouvert $\Pi_1^{-1}(U)$ de $\tilde{\mathcal{L}}$.</u>

1) <u>Le courant $\tilde{\beta}_*(U\times S)$ admet la désintégration $(\tilde{\beta}_{t*}S)_{t\in U}$ par rapport à la submersion $\Pi_1 : \tilde{\mathcal{L}}_U\to U$.</u>

2) <u>Si α est une forme différentielle continue de type (p,q), définie au voisinage de supp S, l'intégrale partielle $\langle\tilde{\beta}_*(U\times S)|\,\Pi_1\,|\tilde{\Phi}\wedge\Pi_2^*\alpha\rangle$ est définie et vaut</u>

(3.10) $\quad \langle\tilde{\beta}_*(U\times S)|\,\Pi_1\,|\tilde{\Phi}\wedge\Pi_2^*\alpha\rangle(t) = \int_{z\in S} K(z-t)\wedge\alpha(z) \quad (t\in U).$

En effet, $U\times S$ admet la désintégration $(\{t\}\times S)_{t\in U}$ par rapport à la première projection $p_1: E\times E\to E$; comme $p_1 = \Pi_1\circ\tilde{\beta}$, $\tilde{\beta}_*(U\times S)$ admet alors la désintégration $(\tilde{\beta}_*(\{t\}\times S)_{t\in U} = (\tilde{\beta}_{t*}S)_{t\in U}$. Comme S est à support compact, l'intégrale partielle $\langle U\times S|\ p_1\ |\tilde{K}\wedge p_2^*\alpha\rangle$ existe; sa valeur en $t\in U$, calculée dans la démonstration de la proposition 3.2, est $\int_S K(z-t)\wedge\alpha(z)$; on a alors

$$\langle U\times S|\ p_1\ |\tilde{K}\wedge p_2^*\alpha\rangle = \langle U\times S|\ \Pi_1\circ\tilde{\beta}\ |\tilde{\beta}^*(\tilde{\Phi}\wedge\Pi_2^*\alpha)\rangle$$

ce qui montre que $\langle\tilde{\beta}_*(U\times S)|\ \Pi_1\ |\tilde{\Phi}\wedge\Pi_2^*\alpha\rangle$ est également définie et que l'on a

$$\langle\tilde{\beta}_*(U\times S)|\ \Pi_1\ |\tilde{\Phi}\wedge\Pi_2^*\alpha\rangle = \langle U\times S|\ p_1\ |\tilde{K}\wedge p_2^*\alpha\rangle.$$

On désignera dans la suite par $\tilde{H} : A_1\times\tilde{\mathfrak{X}}\to\tilde{\mathfrak{X}}$ l'application définie par

(3.11) $$\tilde{H}(\lambda^0,\lambda^1;t,z,u) = (t,z,\lambda^0\frac{q(z-t)}{\langle z-t,q(z-t)\rangle}+\lambda^1 u)$$
$$(\lambda^0+\lambda^1=1;\ (t,z,u)\in\tilde{\mathfrak{X}}).$$

LEMME 3.4. *Sous les hypothèses du lemme 3.3, soit $\tilde{T}$ un courant fermé (de dimension 4n-1) dans $\tilde{\mathfrak{X}}_U$, admettant une image directe par $\tilde{\Pi}$, telle que*

(3.12) $$\tilde{\Pi}_*T = U\times S,$$

et une désintégration $(T_t)_{t\in U}$ par rapport à $\Pi_1 : \tilde{\mathfrak{X}}_U\to U$. Le courant $\tilde{R}$ (de dimension 4n), défini par

(3.13) $$\tilde{R} = \tilde{H}_*(S_1\times\tilde{T}),$$

vérifie alors la relation

(3.14) $$b\tilde{R} = \tilde{T}-\tilde{\beta}_*(U\times S)$$

et admet par rapport à Π_1 une désintégration $(R_t)_{t\in U}$ telle que

(3.15) $$bR_t = T_t-\tilde{\beta}_{t*}S.$$

En effet, on a $b\tilde{R} = \tilde{H}_*b(S_1\times\tilde{T})$ et, comme $\tilde{T}$ est fermé,

$$b\tilde{R} = \tilde{H}_*(bS_1\times\tilde{T}) = \tilde{H}_*(\delta_{(0,1)}\times\tilde{T}) - \tilde{H}_*(\delta_{(1,0)}\times\tilde{T}) = \tilde{T} - \tilde{\beta}_*\tilde{\Pi}_*T,$$

d'où la relation (3.14). Comme $\tilde{T}$ admet la désintégration (T_t), $\tilde{R}$ admet la désintégration $R_t = \tilde{H}_*(S_1\times T_t)$ et $b\tilde{R}$ admet la désintégration $(bR_t)_{t\in U}$, d'où $bR_t = T_t-\tilde{\beta}_{t*}S$ d'après la relation (3.14).

THEOREME 3 ("Formule de Cauchy-Fantappiè pour les formes différentielles"). Soit B un courant de E, de dimension 2n, à support compact; soit $S = bB$ son bord. Soit α une forme différentielle de classe C^1, définie dans un voisinage ouvert W de supp B . Soit $U = W \setminus \operatorname{supp} S$; soit $\tilde{T}$ un courant fermé dans $\tilde{\mathcal{L}}_U$, de dimension 4n-1, qui admet une image directe $\tilde{\Pi}_* T = U \times S$ et une désintégration $(T_t)_{t \in U}$, de classe C^1, par rapport à $\Pi_1 : \tilde{\mathcal{L}}_U \to U$.

Si $\tilde{\Phi} \wedge \Pi_2^* \alpha$ admet des intégrales partielles $<\tilde{T}| \Pi_1 |\tilde{\Phi} \wedge \Pi_2^* \alpha>$ et $<\tilde{R}| \Pi_1 |\tilde{\Phi} \wedge \Pi_2^* \alpha>$, on a la relation

$$(3.16) \qquad e(S, \ )\alpha_{|U} = <\tilde{T}| \Pi_1 |\tilde{\Phi} \wedge \Pi_2^* \alpha> + \int_{z \in B} K(z-t) \wedge dw^*\alpha(z) + <\tilde{R}| \Pi_1 |\tilde{\Phi} \wedge \Pi_2^* dw^* \alpha> + d\int_{z \in B} K(z-t) \wedge w^*\alpha(z) + d<\tilde{R}| \Pi_1 |\tilde{\Phi} \wedge \Pi_2^* w^* \alpha> ,$$

où e(S,) désigne la fonction (localement constante) $t \mapsto e(S,t)$ $(t \in U)$.

En effet, on a, d'après le lemme 3.4,

$$b\tilde{R} = \tilde{T} - \tilde{\beta}_*(U \times S),$$

d'où il résulte que

$$<\tilde{\beta}_*(U \times S)| \Pi_1 |\tilde{\Phi} \wedge \Pi_2^* \alpha> = <\tilde{T}| \Pi_1 |\tilde{\Phi} \wedge \Pi_2^* \alpha> - <b\tilde{R}| \Pi_1 |\tilde{\Phi} \wedge \Pi_2^* \alpha>;$$

d'autre part, on a

$$- <\tilde{R}| \Pi_1 |\tilde{\Phi} \wedge \Pi_2^* d\alpha> = <\tilde{R}| \Pi_1 |d(\tilde{\Phi} \wedge \Pi_2^* \alpha > = d<\tilde{R}| \Pi_1 |\tilde{\Phi} \wedge \Pi_2^* \alpha> + <b\tilde{R}| \Pi_1 |\tilde{\Phi} \wedge \Pi_2^* w^* \alpha>$$

d'après les propriétés de l'intégrale partielle (cf. l'appendice sur les courants, relation (54)). On a donc

$$(3.17) \qquad \int_{z \in S} K(z-t) \wedge \alpha(z) = <\tilde{T}| \Pi_1 |\tilde{\Phi} \wedge \Pi_2^* \alpha> + d<\tilde{R}| \Pi_1 |\tilde{\Phi} \wedge \Pi_2^* w^* \alpha> + <\tilde{R}| \Pi_1 |\tilde{\Phi} \wedge \Pi_2^* w^* \alpha>;$$

en reportant cette relation dans la relation (3.4), on obtient la "formule de Cauchy-Fantappiè" (3.16).

Désignons, lorsque α est de type (p,q) et satisfait aux hypothèses du théorème 3, par $\mathcal{T}_{p,q}\alpha$ la composante de type (p,q) de $<\tilde{T}| \Pi_1 |\tilde{\Phi} \wedge \Pi_2^* \alpha>$ et par $\mathcal{R}_{p,q-1}\alpha$ la composante de type (p,q-1) de $<\tilde{R}| \Pi_1 |\tilde{\Phi} \wedge \Pi_2^* w^* \alpha>$. Si, de plus, la composante de type (p-1,q) de $<\tilde{R}| \Pi_1 |\tilde{\Phi} \wedge \Pi_2^* w^* \alpha>$ est nulle, ainsi que la composante de type (p,q) de $<\tilde{R}| \Pi_1 |\tilde{\Phi} \wedge \Pi_2^* w^* \partial\alpha>$, on déduit de la relation (3.16), par identification des composantes de type (p,q), la relation

$$(3.18)\qquad e(S,\ )\alpha|_U = \mathcal{T}_{p,q}\,\alpha + \int_{z\in B} K_{p,q}(t,z)\wedge \bar\partial w^*\alpha(z) + \mathcal{R}_{p,q}\,\bar\partial\alpha$$

$$+ \bar\partial\int_{z\in B} K_{p,q-1}(t,z)\wedge w^*\alpha(z) + \bar\partial\,\mathcal{R}_{p,q-1}\,\alpha .$$

§ 4. LA FORMULE DE CAUCHY-FANTAPPIE POUR LES DERIVEES PARTIELLES.

Soit E un espace vectoriel de dimension n sur $\underline{\underline{C}}$; soient $z^1,\dots,z^n$ des coordonnées linéaires sur E. Soit $\alpha\in\underline{\underline{N}}^n$ un multi-entier; on considère la fonctionnelle analytique δ^α définie sur l'espace des fonctions f analytiques au voisinage de 0 par

$$\langle\delta^\alpha,f\rangle = \frac{1}{\alpha!}\,D^\alpha f(0),$$

où $D^\alpha=(\partial/\partial z^1)^{\alpha_1}\dots(\partial/\partial z^n)^{\alpha_n}$. On se propose de montrer l'existence d'un fibré $\Pi^\alpha:\mathcal{L}^\alpha\to E.$, muni d'une forme holomorphe Φ^α, fermée et de degré 2n-1, qui permet de généraliser la relation (2.4) du théorème 2 au calcul de $\langle\delta^\alpha,f\rangle$.

Soit $g_\alpha:E.\to E.$ l'application holomorphe

$$(4.1)\qquad g_\alpha = ((z^1)^{\alpha_1+1},\dots,(z^n)^{\alpha_n+1});$$

l'application g est un revêtement d'ordre $d(\alpha) = \prod_{j=1}^{n}(\alpha_j+1)$. Soit $\Pi^\alpha:\mathcal{L}^\alpha\to E.$ l'image réciproque par g_α du fibré $\Pi:\mathcal{L}\to E.$:

$$\begin{array}{ccc} \mathcal{L}^\alpha & \longrightarrow & \mathcal{L} \\ {\scriptstyle\Pi^\alpha}\downarrow & & \downarrow{\scriptstyle\Pi} \\ E. & \xrightarrow[g_\alpha]{} & E. \end{array}$$

On identifiera $\mathcal{L}^\alpha$ à la sous-variété de E×E'

$$\mathcal{L}^\alpha = \{(z,u)\in E\times E';\ \langle g_\alpha(z),u\rangle = 1\}$$

et $\Pi^\alpha:\mathcal{L}^\alpha\to E.$ à la restriction à $\mathcal{L}^\alpha$ de la première projection de E×E'; l'application $\mathcal{L}^\alpha\to\mathcal{L}$ du diagramme ci-dessus sera alors $(z,u)\mapsto(g_\alpha(z),u)$ et sera également notée g_α. Soient $(u_1,\dots,u_n)$ les coordonnées de E', duales de $(z^1,\dots z^n)$; la forme différentielle

$$(4.2)\qquad \hat\theta = \frac{1}{2i\pi}\sum u_j\,dz^j$$

est holomorphe sur E×E' et indépendante du choix des coordonnées linéaires $(z^1,\dots,z^n)$. On désigne par θ^α la restriction de $\hat\theta$ à $\mathcal{L}^\alpha$; on définit sur $\mathcal{L}^\alpha$ la forme différentielle holomorphe, de degré 2n-1,

$$(4.3)\qquad \Phi^\alpha = \theta^\alpha\wedge(d\theta^\alpha)^{n-1} = \hat\Phi\big|_{\mathcal{L}^\alpha},$$

où $\hat\Phi$ est la forme définie sur E×E' par

$$(4.4)\qquad \hat\Phi = \hat\theta\wedge(d\hat\theta)^{n-1};$$

comme Φ^{α} est holomorphe et de type (2n-1,0), elle est fermée sur $\mathcal{L}^{\alpha}$, qui est une variété analytique complexe de dimension 2n-1.

LEMME 4.1. <u>On a la relation</u>

(4.5) $\qquad g_{\alpha}^{*}\Phi = d(\alpha)\, z^{\alpha}\Phi^{\alpha}$,

<u>où</u> z^{α} <u>désigne la fonction</u> $(z^1)^{\alpha_1}\dots(z^n)^{\alpha_n}$ <u>et</u> $d(\alpha)$ <u>l'entier</u> $\prod_{j=1}^{n}(\alpha_j+1)$.

<u>Démonstration</u>. Désignons par $\hat{g}_{\alpha}:E\times E'\to E\times E'$ l'application $(z,u)\mapsto(g_{\alpha}(z),u)$, qui induit $g_{\alpha}:\mathcal{L}^{\alpha}\to\mathcal{L}$. Comme $2i\pi\,\hat{\theta}=\Sigma\, u_j\, dz^j$, on a

$$2i\pi\ \hat{g}_{\alpha}\hat{\theta}=\sum_{j=1}^{n} u_j(\alpha_j+1)(z^j)^{\alpha_j}dz^j$$

et

$$2i\pi\ \hat{g}_{\alpha}d\hat{\theta}=\sum_{j=1}^{n} du_j\wedge(\alpha_j+1)(z^j)^{\alpha_j}dz^j\,,$$

d'où on déduit immédiatement

(4.6) $\qquad \hat{g}_{\alpha}^{*}\hat{\Phi}=d(\alpha)\, z^{\alpha}\hat{\Phi}$;

cette relation entraîne, par restriction à $\mathcal{L}^{\alpha}$, la relation $g_{\alpha}^{*}\Phi=d(\alpha)\, z^{\alpha}\Phi^{\alpha}$.

PROPOSITION 4.2. <u>La variété</u> $\mathcal{L}^{\alpha}$ <u>a même homologie compacte que</u> E. ; <u>si</u> U <u>est un ouvert de</u> E, <u>la variété</u> $\mathcal{L}_U^{\alpha}=(\Pi^{\alpha})^{-1}(U)$ <u>a même homologie compacte que l'ouvert</u> U. = U∖{O}. <u>En particulier, si</u> U. <u>a même homologie compacte que</u> E. , <u>l'espace d'homologie compacte</u> $H_{2n-1}(\mathcal{L}_U^{\alpha};\mathbb{C})$ <u>est un</u> $\mathbb{C}$<u>-espace vectoriel de dimension</u> 1.

La démonstration est entièrement analogue à celle de la proposition 2.1. Il suffit de remplacer la section $\beta_q:E.\to\mathcal{L}$ par la section $\mathbb{R}$-analytique $\beta_q^{\alpha}:E.\to\mathcal{L}^{\alpha}$ définie par

(4.7) $\qquad \beta_q^{\alpha}(z)=(z,\ q(g_{\alpha}z)/\langle g_{\alpha}z,\ q(g_{\alpha}z)\rangle)$,

où $q:E\to E'$ est encore une application $\mathbb{R}$-linéaire définissant une forme hermitienne définie-positive $(y,z)\to\langle z,q(y)\rangle$.

<u>Le courant de</u> $\mathcal{L}^{\alpha}$ <u>associé à un polydisque</u>. Soit

$$P=P(r)=\{z\in E;\ |z^j|<r^j(1\leq j\leq n)\}$$

le polydisque de polyrayon $r=(r^1,\dots,r^n)$ $(r^j>0;\ 1\leq j\leq n)$. On conserve les notations et définitions du §2. Soit $J=(j_1,\dots,j_p)$ un multi-entier de longueur p; on écrira $\partial_J^p P$ pour $\partial_{j_1\dots j_p}^p P$. Soit $\mathcal{L}_{[p-1]}^{\alpha}$ le produit fibré de p copies de $\mathcal{L}^{\alpha}$, réalisé d'une manière analogue à $\mathcal{L}_{[p-1]}$:

$$\mathcal{L}^{\alpha}_{[p-1]} = \{(z;u_1,\ldots,u_p)\in E\times(E')^p;\ \langle g_\alpha z,u_j\rangle = 1\quad (1\leq j\leq p)\};$$

on définit les applications $\sigma^\alpha_J : \partial^p_J P \to \mathcal{L}^\alpha_{[p-1]}$ par

$$\sigma^\alpha_J(z) = (z;\sigma_{j_1}(g_\alpha z),\ldots,\sigma_{j_p}(g_\alpha z));$$

rappelons que $\sigma_j(z) = (0,\ldots,0,1/z^j,0,\ldots,0)$ (avec $1/z^j$ à la j-ième place), de sorte que $\sigma_j(g_\alpha z) = (0,\ldots,(z^j)^{-\alpha_j-1},\ldots,0)$. Désignons par $\hat{H}_p : E\times(E')^{p+1}\times A_p \to E\times E'$ l'application naturelle d'homotopie définie par

$$\hat{H}_p(z;u_0,\ldots,u_p;\lambda^0,\ldots,\lambda^p) = (z,\sum_{j=0}^{p}\lambda^j u_j) \tag{4.8}$$

$$(z\in E;\ u_j\in E'\ (0\leq j\leq p);\ \Sigma\lambda^j = 1)$$

et par $H^\alpha_p : \mathcal{L}^\alpha_{[p]}\times A_p \to \mathcal{L}^\alpha$ la restriction de $\hat{H}_p$ à $\mathcal{L}^\alpha_{[p]}\times A_p$. _Le courant de_ $\mathcal{L}^\alpha$ _associé au polydisque_ P est le courant $T^\alpha(P)$ défini par

$$T^\alpha(P) = \sum_{k=1}^{n}(-1)^{k(k-1)/2}\sum_{J\in I(k,n)}(H^\alpha_{k-1})_*(\sigma^\alpha_J\,\partial^k_J P\times S_{k-1}), \tag{4.9}$$

où I(k,n) désigne l'ensemble des suites croissantes d'entiers compris entre 1 et n. On démontre, exactement comme au §2 pour T(P), la

PROPOSITION 4.3. _Le courant_ $T^\alpha(P)$ _est fermé dans_ $\mathcal{L}^\alpha$.

PROPOSITION 4.4. _Soit_ f _une fonction holomorphe au voisinage de_ $\bar{P}$. _On a la relation_

$$\langle T^\alpha(P),\ \Phi^\alpha\wedge(\Pi^\alpha)^* f\rangle = \frac{1}{\alpha!}(D^\alpha f)(0). \tag{4.10}$$

La démonstration est analogue à celle de la proposition 2.3. Le calcul de $\langle T^\alpha(P),\ \Phi^\alpha\wedge(\Pi^\alpha)^* f\rangle$ donne

$$\begin{aligned}\langle T^\alpha(P),\ \Phi^\alpha\wedge(\Pi^\alpha)^* f\rangle &= \langle\partial^n_{1\ldots n}P,\ \sigma^{\alpha *}_{1\ldots n}\Phi_{[n-1]}\wedge f\rangle\\ &= \int_{C_1\times\ldots\times C_n} f\bigwedge_{r=1}^{n}(dz^r/2i\pi(z^r)^{\alpha_r+1})\\ &= \frac{1}{\alpha!}(D^\alpha f)(0).\end{aligned}$$

REMARQUE 1. En prenant $f=z^\alpha$, on obtient la relation

$$\langle T^\alpha(P), z^\alpha\Phi^\alpha\rangle = 1, \tag{4.11}$$

ce qui montre que $T^\alpha(P)$ est un générateur de l'homologie compacte de dimension 2n-1; on peut d'ailleurs le vérifier aussi à partir de la relation

(4.12) $(g_\alpha)_* T^\alpha(P) = d(\alpha)T(P)$.

THEOREME 4 ("Formule de Cauchy-Fantappiè pour les dérivées partielles"). Soit U un voisinage de 0 dans E; on suppose que $U_\bullet = U\setminus\{0\}$ a même homologie compacte que $E_\bullet$. Soit T un courant fermé, de dimension 2n-1 et à support compact de la variété $\mathcal{L}_U^\alpha$. Alors, pour toute fonction holomorphe $f: U \to \underline{C}$, on a

(4.13) $\langle T, \Phi^\alpha \wedge (\Pi^\alpha)^* f\rangle = \langle T, z^\alpha \Phi^\alpha\rangle \langle \delta^\alpha, f\rangle$.

Démonstration. D'après la proposition 4.2 et la remarque qui précède, T est homologue dans $\mathcal{L}_U^\alpha$ à $\lambda T^\alpha(P)$, où P est un polydisque dont l'adhérence est contenu dans U. Comme la forme $\Phi^\alpha \wedge (\Pi^\alpha)^* f$ est de type (2n-1,0) et à coefficients holomorphes dans $\mathcal{L}_U^\alpha$, elle est fermée et on a

$$\langle T, \Phi^\alpha \wedge (\Pi^\alpha)^* f\rangle = \langle \lambda T^\alpha(P), \Phi^\alpha \wedge (\Pi^\alpha)^* f\rangle$$

donc, en vertu de la relation (4.10),

$$\langle T, \Phi^\alpha \wedge (\Pi^\alpha)^* f\rangle = \lambda \langle \delta^\alpha, f\rangle;$$

appliquant cette relation à $f = z^\alpha$, on trouve $\lambda = \langle T, z^\alpha \Phi^\alpha\rangle$, ce qui achève la démonstration de la relation (4.13).

REMARQUE 2. Le scalaire $\langle T, z^\alpha \Phi^\alpha\rangle$ caractérise la classe d'homologie compacte de T dans $\mathcal{L}_U^\alpha$; il sera appelé indice de T (dans $\mathcal{L}_U^\alpha$) et noté $e_\alpha(T)$:

(4.14) $e_\alpha(T) = \langle T, z^\alpha \Phi^\alpha\rangle$;

comme dans le cas $\alpha=0$, $e_\alpha(T)$ est égal à l'indice $e(\Pi_*^\alpha T)$ de l'image directe $\Pi_*^\alpha T$ dans U. (cf. §2, remarque 2).

La relation (4.13) s'écrit alors

(4.15) $\langle T, \Phi^\alpha \wedge (\Pi^\alpha)^* f\rangle = e_\alpha(T) \langle \delta^\alpha, f\rangle$.

Le noyau d'Andreotti-Norguet associé à une forme hermitienne définie-positive. Nous allons montrer que le théorème 4 contient comme cas particulier une formule intégrale, établie par A. ANDREOTTI et F. NORGUET [4], qui généralise la formule de Bochner-Martinelli au calcul de $\langle \delta^\alpha, f\rangle$. Soit $q: E \to E'$ une application $\underline{R}$-linéaire, telle que $(y,z) \to \langle z, q(y)\rangle$ soit une forme hermitienne définie-positive sur E; soit $\beta_q^\alpha : E_\bullet \to \mathcal{L}^\alpha$ la section $\underline{R}$-analytique du fibré $\Pi^\alpha : \mathcal{L}^\alpha \to E_\bullet$ définie par

$$\beta_q^\alpha(z) = (z,\ q(g_\alpha z)/\langle g_\alpha z, q(g_\alpha z)\rangle) \quad (z \in E_\bullet)$$

Le noyau d'Andreotti-Norguet associé à q, d'ordre α ($\alpha \in \underline{N}^n$), est

(4.16) $\quad K_\alpha(q) = (\beta_q^\alpha)^* \Phi^\alpha = (\beta_q^\alpha)^* \hat{\Phi}$.

Soient ρ_α et P_α les fonctions définies dans E par

(4.17) $\quad \rho_\alpha(z) = \rho(g_\alpha z) = \langle g_\alpha z, q(g_\alpha z)\rangle$,

(4.18) $\quad P_\alpha(z) = \langle z, q(g_\alpha z)\rangle$.

Si $\theta^\alpha(q)$ désigne la forme différentielle $\theta^\alpha(q) = (\beta_q^\alpha)^* \hat{\theta}$, on a $K_\alpha(q) = \theta^\alpha(q) \wedge (d\theta^\alpha(q))^{n-1}$; de la définition de $\hat{\theta}$ et du fait que $q \circ g_\alpha$ est anti-holomorphe résulte la relation

$$2i\pi\, \theta^\alpha(q) = \partial P_\alpha / \rho_\alpha ,$$

d'où

$$2i\pi\, d\theta^\alpha(q) = \rho_\alpha^{-1}\, \bar{\partial}\partial P_\alpha + \rho_\alpha^{-2}\, \partial P_\alpha \wedge d\rho_\alpha ;$$

on en déduit l'expression du noyau d'Andreotti-Norguet

(4.19) $\quad K_\alpha(q) = -(-2i\pi)^{-n} \rho_\alpha^{-n}\, \partial P_\alpha \wedge \partial\bar{\partial} P_\alpha$.

PROPOSITION 4.5 ("Formule d'Andreotti-Norguet"). _Soit_ U _un voisinage ouvert de_ O _dans_ E, _tel que_ $U_* = U \setminus \{O\}$ _ait même homologie compacte que_ E_*. _Soit_ S _un courant à support compact, de dimension_ 2n-1, _fermé dans_ U_*. _Pour toute fonction holomorphe_ $f: U \to \underline{\mathbb{C}}$, _on a les relations_

(4.20) $\quad \langle S, K_\alpha(q) \wedge f\rangle = e(S) \langle \delta^\alpha, f\rangle$.

Démonstration. On applique la relation (4.15) à $T = (\beta_q^\alpha)_* S$.

REMARQUE 3. Soient $u_1,\dots,u_n$ les coordonnées sur E', duales de $z^1,\dots z^n$. Soit $\omega(z)$ la forme différentielle sur E

(4.21) $\quad \omega(z) = dz^1 \wedge \dots \wedge dz^n$

et $\omega'(u)$ la forme différentielle sur E'

(4.22) $\quad \omega'(u) = \sum_{j=1}^{n} (-1)^{j-1} u_j\, du_1 \wedge \dots \wedge [du_j] \wedge \dots \wedge du_n$.

Soient $q_j = u_j \circ q$ $(1 \leq j \leq n)$ les composantes de $q : E \to E'$. On a alors

$$P_\alpha = \sum_{j=1}^{n} z^j\, q_j(g_\alpha z),$$

$$\partial P_\alpha = \sum_{j=1}^{n} q_j(g_\alpha z)\, dz^j,$$

$$\partial\bar{\partial} P_\alpha = \sum_{j=1}^{n} dz^j \wedge dq_j(g_\alpha z)$$

car les fonctions $q_j \circ g_\alpha$ sont anti-holomorphes. On en déduit la relation

$$(4.23) \qquad \partial P_\alpha \wedge (\partial\bar\partial P_\alpha)^{n-1} = (n-1)!(-1)^{n(n-1)/2}\, \omega(z) \wedge \omega'(qg_\alpha z)$$

et l'expression du noyau $K_\alpha(q)$:

$$(4.24) \qquad K_\alpha(q) = (-1)^{n(n+1)/2} \frac{(n-1)!}{(2i\pi)^n} \frac{\omega(z)\wedge\omega'(qg_\alpha z)}{\langle g_\alpha z, qg_\alpha z\rangle^n},$$

qui est celle donnée par A. ANDREOTTI et F. NORGUET [4] dans le cas où $q_j = \bar z^j (1 \leq j \leq n)$.

CHAPITRE 2

FORMULES INTEGRALES RELATIVES A DES DOMAINES BORNES DE $\mathbb{C}^n$

§1. FORMULES INTEGRALES ASSOCIEES A UNE SECTION DE CLASSE C^1 DU FIBRE $\tilde{\mathcal{L}}$.

Soit E un espace vectoriel complexe, de dimension finie $n(n>0)$; soit $\tilde{\mathcal{L}}$ le fibré de Leray

$$\tilde{\mathcal{L}} = \{(t,z,u) \in E\times E\times E'; \langle z-t,u\rangle = 1\}.$$

On considère un domaine D à bord, relativement compact dans E, dont le bord orienté bD est de classe C^1. Soit $S: D\times bD \to \tilde{\mathcal{L}}$ une section de classe C^1 du fibré $\tilde{\Pi}: \tilde{\mathcal{L}} \to E\times_* E$; la donnée de S équivaut à celle d'une application $s: D\times bD \to E'$, vérifiant

$$\langle z-t,s(t,z)\rangle = 1 \quad (t \in D,\ z \in bD);$$

on a alors $S(t,z) = (t,z,s(t,z))$. On désignera encore par S une extension de classe C^1 de S à un voisinage de $D\times bD$ dans $E\times_* E = \{(t,z);\ z\neq t\}$.

Soit $L_{p,q}(t,z)$ la composante de $L(t,z) = S^*\tilde{\Phi}$ qui est de type (p,q) en t <u>et</u> de type (n-p,n-q-1) en z; comme $\tilde{\Phi} = \tilde{\theta}\wedge(d\tilde{\theta})^{n-1}$, on a $L(t,z) = (S^*\tilde{\theta})\wedge(dS^*\tilde{\theta})^{n-1}$. Mais $S^*\tilde{\theta}$ est de type (total en (t,z)) (1,0); la composante de L(t,z) de type total (n,n-1) est donc $S^*\tilde{\theta}\wedge(\bar{\partial}S^*\tilde{\theta})^{n-1}$ et $L_{p,q}(t,z)$ sera la composante de type (p,q) en t de la forme différentielle

$$L_{*,q}(t,z) = \binom{n-1}{q} S^*\tilde{\theta}\wedge(\bar{\partial}_t S^*\tilde{\theta})^q\wedge(\bar{\partial}_z S^*\tilde{\theta})^{n-1-q}. \tag{1.1}$$

Rappelons que $\Pi_{[1]}: \mathcal{L}_{[1]} \to E_*$ est le produit fibré de 2 copies de $\Pi: \mathcal{L} \to E_*$:

$$\mathcal{L}_{[1]} = \{(z;u_0,u_1) \in E\times(E')^2;\ \langle z,u_j\rangle = 1 \quad (j=0,1)\},$$

$$\Pi_{[1]}(z;u_0,u_1) = z\ .$$

Soit $\tilde{\Pi}_{[1]}: \tilde{\mathcal{L}}_{[1]} \to E\times_* E$ le produit fibré de 2 copies de $\tilde{\Pi}: \tilde{\mathcal{L}} \to E\times_* E$, réalisé comme suit:

$$\tilde{\mathcal{L}}_{[1]} = \{(t,z;u_0,u_1) \in E^2\times(E')^2;\ \langle z-t,u_j\rangle = 1 \quad (j=0,1)\},$$

$$\tilde{\Pi}_{[1]}(t,z;u_0,u_1) = (t,z)\ .$$

On définit encore les projections $\tilde{\varepsilon}_j : \tilde{\mathcal{L}}_{[1]} \to \tilde{\mathcal{L}}$ par $\tilde{\varepsilon}_j(t,z;u_0,u_1)=(t,z,u_j)$ $(j=0,1)$ et les formes différentielles

$$(1.2) \qquad \tilde{\theta}_j = \tilde{\varepsilon}_j^* \tilde{\theta} \qquad (j=0,1),$$

$$\tilde{\Phi}_{[1]} = \tilde{\theta}_0 \wedge \tilde{\theta}_1 \wedge \sum_{r_0+r_1=n-1} (d\tilde{\theta}_0)^{r_0} \wedge (d\tilde{\theta}_1)^{r_1}.$$

Il est par ailleurs clair que $\tilde{\mathcal{L}}_{[1]} \to E\times_\bullet E$ est l'image réciproque de $\mathcal{L}_{[1]} \to E_\bullet$ par $\tau : E\times_\bullet E \to E_\bullet$ $(\tau(t,z)=z-t)$ et que l'on a

$$\tilde{\Phi}_{[1]} = \tau^* \Phi_{[1]},$$

en notant encore τ l'application naturelle

$$(t,z;u_0,u_1) \mapsto (z-t;u_0,u_1)$$

de $\tilde{\mathcal{L}}_{[1]}$ dans $\mathcal{L}_{[1]}$. L'homotopie

$$H_1 : \mathcal{L}_{[1]} \times A_1 \to \mathcal{L}$$

a pour image réciproque par τ l'homotopie

$$\tilde{H}_1 : \tilde{\mathcal{L}}_{[1]} \times A_1 \to \tilde{\mathcal{L}};$$

le théorème 1 (chap. I) entraîne alors la relation

$$(1.4) \qquad \int_{S_1} \tilde{H}_1^* \tilde{\Phi} = -\tilde{\Phi}_{[1]}.$$

Soit $\tilde{\beta} : E\times_\bullet E \to \tilde{\mathcal{L}}$ la section de Bochner-Martinelli associée à une forme hermitienne définie-positive:

$$\tilde{\beta}(t,z) = \left(t,z,\frac{q(z-t)}{\langle z-t,q(z-t)\rangle}\right),$$

où $q : E \to E'$ est $\underline{\underline{R}}$-linéaire et définit une forme hermitienne définie-positive $(y,z) \mapsto \langle z,q(y)\rangle$. Soit $(\tilde{\beta},S) : D\times bD \to \tilde{\mathcal{L}}_{[1]}$ la section de $\tilde{\Pi}_{[1]}$ obtenue à partir de $\tilde{\beta}$ et S:

$$(\tilde{\beta},S) : (t,z) \mapsto \left(t,z;\frac{q(z-t)}{\langle z-t,q(z-t)\rangle},s(t,z)\right);$$

on désigne encore par $(\tilde{\beta},S)$ une extension C^1 au voisinage de $D\times bD$ dans $E\times_\bullet E$.

On désigne par $M(t,z)$ la forme différentielle au voisinage de $D\times bD$:

$$(1.5) \qquad M(t,z) = (\tilde{\beta},S)^* \tilde{\Phi}_{[1]},$$

qui s'écrit encore

$$M(t,z) = \tilde{\beta}^* \tilde{\theta} \wedge S^* \tilde{\theta} \wedge \sum_{r+s=n-2} (d\beta^*\tilde{\theta})^r \wedge (dS^*\tilde{\theta})^s;$$

on appellera $M_{p,q}(t,z)$ la composante de $M(t,z)$ qui est de type (p,q)

en t <u>et</u> de type (n-p,n-q-2) en z; $M_{p,q}(t,z)$ est également une composante de

$$(1.6)\qquad M_*(t,z) = \tilde{\beta}^*\tilde{\theta}\wedge S^*\tilde{\theta}\wedge \sum_{r+s=n-2} (\bar{\partial}\tilde{\beta}^*\tilde{\theta})^r \wedge (\bar{\partial}S^*\tilde{\theta})^s$$

et de

$$(1.7)\qquad M_{*,q}(t,z) =$$

$$= \tilde{\beta}^*\tilde{\theta}\wedge S^*\tilde{\theta}\wedge \sum_{\substack{r+s=q\\ r+r'+s+s'=n-2}} \binom{r+r'}{r}\binom{s+s'}{s}(\bar{\partial}_t\tilde{\beta}^*\tilde{\theta})^r\wedge(\bar{\partial}_z\tilde{\beta}^*\tilde{\theta})^{r'}\wedge$$

$$\wedge(\bar{\partial}_t S^*\tilde{\theta})^s\wedge(\bar{\partial}_z S^*\tilde{\theta})^{s'}.$$

On notera que $M_{p,n-1}(t,z)$ est toujours nul. Dans le cas particulier où $\bar{\partial}_t S^*\tilde{\theta} = 0$, on a

$$(1.8)\qquad M_{*,q}(t,z) = \tilde{\beta}^*\tilde{\theta}\wedge S^*\tilde{\theta}\wedge \sum_{q+r+s=n-2} \binom{q+r}{r}(\bar{\partial}_t\tilde{\beta}^*\tilde{\theta})^q\wedge(\bar{\partial}_z\tilde{\beta}^*\tilde{\theta})^r\wedge(\bar{\partial}_z S^*\tilde{\theta})^s.$$

PROPOSITION 1.1 ("Formule d'homotopie de Henkin"). <u>Soit</u> D <u>un domaine à bord, relativement compact dans</u> E, <u>dont le bord orienté</u> bD <u>est de classe</u> C^1. <u>Soit</u> S : D×bD → $\mathcal{L}$ <u>une section de classe</u> C^1 <u>du fibré de Leray</u>. <u>Soient</u> $L_{p,q}(t,z)$ <u>et</u> $M_{p,q}(t,z)$ <u>les formes différentielles, de type</u> (p,q) <u>en</u> t, <u>associées à la section</u> S. <u>Pour toute forme différentielle</u> α <u>définie au voisinage de</u> $\bar{D}$, <u>de classe</u> C^1 <u>et de type</u> (p,q), <u>on a la relation, valide pour tout</u> t ∈ D,

$$(1.9)\qquad \alpha(t) = \int_{z\in bD} L_{p,q}(t,z)\wedge\alpha(z)$$

$$+\int_{z\in D} K_{p,q}(t,z)\wedge\bar{\partial}w^*\alpha(z) + \int_{z\in bD} M_{p,q}(t,z)\wedge\bar{\partial}w^*\alpha(z)$$

$$+\bar{\partial}\int_{z\in D} K_{p,q-1}(t,z)\wedge w^*\alpha(z) + \bar{\partial}\int_{z\in bD} M_{p,q-1}(t,z)\wedge w^*\alpha(z).$$

<u>Démonstration</u>. Les notations utilisées sont celles du chap.I, §3. On considère le courant $\tilde{T} = S_*(D\times bD)$. Comme S est une section de $\tilde{\Pi}$, on a $\tilde{\Pi}_*\tilde{T} = D\times bD$; le courant $\tilde{T}$ admet la désintégration $(T_t)_{t\in D}$, avec $T_t = S_*(\{t\}\times bD)$, par rapport à la projection $\Pi_1 : \mathcal{L}_D \to D$; l'intégrale partielle $\langle\tilde{T}|\,\Pi_1\,|\tilde{\Phi}\wedge\Pi_2^*\alpha\rangle$ est définie et égale à $\langle D\times bD|\,p_1\,|S^*\tilde{\Phi}\wedge p_2^*\alpha\rangle$; la composante de type (p,q) de cette intégrale partielle est

$$\int_{bD} L_{p,q}(t,z)\wedge\alpha(z)\,.$$

On va appliquer à $\tilde{T}$ le théorème 3 (chap.I). Soit $\tilde{R}$ le courant construit à partir de $\tilde{T}$:

$$\tilde{R} = \tilde{H}_*(S_1 \times \tilde{T});$$

on a alors

$$\tilde{R} = -\tilde{H}_{1*}((\tilde{\beta},\tilde{S})_*(D\times b\ D) \times S_1);$$

l'existence de l'intégrale partielle $\langle\tilde{R}|\ \Pi_1\ |\tilde{\Phi}\wedge\Pi_2^*\alpha\rangle$ résulte donc de celle de

(1.10) $\quad -\langle(\tilde{\beta},\tilde{S})_*(D\times b\ D) \times S_1|\ \Pi_1\ |\tilde{H}_1^*\tilde{\Phi}\wedge\Pi_2^*\alpha\rangle;$

compte-tenu du théorème 1 (chap.I), on a

$$\int_{S_1} \tilde{H}_1^*\tilde{\Phi} = -\tilde{\Phi}_{[1]},$$

ce qui montre que l'intégrale partielle (1.10) est égale, si cette dernière existe, à

(1.11) $\quad \langle(\tilde{\beta},\tilde{S})_*(D\times b\ D)|\ \Pi_1\ |\tilde{\Phi}_{[1]}\wedge\Pi_2^*\alpha\rangle;$

enfin, l'existence de l'intégrale partielle (1.11) résulte de celle de

(1.12) $\quad \langle D\times b\ D|\ p_1\ |(\tilde{\beta},\tilde{S})^*\tilde{\Phi}_{[1]}\wedge p_2^*\alpha\rangle$

(au cours de cette démonstration, on a désigné par Π_1 toute application de la forme $(t,z;u_0,u_1,\ldots)\to t$, et par Π_2 toute application de la forme $(t,z;u_0,u_1,\ldots)\to z$, que leur domaine de définition soit $\tilde{\mathcal{L}}$, $\tilde{\mathcal{L}}_{[1]}$ ou $\tilde{\mathcal{L}}_{[1]}\times S_1$). Finalement, on a démontré que l'intégrale partielle $\langle\tilde{R}|\ \Pi_1\ |\tilde{\Phi}\wedge\Pi_2^*\alpha\rangle$ existe et vaut

(1.13) $\quad \langle\tilde{R}|\ \Pi_1\ |\tilde{\Phi}\wedge\Pi_2^*\alpha\rangle = \langle D\times b\ D|\ p_1\ |(\tilde{\beta},\tilde{S})^*\tilde{\Phi}_{[1]}\wedge p_2^*\alpha\rangle.$

On vérifie par inspection des types que la composante de type (p,q) de $d\langle\tilde{R}|\ \Pi_1\ |\tilde{\Phi}\wedge\Pi_2^*\alpha\rangle$ est

$$\bar{\partial}\int_{z\in bD} M_{p,q-1}(t,z)\wedge\alpha(z).$$

De la même manière, on montre que l'intégrale partielle

$$\langle\tilde{R}|\ \Pi_1\ |\tilde{\Phi}\wedge\Pi_2^* d\alpha\rangle$$

existe et que sa composante de type (p,q) est égale à

$$\int_{z\in bD} M_{p,q}(t,z)\wedge\bar{\partial}\alpha(z).$$

La relation (1.9) résulte alors de la relation (I.3.16) appliquée au courant $\tilde{T} = S_*(D\times b\ D)$, en identifiant les composantes de type (p,q) des deux membres de cette relation.

Sections holomorphes de $\tilde{\mathcal{L}}$. On désigne encore par D un domaine à bord de E, relativement compact, de bord orienté bD et par S : $D\times bD \to \tilde{\mathcal{L}}$ une section C^1 du fibré $\tilde{\Pi} : \tilde{\mathcal{L}} \to E\times_* E$. On dira que S est une section holomorphe de $\tilde{\mathcal{L}}$ (relative au domaine D) si on a

$$(1.14) \qquad \bar{\partial}_t S^*\tilde{\theta} = 0.$$

Il revient au même de dire que, pour tout $z\in bD$, l'application

$$S(\ ,z) : t \mapsto S(t,z)$$

est holomorphe dans D.

Si le domaine D est tel qu'il existe une section holomorphe S : $D\times bD \to \tilde{\mathcal{L}}$ et si $L_{p,q}(t,z)$, $M_{p,q}(t,z)$ désignent les noyaux de type (p,q) associés à S (et à une section de Bochner-Martinelli $\tilde{\beta}$), on a

$$(1.15) \qquad L_{*,q}(t,z) = 0 \text{ si } q>0,$$

$$(1.16) \qquad L_{*,0}(t,z) = S^*\tilde{\theta} \wedge (\bar{\partial}_z S^*\tilde{\theta})^{n-1},$$

$$(1.17) \qquad M_{*,q}(t,z) = \tilde{\beta}^*\tilde{\theta}\wedge S^*\tilde{\theta}\wedge \sum_{r+s=n-2-q} \binom{q+r}{r} (\bar{\partial}_t\tilde{\beta}^*\tilde{\theta})^q \wedge (\bar{\partial}_z\tilde{\beta}^*\tilde{\theta})^r \wedge (\bar{\partial}_z S^*\tilde{\theta})^s \quad \text{si } 0\leq q\leq n-2,$$

$$(1.18) \qquad L_{p,q}(t,z) = 0 \text{ si } q>0,$$

$$(1.19) \qquad L_{*,0}(t,z) = \sum_{p=0}^{n} L_{p,0}(t,z)\ ,$$

$$(1.20) \qquad M_{*,q}(t,z) = \sum_{p=0}^{n} M_{p,q}(t,z) \qquad (0\leq q\leq n-2),$$

$$(1.21) \qquad M_{p,q}(t,z) = 0 \text{ si } q\geq n-1.$$

Soit α une forme différentielle définie au voisinage de $\bar{D}$, de classe C^1 et de type (p,q); les relations (1.9) s'écrivent alors

1) si q = 0:

$$(1.22) \qquad \alpha(t) = \int_{z\in bD} L_{p,0}(t,z)\wedge\alpha(z) + \int_{z\in D} K_{p,0}(t,z)\wedge \bar{\partial}w^*\alpha(z) + \int_{z\in bD} M_{p,0}(t,z)\wedge\bar{\partial}w^*\alpha(z)\ ;$$

en particulier, si $\bar{\partial}\alpha = 0$, i.e. si α est une forme différentielle holomorphe de type (p,0), on a

$$(1.23) \qquad \alpha(t) = \int_{z\in bD} L_{p,0}(t,z)\wedge\alpha(z) \qquad (t\in D);$$

2) si $0<q<n$:

$$(1.24)\qquad \alpha(t) = \int_{z\in D} K_{p,q}(t,z)\wedge \bar\partial w^*\alpha(z) + \int_{z\in bD} M_{p,q}(t,z)\wedge \bar\partial w^*\alpha(z)$$

$$+\ \bar\partial\left[\int_{z\in D} K_{p,q-1}(t,z)\wedge w^*\alpha(z) + \int_{z\in bD} M_{p,q-1}(t,z)\wedge w^*\alpha(z)\right];$$

en particulier, si $\bar\partial\alpha = 0$, la forme différentielle γ définie dans D par

$$(1.25)\qquad \gamma(t) = \int_{z\in D} K_{p,q-1}(t,z)\wedge w^*\alpha(z) + \int_{z\in bD} M_{p,q-1}(t,z)\wedge w^*\alpha(z)$$

est une solution dans D de l'équation

$$(1.26)\qquad \bar\partial\gamma = \alpha;$$

3) si $q = n$:

$$(1.27)\qquad \alpha(t) = \bar\partial\int_{z\in D} K_{p,n-1}(t,z)\wedge w^*\alpha(z),$$

car $K_{p,n}$, $M_{p,n}$ et $M_{p,n-1}$ sont nuls; dans ce cas, l'hypothèse faite sur D de l'existence d'une section holomorphe $S : D\times bD \to \mathcal{L}$ n'entraîne donc pas de relation nouvelle, car la relation (1.27) coïncide avec le cas q=n de la formule de Bochner-Martinelli-Koppelman (I.3.3).

La boule d'un espace hermitien. On suppose E muni d'une forme hermitienne définie-positive $(y,z)\mapsto \langle z,q(y)\rangle$, où $q : E\to E'$ est $\mathbb{R}$-linéaire. Soit $\rho : E\to\mathbb{R}$ la fonction définie par $\rho(z) = \langle z,q(z)\rangle$ et soit D la boule unité $D = \{z;\rho(z)<1\}$. On peut associer à D la section holomorphe $S : D\times bD \to \tilde{\mathcal{L}}$ définie par

$$(1.28)\qquad S(t,z) = \left(t,z,\ \frac{q(z)}{\langle z-t,q(z)\rangle}\right);$$

la convexité de la boule D (ou l'inégalité de Cauchy-Schwarz) assure en effet que la partie réelle de

$$(1.29)\qquad s(t,z) = \langle z-t,q(z)\rangle$$

ne s'annule pas dans $\{(t,z)\in E\times E;\ \rho(t)<\rho(z)\}$, qui est un voisinage ouvert de $D\times bD$. Désignons par $\tilde\rho$ la fonction définie dans $E\times E$ par

$$(1.30)\qquad \tilde\rho(t,z) = \rho(z-t);$$

on a alors, $\tilde\beta$ désignant toujours la section de Bochner-Martinelli associée à q,

$$2i\pi\,\tilde\beta^*\tilde\theta = \partial\tilde\rho\,/\,\tilde\rho$$

et

$$2i\pi\,d\tilde\beta^*\tilde\theta = 2i\pi\,\bar\partial\tilde\beta^*\tilde\theta = \tilde\rho^{-1}\,\bar\partial\partial\tilde\rho + \tilde\rho^{-2}\,\partial\tilde\rho\wedge\bar\partial\tilde\rho\,.$$

D'autre part, on a également

$$2i\pi\, S^*\tilde{\theta} = \partial s / s$$

et

$$2i\pi\, dS^*\tilde{\theta} = 2i\pi\, \bar{\partial} S^*\tilde{\theta} = s^{-1}\,\bar{\partial}\partial s + s^{-2}\,\partial s \wedge \bar{\partial} s .$$

On en déduit les expressions des noyaux L et M:

$$L(t,z) = L_{*,0}(t,z) = (2i\pi)^{-n}\, s^{-n}\,\partial s \wedge (\bar{\partial}\partial s)^{n-1}, \tag{1.31}$$

$$M(t,z) = (2i\pi)^{-n}\,\partial\tilde{\rho} \wedge \partial s \wedge \sum_{k+\ell=n-2} \frac{(\bar{\partial}\partial\tilde{\rho})^k}{\tilde{\rho}^{k+1}} \wedge \frac{(\bar{\partial}\partial s)^\ell}{s^{\ell+1}}. \tag{1.32}$$

Remarquant que $\partial_z s = \partial\rho(z)$, on en déduit que l'on a

$$L_{0,0}(t,z) = (2i\pi)^{-n}\, s(t,z)^{-n}\,\partial\rho(z) \wedge (\bar{\partial}\partial\rho(z))^{n-1}; \tag{1.33}$$

d'autre part, on a, en appliquant la relation (1.17)

$$M_{0,q}(t,z) =$$

$$= (2i\pi)^{-n}\,\partial_z\tilde{\rho} \wedge \partial_z s \wedge \sum_{\substack{k\geq q\\ k+\ell=n-2}} \binom{k}{q} \frac{(\bar{\partial}_t\partial_z\tilde{\rho})^q \wedge (\bar{\partial}_z\partial_z\tilde{\rho})^{k-q} \wedge (\bar{\partial}_z\partial_z s)^\ell}{\tilde{\rho}^{1+k}\, s^{1+\ell}}$$

comme $\partial_z s = \partial\rho(z)$ et $\bar{\partial}_z\partial_z\tilde{\rho} = \bar{\partial}\partial\rho(z)$, on trouve finalement

$$M_{0,q}(t,z) = \tag{1.34}$$

$$= (2i\pi)^{-n}\left[\sum_{k=q}^{n-2} \binom{k}{q}\tilde{\rho}^{-1-k} s^{k+1-n}\right] \partial_z\tilde{\rho} \wedge \partial\rho(z) \wedge (\bar{\partial}_t\partial_z\tilde{\rho})^q \wedge (\bar{\partial}\partial\rho(z))^{n-q-2},$$

et notamment

$$M_{0,0}(t,z) = (2i\pi)^{-n}\left[\sum_{k=0}^{n-2} \tilde{\rho}^{-1-k} s^{k+1-n}\right] \partial_z\tilde{\rho} \wedge \partial\rho(z) \wedge (\bar{\partial}\partial\rho(z))^{n-2}, \tag{1.35}$$

$$M_{0,n-2}(t,z) = (2i\pi)^{-n}\,\tilde{\rho}^{1-n}\, s^{-1}\,\partial_z\tilde{\rho} \wedge \partial\rho(z) \wedge (\bar{\partial}_t\partial_z\tilde{\rho})^{n-2} . \tag{1.36}$$

On désignera par F_q la fonction qui apparaît dans l'écriture de $M_{0,q}$:

$$F_q(t,z) = \sum_{k=q}^{n-2} \binom{k}{q}\tilde{\rho}^{-1-k} s^{k+1-n} ; \tag{1.37}$$

cette fonction est, comme S, définie dans l'ouvert $\{(t,z);\ \rho(t)<\rho(z)\}$. Les relations (1.33) et (1.34) explicitent les noyaux qui interviennent, dans le cas de la boule, dans l'écriture des formules intégrales (1.22), (1.24) pour une forme différentielle α de type (0,q); on les rapprochera de l'expression des noyaux $K_{0,q}$, qui interviennent dans les mêmes relations:

$$(1.38)\qquad K_{0,q}(t,z) = (2i\pi)^{-n}\binom{n-1}{q}\,\tilde{\rho}^{-n}\,\partial_z\tilde{\rho}\wedge(\bar{\partial}_t\partial_z\tilde{\rho})^q\wedge(\bar{\partial}\partial\rho(z))^{n-1-q}.$$

Nous donnerons également les expressions des noyaux $L_{n,0}$, $M_{n,q}$, $K_{n,q}$ qui interviennent dans l'écriture des formules intégrales (1.22), (1.24) pour une forme différentielle α de type (n,q). Compte-tenu de l'expression (1.31) de $L_{*,0}$, on a

$$L_{n,0} = (2i\pi)^{-n}\,s^{-n}\,\partial_t s\wedge(\bar{\partial}\partial_t s)^{n-1}$$

et, comme $\bar{\partial}\partial_t s = \bar{\partial}_z\partial_t\tilde{\rho}$,

$$(1.39)\qquad L_{n,0}(t,z) = (2i\pi)^{-n}\,s^{-n}\,\partial_t s\wedge(\bar{\partial}_z\partial_t\tilde{\rho})^{n-1}$$

La composante, de type (n,q) en t, de $M(t,z)$ est égale à

$$M_{n,q}(t,z) = $$
$$= (2i\pi)^{-n}\,\partial_t\tilde{\rho}\wedge\partial_t s\wedge\sum_{\substack{k\geq q\\ k+\ell=n-2}}\binom{k}{q}\frac{(\bar{\partial}_t\partial_t\tilde{\rho})^q\wedge(\bar{\partial}_z\partial_t\tilde{\rho})^{k-q}\wedge(\bar{\partial}_z\partial_t s)^{\ell}}{\tilde{\rho}^{1+k}\,s^{1+\ell}}$$

et, comme $\bar{\partial}_t\partial_t\tilde{\rho} = \bar{\partial}\partial\rho(t)$ et $\bar{\partial}_z\partial_t s = \bar{\partial}_z\partial_t\tilde{\rho}$, à

$$(1.40)\qquad M_{n,q}(t,z) = (2i\pi)^{-n}F_q(t,z)\,\partial_t\tilde{\rho}\wedge\partial_t s\wedge(\bar{\partial}\partial\rho(t))^q\wedge(\bar{\partial}_z\partial_t\tilde{\rho})^{n-2-q}.$$

Enfin, on a

$$(1.41)\qquad K_{n,q}(t,z) = (2i\pi)^{-n}\binom{n-1}{q}\tilde{\rho}^{-n}\,\partial_t\tilde{\rho}\wedge(\bar{\partial}\partial\rho(t))^q\wedge(\bar{\partial}_z\partial_t\tilde{\rho})^{n-1-q},$$

c'est-à-dire

$$(1.42)\qquad K_{n,q}(t,z) = K_{0,n-q-1}(z,t).$$

Noyaux holomorphes pour un ouvert convexe. On considère un ouvert convexe D, relativement compact dans E, de bord C^2; on pourra donc supposer que l'on a $D = \{z;\psi(z)<1\}$, où $\psi\colon U\to\underline{\mathbb{R}}_+$ est une fonction C^2, définie au voisinage de $\bar{D}$, telle que $\inf_U\psi = 0$ et

$$(1.43)\qquad \langle t-z, d\psi(z)\rangle > 0 \quad \text{si } \psi(t)<\psi(z).$$

La fonction $\sigma=\sigma_\psi$ définie par

$$(1.44)\qquad \sigma(t,z) = \sigma_\psi(t,z) = \langle z-t, \partial\psi(z)\rangle$$

ne s'annule donc pas dans l'ouvert $V_\psi = \{(t,z)\in E\times E;\ \psi(t)<\psi(z)\}$; on peut donc définir dans cet ouvert la section holomorphe $S = S_\psi$ du fibré de Leray:

$$(1.45)\qquad S(t,z) = (t,z,\sigma^{-1}(t,z)\partial\psi(z)) \quad (\psi(t)<\psi(z)).$$

Soit χ la forme différentielle définie par

$$(1.46)\qquad \chi(t,z) = \sum_{j=1}^{n} \frac{\partial\psi}{\partial z^j}(z)\,(dz^j - dt^j);$$

on a alors

$$2i\pi\, S^*\tilde\theta = \sigma^{-1}\chi$$

et

$$2i\pi\,\bar\partial S^*\tilde\theta = 2i\pi\,\bar\partial_z S^*\tilde\theta = \sigma^{-1}\bar\partial\chi + \sigma^{-2}\chi\bar\partial s;$$

on en déduit les expressions des noyaux $L_{*,0}$ et $M_{*,q}$ associés à la section S:

$$(1.47)\qquad L_{*,0} = (2i\pi)^{-n}\sigma^{-n}\chi\wedge(\bar\partial\chi)^{n-1},$$

$$(1.48)\qquad M_{*,q}(t,z) = (2i\pi)^{-n}\partial\tilde\rho\wedge\chi\wedge \sum_{q+r+s=n-2}\binom{q+r}{q}\frac{(\bar\partial_t\partial\tilde\rho)^q\wedge(\bar\partial_z\partial\tilde\rho)^r\wedge(\bar\partial\chi)^s}{\tilde\rho^{1+q+r}\sigma^{1+s}}.$$

La composante de χ, de type $(0,0)$ en t, est égale à $\partial\psi(z)$; on a donc

$$(1.49)\qquad L_{0,0}(t,z) = (2i\pi)^{-n}\sigma^{-n}(t,z)\,\partial\psi(z)\wedge(\bar\partial\partial\psi(z))^{n-1}$$

et

$$(1.50)\qquad M_{0,q}(t,z) = (2i\pi)^{-n}\partial_z\tilde\rho\wedge\partial\psi(z)\wedge(\bar\partial_t\partial_z\tilde\rho)^q\wedge$$

$$\wedge\sum_{k=q}^{n-2}\binom{k}{q}\frac{(\bar\partial\partial\rho(z))^{k-q}\wedge(\bar\partial\partial\psi(z))^{n-2-k}}{\tilde\rho^{1+k}\sigma^{n-1-k}}.$$

La composante de χ, de type (1,0) en t, est égale à $-\Sigma\frac{\partial\psi}{\partial z^j}(z)\,dt^j = \partial_t\sigma$; on a par conséquent

$$(1.51)\qquad L_{n,0}(t,z) = (2i\pi)^{-n}\sigma^{-n}(t,z)\,\partial_t\sigma\wedge(\bar\partial_z\partial_t\sigma)^{n-1}$$

et

$$(1.51)\qquad M_{n,q}(t,z) = (2i\pi)^{-n}\partial_t\tilde\rho\wedge\partial_t\sigma\wedge(\bar\partial\partial\rho(t))^q$$

$$\wedge\sum_{k=q}^{n-2}\binom{k}{q}\frac{(\bar\partial_z\partial_t\tilde\rho)^{k-q}\wedge(\bar\partial_z\partial_t\sigma)^{n-2-k}}{\tilde\rho^{1+k}\sigma^{n-1-k}}.$$

Ces expressions généralisent les expressions correspondantes pour la boule, qui sont relatives au cas particulier où $\psi=\rho$.

<u>Noyaux holomorphes pour un ouvert strictement pseudoconvexe</u>. Si D est un ouvert relativement compact de E, strictement pseudoconvexe, de bord C^2, on démontre (G.M. HENKIN [5], E. RAMIREZ [6], N. ØVRELID [7]) qu'il existe une section holomorphe du fibré de Leray définie au voisinage de DxbD. Les relations (1.22) et (1.24) sont alors celles établies par G.M. HENKIN [8].

§2. FORMULES INTEGRALES ASSOCIEES A UNE FAMILLE DE SECTIONS DE CLASSE C^1 DU FIBRE $\tilde{\mathcal{L}}$.

Soit E un espace vectoriel complexe de dimension finie et soit $\tilde{\mathcal{L}}$ son fibré de Leray.

Soit D un ouvert relativement compact. On suppose que D possède un bord orienté de classe C^2 par morceaux et que celui-ci possède une <u>décomposition régulière</u> $(\partial_j D)_{1\leq j\leq N}$, au sens suivant:

1) Les $\partial_j D$ $(1\leq j\leq N)$ sont des ouverts à bord, deux à deux disjoints, de sous-variétés de dimension réelle 2n-1 et on a

$$bD = \bigcup_{j=1}^{N} \overline{\partial_j D} \;;$$

les ouverts à bord $\partial_j D$ étant convenablement orientés, le courant d'intégration sur bD est la somme des courants d'intégration sur les $\partial_j D$:

$$(2.1) \qquad bD = \sum_{j=1}^{N} \partial_j D$$

(dans toute la suite, on désignera par la même notation un ouvert à bord orienté de sous-variété et le courant d'intégration sur celui-ci);

2) si $J = (j_1,\ldots,j_r)$ est une suite d'entiers tous distincts compris entre 1 et N, de longueur $|J| = r$, on a

$$\overline{\partial_{j_1} D} \cap \ldots \cap \overline{\partial_{j_r} D} = \overline{\partial_J D}\,,$$

où $\partial_J D$ est un ouvert à bord d'une sous-variété de dimension réelle 2n-r; si $|J| = |J'|$ et si J n'est pas une permutation de J', $\partial_J D$ et $\partial_{J'} D$ sont disjoints; les ouverts $\partial_J D$ peuvent être orientés de telle sorte que l'on ait

$$(2.2) \qquad b\,\partial_J D = \sum_{\substack{k=1 \\ k\notin J}}^{N} \partial_{kJ} D$$

(au sens des courants d'intégration), où on désigne par kJ la suite $(k,j_1,\ldots,j_r)$ si $J = (j_1,\ldots,j_r)$. Il résulte des relations (2.2) que $\partial_J D$ est une fonction antisymétrique des indices $(j_1,\ldots,j_r)$.

La famille $(\partial_j^1 P)_{1\leq j\leq n}$, utilisée au chap.I, §2 pour un polydisque P, fournit un exemple de décomposition régulière.

Soit D un ouvert à bord relativement compact de E et soit $(\partial_j D)_{1\leq j\leq N}$ une décomposition régulière de son bord. On dira que

$\sigma = (\sigma^j)_{1\leq j\leq N}$ est une <u>famille de sections du fibré de Leray adaptée à cette décomposition régulière</u> si chaque σ^j est une section de classe C^1 du fibré $\tilde{\mathcal{L}}$, définie au voisinage de $D\times\overline{\partial_j D}$.

Soit $\tilde{\mathcal{L}}_{[r]}$ le produit fibré de r+1 copies de $\tilde{\mathcal{L}}$:

$$\tilde{\mathcal{L}}_{[r]} = \{(t,z;u_0,\ldots,u_r);\ \langle z-t,u_j\rangle=1 \quad (0\leq j\leq r)\};$$

soit $\tilde{H}_r : \tilde{\mathcal{L}}_{[r]}\times A_r \to \tilde{\mathcal{L}}$ l'application d'homotopie définie par

$$\tilde{H}_r(t,z;u_0,\ldots,u_r;\lambda^0,\ldots,\lambda^r) = (t,z,\Sigma\,\lambda^j u_j).$$

On désignera par τ toute application de la forme

$$(t,z;u_0,\ldots)\mapsto(z-t;u_0,\ldots),$$

par Π_1 toute application de la forme $(t,z;u_0,\ldots)\mapsto t$ et par Π_2 toute application de la forme $(t,z;u_0,\ldots)\mapsto z$, que leur domaine de définition soit $\tilde{\mathcal{L}}_{[r]}$ $(r\geq 0)$ ou $\tilde{\mathcal{L}}_{[r]}\times A_r$ $(r\geq 0)$. Le diagramme

$$\begin{array}{ccc}
\tilde{\mathcal{L}}_{[r]}\times A_r & \xrightarrow{\tilde{H}_r} & \tilde{\mathcal{L}} \\
\tau\downarrow & & \downarrow\tau \\
\mathcal{L}_{[r]}\times A_r & \xrightarrow{H_r} & \mathcal{L}
\end{array}$$

est évidemment commutatif; si $\tilde{\Phi}_{[r]}$ est la forme différentielle définie par

(2.3) $$\tilde{\Phi}_{[r]} = \tau^{*}\,\Phi_{[r]},$$

la commutativité du diagramme ci-dessus et le théorème 1, chap.I entraînent la relation

(2.4) $$\int_{S_r} \tilde{H}_r^{*}\,\tilde{\Phi} = (-1)^{r(r+1)/2}\,\tilde{\Phi}_{[r]}.$$

Soit D un ouvert relativement compact de E, possédant un bord orienté bD et une décomposition régulière $(\partial_j D)_{1\leq j\leq N}$ du bord bD. Soit $\sigma = (\sigma_j)$ une famille de sections de $\tilde{\mathcal{L}}$ adaptée à cette décomposition du bord. Si $J = (j_1,\ldots,j_r)$ est une suite d'entiers tous distincts compris entre 1 et N, on désigne par σ_J la section de $\tilde{\mathcal{L}}_{[r-1]}$, définie au voisinage de $D\times\overline{\partial_J D}$, égale au produit des restrictions des sections $\sigma_{j_1},\dots,\sigma_{j_r}$. Le courant de $\tilde{\mathcal{L}}$ associé à la famille de sections σ est le courant à support compact $T(\sigma)$, de dimension $2n-1$, défini par la relation

$$(2.5) \qquad T(\sigma) = \sum_{r=1}^{2n} (-1)^{r(r-1)/2} \sum_{J\in I(r,N)} (\tilde{H}_{r-1})_*(\sigma_{J*}(D\times\partial_J D)\times S_{r-1}),$$

où $I(r,N)$ désigne l'ensemble des suites croissantes de r entiers compris entre 1 et N. Cette définition est une généralisation de la relation (I.2.2) qui a servi à définir le courant $T(P)$ associé à un polydisque.

LEMME 2.1. Le courant $T(\sigma)$ est fermé dans $\tilde{\mathcal{L}}_D = \Pi_1^{-1}(D)$. Il admet, par rapport à $\Pi_1 : \tilde{\mathcal{L}}_D \to D$, la désintégration $(T_t(\sigma))_{t\in D}$, où

$$(2.6) \qquad T_t(\sigma) = \sum_{r=1}^{2n} (-1)^{r(r-1)/2} \sum_{J\in I(r,N)} (\tilde{H}_{r-1})_*(\sigma_{J*}(\{t\}\times\partial_J D)\times S_{r-1}).$$

La première assertion se démontre comme la proposition I.2.2. La seconde assertion est immédiate.

Soit $\tilde{H} : \tilde{\mathcal{L}}\times A_1 \to \tilde{\mathcal{L}}$ l'homotopie qui intervient dans le lemme I.3.4:

$$\tilde{H}(t,z,u;\lambda^0,\lambda^1) = (t,z,\lambda^0 u+\lambda^1 b(t,z)),$$

avec $b(t,z) = q(z-t)/\langle z-t,q(z-t)\rangle$ ($q:E\to E'$ désignant toujours une application $\underline{\mathbb{R}}$-linéaire associée à une forme hermitienne définie-positive $(y,z)\mapsto\langle z,q(y)\rangle$). Le lemme suivant explicite le courant

$$(2.7) \qquad R(\sigma) = \tilde{H}_*(T(\sigma)\times S_1).$$

LEMME 2.2. Le courant $R(\sigma) = \tilde{H}_*(T(\sigma)\times S_1)$ est égal à

$$(2.8) \qquad R(\sigma) = \sum_{r=1}^{2n} (-1)^{r(r+1)/2} \sum_{J\in I(r,N)} (\tilde{H}_r)_*(\sigma_{bJ*}(D\times\partial_J D)\times S_r),$$

où σ^{bJ} désigne la section de $\tilde{\mathcal{L}}_{[r]}$, définie au voisinage de $D\times\overline{\partial_J D}$, égale au produit des restrictions des sections $\tilde{\beta},\sigma_{j_1},\dots,\sigma_{j_r}$ de $\tilde{\mathcal{L}}$ ($\tilde{\beta}$ étant la section de Bochner-Martinelli associée à q:

$$\tilde{\beta}(t,z) = (t,z,b(t,z))).$$

Démonstration. Il suffit de montrer la relation

$$(2.9) \qquad \tilde{H}_*(\tilde{H}_{r-1*}(\sigma_{J*}(D\times\partial_J D)\times S_{r-1})\times S_1) = (-1)^r H_{r*}(\sigma_{bJ*}(D\times\partial_J D)\times S_r).$$

Le courant $\tilde{H}_*(\tilde{H}_{r-1*}(\sigma_{J*}(D\times\partial_J D)\times S_{r-1})\times S_1)$ est l'image directe de

$D\times\partial_J D\times S_{r-1}\times S_1$ par

$$(t,z;\lambda^1,\ldots,\lambda^r;\mu^0,\mu^1)\mapsto(t,z,\mu^0\sum_1^n\lambda^k s_{j_k}+\mu^1 b)$$

$$(\lambda^1+\ldots+\lambda^r=1,\ \mu^0+\mu^1=1),$$

où s_j est la fonction définie au voisinage de $\overline{D\times\partial_j D}$, à valeurs dans E', telle que

$$\sigma_j(t,z)=(t,z,s_j(t,z)).$$

Comme l'image de $S_{r-1}\times S_1$ par

$$(\lambda^1,\ldots,\lambda^r;\mu^0,\mu^1)\mapsto(\mu^0\lambda^1,\ldots,\mu^0\lambda^r,\mu^1)$$

est S^r (avec l'orientation définie par la forme différentielle ω_r'; cf.(I.1.13)), il en résulte que $\tilde{H}_*(\tilde{H}_{r-1*}(\sigma_{J*}(D\times\partial_J D)\times S_{r-1})\times S_1)$ est l'image de

$$\sigma_{Jb*}(D\times\partial_J D)\times S_r$$

par $\tilde{H}_r$, σ_{Jb} désignant la section de $\tilde{\mathcal{L}}_{[r]}$ définie par

$$\sigma_{Jb}\ :\ (t,z)\mapsto(t,z,s_{j_1},\ldots,s_{j_r},b);$$

la relation (2.9) résulte finalement du fait que la permutation

$$(\alpha^1,\ldots,\alpha^r,\alpha^0)\mapsto(\alpha^0,\alpha^1,\ldots,\alpha^r)$$

multiplie le courant d'intégration sur S_r par $(-1)^r$.

LEMME 2.3. Soit α une forme différentielle de classe C^1 définie au voisinage de bD. L'intégrale partielle $\langle T(\sigma)|\Pi_1|\tilde{\Phi}\wedge\Pi_2^*\alpha\rangle$ est alors définie et vaut

$$(2.10)\qquad \langle T(\sigma)|\Pi_1|\tilde{\Phi}\wedge\Pi_2^*\alpha\rangle=\sum_{r=1}^{n}\ \sum_{J\in I(r,N)}\int_{z\in\partial_J D}L_J(t,z)\wedge\alpha(z),$$

où $L_J(t,z)$ est la forme différentielle, de degré $2n-|J|$, définie par

$$(2.11)\qquad L_J(t,z)=\sigma_J^*\tilde{\Phi}_{[r-1]}\quad (r=|J|).$$

Si α est de type (p,q), la composante de type (p,q) de l'intégrale partielle (2.10) est égale à

$$(2.12)\qquad \langle T(\sigma)|\Pi_1|\tilde{\Phi}\wedge\Pi_2^*\alpha\rangle_{p,q}=\sum_{r=1}^{n-q}\ \sum_{J\in I(r,N)}\int_{z\in\partial_J D}L_J^{p,q}(t,z)\wedge\alpha(z),$$

où $L_J^{p,q}(t,z)$ est la composante de $L_J(t,z)$ qui est de type (p,q) en t et de type $(n-p,n-q-|J|)$ en z.

L'existence de l'intégrale partielle et la relation (2.10) résultent directement de la définition (2.5) de $T(\sigma)$ et de la relation (2.4); la sommation sur r s'arrête à n car $\tilde{\Phi}_{[r-1]} = 0$ pour $r>n$.

Soit χ_j la forme différentielle définie au voisinage de $\overline{D\times\partial_j D}$ par

(2.13) $$\chi_j = \sigma_j^* \tilde{\theta} ;$$

on a alors, si $J = (j_1,\dots,j_r)$, au voisinage de $\overline{D\times\partial_J D}$

(2.14) $$L_J = \chi_{j_1}\wedge\dots\wedge\chi_{j_r}\wedge \sum_{\|s\|=n-r} (d\chi_{j_1})^{s_1}\wedge\dots\wedge(d\chi_{j_r})^{s_r},$$

où $\|s\| = s_1+\dots+s_r$; L_J est donc somme de composantes dont le type total en (t,z) est (n+k, n-r-k), où k peut varier de 0 à n-r; dans une telle composante, un terme qui est de type (p,q) en t est de type (n+k-p, n-r-k-q) en z; le terme correspondant de $L_J(t,z)\wedge\alpha(z)$ est alors de type (n+k, n-r-k) en z; il est donc nul si k est différent de 0. Finalement, on trouve que la composante de type (p,q) de $\int_{\partial_J D} L_J(t,z)\wedge\alpha(z)$ est égale à $\int_{\partial_J D} L_J^{p,q}(t,z)\wedge\alpha(z)$; d'autre part, $L_J^{p,q}(t,z)$ est une composante de

(2.15) $$L_J^* = \chi_{j_1}\wedge\dots\wedge\chi_{j_r}\wedge \sum_{\|s\|=n-r} (\bar{\partial}\chi_{j_1})^{s_1}\wedge\dots\wedge(\bar{\partial}\chi_{j_r})^{s_r}.$$

On a encore

(2.16) $$L_J^* = \sum_{p=0}^{n}\sum_{q=0}^{n-|J|} L_J^{p,q}.$$

Comme $L_J^{p,q}$ est nul si $q+|J|>n$, la sommation sur r dans le second membre de (2.12) s'arrête à n-q.

LEMME 2.4. <u>Soit α une forme différentielle de classe C^1 définie au voisinage de ∂D. L'intégrale partielle $\langle R(\sigma)|\Pi_1|\tilde{\Phi}\wedge\Pi_2^*\alpha\rangle$ est alors définie et vaut</u>

(2.17) $$\langle R(\sigma)|\Pi_1|\tilde{\Phi}\wedge\Pi_2^*\alpha\rangle = \sum_{r=1}^{n-1}\sum_{J\in I(r,N)} \int_{z\in\partial_J D} M_J(t,z)\wedge\alpha(z),$$

<u>où $M_J(t,z)$ est la forme différentielle de degré $2n-1-|J|$, définie par</u>

(2.18) $$M_J(t,z) = \sigma_{bJ}^* \tilde{\Phi}_{[r]} \quad (r=|J|).$$

<u>Si, de plus, α est de type (p,q), la composante de type (p,q-1) de l'intégrale partielle (2.17) est égale à</u>

(2.19) $$\sum_{r=1}^{n-q}\sum_{J\in I(r,N)} \int_{z\in\partial_J D} M_J^{p,q-1}(t,z)\wedge\alpha(z),$$

où $M_J^{p,q}(t,z)$ désigne la composante de $M_J(t,z)$ qui est de type (p,q) en t et de type (n-p, n-1-|J|-q) en z; la composante de type (p-1,q) de l'intégrale partielle (2.17) est nulle. La composante de type (p,q) de $d\langle R(\sigma)|\,\Pi_1|\tilde{\Phi}\wedge\Pi_2^*\alpha\rangle$ est

$$(2.20)\qquad \bar{\partial}\sum_{r=1}^{n-q}\ \sum_{J\in I(r,N)}\int_{z\in\partial_J D} M_J^{p,q-1}(t,z)\wedge\alpha(z);$$

la composante de type (p,q) de $\langle R(\sigma)|\,\Pi_1|\tilde{\Phi}\wedge\Pi_2^* d\alpha\rangle$ est

$$(2.21)\qquad \sum_{r=1}^{n-q-1}\ \sum_{J\in I(r,N)}\int_{z\in\partial_J D} M_J^{p,q}(t,z)\wedge\bar{\partial}\alpha(z).$$

L'existence de l'intégrale partielle et la relation (2.17) résultent de l'expression (2.8) du courant $R(\sigma)$ et de la relation (2.4), la sommation sur r s'arrêtant à n-1 puisque $\tilde{\Phi}_{[r]} = 0$ pour $r>n-1$.

Soit $\chi_b = \chi_0$ la forme différentielle définie par la section de Bochner-Martinelli:

$$(2.22)\qquad \chi_b = \tilde{\beta}^*\tilde{\theta};$$

on a alors, si $J = (j_1,\ldots,j_r)$, au voisinage de $\overline{D\times\partial_J D}$

$$(2.23)\qquad M_J = \chi_b\wedge\chi_{j_1}\wedge\ldots\wedge\chi_{j_r}\wedge\sum_{\|s\|=n-r-1}(d\chi_b)^{s_0}\wedge(d\chi_{j_1})^{s_1}\wedge\ldots\wedge(d\chi_{j_r})^{s_r};$$

on voit encore que M_J est somme de composantes dont le type total en (t,z) est (n+k, n-1-r-k), avec k variant de 0 à n-1-r. Dans une telle composante, un terme qui est de type (p,q-1) en t possède le type (n+k-p, n-r-k-q) en z; le produit de ce terme par $\alpha(z)$ a le type (n+k, n-r-k) en z et est donc nul si $k>0$. La composante de type (p,q-1) de $\int_{\partial_J D} M_J(t,z)\wedge\alpha(z)$ est donc égale à $\int_{\partial_J D} M_J^{p,q-1}(t,z)\wedge\alpha(z)$; de plus, $M_J^{p,q-1}$ est nul si $n-r-q<0$, ce qui justifie les limites de la sommation sur r dans (2.19). On a encore

$$(2.24)\qquad M_J^* = \chi_b\wedge\chi_{j_1}\wedge\ldots\wedge\chi_{j_r}\wedge\sum_{\|s\|=n-r-1}(\bar{\partial}\chi_b)^{s_0}\wedge(\bar{\partial}\chi_{j_1})^{s_1}\wedge\ldots\wedge(\bar{\partial}\chi_{j_r})^{s_r}$$

et

$$(2.25)\qquad M_J^* = \sum_{p=0}^{n}\ \sum_{q=0}^{n-|J|-1} M_J^{p,q}.$$

Considérons encore une composante de M_J dont le type total en (t,z) est (n+k, n-1-r-k), avec $0<k<n-1-r$. Si un terme de cette composante a le type (p-1,q) par rapport à t, il a le type (n+k-p+1,n-1-r-k-q)

en z et son produit par $\alpha(z)$ a le type $(n+k+1,\ n-1-r-k)$ en z, ce qui entraîne qu'il est toujours nul. La composante de type $(p-1,q)$ de $\int_{\partial_J D} M_J(t,z)\wedge\alpha(z)$ est donc toujours nulle.

Des faits précédents résultent immédiatement les expressions (2.20) et (2.21) pour les composantes de type (p,q) de $d\langle R(\sigma)|\,\Pi_1\,|\tilde{\Phi}\wedge\Pi_2^*\alpha\rangle$ et de $\langle R(\sigma)|\,\Pi_1\,|\tilde{\Phi}\wedge\Pi_2^* d\alpha\rangle$.

THEOREME 5. <u>Soit</u> D <u>un ouvert relativement compact de</u> E, <u>possédant un bord orienté</u> bD, <u>muni d'une décomposition régulière</u> $(\partial_j D)_{1\leq j\leq N}$. <u>Soit</u> $\sigma = (\sigma_j)_{1\leq j\leq N}$ <u>une famille de sections</u> C^1 <u>du fibré de Leray</u> $\tilde{\mathcal{L}}$, <u>adaptée à la décomposition</u> $(\partial_j D)$ <u>du bord de</u> D. <u>Soient</u> $L_J^{p,q}$ <u>et</u> $M_J^{p,q}$ <u>les formes différentielles sur</u> $D\times\partial_J D$, <u>de type</u> (p,q) <u>en</u> t, <u>associées à la famille</u> σ <u>et à la section de Bochner-Martinelli</u> $\tilde{\beta}$ <u>par les relations</u> (2.13), (2.15), (2.16), (2.24) <u>et</u> (2.25). <u>On a alors, pour toute forme différentielle</u> α <u>de classe</u> C^1 <u>et de type</u> (p,q) <u>au voisinage de</u> $\bar{D}$, <u>la relation valide pour tout</u> $t\in D$:

$$\alpha(t) = \sum_{r=1}^{n-q}\ \sum_{J\in I(r,N)} \int_{z\in\partial_J D} L_J^{p,q}(t,z)\wedge\alpha(z) \tag{2.26}$$
$$+ \int_{z\in D} K_{p,q}(t,z)\wedge\bar{\partial}w^*\alpha(z)$$
$$+ \sum_{r=1}^{n-q-1}\ \sum_{J\in I(r,N)} \int_{z\in\partial_J D} M_J^{p,q}(t,z)\wedge\bar{\partial}w^*\alpha(z)$$
$$+ \bar{\partial}\Big[\int_{z\in D} K_{p,q-1}(t,z)\wedge w^*\alpha(z)$$
$$+ \sum_{r=1}^{n-q}\ \sum_{J\in I(r,N)} \int_{z\in\partial_J D} M_J^{p,q-1}(t,z)\wedge w^*\alpha(z)\Big].$$

<u>Démonstration</u>. On applique le théorème 3, chap.I aux courants $T(\sigma)$, $R(\sigma)$, puis les lemmes 2.3 et 2.4 pour l'identification de la composante de type (p,q) du second membre de la relation intégrale (I.3.16).

<u>Remarque</u>. Le noyau $K_{p,q}(t,z)$ peut être considéré comme un noyau $M_J^{p,q}(t,z)$, avec $J = \emptyset$; à la différence des autres noyaux $M_J^{p,q}$, il est défini dans $E\times_* E = \{(t,z)\in E^2;\ t \neq z\}$.

Ecriture projective des noyaux L_J^* et M_J^*. Les sections σ_j sont généralement connues sous la forme

$$(2.27)\qquad \sigma_j : (t,z) \mapsto (t,z,\frac{s_j(t,z)}{s_j^0(t,z)}),$$

où s_j est une fonction à valeurs dans E' définie au voisinage de $D\times\overline{\partial_j D}$, telle que

$$(2.28)\qquad s_j^0(t,z) = \langle z-t,\ s_j(t,z)\rangle$$

ne s'annule pas. De même, la section de Bochner-Martinelli $\tilde{\beta}$ s'écrit

$$\tilde{\beta} : (t,z) \to (t,z,\frac{q(z-t)}{\tilde{\rho}(t,z)}) \qquad (t \neq z),$$

où $\tilde{\rho}(t,z) = \rho(z-t) = \langle z-t, q(z-t)\rangle$. Les formes différentielles χ_j s'écrivent alors

$$(2.29)\qquad \chi_j = \frac{\eta_j}{2i\pi\, s_j^0},$$

avec $\eta_j = \langle dz-dt, s_j^0\rangle$; on a donc

$$(2.30)\qquad \bar{\partial}\chi_j = \frac{1}{2i\pi}\frac{\partial\eta_j}{s_j^0} + \chi_j \wedge \frac{\bar{\partial}s_j^0}{s_j^0}\ ;$$

on en déduit l'expression de L_J^*, si $J = (j_1,\ldots,j_r)$:

$$(2.31)\qquad L_J^* = (2i\pi)^{-n}(s_J^0)^{-1}\eta_J \wedge \sum_{\substack{k_1+\ldots+k_r\\ =n-r}} (s_{j_1}^0)^{-k_1}\ldots(s_{j_r}^0)^{-k_r} \wedge$$
$$\wedge(\bar{\partial}\eta_{j_1})^{k_1}\wedge\ldots\wedge(\bar{\partial}\eta_{j_r})^{k_r}),$$

où $s_J^0 = s_{j_1}^0\ldots s_{j_r}^0$, $\eta_J = \eta_{j_1}\wedge\ldots\wedge\eta_{j_r}$. Comme χ_b s'écrit également $\chi_b = \eta_b\,/\,2i\pi\,\tilde{\rho}$, avec $\eta_b = \langle dz-dt, q(z-t)\rangle = \partial\tilde{\rho}$, on a l'expression suivante de M_J^*:

$$(2.32)\qquad M_J^* = (2i\pi)^{-n}(\tilde{\rho}s_J^0)^{-1}\,\partial\tilde{\rho}\wedge\eta_J\wedge$$
$$\wedge \sum_{\substack{k_0+\ldots+k_r\\ =n-r-1}} \tilde{\rho}^{-k_0}(s_{j_1}^0)^{-k_1}\ldots(s_{j_r}^0)^{-k_r}\wedge$$
$$\wedge(\bar{\partial}\partial\tilde{\rho})^{k_0}\wedge(\bar{\partial}\eta_{j_1})^{k_1}\wedge\ldots\wedge(\bar{\partial}\eta_{j_r})^{k_r}.$$

Noyaux holomorphes. On suppose toujours les sections σ_j données sous la forme (2.27). Si les fonctions s_j vérifient les relations

(2.33) $\quad \bar\partial_t s_j = 0 \quad (1\leqslant j\leqslant N)$,

les sections σ_j sont holomorphes dans D, au sens de la relation (1.14); on a donc

(2.34) $\quad \bar\partial_t \chi_j = \bar\partial_t \eta_j = 0.$

Désignons par $L_J^{*,q}$, $M_J^{*,q}$ les formes différentielles

$$L_J^{*,q} = \sum_{p=0}^{n} L_J^{p,q}, \quad M_J^{*,q} = \sum_{p=0}^{n} M_J^{p,q} \;;$$

les relations (2.34) entraînent alors les relations

(2.35) $\quad L_J^{*,q} = 0 \quad$ si $q>0$,

(2.36)
$$L_J^{*,0} = (2i\pi)^{-n}(s_J^0)^{-1}\,\eta_J \wedge \\ \wedge \sum_{\substack{k_1+\dots+k_r\\=n-r}} (s_{j_1}^0)^{-k_1}\dots(s_{j_r}^0)^{-k_r}(\bar\partial_z\eta_{j_1})^{k_1}\wedge\dots(\bar\partial_z\eta_{j_r})^{k_r},$$

(2.37) $\quad M_J^{*,q} = 0 \quad$ si $q+|J|>n-1$,

(2.38)
$$M_J^{*,q} = (2i\pi)^{-n}\,\tilde\rho^{-q-1}\,\partial\tilde\rho\wedge(\bar\partial_t\partial\tilde\rho)^q\wedge(s_J^0)^{-1}\,\eta_J\wedge \\ \wedge \sum_{\substack{k_0+\dots+k_r\\=n-r-1}} \tilde\rho^{-k_0}(s_{j_1}^0)^{-k_1}\dots(s_{j_r}^0)^{-k_r}\binom{k_0+q}{q}\wedge \\ \wedge(\bar\partial_z\partial\tilde\rho)^{k_0}\wedge(\bar\partial_z\eta_{j_1})^{k_1}\wedge\dots\wedge(\bar\partial_z\eta_{j_r})^{k_r}$$

si $q+|J|\leqslant n-1$

Si le domaine D admet une décomposition régulière $(\partial_j D)_{1\leqslant j\leqslant N}$ de son bord et une famille $(\sigma_j)_{1\leqslant j\leqslant N}$ de sections holomorphes adaptée à cette décomposition, les relations (2.26) deviennent des formules d'homotopie pour l'opérateur $\bar\partial$; pour une forme différentielle α de type (p,q), C^1 au voisinage de $\bar D$, on a en effet:

(2.39)
$$\alpha(t) = \sum_{r=1}^{n}\sum_{J\in I(r,N)} \int_{z\in\partial_J D} L_J^{p,0}(t,z)\wedge\alpha(z) \\ + \sum_{r=0}^{n-1}\sum_{J\in I(r,N)} \int_{z\in\partial_J D} M_J^{p,0}(t,z)\wedge\bar\partial w^*\alpha(z) \quad \text{si } q=0,$$

$$(2.40)\qquad \alpha(t) = \sum_{r=0}^{n-q-1} \sum_{J\in I(r,N)} \int_{z\in\partial_J D} M_J^{p,q}(t,z) \wedge \bar{\partial} w^* \alpha(z)$$

$$+ \bar{\partial} \sum_{r=0}^{n-q} \sum_{J\in I(r,N)} \int_{z\in\partial_J D} M_J^{p,q-1}(t,z) \wedge w^* \alpha(z) \qquad \text{si } q>0 \; ;$$

conformément à la remarque suivant le théorème 1, $J\in I(r,N)$ et $r=0$ signifient $J = \emptyset$, $\partial_J D = D$ et $M_J^{p,q} = K_{p,q}$.

<u>Polyèdres analytiques</u>. <u>La formule d'A. Weil et la formule d'homotopie pour l'opérateur $\bar{\partial}$</u>.

Soit P un <u>polyèdre analytique</u> dans E, c'est à dire une composante connexe, relativement compacte de

$$\{z\in E;\ |F_j(z)|<1,\ 1\leq j\leq N\}$$

où les F_j sont des fonctions holomorphes définies au voisinage de $\bar{P}$; on suppose que l'on a

$$dF_{j_1}(z) \wedge dF_{j_2}(z) \wedge \ldots \wedge dF_{j_r}(z) \neq 0$$

si $j_1<j_2<\ldots<j_r$, $r\leq n$ et $z\in\partial P$, $|F_{j_1}(z)| = \ldots = |F_{j_r}(z)| = 1$, de sorte que le bord ∂P du polyèdre admet la décomposition régulière $(\partial_j P)_{1\leq j\leq N}$, avec $\overline{\partial_j P} = \{z\in\partial P;\ |F_j(z)| = 1\}$. Soient $f_j : \bar{P}\times\bar{P} \to E'$ $(1\leq j\leq N)$ des fonctions <u>holomorphes</u> telles que

$$(2.41)\qquad F_j(z)-F_j(t) = \langle z-t,\ f_j(t,z)\rangle ;$$

celles-ci définissent des sections σ_j

$$\sigma_j : (t,z) \mapsto (t,z,\ \frac{f_j(t,z)}{F_j(z)-F_j(t)})$$

dans le voisinage $\{|F_j(t)|<|F_j(z)|\}$ de $P\times\overline{\partial_j P}$, auxquelles correspondent les formes différentielles

$$(2.42)\qquad \chi_j = \sigma_j^* \tilde{\theta} = \frac{1}{2i\pi} \frac{\eta_j}{F_j(z)-F_j(t)},$$

avec $\eta_j = \langle dz-dt, f_j(t,z)\rangle$. Comme les f_j sont holomorphes, on a $\bar{\partial}\eta_j = 0$ et par conséquent

$$(2.43)\qquad L_J^* = 0 \quad \text{si } |J| \neq n,$$

$$(2.44)\qquad L_J^{*,0} = L_J^* = (2i\pi)^{-n} \bigwedge_{k=1}^{n} \frac{\eta_{j_k}}{F_{j_k}(z)-F_{j_k}(t)} \qquad \text{si } |J| = n.$$

De même, en tenant compte de $\bar{\partial}\eta_j = 0$ dans l'expression (2.32) de M_J^*, on obtient

$$(2.45)\qquad M_J^* = \frac{\partial\tilde{\rho}\wedge(\bar{\partial}\partial\tilde{\rho})^{n-1-r}}{(2i\pi)^n\,\tilde{\rho}^{n-r}} \bigwedge_{k=1}^{r} \frac{\eta_{j_k}}{F_{j_k}(z)-F_{j_k}(t)}\,;$$

et

$$(2.46)\qquad M_J^{*,q} = \frac{\partial\tilde{\rho}\wedge(\bar{\partial}_t\partial\tilde{\rho})^q\wedge(\bar{\partial}_z\partial\tilde{\rho})^{n-1-r-q}}{(2i\pi)^n\,\tilde{\rho}^{n-r}} \bigwedge_{k=1}^{r} \frac{\eta_{j_k}}{F_{j_k}(z)-F_{j_k}(t)}\,;$$

on a $M_J^{*,q} = 0$ si $q+|J|>n-1$. On obtient ainsi les noyaux qui interviennent dans l'écriture des relations (2.39) et (2.40) pour un polyèdre analytique; en particulier, si α est de type $(p,0)$ et si $\bar{\partial}\alpha = 0$ dans $\bar{P}$, on a

$$(2.47)\qquad \alpha(t) = \sum_{J\in I(n,N)} \int_{\partial_J D} L_J^{p,0}(t,z)\wedge\alpha(z)\,,$$

qui est la formule intégrale d'A. WEIL [9].

Noyaux holomorphes pour une intersection de domaines convexes.

On considère un ouvert à bord D relativement compact de E qui s'écrit $D = \bigcap_{j=1}^{N} D_j$, où D_j est convexe: $D_j = \{z;\rho_j(z)<1\}$, f_j étant une fonction de classe C^2 à valeurs réelles définie au voisinage de $\bar{D}$. On désigne par $\partial_j D$ l'ouvert de ∂D défini par

$$\partial_j D = D_1\cap\ldots\cap D_{j-1}\cap\partial D_j\cap D_{j+1}\cap\ldots\cap D_N$$

et on suppose que

$$d\rho_{j_1}(z)\wedge\ldots\wedge d\rho_{j_r}(z) \neq 0$$

si $r\leq n$ et $\rho_{j_1}(z) = \ldots = \rho_{j_r}(z) = 1$, ce qui entraîne que $(\partial_j D)_{1\leq j\leq N}$ est une décomposition régulière du bord de D. On définit une famille de sections (σ_j) de $\tilde{\mathcal{L}}$, adaptée à la décomposition $(\partial_j D)_{1\leq j\leq N}$, par

$$\sigma_j(t,z) = \left(t,z,\frac{\partial\rho_j(z)}{\langle z-t,\partial\rho_j(z)\rangle}\right).$$

Soit $s_j(t,z) = \partial\rho_j(z)$; la composante de degré 0 en t de $\eta_j=\langle dz-dt,s_j\rangle$ est $\eta_j' = \partial\rho(z)$; on en déduit, en appliquant les relations (2.35), (2.36) aux sections holomorphes σ_j, que l'on a $L_J^{0,q} = 0$ si $q>0$ et

$$(2.48)\qquad L_J^{0,0} = \sum_{\substack{k_1+\ldots+k_r\\=n-r}} K^{k_1}(\rho_{j_1})\wedge\ldots\wedge K^{k_r}(\rho_{j_r}) \quad \text{si } J = (j_1,\ldots,j_r),$$

où l'on écrit $K^k(\rho_j)$ pour

$$(2.49)\qquad K^k(\rho_j) = \frac{\partial\rho_j(z)\wedge(\bar{\partial}\partial\rho_j(z))^k}{(2i\pi<z-t,\partial\rho_j(z)>)^{k+1}} .$$

Appliquant la relation (2.38), on trouve également, si $J = (j_1,\ldots,j_r)$,

$$(2.50)\qquad M_J^{0,q} = \sum_{k=q}^{n-r-1} \sum_{\substack{k_1+\ldots+k_r\\ =n-r-1-k}} K_q^k(\tilde{\rho})\wedge K^{k_1}(\rho_{j_1})\wedge\ldots\wedge K^{k_r}(\rho_{j_r})$$

$$(q+|J|\leqslant n-1),$$

où $K_q^k(\tilde{\rho})$ désigne la composante, de degré partiel q en t, de

$$(2.51)\qquad K^k(\tilde{\rho}) = \frac{\partial_z\tilde{\rho}\wedge(\bar{\partial}\partial_z\tilde{\rho})^k}{(2i\pi\,\tilde{\rho})^{k+1}} .$$

Noyaux holomorphes pour une intersection de domaines strictement pseudoconvexes.

Soit $D = \bigcap_{j=1}^{N} D_j$, où les D_j sont des ouverts strictement pseudoconvexes $D_j = \{z;\rho_j(z)<1\}$ dont les bords sont en "position générale":

$$d\rho_{j_1}(z)\wedge\ldots\wedge d\rho_{j_r}(z) \neq 0$$

si $r\leqslant n$ et $\rho_{j_1}(z) = \ldots = \rho_{j_r}(z) = 1$; le bord de D possède alors une décomposition régulière $(\partial_jD)_{1\leqslant j\leqslant N}$ définie par

$$\partial_jD = D_1\cap\ldots\cap D_{j-1}\cap\partial D_j\cap D_{j+1}\cap\ldots\cap D_N .$$

D'après les résultats déjà cités de G.M. HENKIN [5], N. ØVRELID [7], E. RAMIREZ [6] il existe des applications s_j à valeurs dans E', définies au voisinage de $D\times\overline{\partial_jD}$, holomorphes en t dans D, telles que $s_j^0(t,z) = <z-t,s_j(t,z)>$ ne s'annule pas sur $D\times\overline{\partial_jD}$. Les relations (2.35)-(2.38) s'appliquent alors et fournissent une expression intégrée explicite des noyaux utilisés, dans le cas d'une intersection de domaines strictement pseudoconvexes, par R.M. RANGE et Y.T. SIU [10].

§3. FORMULES INTEGRALES INDUITES SUR DES HYPERSURFACES PRINCIPALES.

Soit E un espace vectoriel complexe de dimension N+1; soit D un ouvert relativement compact de E, possédant un bord orienté ∂D, de classe C^1 par morceaux. On considère une hypersurface principale Σ de $\overline{D}$, qui est l'intersection avec D de l'ensemble Z(F) des zéros d'une fonction analytique $F:U \to \underline{\underline{C}}$, définie dans un voisinage U de $\overline{D}$. On suppose que dF(z) ne s'annule pas si $z \in Z(F)$, de sorte que Z(F) est sans singularités, et que F satisfait à la condition suivante:

(A) il existe une application holomorphe $f:U\times U \to E'$ vérifiant l'identité

(3.1) $$F(z)-F(t) = \langle z-t, f(t,z)\rangle \quad (t,z \in U) .$$

En particulier, la condition (A) sera vérifiée pour toute fonction F analytique au voisinage de $\overline{D}$, si D est strictement pseudoconvexe. Si D n'est pas pseudoconvexe, la condition (A) sera vérifiée pour certaines fonctions F analytiques au voisinage de $\overline{D}$ (par exemple, pour les fonctions entières).

Désignant toujours par $\tilde{\mathcal{L}}$ le fibré de LERAY au-dessus de $E^\times.E$, nous considérerons, comme au §2, des sections σ du fibré de LERAY définies sous la forme

$$\sigma : (t,z) \mapsto (t,z,\frac{s(t,z)}{s^0(t,z)})$$

où $s:W\to E'$ est définie dans un ouvert de $E^\times.E$, de classe C^1 et telle que

(3.2) $$s^0(t,z) = \langle z-t, s(t,z)\rangle$$

ne s'annule pas dans W. A une telle section σ, on associe les formes différentielles χ et η définies dans W par

(3.3) $$\chi = \sigma^*\tilde{\theta} = \frac{\eta}{2i\pi s^0} .$$

Supposons d'autre part E muni d'une forme hermitienne définie-positive $(y|z) = \langle z,q(y)\rangle$ (où $q:E\to E'$ est une application $\underline{\underline{R}}$-linéaire) et désignons par ρ la forme quadratique associée: $\rho(z) = \langle z,q(z)\rangle$, par $\tilde{\rho}$ la fonction $\tilde{\rho} = \tau^*\rho$: $\tilde{\rho}(t,z) = \rho(z-t)$, par $\tilde{\beta}$ la section de Bochner-Martinelli du fibré de Leray associée à q et par χ_0 la forme différentielle associée à $\tilde{\beta}$:

$$\chi_0 = \tilde{\beta}^*\tilde{\theta} = \frac{\partial\tilde{\rho}}{2i\pi\tilde{\rho}} .$$

La condition (A) et l'identité (3.1) permettent de définir sur l'ouvert

$$W_F = \{(t,z);\ F(z)\neq F(t)\}$$

de $U\times U$ la section σ_F du fibré de Leray par

(3.4) $$\sigma_F(t,z) = (t,z,f(t,z) \,/\, (F(z)-F(t)) ,$$

à laquelle sont associées les formes différentielles χ_F et η_F définies respectivement dans W_F et dans U×U par

$$(3.5)\qquad \chi_F = \sigma_F^* \tilde{\theta} = \frac{\eta_F}{2i\pi(F(z)-F(t))} ;$$

comme σ_F est holomorphe, on a

$$(3.6)\qquad \bar{\partial}\chi_F = 0.$$

Le noyau $L_F^* = \chi_F \wedge (\bar{\partial}\chi_F)^N$ est donc nul (on suppose N>0); le noyau M_F^* associé à $\tilde{\beta}$ et σ_F vaut (cf. §2, relation (2.24))

$$(3.7)\qquad M_F^* = \chi_0 \wedge \chi_F \wedge (\bar{\partial}\chi_0)^{N-1} .$$

Plus généralement, si $(\partial_j D)_{1\leq j\leq r}$ est une décomposition régulière du bord de D et si $(\sigma_j)_{1\leq j\leq r}$ est une famille de sections du fibré de Leray

$$\sigma_j : W_j \to \tilde{\mathcal{L}}$$

définies dans des voisinages W_j de $D\times\overline{\partial_j D}$, les noyaux $L_{J,F}^*$ et $M_{J,F}^*$, associés à un multi-entier $J=(j_1,\ldots,j_k)$ et à la suite de sections $\sigma_{J,F}=(\sigma_{j_1},\ldots,\sigma_{j_k},\sigma_F)$ par les relations (2.15) et (2.24), sont définis dans $W_{J,F} = W_{j_1}\cap\ldots\cap W_{j_k}\cap W_F$ par les relations

$$(3.8)\qquad L_{J,F}^* = \chi_{j_1}\wedge\ldots\wedge\chi_{j_k}\wedge\chi_F\wedge \sum_{\|\ell\|=N-k} (\bar{\partial}\chi_{j_1})^{\ell_1}\wedge\ldots\wedge(\bar{\partial}\chi_{j_k})^{\ell_k} ,$$

$$(3.9)\qquad M_{J,F}^* = \chi_0\wedge\chi_{j_1}\wedge\ldots\wedge\chi_{j_k}\wedge\chi_F\wedge \sum_{\|\ell\|=N-k-1} (\bar{\partial}\chi_0)^{\ell_0}\wedge(\bar{\partial}\chi_{j_1})^{\ell_1}\wedge\ldots\wedge(\bar{\partial}\chi_{j_k})^{\ell_k} ,$$

compte-tenu du fait que $\bar{\partial}\chi_F$ est nul.

Désignons, conformément aux notations introduites au §2, par $L_{J,F}^{p,q}$ (resp. $M_{J,F}^{p,q}$) la composante de type (p,q) en t et de type (N+1-p, N-q-|J|) en z (resp. de type (p,q) en t et de type (N+1-p, N-1-|J|-q) en z) de $L_{J,F}^*$ (resp. $M_{J,F}^*$). Nous allons montrer que les noyaux $L_{J,F}^{p,q}$ et $M_{J,F}^{p,q}$ induisent sur $W_J\cap(Z(F)\times Z(F))$ des noyaux $L_J^{p,q}(Z(F))$ et $M_J^{p,q}(Z(F))$, de type (p,q) en t; ceux-ci permettent d'écrire sur $\Sigma = Z(F)\cap D$ des relations intégrales générales qui sont l'équivalent, pour l'ouvert Σ de l'hypersurface Z(F), de la relation (2.26) du théorème 1 (chap. II, §2) pour un ouvert D de l'espace vectoriel E. Nous nous limiterons au cas où p=0, ce qui suffit pour la plupart des applications et qui permet de simplifier quelque peu l'exposition; le cas général peut être traité par la même méthode.

<u>Constructions des noyaux induits</u>. Soient $L^{0,*}_{J,F}$ et $M^{0,*}_{J,F}$ les formes différentielles définies par

$$(3.10)\qquad L^{0,*}_{J,F} = \sum_{q=0}^{N-|J|} L^{0,q}_{J,F}\ ,$$

$$(3.11)\qquad M^{0,*}_{J,F} = \sum_{q=0}^{N-|J|-1} M^{0,q}_{J,F}\ ;$$

si on désigne par χ'_0 , χ'_j $(1\leqslant j\leqslant r)$, χ'_F les composantes de degré 0 en t et de type (1,0) en z de χ_0 , χ_j , χ_F , il résulte des relations (3.8) et (3.9) que l'on a

$$(3.12)\qquad L^{0,*}_{J,F} = \chi'_{j_1}\wedge\dots\wedge\chi'_{j_k}\wedge\chi'_F\wedge \sum_{\|\ell\|=N-k} (\bar\partial\chi'_{j_1})^{\ell_1}\wedge\dots\wedge(\bar\partial\chi'_{j_1})^{\ell_k}\ ,$$

$$(3.13)\qquad M^{0,*}_{J,F} = \chi'_0\wedge\chi'_{j_1}\wedge\dots\wedge\chi'_{j_k}\wedge\chi'_F\wedge \sum_{\|\ell\|=N-1-k} (\bar\partial\chi'_0)^{\ell_0}\wedge(\bar\partial\chi'_{j_1})^{\ell_1}\wedge\dots\wedge(\bar\partial\chi'_{j_k})^{\ell_k}\ ,$$

ce qui montre que $L^{0,*}_{J,F}$ et $M^{0,*}_{J,F}$ se factorisent en

$$(3.14)\qquad L^{0,*}_{J,F} = \hat L^{0,*}_{J}\wedge\chi'_F\ ,$$

$$(3.15)\qquad M^{0,*}_{J,F} = \hat M^{0,*}_{J}\wedge\chi'_F\ ,$$

où $\hat L^{0,*}_J$ et $\hat M^{0,*}_J$ sont les formes différentielles, définies dans W_J et indépendantes de F:

$$(3.16)\qquad \hat L^{0,*}_{J} = \chi'_{j_1}\wedge\dots\wedge\chi'_{j_k}\wedge \sum_{\|\ell\|=N-k} (\bar\partial\chi'_{j_1})^{\ell_1}\wedge\dots\wedge(\bar\partial\chi'_{j_k})^{\ell_k}\ ,$$

$$(3.17)\qquad \hat M^{0,*}_{J} = \chi'_0\wedge\chi'_{j_1}\wedge\dots\wedge\chi'_{j_k}\wedge \sum_{\|\ell\|=N-1-k} (\bar\partial\chi'_0)^{\ell_0}\wedge(\bar\partial\chi'_{j_1})^{\ell_1}\wedge\dots\wedge(\bar\partial\chi'_{j_k})^{\ell_k}\ .$$

Soit η'_F la composante de η_F qui est de degré 0 en t et de type (1,0) en z; les formes différentielles $\hat L^{0,*}_J\wedge\eta'_F$ et $\hat M^{0,*}_J\wedge\eta'_F$ sont sommes de formes de type $(N+1,\ N-|J|-q)$ en z; elles vérifient donc les relations dans W_J:

$$(3.18)\qquad \hat L^{0,*}_{J}\wedge\eta'_F\wedge dF(z) = 0\ ,$$

$$(3.19)\qquad \hat M^{0,*}_{J}\wedge\eta'_F\wedge dF(z) = 0\ .$$

On en déduit qu'il existe des formes différentielles $\tilde{L}^{0,*}_{J,F}$ et $\tilde{M}^{0,*}_{J,F}$, définies dans W_J , vérifiant les relations

(3.20) $\hat{L}^{0,*}_J \wedge \eta'_F = \tilde{L}^{0,*}_{J,F} \wedge dF(z)$,

(3.21) $\hat{M}^{0,*}_J \wedge \eta'_F = \tilde{M}^{0,*}_{J,F} \wedge dF(z)$;

de plus, $\tilde{L}^{0,}_{J,F}$ et $\tilde{M}^{0,}_{J,F}$ étant déterminées localement, modulo un multiple de dF(z), par les relations (3.20) et (3.21), leurs restrictions à $\{F(z)=0\}$ sont déterminées univoquement.

<u>Les noyaux induits</u> $L^{0,*}_J(Z(F))$ <u>et</u> $M^{0,*}_J(Z(F))$ <u>de l'hypersurface</u> Z(F) sont, par définition, les restrictions de $\tilde{L}^{0,*}_{J,F}$ et $\tilde{M}^{0,*}_{J,F}$ à $W_J \cap (Z(F)\times Z(F))$, c'est-à-dire à $\{F(z) = F(t) = 0\}$; leur construction montre qu'ils se décomposent en

(3.22) $$L^{0,*}_J(Z(F)) = \sum_{q=0}^{N-|J|} L^{0,q}_J(Z(F)),$$

(3.23) $$M^{0,*}_J(Z(F)) = \sum_{q=0}^{N-1-|J|} M^{0,q}_J(Z(F));$$

les noyaux $L^{0,q}_J(Z(F))$ et $M^{0,q}_J(Z(F))$ sont de type (0,q) en t , de type (N, N-q-|J|) (resp. (N, N-q-|J|-1) en z); ce sont les restrictions à $W_J \cap (Z(F)\times Z(F))$ des composantes correspondantes de $\tilde{L}^{0,*}_{J,F}$ et $\tilde{M}^{0,*}_{J,F}$; ils pourraient être construits directement, par la méthode précédente, à partir des composantes $\hat{L}^{0,q}_J$ (resp. $\hat{M}^{0,q}_J$) de $\hat{L}^{0,*}_J$ (resp. de $\hat{M}^{0,*}_J$), de type (0,q) en t.

REMARQUE 1. Rappelons que l'on a (relation (3.5))

$$\chi_F = \frac{\eta_F}{2i\pi(F(z)-F(t))} ,$$

d'où

$$\chi'_F = \frac{\eta'_F}{2i\pi(F(z)-F(t))} ;$$

il s'ensuit que la restriction à $\{F(t) = 0\}$ de $L^{0,*}_{J,F} = \hat{L}^{0,*}_J \wedge \chi'_F$ possède une singularité polaire simple le long de $\{F(z) = 0\}$; $L^{0,*}_J(Z(F))$ est donc la <u>forme-résidu</u> (au sens de J. LERAY [1]) de $L^{0,*}_{J,F}|_{\{F(t)=0\}}$ sur $\{F(z)=0\}$. Le même argument vaut pour $M_J^{0,*}(Z(F))$. On notera que les formes $L_{J,F}^{0,*}$ et $M_{J,F}^{0,*}$ ne sont pas fermées en général; la construction d'une forme-résidu de J. LERAY s'applique néanmoins, grâce aux conditions (3.18) et (3.19).

REMARQUE 2. En égard au fait que l'on connaît une écriture explicite de $\hat{L}_J^{0,*}$ et $\hat{M}_J^{0,*}$ (relations (3.16) et (3.17)), il est intéressant d'avoir également une formule donnant explicitement des solutions $\tilde{L}_{J,F}^{0,*}$ et $\tilde{M}_{J,F}^{0,*}$ des relations (3.20) et (3.21). Celle-ci s'obtient en utilisant la structure hermitienne de E. Soient $(z^1,\dots,z^{N+1})$ des coordonnées linéaires dans E, dans lesquelles $\rho(z) = \langle z,q(z)\rangle$ s'écrit $\rho(z) = \Sigma z^j\bar{z}^j$. Soit X_F le champ de vecteurs

$$X_F = \Sigma \frac{\partial\bar{F}}{\partial\bar{z}^j}\frac{\partial}{\partial z^j}\ ; \tag{3.24}$$

on a $\langle X_F\ , dF\rangle = \Sigma\left|\frac{\partial F}{\partial z^j}\right|^2 = \rho(\nabla F)$, où ∇F est le gradient de F dans les coordonnées $(z^1,\dots,z^{N+1})$; par conséquent, la fonction $\langle X_F\ , dF\rangle$ ne s'annule pas au voisinage de $\bar{\Sigma}$, en vertu des hypothèses faites sur Σ et F. On a alors, compte-tenu des relations (3.18) et (3.19), en appliquant des relations connues de la dualité de l'algèbre extérieure (cf. par exemple H. FEDERER [11], prop. 1.5.3)

$$\langle X_F\ ,dF\rangle(z)\hat{L}_J^{0,*}\wedge\eta'_F = (X_F(z)\lrcorner(\hat{L}_J^{0,*}\wedge\eta'_F))\wedge dF(z)\ , \tag{3.25}$$

$$\langle X_F\ ,dF\rangle(z)\hat{M}_J^{0,*}\wedge\eta'_F = (X_F(z)\lrcorner(\hat{M}_J^{0,*}\wedge\eta'_F))\wedge dF(z)\ ; \tag{3.26}$$

ceci permet de choisir, au voisinage de $\{F(z)=0\}$, les formes différentielles $\tilde{L}_{J,F}^{0,*}$ et $\tilde{M}_{J,F}^{0,*}$ égales à

$$\tilde{L}_{J,F}^{0,*} = \frac{1}{\rho(\nabla F)(z)}\ X_F(z)\lrcorner(\hat{L}_J^{0,}\ \wedge\eta'_F)\ , \tag{3.27}$$

$$M_{J,F}^{0,*} = \frac{1}{\rho(\nabla F)(z)}\ X_F(z)\lrcorner(\hat{M}_J^{0,}\ \wedge\eta'_F)\ . \tag{3.28}$$

On obtient ensuite $L_J^{0,*}(Z(F))$ et $M_J^{0,*}(Z(F))$ par restriction à $Z(F)\times Z(F)$.

REMARQUE 3. La construction des noyaux induits sur Z(F) reste possible si F possède des singularités, telles que l'on soit néanmoins assuré que toute forme différentielle γ qui vérifie la condition

$$\gamma\wedge dF(z) = 0$$

s'écrit

$$\gamma = \beta\wedge dF(z)\ .$$

REMARQUE 4. La construction des noyaux induits peut être généralisée sans difficulté au cas d'une sous-variété V de codimension k qui est l'intersection de k hypersurfaces principales en position générale:

$$V = Z(F_1) \cap Z(F_2) \cap \dots \cap Z(F_k),$$

où chacune des fonctions holomorphes $F_j : U \to \mathbb{C}$ vérifie la condition (A).

THEOREME 6. Soit E un espace vectoriel complexe de dimension N+1 (N>0); soit D un ouvert relativement compact de E et soit F une fonction analytique définie dans un voisinage U de $\bar{D}$. On suppose que F satisfait la condition (A) dans U et on désigne par $f : U \times U \to E'$ une application holomorphe qui vérifie la relation (3.1). On suppose également que dF(z) ne s'annule pas si $z \in Z(F)$.

Soit $(\partial_j D)_{1 \leq j \leq r}$ une décomposition régulière du bord de D , supposé de classe C^1 par morceaux et soit $(\sigma_j)_{1 \leq j \leq r}$ une famille de sections $\sigma_j : W_j \to \tilde{\mathcal{L}}$ du fibré de Leray, définies dans des voisinages W_j de $D \times \overline{\partial_j D}$. Soient $L_J^{0,q}(Z(F))$ et $M_J^{0,q}(Z(F))$ les noyaux induits associés à (σ_j), $\tilde{\beta}$ et σ_F .

On suppose que Z(F) est transverse à tous les $\partial_J D$, où $J = (j_1,\dots,j_k)$, $1 \leq k \leq N$; soit $\partial_j \Sigma = \partial_j D \cap Z(F)$. Alors $(\partial_j \Sigma)_{1 \leq j \leq r}$ est une décomposition régulière du bord $\partial\Sigma = \partial D \cap Z(F)$ de Σ .

Pour toute forme différentielle α de type (0,q), définie et de classe C^1 sur Z(F), on a alors la relation, valide pour tout $t \in \Sigma$:

$$(3.29) \qquad \alpha(t) = \sum_{\ell=1}^{N-q} \sum_{J \in I(\ell,r)} \int_{z \in \partial_J \Sigma} L_J^{0,q}(Z(F)) \wedge w^*\alpha(z)$$

$$- \sum_{\ell=0}^{N-q-1} \sum_{J \in I(\ell,r)} \int_{z \in \partial_J \Sigma} M_J^{0,q}(Z(F)) \wedge \bar{\partial}\alpha(z)$$

$$+ \bar{\partial} \sum_{\ell=0}^{N-q} \sum_{J \in I(\ell,r)} \int_{z \in \partial_J \Sigma} M_J^{0,q-1}(Z(F)) \wedge \alpha(z) .$$

Démonstration. Soit T_ε le "tube" $T_\varepsilon = D \cap \{z; |F(z)| < \varepsilon\}$; pour ε suffisamment petit ($\varepsilon > 0$), c'est un ouvert à bord de U , dont le bord bT_ε admet la décomposition régulière $((\partial_j T_\varepsilon)_{1 \leq j \leq r}, \partial_F T_\varepsilon)$, où

$$\partial_F T_\varepsilon = D \cap \{z; |F(z)| = \varepsilon\}, \quad \partial_j T_\varepsilon = \partial_j D \cap \{z; |F(z)| < \varepsilon\} .$$

On a alors

$$\partial_{JF}T_\varepsilon = \partial_J D \cap \{|F(z)|=\varepsilon\}, \quad \partial_J T_\varepsilon = \partial_J D \cap \{|F(z)|<\varepsilon\}.$$

Soit $\tilde{\alpha}$ une forme différentielle de type (0,q) dans U telle que

$$\tilde{\alpha}|_{Z(F)} = \alpha .$$

Appliquant le théorème 1 (chap.II, §2) à $\tilde{\alpha}$ et à T_ε , pour la décomposition ci-dessus du bord et les sections $(\sigma_j)_{1\leq j\leq r}$, σ_F , $\tilde{\beta}$, on obtient les relations, valides pour tout $t\in\Sigma$ et tout ε ($\varepsilon>0$, suffisamment petit):

$$\tilde{\alpha}(t) = \sum_{|J|=1}^{N+1-q} \int_{z\in\partial_J T_\varepsilon} L_J^{0,q}(t,z) \wedge \tilde{\alpha}(z) + \sum_{|J|=1}^{N-q} \int_{z\in\partial_{JF}T_\varepsilon} L_{JF}^{0,q}(t,z) \wedge \tilde{\alpha}(z)$$

$$+ \sum_{|J|=0}^{N-q} \int_{z\in\partial_J T_\varepsilon} M_J^{0,q}(t,z)\wedge\bar{\partial}w^*\tilde{\alpha}(z) + \sum_{|J|=0}^{N-q-1} \int_{z\in\partial_{JF}T_\varepsilon} M_{JF}^{0,q}(t,z)\wedge\bar{\partial}w^*\tilde{\alpha}(z)$$

$$+ \bar{\partial} \sum_{|J|=0}^{N+1-q} \int_{z\in\partial_J T_\varepsilon} M_J^{0,q-1}(t,z) \wedge w^*\tilde{\alpha}(z)$$

$$+ \bar{\partial} \sum_{|J|=0}^{N-q} \int_{z\in\partial_{JF}T_\varepsilon} M_{JF}^{0,q-1}(t,z) \wedge w^*\tilde{\alpha}(z);$$

dans cette relation, on a écrit $\sum_{|J|=a}^{b}$ au lieu de $\sum_{\ell=a}^{b} \sum_{J\in I(\ell,r)}$; si $|J|=0$, on convient que $\partial_J T_\varepsilon = T_\varepsilon$, $\partial_{JF}T_\varepsilon = \partial_F T_\varepsilon$, $M_J^{0,q} = K^{0,q}$ (noyau de Bochner-Martinelli-Koppelman), $L_{JF}^{0,q} = L_F^{0,q}$ et $M_{JF}^{0,q} = M_F^{0,q}$. En faisant tendre ε vers zéro et en appliquant aux intégrales du second membre les deux lemmes suivants, on obtient, par restriction à Σ , la relation (3.29) cherchée.

LEMME 3.1. 1) <u>Pour tout</u> $J\in I(\ell,r)$, $1\leq\ell\leq N+1-q$, <u>on a</u>

(3.30) $$\lim_{\varepsilon\to 0} \int_{z\in\partial_J T_\varepsilon} L_J^{0,q}(t,z) \wedge \tilde{\alpha}(z) = 0 .$$

2) <u>Pour tout</u> $J\in I(\ell,r)$, $0\leq\ell\leq N-q$, <u>on a</u>

(3.31) $$\lim_{\varepsilon\to 0} \int_{z\in\partial_J T_\varepsilon} M_J^{0,q}(t,z) \wedge \bar{\partial}w^*\tilde{\alpha}(z) = 0 .$$

3) <u>Pour tout</u> $J\in I(\ell,r)$, $0\leq\ell\leq N+1-q$, <u>on a</u>

$$(3.32) \qquad \lim_{\varepsilon\to 0} \bar\partial \int_{z\in\partial_J T_\varepsilon} M_J^{0,q-1}(t,z) \wedge w^*\tilde\alpha(z) = 0 .$$

En effet, si $J \in I(\ell,r)$, avec $\ell \geq 1$, les formes différentielles à intégrer sont continues sur $\partial_J T_\varepsilon$, ainsi que leurs dérivées par rapport à T; de plus, $\partial_J T_\varepsilon$ décroît et son volume tend vers zéro quand $\varepsilon\to 0$. Les relations (3.30), (3.31) sont donc vérifiées lorsque $\ell \geq 1$. Lorsque $\ell = 0$, la relation (3.31) est encore vérifiée, car $M_\emptyset^{0,q} = K^{0,q}$ est intégrable sur T_ε .

Il reste à montrer la relation

$$(3.33) \qquad \lim_{\varepsilon\to 0} \bar\partial \int_{z\in T_\varepsilon} K^{0,q-1}(t,z) \wedge w^*\tilde\alpha(z) = 0 .$$

La formule de Bochner-Martinelli-Koppelman pour T_ε s'écrit

$$(3.34) \qquad \tilde\alpha(t) = \int_{z\in bT_\varepsilon} K^{0,q}(t,z) \wedge \tilde\alpha(z)$$

$$+ \int_{z\in T_\varepsilon} K^{0,q}(t,z) \wedge \bar\partial w^*\tilde\alpha(z) + \bar\partial \int_{z\in T_\varepsilon} K^{0,q-1}(t,z) \wedge w^*\tilde\alpha(z) ;$$

la seconde intégrale tend vers zéro; on peut supposer que $\tilde\alpha$ s'écrit $\tilde\alpha(z) = a(z)d\bar z^{j_1}\wedge\ldots\wedge d\bar z^{j_q}$; comme $K^{0,q}(t,z)$ a des coefficients bornés si $|z-t|>c$ et est intégrable dans T_ε , on modifie peu la première intégrale, lorsque ε est assez petit, en remplaçant $\tilde\alpha(z)$ par $a(t)d\bar z^{j_1}\wedge\ldots\wedge d\bar z^{j_q}$; or on a

$$\int_{z\in bT_\varepsilon} K^{0,q}(t,z)\wedge a(t)\, d\bar z^{j_1}\wedge\ldots\wedge d\bar z^{j_q}$$

$$= a(t)\, d\bar t^{j_1}\wedge\ldots\wedge d\bar t^{j_q} \int_{z\in bT_\varepsilon} K(z-t) = \tilde\alpha(t) ;$$

donc la première intégrale de la relation (3.34) tend vers $\tilde\alpha(t)$, ce qui entraîne la relation (3.33).

LEMME 3.2. 1) <u>Pour tout</u> $J\in I(\ell,r)$, $1\leq\ell\leq N-q$, <u>on a</u>

$$(3.35) \qquad \lim_{\varepsilon\to 0} \int_{z\in\partial_{JF}T_\varepsilon} L_{JF}^{0,q}(t,z)\wedge\tilde\alpha(z) = \int_{z\in\partial_J\Sigma} \tilde L_{JF}^{0,q}(t,z)\wedge w^*\alpha(z) .$$

2) <u>Pour tout</u> $J\in I(\ell,r)$, $0\leq\ell\leq N-q-1$, <u>on a</u>

$$(3.36) \qquad \lim_{\varepsilon\to 0} \int_{z\in\partial_{JF}T_\varepsilon} M_{JF}^{0,q}(t,z)\wedge\bar\partial\tilde\alpha(z) = \int_{z\in\partial_J\Sigma} \tilde M_{JF}^{0,q}(t,z)\wedge w^*\bar\partial\alpha(z) .$$

3) Pour tout $J \in I(\ell,r)$, $0 \leqslant \ell \leqslant N-q$, on a

$$(3.37) \qquad \lim_{\varepsilon \to 0} \bar\partial \int_{z \in \partial_{JF} T_\varepsilon} M_{JF}^{0,q-1}(t,z) \wedge \tilde\alpha(z) = \bar\partial \int_{z \in \partial_J \Sigma} M_{JF}^{0,q-1}(t,z) \wedge w^*\alpha(z) .$$

Rappelons que l'on a, d'après les relations (3.5), (3.14) et (3.20)

$$L_{JF}^{0,q}(t,z) = \tilde L_{JF}^{0,q}(t,z) \wedge \frac{dF(z)}{2i\pi\ (F(z)-(F(t))} ,$$

d'où, si $t \in Z(F)$,

$$(3.38) \qquad L_{JF}^{0,q}(t,z) = \tilde L_{JF}^{0,q}(t,z) \wedge \frac{dF(z)}{2i\pi F(z)} ;$$

on en déduit la relation, où $t \in \Sigma$,

$$(3.39) \qquad \int_{z \in \partial_{JF} T_\varepsilon} L_{JF}^{0,q}(t,z) \wedge \tilde\alpha(z) = \int_{|\lambda|=\varepsilon} \Big[\int_{\substack{z \in \partial_J D \\ F(z)=\lambda}} \tilde L_{JF}^{0,q}(t,z) \wedge w^*\tilde\alpha(z)\Big] \wedge \frac{d\lambda}{2i\pi\lambda} ;$$

compte-tenu des hypothèses de transversalité de $\partial_J D$ et $Z(F)$, $\partial_J D \cap F^{-1}(\lambda)$ est difféomorphe à $\partial_J \Sigma = \partial_J D \cap F^{-1}(0)$ pour $|\lambda|$ suffisamment petit; d'autre part, $\tilde L_{JF}^{0,q}$ est continu en z sur $\partial_J T_\varepsilon$; on a donc

$$\lim_{|\lambda| \to 0} \int_{\substack{z \in \partial_J D \\ F(z)=\lambda}} \tilde L_{JF}^{0,q}(t,z) \wedge w^*\tilde\alpha(z) = \int_{z \in \partial_J \Sigma} \tilde L_{JF}^{0,q}(t,z) \wedge w^*\alpha(z)$$

et

$$(3.35) \qquad \lim_{\varepsilon \to 0} \int_{z \in \partial_{JF} T_\varepsilon} L_{JF}^{0,q}(t,z) \wedge \tilde\alpha(z) = \int_{z \in \partial_J \Sigma} \tilde L_{JF}^{0,q}(t,z) \wedge w^*\alpha(z) .$$

De la même manière, les relations (3.5), (3.15) et (3.21) entraînent, si $t \in Z(F)$, la relation

$$(3.40) \qquad M_{JF}^{0,q}(t,z) = \tilde M_{JF}^{0,q}(t,z) \wedge \frac{dF(z)}{2i\pi F(z)} ;$$

si $|J| \geqslant 1$ et si $t \in \Sigma$, $\tilde M_{JF}^{0,q}(t,z)$ est encore continu en z sur $\partial_J T_\varepsilon$, ainsi que ses dérivées en t; on a alors

$$\int_{z \in \partial_{JF} T_\varepsilon} M_{JF}^{0,q}(t,z) \wedge \bar\partial\tilde\alpha(z) = \int_{|\lambda|=\varepsilon} \Big(\int_{\substack{z \in \partial_J D \\ F(z)=\lambda}} \tilde M_{JF}^{0,q}(t,z) \wedge w^*\bar\partial\tilde\alpha(z)\Big) \wedge \frac{d\lambda}{2i\pi\lambda} ,$$

$$\lim_{|\lambda| \to 0} \int_{\substack{z \in \partial_J D \\ F(z)=\lambda}} \tilde M_{JF}^{0,q}(t,z) \wedge w^*\bar\partial\tilde\alpha(z) = \int_{z \in \partial_J \Sigma} \tilde M_{JF}^{0,q}(t,z) \wedge w^*\bar\partial\alpha(z) ,$$

d'où la relation (3.36) lorsque $|J|\geqslant 1$; on a également

$$\bar\partial \int_{z\in\partial_{JF}T_\varepsilon} M^{0,q}_{JF}(t,z)\wedge\tilde\alpha(z) = \int_{|\lambda|=\varepsilon}\left[\bar\partial\int_{\substack{z\in\partial_J D\\ F(z)=\lambda}} \tilde M^{0,q-1}_{JF}(t,z)\wedge w^*\tilde\alpha(z)\right]\wedge\frac{d\lambda}{2i\pi\lambda}$$

et

$$\lim_{|\lambda|\to 0}\bar\partial\int_{\substack{z\in\partial_J D\\ F(z)=\lambda}} \tilde M^{0,q-1}_{JF}(t,z)\wedge w^*\tilde\alpha(z) = \bar\partial\int_{z\in\partial_J\Sigma}\tilde M^{0,q-1}_{JF}(t,z)\wedge w^*\alpha(z)\ ,$$

ce qui entraîne la relation (3.37) lorsque $|J|>1$.

Considérons à présent l'intégrale

$$\int_{z\in\partial_F T_\varepsilon} M^{0,q}_F(t,z)\wedge\bar\partial\tilde\alpha(z) = \int_{|\lambda|=\varepsilon}\left[\int_{\substack{z\in D\\ F(z)=\lambda}}\tilde M^{0,q}_F(t,z)\wedge w^*\bar\partial\tilde\alpha(z)\right]\wedge\frac{d\lambda}{2i\pi\lambda}\ ;$$

lorsque $t\in\Sigma$, $\tilde M^{0,q}_F(t,z)$ est continu en z sur $T_\varepsilon\setminus\{t\}$ et intégrable sur Σ , car sa singularité au voisinage de t est de l'ordre de $\|z-t\|^{-2N+1}$, comme il résulte de l'expression (3.7) de M_F ; on a donc encore

$$\lim_{|\lambda|=0}\int_{\substack{z\in D\\ F(z)=\lambda}}\tilde M^{0,q}_F(t,z)\wedge w^*\bar\partial\tilde\alpha(z) = \int_{z\in\Sigma}\tilde M^{0,q}_F(t,z)\wedge w^*\bar\partial\alpha(z)$$

et

$$\lim_{\varepsilon\to 0}\int_{\partial_F T_\varepsilon} M^{0,q}_F(t,z)\wedge\bar\partial\tilde\alpha(z) = \int_{z\in\Sigma}\tilde M^{0,q}_F(t,z)\wedge w^*\bar\partial\alpha(z)\ ,$$

c.à.d. la relation (3.36) dans le cas $|J|=0$.

Il reste à étudier la limite de

(3.41) $$\bar\partial\int_{z\in\partial_F T_\varepsilon} M^{0,q-1}_F(t,z)\wedge w^*\tilde\alpha(z)$$

lorsque $\varepsilon\to 0$. Appliquons le théorème 5 à $\tilde\alpha$ et à T_ε , en remplaçant toutes les sections σ_j $(1\leqslant j\leqslant r)$ par $\tilde\beta$; on obtient, pour $t\in\Sigma$,

$$\tilde\alpha(t) = \int_{z\in\bar T_\varepsilon\cap\partial D} K^{0,q}(t,z)\wedge\tilde\alpha(z) + \int_{z\in\overline{\partial_F T_\varepsilon}\cap\partial D} M^{0,q}_F(t,z)\wedge\tilde\alpha(z)$$

$$+\int_{z\in T_\varepsilon} K^{0,q}(t,z)\wedge\bar\partial w^*\tilde\alpha(z) + \int_{z\in\partial_F T_\varepsilon} M^{0,q}_F(t,z)\wedge\bar\partial w^*\tilde\alpha(z)$$

$$+\bar\partial\int_{T_\varepsilon} K^{0,q-1}(t,z)\wedge w^*\tilde\alpha(z) + \bar\partial\int_{\partial_F T_\varepsilon} M^{0,q-1}_F(t,z)\wedge w^*\tilde\alpha(z)\ ;$$

dans le second membre de cette relation, le premier, le troisième et le cinquième terme tendent vers zéro quand $\varepsilon\to 0$, d'après le lemme 3.1; le deuxième et le quatrième terme tendent respectivement, d'après la partie déjà démontrée du lemme 3.2 , vers

$$\int_{z\in\partial\Sigma} \tilde{M}_F^{0,q}(t,z) \wedge w^*\alpha(z)$$

et

$$-\int_{z\in\Sigma} \tilde{M}_F^{0,q}(t,z) \wedge \bar{\partial}\alpha(z) \;;$$

donc l'expression (3.41) possède une limite quand $\varepsilon\to 0$, égale à

$$\tilde{\alpha}(t) - \int_{z\in\partial\Sigma} \tilde{M}_F^{0,q}(t,z) \wedge w^*\alpha(z) + \int_{z\in\Sigma} \tilde{M}_F^{0,q}(t,z) \wedge \bar{\partial}\alpha(z) \;. \tag{3.42}$$

D'autre part, on a

$$\lim_{\varepsilon\to 0} \int_{z\in\partial_F T_\varepsilon} M_F^{0,q-1}(t,z) \wedge w^*\tilde{\alpha}(z) = \int_{z\in\Sigma} \tilde{M}_F^{0,q-1}(t,z) \wedge \alpha(z) \;,$$

la convergence étant de plus uniforme en t sur tout compact de Σ . Il en résulte que $[\bar{\partial} \int_{z\in\partial_F T_\varepsilon} M^{0,q-1}(t,z) \wedge w^*\tilde{\alpha}(z)]$ a pour limite, au sens des courants sur Σ , $[\bar{\partial} \int_{z\in\Sigma} M_F^{0,q-1}(t,z) \wedge \alpha(z)]$; comme cette limite est aussi le courant associé à la forme différentielle continue donnée par l'expression (3.42), on en déduit la relation entre formes différentielles :

$$\lim_{\varepsilon\to 0} \bar{\partial} \int_{z\in\partial_F T_\varepsilon} M_F^{0,q-1}(t,z) \wedge w^*\tilde{\alpha}(z) = \bar{\partial} \int_{z\in\Sigma} \tilde{M}_F^{0,q-1}(t,z) \wedge \alpha(z) \;,$$

c.à.d. la relation (3.37) dans le cas $|J|=0$.

REMARQUE 5. La relation (3.29) du théorème 2, qui est au domaine Σ de l'hypersurface Z(F) ce que la relation (2.26) du théorème 1, chap.II est à un domaine D d'un espace vectoriel E , peut être spécialisée aux même cas particuliers: domaines convexes ou pseudoconvexes, polyèdres analytiques, etc. On a aussi, pour tout domaine $\Sigma = D \cap Z(F)$ à bord C^1 par morceaux, dès que $f : U\times U\to E'$ satisfaisant l'identité

$$F(z)-F(t) = \langle z-t,\, f(t,z)\rangle \tag{3.1}$$

existe, la <u>formule de Bochner-Martinelli-Koppelman induite sur</u> Z(F) :

$$\alpha(t) = \int_{z\in\partial\Sigma} M^{0,q}(Z(F)) \wedge w^*\alpha(z) - \int_{z\in\Sigma} M^{0,q}(Z(F)) \wedge \bar{\partial}\alpha(z) + \bar{\partial} \int_{z\in\Sigma} M^{0,q-1}(Z(F)) \wedge \alpha(z) \;, \tag{3.43}$$

valide pour toute forme différentielle α de type (0,q) et de classe C^1 sur Z(F).

Si la famille de sections $(\sigma_j)_{1\leq j\leq r}$ se réduit à une seule section (σ_1), la relation (3.29) s'écrit

$$(3.44)\qquad \alpha(t) = \int_{z\in\partial\Sigma} L_1^{0,q}(Z(F)) \wedge w^*\alpha(z)$$

$$- \int_{z\in\Sigma} M^{0,q}(Z(F)) \wedge \bar\partial\alpha(z) - \int_{\partial\Sigma} M_1^{0,q}(Z(F)) \wedge \bar\partial\alpha(z)$$

$$+ \bar\partial \int_{z\in\Sigma} M^{0,q-1}(Z(F)) \wedge \alpha(z) + \bar\partial \int_{\partial\Sigma} M_1^{0,q-1}(Z(F)) \wedge \bar\partial\alpha(z) \;;$$

si la section σ_1 est holomorphe (en t), $L_1^{0,q}(Z(F))$ est nul pour $q>0$, et holomorphe en t pour $q=0$; la relation (3.44) fournit alors une relation d'homotopie pour l'opérateur $\bar\partial$ si $q>0$ et une formule de représentation intégrale, à noyau holomorphe en t, si $q=0$ et si α est une fonction holomorphe:

$$(3.45)\qquad \alpha(t) = \int_{z\in\partial\Sigma} L_1^{0,0}(Z(F)) \wedge \alpha(z).$$

La relation (3.45) est la relation intégrale obtenue par E. L. STOUT [12] pour une hypersurface principale d'un domaine D strictement pseudoconvexe.

REMARQUE 6. Si on s'intéresse seulement aux fonctions holomorphes et à leurs représentations intégrales, on peut généraliser une remarque, faite par E. L. STOUT [12] dans le cas particulier ci-dessus, et admettre que Z(F) possède des singularités isolées dans D :

<u>On suppose que</u> dF(z) <u>ne s'annule pas si</u> $z \in \partial\Sigma$. <u>Les autres hypothèses sur</u> D <u>et</u> Z(F) <u>sont celles du théorème</u> 2 . <u>Pour toute fonction</u> ϕ <u>qui est la restriction à</u> Z(F) <u>d'une fonction holomorphe au voisinage de</u> Z(F), <u>on a alors la relation, valide pour tout</u> $t \in \Sigma$:

$$(3.46)\qquad \phi(t) = \sum_{|J|=1}^{N} \int_{z\in\partial_J\Sigma} L_J^{0,q}(Z(F)) \wedge \phi(z) .$$

Il suffit de reprendre la démonstration du théorème 2 dans ce cas particulier et de vérifier que la division par dF(z) et les passages à la limite ne se font qu'au voisinage de points de $\partial\Sigma$.

§4. FORMULES INTEGRALES ASSOCIEES AUX SPHERES DE LIE.

Les sphères de Lie.

On désigne par E un espace vectoriel réel de dimension n et par $\hat{E} = \underline{\underline{C}} \otimes_{\underline{\underline{R}}} E$ son complexifié ; E est identifié à un sous-espace de $\hat{E}$ par l'application $x \mapsto 1 \otimes x$. La conjugaison dans $\underline{\underline{C}}$ induit une involution dans $\hat{E}$; l'image de $z \in \hat{E}$ par cette involution sera notée $\bar{z}$.

On suppose E muni d'une structure euclidienne associée à une forme quadratique définie-positive ρ; on note $\| \ \|$ la norme associée: $\rho(x) = \|x\|^2$ $(x \in E)$. La norme maximale (ou norme de Lie) du complexifié $\hat{E}$ est la plus grande norme sur l'espace vectoriel complexe $\hat{E}$ dont la restriction à E soit la norme euclidienne $\| \ \|$; la norme de Lie de $z \in \hat{E}$ sera notée $|||z|||$. Il est immédiat que l'on a

(4.1) $$|||z||| = \inf \{ \sum_{j \in J} |\lambda_j| \, \|x_j\| \ ; \ z = \sum_{j \in J} \lambda_j x_j, \ J \text{ fini}, \ \lambda_j \in \underline{\underline{C}}, \ x_j \in E \} .$$

On désignera par N(z) le carré de la norme de Lie:

(4.2) $$N(z) = |||z|||^2 ,$$

par ρ la forme hermitienne sur $\hat{E}$ qui prolonge la forme quadratique ρ de E et par σ la forme quadratique complexe sur $\hat{E}$ qui prolonge $\rho_{|E}$; on désignera encore par $(\ | \ )$ le produit scalaire hermitien associé à ρ :

$$\rho(z) = (z|z) \quad (z \in \hat{E})$$

et par $(\ , \ )$ la forme bilinéaire symétrique associée à σ :

$$\sigma(z) = (z,z) \quad (z \in \hat{E}) \ ;$$

on a la relation

(4.3) $$(z|t) = (z,\bar{t}) ,$$

d'où on déduit notamment $\sigma(z) = (z|\bar{z})$ et, par l'inégalité de Cauchy-Schwarz,

(4.4) $$|\sigma(z)| \leqslant \rho(z) \ ;$$

l'égalité

(4.5) $$|\sigma(z)| = \rho(z)$$

a lieu si et seulement si z et $\bar{z}$ sont colinéaires sur $\underline{\underline{C}}$, c.à.d. si $z = \lambda x$, où $x \in E$ et $\lambda \in \underline{\underline{C}}$.

PROPOSITION 4.1 (L. DRUŻKOWSKI [13]). On a la relation

(4.6) $$N = \rho + (\rho^2 - \sigma\bar{\sigma})^{1/2} .$$

Notons d'abord que l'on a toujours $N(z) \geq \rho(z)$, puisque ρ est le carré de la norme hermitienne qui prolonge $\| \ \|$. Si z et $\bar{z}$ sont colinéaires, on a $z=\lambda x$ $(x \in E)$, d'où $N(z) = \rho(z)$; comme on a aussi $|\sigma(z)| = \rho(z)$, la relation (4.6) est vérifiée dans ce cas.

Supposons à présent z et $\bar{z}$ non colinéaires sur $\underline{\underline{C}}$; soit $\hat{F}$ le $\underline{\underline{C}}$-espace vectoriel de dimension 2 engendré par z et $\bar{z}$; comme $\hat{F}$ est stable par l'involution de $\hat{E}$, il est le complexifié du $\underline{\underline{R}}$-espace vectoriel $F = \hat{F} \cap E$. Soit

$$z = \sum_{j \in J} \lambda_j x_j$$

une décomposition de z, où les x_j sont réels $(x_j \in E)$; si p désigne la projection orthogonale de $\hat{E}$ sur $\hat{F}$ (pour le produit scalaire hermitien $(\ | \ )$), on a

$$z = \sum_{j \in J} \lambda_j p(x_j) ,$$

où les $p(x_j)$ sont réels et appartiennent à F, et $\|p(x_j)\| \leq \|x_j\|$, d'où

$$\Sigma|\lambda_j| \, \|p(x_j)\| \leq \Sigma|\lambda_j| \, \|x_j\| ;$$

on a donc

$$|\!|\!| z |\!|\!| = \inf \{\Sigma|\lambda_j| \, \|x_j\| \ ; \ z = \Sigma\lambda_j x_j \ , \ x_j \in F\} .$$

On est donc ramené à démontrer la relation (4.6) dans l'espace vectoriel $\hat{F}$, qui est de dimension complexe 2. Soit $\sigma = \sigma(z)$ et soit $\psi \in \underline{\underline{R}}$ tel que $\sigma = |\sigma| e^{2i\psi}$; soient e_1, e_2 les vecteurs de F définis par

$$e_1 = \frac{\mathrm{Re}(e^{-i\psi}z)}{\|\mathrm{Re}(e^{-i\psi}z)\|} , \qquad e_2 = \frac{\mathrm{Im}(e^{-i\psi}z)}{\|\mathrm{Im}(e^{-i\psi}z)\|} ,$$

où $\mathrm{Re}\, t = \frac{1}{2}(t+\bar{t})$ $(t \in \hat{E})$, $\mathrm{Im}\, t = \frac{1}{2i}(t-\bar{t})$. On vérifie par un calcul direct que e_1 et e_2 sont orthogonaux dans F, dont $\{e_1 , e_2\}$ est par conséquent une base orthonormée; dans cette base, z s'écrit

$$z = \lambda e_1 + \mu e_2 ,$$

avec

$$\lambda = e^{i\psi}\|\mathrm{Re}(e^{-i\psi}z)\| , \quad \mu = ie^{i\psi}\|\mathrm{Im}(e^{-i\psi}z)\| ,$$

ce qui entraîne que $\lambda\bar{\mu}$ est imaginaire pur et $\lambda^2\bar{\mu}^2$ réel négatif; on a $N(z) \leq P(z) = (|\lambda|+|\mu|)^2$. Soit $\rho = \rho(z)$, $\sigma = \sigma(z)$, $P = P(z)$; on a

$$P = (|\lambda|+|\mu|)^2 , \quad \rho = |\lambda|^2+|\mu|^2 , \quad \sigma = \lambda^2+\mu^2 ,$$

d'où

$$P^2-2P\rho+\sigma\bar{\sigma} = 2(|\lambda|^2|\mu|^2+\mathrm{Re}\lambda^2\bar{\mu}^2)$$

et, comme $\lambda^2\bar{\mu}^2$ est réel négatif,

$$P^2-2P\rho+\sigma\bar{\sigma} = 0 \; ; \tag{4.7}$$

comme P est supérieur à ρ , on en déduit que P est égal à la plus grande racine de l'équation (4.7):

$$P = \rho+(\rho^2-\sigma\bar{\sigma})^{1/2} \; . \tag{4.8}$$

On a ainsi montré l'inégalité

$$N \leqslant \rho+(\rho^2-\sigma\bar{\sigma})^{1/2} \; . \tag{4.9}$$

Pour montrer l'égalité (4.6), il suffit de la montrer dans $\hat{F}$; il suffit donc de montrer que $(\rho+(\rho^2-\sigma\bar{\sigma})^{1/2})^{1/2}$ est une norme dans $\hat{F}$, puisque sa restriction à F est $\rho^{1/2}$. Soit $\{e_1, e_2\}$ une base orthonormée de F; on lui associe la base $\{g, \bar{g}\}$ de $\hat{F}$ définie par

$$g = \frac{1}{2}(e_1+ie_2) \; , \quad \bar{g} = \frac{1}{2}(e_1-ie_2) \; ;$$

on a

$$\rho(g) = \rho(\bar{g}) = \frac{1}{2} \; , \quad (g|\bar{g}) = 0 \; , \quad \sigma(g) = \sigma(\bar{g}) = 0 \; , \quad (g, \bar{g}) = \frac{1}{2} \; .$$

Si $z = \alpha g+\beta\bar{g}$ est un élément quelconque de $\hat{F}$, on a par conséquent

$$\rho = \rho(z) = \frac{1}{2}(|\alpha|^2+|\beta|^2) \; , \quad \sigma = \sigma(z) = \alpha\beta \; ,$$

d'où

$$\rho^2-\sigma\bar{\sigma} = \frac{1}{4}(|\alpha|^2-|\beta|^2)^2$$

et

$$\rho+(\rho^2-\sigma\bar{\sigma})^{1/2} = \sup(|\alpha|^2, |\beta|^2) \; ;$$

on a finalement

$$(\rho+(\rho^2-\sigma\bar{\sigma})^{1/2})^{1/2} = \sup(|\alpha|, |\beta|) \; ,$$

où α et β sont les coordonnées de z dans la base $\{g , \bar{g}\}$.

La relation (4.6) est donc démontrée.

REMARQUE 1. Au cours de la démonstration de la proposition 4.1, nous avons obtenu le résultat suivant, particulier à la dimension 2 :

Si E est de dimension 2 et si $\{e_1, e_2\}$ est une base orthonormée de E , la norme maximale de $\hat{E}$ est donnée par la relation

$$|||z||| = \sup(|\lambda_1+i\lambda_2| \; , \; |\lambda_1-i\lambda_2|) \quad (z = \lambda_1e_1+\lambda_2e_2) \; . \tag{4.10}$$

REMARQUE 2. La proposition 4.1 a été démontrée par L. DRUŻKOWSKI [13] dans le cas où E est un espace euclidien dont la dimension n'est pas nécessairement finie; la démonstration donnée ci-dessus s'étend immédiatement à ce cas.

La *boule de Lie* L de $\hat{E}$ est la boule-unité de la norme maximale:

$$L = \{z \in \hat{E} \ ; \ N(z)<1\} \ ;$$

comme N est caractérisée par les conditions

$$(4.11) \qquad N^2-2N\rho+\sigma\bar{\sigma} = 0 \ , \quad N\geq\rho \ ,$$

la boule de Lie L est également définie par

$$(4.12) \qquad L = \{z \in \hat{E} \ ; \ \rho<1 \ , \ 2\rho-\sigma\bar{\sigma}<1\} \ ;$$

comme $|\sigma|\leq\rho$, la boule de Lie est encore caractérisée par

$$(4.13) \qquad L = \{z \in \hat{E} \ ; \ |\sigma|<1 \ , \ 2\rho-\sigma\bar{\sigma}<1\} \ .$$

La proposition suivante explicite la structure de la frontière de L :

PROPOSITION 4.2. 1) *Le bord* bL *de* L *est la réunion disjointe d'une variété lisse* $\underline{\underline{R}}$*-analytique* $\partial_1 L$ *de dimension* 2n-1 *et d'une variété* $\partial_2 L$ *de dimension réelle* n ; *on a donc* $bL = \overline{\partial_1 L} = \partial_1 L \cup \partial_2 L$, *avec*

$$\partial_1 L = \{z \in \hat{E} \ ; \ 2\rho-\sigma\bar{\sigma} = 1 \ , \ \rho<1\} \ ,$$

$$\partial_2 L = \{z \in \hat{E} \ ; \ \rho = |\sigma| = 1\} = \{z = \lambda x \ ; \ \lambda \in \underline{C} \ , \ |\lambda| = 1 \ , \ x \in E \ , \ \|x\| = 1\} \ .$$

2) *Soit* $\Gamma = \{z \in \hat{E} \ ; \ \sigma = 0 \ , \ \rho = \frac{1}{2}\}$; *alors* Γ *est une sous-variété (de codimension réelle* 2) *de* $\partial_1 L$ *et l'application* $g : \Gamma\times\Delta\to\partial_1 L$ (*où* Δ *désigne le disque-unité ouvert de* $\underline{C}$) *définie par*

$$(4.14) \qquad g(u,\sigma) = u+\sigma\bar{u} \qquad (u \in \Gamma \ ; \ \sigma \in \Delta)$$

est un isomorphisme $\underline{\underline{R}}$*-analytique, dont l'inverse est défini par*

$$(4.15) \qquad g^{-1}(z) = \left(\frac{z-\sigma(z)\bar{z}}{2(1-\rho(z))} \ , \ \sigma(z)\right) \qquad (z \in \partial_1 L) \ ;$$

autrement dit, la partie régulière $\partial_1 L$ *du bord de* L *est un fibré* $\underline{\underline{R}}$*-analytique trivial en disques affines*:

$$(4.16) \qquad \partial_1 L = \bigcup_{u\in\Gamma} \Delta(u) \ ,$$

où $\Delta(u) = \{u+\sigma\bar{u} \ ; \ \sigma \in \Delta\}$. *De plus, l'image par* g (*toujours définie par la relation* (4.14) *pour* $u \in \Gamma$ *et* $\sigma \in \bar{\Delta}$) *de* $\Gamma\times\bar{\Delta}$ *est* bL *et l'image par* g *de* $\Gamma\times\partial\Gamma$ *est* $\partial_2 L$.

3) <u>Si</u> $u \in \Gamma$ <u>et</u> <u>si</u> $t \in L$, <u>on</u> <u>a</u> <u>la</u> <u>relation</u>

(4.17) $\quad 2\mathrm{Re}(t,\bar{u}) < 1$.

<u>Démonstration</u>. 1) Soit F la fonction définie par

(4.18) $\quad F = 2\rho - \sigma\bar{\sigma}$.

Si z est un point de la frontière de L , on a en ce point

$$F = 1 \ , \quad \rho \leq 1$$

ou

$$F \leq 1 \ , \quad \rho = 1 \ .$$

Dans le second cas, on a $F = 2-|\sigma|^2 \geq 1$, donc $F = 1$, d'où $\rho = |\sigma| = 1$; z et $\bar{z}$ sont alors colinéaires: $z = \alpha\bar{z}$, ce qui entraîne $|\alpha| = 1$; soit λ tel que $\lambda^2 = \alpha$; alors $z = \lambda x$, $x \in E$, $\|x\| = 1$ et $\sigma = \lambda^2 = \alpha$. Désignant par $\partial_2 L$ l'ensemble des points tels que $F = \rho = 1$, on trouve donc

$$\partial_2 L = \{z \in \hat{E};\ \rho = |\sigma| = 1\} = \{z = \lambda x;\ \lambda \in \underline{\underline{C}}\ ,\ |\lambda| = 1\ ,\ x \in E\ ,\ \|x\| = 1\} \ .$$

Soit Σ la sphère-unité de E; <u>l'application</u>

(4.19) $\quad h : \Sigma \times \partial\Delta \to \partial_2 L \ , \quad h(x,\lambda) = \lambda x$

<u>est</u> <u>un</u> <u>revêtement</u> <u>à</u> <u>deux</u> <u>feuillets</u> <u>de</u> $\partial_2 L$; en effet, si $z \in \partial_2 L$, la relation $z = \lambda x$ $(\lambda \in \partial\Delta,\ x \in \Sigma)$ entraîne $\lambda^2 = \sigma(z)$. On notera que $\partial_2 L$ <u>n'est</u> <u>pas</u> <u>orientable</u> <u>lorsque</u> <u>la</u> <u>dimension</u> n <u>de</u> E <u>est</u> <u>impaire</u> . Comme $\Sigma \times \partial\Delta$ est de dimension n , il en est de même de $\partial_2 L$.

Si z est un point de la frontière de L qui n'appartient pas à $\partial_2 L$, on a donc

$$F = 1 \ , \ \rho < 1 \ ,$$

d'où $\sigma\bar{\sigma} = 2\rho - 1 < (2\rho-1)+(1-\rho)^2 = \rho^2$, c.à.d. $|\sigma| < \rho$, ce qui entraîne que z et $\bar{z}$ sont cette fois non colinéaires. D'autre part, on a

$$\partial F = 2\partial\rho - \bar{\sigma}\partial\sigma \ ,$$

soit

(4.20) $\quad \langle v, \partial F(z)\rangle = 2(v,\ \bar{z} - \bar{\sigma}z) \quad (v \in \hat{E})$;

comme $\{z, \bar{z}\}$ est libre, $\bar{z} - \bar{\sigma}z$ n'est pas nul, de même que $\partial F(z)$ et $dF(z)$. Donc $\partial_1 L = \{z \in \hat{E};\ F = 1,\ \rho < 1\}$ est une sous-variété lisse de codimension 1 , que nous orienterons comme bord de $L = \{F < 1,\ \rho < 1\}$.

2) Soit $u \in \Gamma$, i.e. $\sigma(u) = 0$ et $\rho(u) = \frac{1}{2}$; on a évidemment $F(u) = 1$. Plus généralement, soit $z = u + \sigma\bar{u}$, avec $|\sigma| \leq 1$, $\sigma \in \underline{\underline{C}}$; on a alors $\rho(z) = \frac{1}{2}(1+\sigma\bar{\sigma})$,

donc $|\rho(z)|<1$ si $|\sigma|<1$ et $|\rho(z)|=1$ si $|\sigma|=1$; d'autre part $\sigma(z)=\sigma$, ce qui montre que $F(z)=1$. On a ainsi montré que l'image de $\Gamma\times\Delta$ par g est contenue dans $\partial_1 L$ et l'image de $\Gamma\times\partial\Delta$ par g dans $\partial_2 L$.

Soit $z\in\partial_1 L$; soit $u=\frac{z-\sigma\bar{z}}{2(1-\rho)}$, $\sigma=\sigma(z)$, $\rho=\rho(z)$. On a $\sigma(z-\sigma\bar{z})=\sigma-2\sigma\rho+\sigma\bar{\sigma}\rho=$ $=\sigma(1-2\rho+\sigma\bar{\sigma})=0$ puisque $1-2\rho+\sigma\bar{\sigma}=0$, donc $\sigma(u)=0$. D'autre part, on a $\rho(z-\sigma\bar{z})=$ $(z-\sigma\bar{z},\ \bar{z}-\bar{\sigma}z)=\rho-2\sigma\bar{\sigma}+\sigma\bar{\sigma}\rho=(1-\rho)^2$, compte-tenu de $\sigma\bar{\sigma}=2\rho-1$, d'où $\rho(u)=\frac{1}{2}$. Donc u appartient à Γ; de plus, on a alors

$$u+\sigma\bar{u}=\frac{z-\sigma\bar{z}+\sigma(\bar{z}-\bar{\sigma}z)}{2(1-\rho)}=z\,\frac{1+\sigma\bar{\sigma}}{2(1-\rho)}=z\ .$$

Les deux applications $\underline{\underline{R}}$-analytiques définies par les relations (4.14) et (4.15) sont donc inverses l'une de l'autre et sont des isomorphismes. Comme l'image de $\Gamma\times\Delta$ par g est $\partial_1 L$, l'image de $\Gamma\times\bar{\Delta}$ est $\overline{\partial_1 L}=\partial_1 L\cup\partial_2 L$ et comme l'image de $\Gamma\times\partial\Delta$ par g est contenue dans $\partial_2 L$, elle est en fait égale à $\partial_2 L$.

3) Soit $u\in\Gamma$. Comme $\sigma(u)=0$, on a $\partial F(u)=2\partial\rho(u)$; comme F est réelle, on a donc

(4.21) $\quad \langle v,\ dF(u)\rangle=4\mathrm{Re}(v,\ \bar{u}) \quad (v\in\hat{E})$;

l'équation de l'hyperplan réel T_u , tangent à $\partial_1 L$ en u , est donc

$$\mathrm{Re}(t-u,\ \bar{u})=0 \quad (t\in T_u)$$

et, comme $(u,\ \bar{u})=\rho(u)=\frac{1}{2}$,

(4.22) $\quad \mathrm{Re}(t,\bar{u})=\frac{1}{2} \qquad (t\in T_u)$.

Comme L est convexe et contient 0 , on a finalement la relation cherchée

$$2\mathrm{Re}(t,\ \bar{u})<1 \quad (t\in L)\ .$$

REMARQUE 3. L'équation de l'hyperplan complexe H_u , tangent à $\partial_1 L$ en u , est $\langle t-u,\ \partial F(u)\rangle=0$, soit

(4.23) $\quad 2(t,\ \bar{u})=1 \qquad (t\in H_u)$;

d'autre part, <u>l'hyperplan complexe</u> H_z , <u>tangent à</u> $\partial_1 L$ <u>en</u> z , <u>est égal à</u> H_u <u>en tous les points</u> z <u>de</u> $\Delta(u)=\{u+\sigma\bar{u};\ \sigma\in\Delta\}$; en effet, si $z=u+\sigma\bar{u}$, il résulte de (4.20) et (4.15) que l'on a

$$\langle v,\ \partial F(z)\rangle=4(1-\rho)\ (v,\ \bar{u}) \quad (v\in\hat{E})\ ;$$

l'équation de l'hyperplan complexe tangent H_z est donc

$$(t-u-\sigma\bar{u},\ \bar{u})=0 \quad (t\in H_z)$$

c'est-à-dire $(t,\ \bar{u})=\frac{1}{2}$, qui est l'équation de H_u . Pour les mêmes raisons, l'hyperplan réel T_z tangent à $\partial_1 L$ en $z = u+\sigma\bar{u}$ ($u \in \Gamma$, $\sigma \in \Delta$) est égal à T_u . Comme L est convexe et $\partial_1 L$ dense dans bL , il en résulte que la majoration (4.17) est la meilleure possible, au sens que

$$L = \{t \in \hat{E};\ 2\mathrm{Re}(t,\bar{u})<1 \text{ pour tout } u \in \Gamma\} .$$

Nous appellerons <u>sphère de Lie</u> le bord $bL = \partial_1 L \cup \partial_2 L$ de la boule de Lie ; le même nom est aussi donné par certains auteurs à la seule "orbite" $\partial_2 L$. <u>On suppose désormais que la dimension de E est au moins égale à</u> 3 .

<u>Le cycle du fibré de Leray associé à une sphère de Lie</u>. Dans ce qui suit, on identifie $\hat{E}'$ à $\hat{E}$ par l'intermédiaire du produit scalaire complexe (,), de sorte que le fibré de Leray $\tilde{\mathcal{L}}$ de $\hat{E}$ (chap.I, §3) s'écrit

$$\tilde{\mathcal{L}} = \{(t,z,h) \in \hat{E}^3;\ (z-t,\ h) = 1\} .$$

Soit $G_1 : L\times\Gamma\times\bar{\Delta} \to \tilde{\mathcal{L}}$ l'application définie par

$$(4.24) \qquad G_1(t,u,\sigma) = (t, u+\sigma\bar{u}, \frac{2\bar{u}}{1-2(t,\bar{u})}) ;$$

cette application est bien définie, car $1-2(t,\bar{u})$ ne s'annule pas lorsque $t \in L$, $u \in \Gamma$, compte-tenu de l'inégalité (4.17) (proposition 4.2); de plus, on a

$$(u+\sigma\bar{u}-t,\ 2\bar{u}) = 1-2(t,\bar{u}) ,$$

ce qui montre que $G_1(t,u,\sigma) \in \tilde{\mathcal{L}}_t$. La restriction de G_1 à $L\times\Gamma\times\Delta$ est, en vertu de la proposition 4.2.2), la composée de l'isomorphisme $g : L\times\Gamma\times\Delta \to L\times\partial_1 L$, où

$$(4.25) \qquad g(t,u,\sigma) = (t,\ u+\sigma\bar{u}) \qquad (t \in L\ ,\ u \in \Gamma\ ,\ \sigma \in \Delta)$$

et de la section s_1 de $\tilde{\mathcal{L}}$, définie au voisinage de $L\times\partial_1 L$ par

$$(4.26) \qquad s_1(t,z) = (t,z, \frac{\bar{z}-\bar{\sigma}(z)z}{(\bar{z}-\bar{\sigma}(z)z, z-t)}) .$$

Soit par ailleurs s_2 la section de $\tilde{\mathcal{L}}$, définie au voisinage de $L\times\partial_2 L$ par

$$(4.27) \qquad s_2(t,z) = (t,z, \frac{z-t}{\sigma(z-t)}) ;$$

cette application est bien définie au voisinage de $L\times\partial_2 L$, car on a

$$(4.28) \qquad \sigma(z-t) \neq 0 \quad (z \in \partial_2 L\ ,\ t \in L) .$$

En effet, on a $z = \lambda x$ avec $\lambda \in \partial\Delta$, $x \in \Sigma$ et $\sigma(z-t) = \lambda^2\sigma(x-\bar{\lambda}t)$; comme $\bar{\lambda}t \in L$, il suffit de montrer la relation (4.28) si $z = x \in \Sigma$. Soit $y \in \Sigma$ tel que $(x,y) = 0$ et $t = t_1x+t_2y$; la condition $t \in L$ s'écrit alors (remarque 1)

$$(4.29) \qquad |t_1+it_2| < 1\ ,\ |t_1-it_2| < 1 .$$

D'autre part, on a

$$\sigma(x-t) = 1-2(t,x)+(t,t) = 1-2t_1+t_1^2+t_2^2 = (1-t_1-it_2)(1-t_1+it_2)$$

et le dernier membre est non nul en vertu de (4.29) .

Soit G_1' la restriction à G_1 à $L\times\Gamma\times\partial\Delta$ et soit g' : $L\times\Gamma\times\partial\Delta \to L\times\partial_2 L$ la fibration

(4.30) $\quad g'(t,u,\sigma) = (t,u+\sigma\bar{u})$ $(t\in L,\ u\in\Gamma,\ \sigma\in\partial\Lambda)$;

on a $g' = \tilde{\Pi}\circ G_1'$, ce qui permet de définir une application

$$(s_2\circ g',\ G_1') : L\times\Gamma\times\partial\Delta \to \tilde{\mathcal{L}}_{[1]}$$

vérifiant $\tilde{\Pi}_{[1]}\circ(s_2\circ g',\ G_1') = g'$; on définit finalement l'application

$$G_2 : L\times\Gamma\times\partial\Delta\times[0,1] \to \tilde{\mathcal{L}}$$

par

(4.31) $\quad G_2 = \tilde{H}_1\circ(s_2\circ g',\ G_1')$;

l'application G_2 vérifie la relation

(4.32) $\quad \tilde{\Pi}\circ G_2 = g'$

(pour les notations $\tilde{\mathcal{L}}_{[1]}$, $\tilde{\Pi}$, $\tilde{\Pi}_{[1]}$, $\tilde{H}_1$, voir le début du §1, chap.II).

On définit alors les courants $T_{1,t}$, $T_{2,t}$ et T_t , de dimension 2n-1 dans $\tilde{\mathcal{L}}_t$, par

(4.33) $\quad T_{1,t} = G_{1*}(\{t\}\times\Gamma\times\bar{\Delta})$,

(4.34) $\quad T_{2,t} = G_{2*}(\{t\}\times\Gamma\times\partial\Delta\times[0,1])$,

(4.35) $\quad T_t = T_{1,t}+T_{2,t} \quad (t\in L)$,

ainsi que les courants $\tilde{T}_1$, $\tilde{T}_2$ et $\tilde{T}$, de dimension 4n-1 dans $\tilde{\mathcal{L}}_L$:

(4.36) $\quad \tilde{T}_1 = G_{1*}(L\times\Gamma\times\bar{\Delta})$,

(4.37) $\quad \tilde{T}_2 = G_{2*}(L\times\Gamma\times\partial\Delta\times[0,1])$,

(4.38) $\quad \tilde{T} = \tilde{T}_1+\tilde{T}_2$.

PROPOSITION 4.3. Le courant $\tilde{T}$ satisfait aux hypothèses du théorème 3 (chap.I), à savoir:

1) le courant $\tilde{T}$ est fermé dans $\tilde{\mathcal{L}}_L$ et admet la désintégration $(T_t)_{t\in L}$ par rapport à la première projection $\Pi_1 : \tilde{\mathcal{L}}_L \to L$;

2) <u>son image directe par</u> $\tilde{\Pi} : \tilde{\mathcal{L}}_L \to L\times\hat{E}$ <u>est</u> $\tilde{\Pi}_*\tilde{T} = L\times bL$.

<u>Démonstration</u>. 1) L'assertion relative à la désintégration de $\tilde{T}$ résulte directement de sa construction. On a

$$b\tilde{T}_1 = -G_{1*}(L\times\Gamma\times\partial\Delta)$$

et

$$b\tilde{T}_2 = G_{2*}(L\times\Gamma\times\partial\Delta\times\{1\})-G_{2*}(L\times\Gamma\times\partial\Delta\times\{0\})$$

(car Γ est de dimension impaire : $2n-3$). La définition de G_2 implique $G_1(t,u,\sigma) = G_2(t,u,\sigma,1)$ si $\sigma\in\partial\Delta$, d'où

$$G_{1*}(L\times\Gamma\times\partial\Delta) = G_{2*}(L\times\Gamma\times\partial\Delta\times\{1\}) ;$$

d'autre part, on a $G_2(t,u,\sigma,0) = s_2\circ g'(t,u,\sigma)$, d'où $G_{2*}(L\times\Gamma\times\partial\Delta\times\{0\}) = s_{2*}(g'_*(L\times\Gamma\times\partial\Delta))$; la chaîne différentiable $g'_*(L\times\Gamma\times\partial\Delta)$ est de dimension $4n-2$ et son support est contenu dans $L\times\partial_2 L$, qui est de dimension $3n$; elle est donc nulle pour $n\geq 3$. On en déduit que $G_{2*}(L\times\Gamma\times\partial\Delta\times\{0\})$ est nul et que $b\tilde{T} = b\tilde{T}_1+b\tilde{T}_2 = 0$.

2) Comme la restriction de G_1 à $L\times\Gamma\times\Delta$ est égale à $s_1\circ g$ et que g est un isomorphisme $\underset{=}{R}$-analytique de $L\times\Gamma\times\Delta$ sur $L\times\partial_1 L$, on a

$$\tilde{T}_1 = s_{1*}(L\times\partial_1 L) \tag{4.39}$$

et

$$\tilde{\Pi}_*\tilde{T}_1 = L\times\partial_1 L = L\times bL .$$

Comme $\tilde{\Pi}\circ G = g'$, on a

$$\tilde{\Pi}_*\tilde{T}_2 = g'_*(L\times\Gamma\times\partial\Delta) = 0 .$$

On en déduit que $\tilde{\Pi}_*\tilde{T} = L\times bL$.

Le courant $\tilde{T}$ est le <u>cycle du fibré de Leray associé à la sphère de Lie</u> σL .

<u>Les formules intégrales associées aux sphères de Lie</u>.

Ce sont celles que l'on obtient en appliquant le théorème 3 du chap.I au cycle $\tilde{T}$ que nous venons de construire. Rappelons que $\tilde{H} : \tilde{\mathcal{L}}\times A_1 \to \tilde{\mathcal{L}}$ est l'homotopie définie par

$$\tilde{H}(t,z,u;\lambda^0,\lambda^1) = (t,z,\lambda^0 u+\lambda^1 b(t,z)) ,$$

où

$$b(t,z) = \frac{\bar{z}-\bar{t}}{\rho(z-t)} ;$$

nous désignerons par $\tilde{R}_1$, $\tilde{R}_2$, $\tilde{R}$ les courants

$$\tilde{R} = \tilde{H}_*(\tilde{T}\times S_1),\ \tilde{R}_1 = \tilde{H}_*(\tilde{T}_1\times S_1),\ \tilde{R}_2 = \tilde{H}_*(\tilde{T}_2\times S_1) ; \tag{4.40}$$

sous réserve de l'existence des intégrales partielles qui y figurent, la relation (3.16) du théorème 3 du chap.I s'écrit alors, pour toute forme différentielle α de classe C^1 au voisinage de $\bar{L}$:

$$(4.41)\qquad \alpha_{|L} = \langle\tilde{T}_1|\Pi_1|\tilde{\Phi}\wedge\Pi_2^*\alpha\rangle + \langle\tilde{T}_2|\Pi_1|\tilde{\Phi}\wedge\Pi_2^*\alpha\rangle$$

$$+ \int_{z\in L} K(z-t)\wedge dw^*\alpha(z) + \langle\tilde{R}_1|\Pi_1|\tilde{\Phi}\wedge\Pi_2^* dw^*\alpha\rangle + \langle\tilde{R}_2|\Pi_1|\tilde{\Phi}\wedge\Pi_2^* dw^*\alpha\rangle$$

$$+ d\left\{\int_{z\in L} K(z-t)\wedge w^*\alpha(z) + \langle\tilde{R}_1|\Pi_1|\tilde{\Phi}\wedge\Pi_2^* w^*\alpha\rangle + \langle\tilde{R}_2|\Pi_1|\tilde{\Phi}\wedge\Pi_2^* w^*\alpha\rangle\right\} .$$

Supposant désormais que α est une forme différentielle de type $(0,q)$, nous allons calculer les différentes intégrales partielles qui figurent dans (4.41), ainsi que leur composante de type $(0,q)$.

Nous désignerons par χ_o la forme différentielle

$$(4.42)\qquad \chi_o = \tilde{\beta}^*\tilde{\theta} = \frac{(\bar{z}-\bar{t},dz-dt)}{2i\pi\rho(z-t)} = \frac{\eta_o}{2i\pi\ \tilde{\rho}(t,z)} ,$$

où $\tilde{\beta}$ est toujours la section de Bochner-Martinelli de $\tilde{\mathcal{L}}$: $\tilde{\beta}(t,z) = (t,z,b(t,z))$ et où η_o est défini par

$$(4.43)\qquad \eta_o = (\bar{z}-\bar{t},\ dz-dt) = \partial\tilde{\rho}(t,z) ;$$

leurs composantes respectives de type $(1,0)$ en z sont

$$(4.44)\qquad \chi_o' = \frac{\eta_o'}{2i\pi\tilde{\rho}} ,$$

$$(4.45)\qquad \eta_o' = (\bar{z}-\bar{t},\ dz) = \partial_z\tilde{\rho}(t,z) .$$

Nous désignerons par χ_1 la forme différentielle

$$(4.46)\qquad \chi_1 = s_1^*\tilde{\theta} = \frac{(\bar{z}-\bar{\sigma}(z)z,dz-dt)}{2i\pi\ (\bar{z}-\bar{\sigma}(z)z,z-t)} = \frac{\eta_1}{2i\pi F_1(t,z)} ,$$

où

$$(4.47)\qquad \eta_1 = (\bar{z}-\bar{\sigma}(z)z,\ dz-dt) ,$$

$$(4.48)\qquad F_1 = (\bar{z}-\bar{\sigma}(z)z,\ z-t) ;$$

les composantes respectives de type $(1,0)$ en z sont

$$(4.49)\qquad \chi_1' = \eta_1' \ /\ 2i\pi F_1(t,z) ,$$

$$(4.50)\qquad \eta_1' = (\bar{z}-\bar{\sigma}(z)z,\ dz) = (\partial\rho - \frac{1}{2}\ \bar{\sigma}\partial\sigma)(z) = \frac{1}{2}\ \partial F(z) ;$$

on a les relations évidentes

$$(4.51)\qquad d_t\eta_1 = 0 ,$$

$$(4.52)\qquad d\eta_1' = \bar{\partial}\eta_1' = \frac{1}{2}\ \bar{\partial}\partial F(z) .$$

LEMME 4.4. *Soit* α *une forme différentielle de classe* C^1 *et de type* $(0,q)$ *définie au voisinage de* bL . *Les intégrales partielles* $<\tilde{T}_1|\Pi_1|\tilde{\Phi}\wedge\Pi_2^*\alpha>$ *et* $<\tilde{R}_1|\Pi_1|\tilde{\Phi}\wedge\tilde{\Pi}_2^*\alpha>$ *sont alors définies. La composante de type* $(0,q)$ *de* $<\tilde{T}_1|\Pi_1|\tilde{\Phi}\wedge\Pi_2^*\alpha>$ *est nulle pour tout* q $(0\leq q\leq n)$. *La composante de type* $(0,q)$ *de* $<\tilde{R}_1|\Pi_1|\tilde{\Phi}\wedge\Pi_2^*d\alpha>$ *est égale à*

$$(4.53)\qquad \int_{z\in\partial_1 L} K_{01}^{0,q}(t,z)\wedge\bar{\partial}\alpha(z) ,$$

où $K_{01}^{0,q}$ *est la composante de type* $(0,q)$ *en* t *de*

$$(4.54)\qquad K_{01}^{0,*} = \chi_o'\wedge\chi_1'\wedge\sum_{r=0}^{n-2}(\bar{\partial}\chi_o')^r\wedge(\bar{\partial}\chi_1')^{n-2-r} ;$$

la composante de type $(0,q)$ *de* $d<\tilde{R}_1|\Pi_1|\tilde{\Phi}\wedge\Pi_2^*\alpha>$ *est égale à*

$$(4.55)\qquad \bar{\partial}\int_{z\in\partial_1 L} K_{01}^{0,q-1}(t,z)\wedge\alpha(z) .$$

Démonstration. Rappelons que $\tilde{T}_1$ peut s'écrire

$$(4.39)\qquad \tilde{T}_1 = s_{1*}(L\times\partial_1 L) ;$$

il en résulte que $<\tilde{T}_1|\Pi_1|\tilde{\Phi}\wedge\Pi_2^*\alpha>$ existe et est égale à

$$<L\times\partial_1 L|p_1|s_1^*\tilde{\Phi}\wedge p_2^*\alpha> ,$$

où p_1 , p_2 désignent les projections de $L\times\partial_1 L$ sur L , $\partial_1 L$. On a

$$s_1^*\tilde{\Phi} = \chi_1\wedge(d\chi_1)^{n-1} = (2i\pi)^{-n}\, F_1^{-n}(t,z)\eta_1\wedge(\bar{\partial}\eta_1)^{n-1} ;$$

compte-tenu de la relation $\bar{\partial}_t\eta_1 = 0$, on voit que la composante de type $(0,q)$ $(q>0)$ en t de $s_1^*\tilde{\Phi}$ est nulle, et par conséquent aussi la composante de type $(0,q)$ de $<L\times\partial_1 L|p_1|s_1^*\tilde{\Phi}\wedge p_2^*\alpha>$. Reste à étudier le cas $q=0$; l'intégrale partielle $<\tilde{T}_1|\Pi_1|\tilde{\Phi}\wedge p_2^*\alpha>$ est égale dans ce cas à $<L\times\partial_1 L|p_1|\chi_1'\wedge(\bar{\partial}\chi_1')^{n-1}\wedge p_2^*\alpha>$; sa valeur en $t\in L$ est

$$\int_{z\in\partial_1 L}\chi_1'(t,z)\wedge(\bar{\partial}\chi_1'(t,z))^{n-1}\wedge\alpha(z) ;$$

on a

$$\chi_1'\wedge\bar{\partial}\chi_1' = (2i\pi)^{-n}\, F_1^{-n}\,\eta_1'\wedge(\bar{\partial}\eta_1')^{n-1} ;$$

mais la restriction de $\eta'\wedge(\bar{\partial}\eta_1')^{n-1}$ à $\partial_1 L$ est nulle. Nous utiliserons pour le montrer la paramétrisation

$$g : \Gamma\times\Delta\to\partial_1 L \qquad (g(u,\sigma)=u+\sigma\bar{u}) ;$$

soit $\psi_1' = g^*\eta_1'$; on a

$$\psi_1' = g^*(\bar{z}-\bar{\sigma}(z)z,\, dz) = (1+\sigma\bar{\sigma})(u,du),$$

en vertu des relations $g^*(z-\sigma(z)\bar{z}) = (1+\sigma\bar{\sigma})u$, $(\bar{u},\bar{u}) = 0$ et $(\bar{u},d\bar{u}) = 0$; il en résulte que l'image réciproque de $\eta_1' \wedge (\bar{\partial}\eta_1')^{n-1}$ par g est un multiple de

$$(4.56) \qquad (\bar{u},du) \wedge (d\bar{u},du)^{n-1} \; ;$$

cette forme différentielle sur $\Gamma\times\Delta$ est l'image réciproque de la forme différentielle sur Γ , elle-même restriction de la forme différentielle sur la quadrique complexe

$$Q = \{u \in \hat{E};\ u\neq 0\ ,\ \sigma(u) = 0\}$$

qui a sur celle-ci l'écriture (4.56); mais cette dernière est de type (n, n-1) sur Q , qui est de dimension complexe n-1; elle est donc nulle.

Les définitions $\tilde{T}_1 = s_{1*}(L\times\partial_1 L)$ et $\tilde{R}_1 = \tilde{H}_*(\tilde{T}_1 \times S_1)$ entraînent

$$(4.57) \qquad \tilde{R}_1 = \tilde{H}_{1*}((s_1,\tilde{\beta})_*(L\times\partial_1 L)\times S_1) \; ;$$

l'intégrale partielle $<\tilde{R}_1|\Pi_1|\tilde{\Phi}\wedge\Pi_2^*\alpha>$ est donc définie et égale à

$$<(s_1,\tilde{\beta})_*(L\times\partial_1 L)\times S_1|\Pi_1|\tilde{H}_1^*\tilde{\Phi}\wedge\Pi_2^*\alpha> ,$$

ou encore, puisque $\int_{S_1} \tilde{H}_1^*\tilde{\Phi} = - \tilde{\Phi}_{[1]}$ (théorème 1 , chap.I), à

$$<L\times\partial_1 L|p_1|(\tilde{\beta},s_1)^*\tilde{\Phi}_{[1]} \wedge p_2^*\alpha> ,$$

dont la valeur en $t \in L$ est

$$\int_{z\in\partial_1 L} K_{01}(t,z) \wedge \alpha(z) \; ;$$

où désigne par K_{01} le noyau

$$(4.58) \qquad K_{01} = (\tilde{\beta},s_1)^*\tilde{\Phi}_{[1]} = \chi_0\wedge\chi_1\wedge \sum_{r=0}^{n-2} (\bar{\partial}\chi_0)^r\wedge(\bar{\partial}\chi_1)^{n-r-2} .$$

Si α est de type (0,q), la composante de type (0,q) de $\int_{z\in\partial_1 L} K_{01}(t,z)\wedge\bar{\partial}\alpha(z)$ est égale à $\int_{z\in\partial_1 L} K_{01}^{0,q}(t,z)\wedge\bar{\partial}\alpha(z)$, où $K_{01}^{0,q}$ est la composante de type (0,q) en t (et donc de type (n, n-q-2) en z , puisque K_{01} est de type total (n, n-2)) de K_{01}; la somme $K_{01}^{0,*} = \sum_{q=0}^{n-2} K_{01}^{0,q}$ de ces composantes est alors donnée par la relation (4.54). Pour les mêmes raisons, la composante de type (0,q) de $d\int_{\partial_1 L} K_{01}(t,z)\wedge\alpha(z)$ est égale à $\bar{\partial}\int_{\partial_1 L} K_{01}^{0,q-1}(t,z)\wedge\alpha(z)$.

REMARQUE 4. La nullité de $\eta_1' \wedge (\bar{\partial}\eta_1')^{n-1}$ sur $\partial_1 L$, i.e. de $\partial F \wedge (\bar{\partial}\partial F)^{n-1}$, traduit le fait qu'une valeur propre de la forme de Levi de F s'annule sur $\partial_1 L = \{F=1, \rho<1\}$; ceci correspond à la présence dans $\partial_1 L$ de la famille des disques Δ_u $(u \in \Gamma)$ qui sont des variétés analytiques de dimension 1 contenues dans $\partial_1 L$.

REMARQUE 5. Le noyau $K_{01}^{0,*}$, défini par la relation (4.54), s'écrit encore

$$(4.59) \qquad K_{01}^{0,*} = (2i\pi)^{-n}\, \eta_0' \wedge \eta_1' \wedge \sum_{r=0}^{n-2} \frac{(\bar{\partial}\eta_0')^r \wedge (\bar{\partial}\eta_1')^{n-2-r}}{\tilde{\rho}^{r+1}\, F_1^{n-1-r}} \; ;$$

compte-tenu des relations $\eta_0' = \partial_z \tilde{\rho}$, $\bar{\partial}\eta_0' = \bar{\partial}\partial\rho(z) + \bar{\partial}_t \partial_z \tilde{\rho}$ et $\bar{\partial}\eta_1' = \frac{1}{2}\bar{\partial}\partial F(z)$, on obtient l'expression explicite de $K_{01}^{0,q}$:

$$(4.60) \qquad K_{01}^{0,q} = (2i\pi)^{-n}\, \partial_z\tilde{\rho} \wedge \frac{1}{2}\partial F(z) \wedge (\bar{\partial}_t \partial_z \tilde{\rho})^q \wedge \sum_{r=q}^{n-2} \binom{r}{q} \frac{(\bar{\partial}\partial\rho(z))^{r-q} (\frac{1}{2}\bar{\partial}\partial F(z))^{n-2-r}}{\tilde{\rho}^{r+1}\, F_1^{n-1-r}}$$

Soit χ_2 la forme différentielle définie au voisinage de $L \times \partial_2 L$ par

$$(4.61) \qquad \chi_2 = s_2^* \tilde{\theta} = \frac{(z-t,\, dz-dt)}{2i\pi\, \sigma(z-t)} = \frac{\eta_2}{2i\pi\, \sigma(z-t)}$$

où η_2 est défini par

$$(4.62) \qquad \eta_2 = (z-t,\, dz-dt) = \frac{1}{2}\, d\sigma(z-t) \; ;$$

on a

$$(4.63) \qquad d\chi_2 = d\eta_2 = 0 \, .$$

Soit Θ_1 la forme différenticlle sur $L \times \Gamma \times \partial\Delta$, définie par

$$(4.64) \qquad \Theta_1 = G_1'^* \tilde{\theta} = \frac{(2\bar{u},\, du-dt)}{2i\pi(1-2(t,\bar{u}))} \, ,$$

et soit Θ_1' sa composante de degré 0 en t :

$$(4.65) \qquad \Theta_1' = \frac{\psi'}{2i\pi\Psi} \, ,$$

où $\psi' = 2(\bar{u}, du)$, $\Psi = 1-2(t,\bar{u})$. Soit d'autre part Θ_2 la forme différentielle

$$(4.66) \qquad \Theta_2 = (s_2 \circ g')^* \tilde{\theta} = g'^* \chi_2$$

et soit Θ_2' sa composante de degré 0 en t :

$$(4.67) \qquad \Theta_2' = g'^* \chi_2' \, ,$$

où

$$(4.68) \qquad \chi_2' = \frac{(z-t,\, dz)}{2i\pi\, \sigma(z-t)} \, .$$

Désignons par δ_1 , δ_2 les revêtements à deux feuillets δ_1 : $L \times \Gamma \times \partial\Delta \to L \times \Gamma \times \partial\Delta$ et

$\delta_2 : L\times\Sigma\times\partial\Delta \to L\times\partial_2 L$ définis par

(4.69) $\delta_1(t,u,\lambda) = (t,u,\lambda^2)$,

(4.70) $\delta_2(t,x,\lambda) = (t,\lambda x)$;

soit encore $\hat{g} : L\times\Gamma\times\partial\Delta \to L\times\Sigma\times\partial\Delta$ l'application définie par

(4.71) $\hat{g}(t,u,\lambda) = (t,\bar{\lambda}u+\lambda\bar{u},\lambda)$;

on vérifie immédiatement que l'on a

(4.72) $g'\circ\delta_1 = \delta_2\circ\hat{g}$.

Soit $\hat{\chi}_2$ la forme différentielle sur $L\times\Sigma\times\partial\Delta$, définie par

(4.73) $\hat{\chi}_2 = \delta_2^*\chi_2$;

sa composante de degré 0 en t est $\hat{\chi}_2' = \delta_2^*\chi_2'$; compte-tenu de la relation (4.72), on a

(4.74) $\hat{\Theta}_2 = \delta_1^*\Theta_2 = \hat{g}^*\hat{\chi}_2$;

par ailleurs, on a

(4.75) $\delta_1^*\Theta_1 = \Theta_1$,

compte-tenu de la définition (4.69) de δ_1 et de l'écriture (4.64) de Θ_1 .

LEMME 4.5. <u>Soit</u> α <u>une forme différentielle de classe</u> C^1 <u>et de type</u> (0,q) <u>définie au voisinage de</u> $\partial_2 L$. <u>L'intégrale partielle</u> $\langle\tilde{T}_2|\Pi_1|\tilde{\Phi}\wedge\Pi_2^*\alpha\rangle$ <u>est alors définie. Sa composante de type</u> (0,q) <u>est nulle si</u> q>0 ; <u>elle est égale à</u>

(4.76) $\langle L\times\Sigma\times\partial\Delta|p_1|\hat{K}_2\wedge\delta_2^*p_2^*\alpha\rangle$

<u>si</u> q = 0 , <u>où on désigne par</u> p_1 , p_2 <u>les projections</u> $p_1 : L\times\Sigma\times\partial\Delta \to L$ <u>et</u> $p_2 : L\times\Sigma\times\partial\Delta \to \Sigma\times\partial\Delta$, <u>par</u> $\delta : \Sigma\times\partial\Delta \to \delta_2 L$ <u>le revêtement à deux feuillets de</u> $\partial_2 L$ <u>défini par</u> $\delta(x,\lambda) = \lambda x$ <u>et par</u> $\hat{K}_2$ <u>la forme différentielle sur</u> $L\times\Sigma\times\partial\Delta$ <u>définie par</u>

(4.77) $\hat{K}_2 = -\frac{1}{2}\hat{\chi}_2' \wedge \langle L\times\Gamma\times\partial\Delta|\hat{g}|\Theta_1'\wedge(d\Theta_1')^{n-2}\rangle$.

<u>Démonstration</u>. Rappelons que $\tilde{T}_2$ est égal à

$$\tilde{T}_2 = \tilde{H}_{1*}((s_2\circ g',G_1')_*(L\times\Gamma\times\partial\Delta)\times S_1)$$

(relations (4.37) et (4.31)); on en déduit que l'intégrale partielle $\langle\tilde{T}_2|\Pi_1|\tilde{\Phi}\wedge\Pi_2^*\alpha\rangle$ est égale à

$$-\langle L\times\Gamma\times\partial\Delta|P_1|(s_2\circ g',\ G_1')^*\Phi_{[1]}\wedge g'^*p_2^*\alpha\rangle ,$$

où P_1 , P_2 sont les projections de $L\times\Gamma\times\partial\Delta$ sur L et $\Gamma\times\partial\Delta$; comme

$\delta_{1*}(L\times\Gamma\times\partial\Delta) = 2L\times\Gamma\times\partial\Delta$, elle est encore égale à

$$-\frac{1}{2} <L\times\Gamma\times\partial\Delta|P_1|(s_2\circ g'\circ\delta_1, G_1'\circ\delta_1)^*\Phi_{[1]} \wedge (p_2\circ g'\circ\delta_1)^*\alpha>,$$

c'est-à-dire à

$$(4.78) \qquad -\frac{1}{2} <L\times\Gamma\times\partial\Delta|P_1|(s_2\circ\delta_2\circ g, G_1'\circ\delta_1)^*\Phi_{[1]} \wedge (p_2\circ\delta_2\circ\hat{g})^*\alpha> .$$

Or on a

$$(s_2\circ\delta_2\circ\hat{g}, G_1'\circ\delta_1)^*\Phi_{[1]} = \hat{\Theta}_2 \wedge \Theta_1 \wedge(d\Theta_1)^{n-2} ,$$

puisque $d\hat{\Theta}_2 = 0$; l'intégrale partielle (4.78) est donc égale à

$$-\frac{1}{2} <L\times\Gamma\times\partial\Delta|P_1|\hat{g}^*(\chi_2\wedge(p_2\circ\delta_2)^* w^*\alpha) \wedge \Theta_1 \wedge (d\Theta_1)^{n-2}> ;$$

comme P_1 est la composée des submersions $\hat{g}$ et p_1 , cette intégrale partielle est égale à

$$-\frac{1}{2} <L\times\Sigma\times\partial\Delta|p_1|\beta> ,$$

où

$$\beta = <L\times\Gamma\times\partial\Delta|\hat{g}|\hat{g}^*(\hat{\chi}_2\wedge(p_2\circ\delta_2)^* w^*\alpha)\wedge\Theta_1\wedge(d\Theta_1)^{n-2}>$$

$$= \hat{\chi}_2 \wedge \delta_2^* p_2^* w^*\alpha \wedge <L\times\Gamma\times\partial\Delta|\hat{g}|\Theta_1\wedge(d\Theta_1)^{n-2}> ;$$

comme Θ_1 est holomorphe en t , la composante de type (0,q) en t de $\Theta_1\wedge(d\Theta_1)^{n-2}$ est nulle si q>0 ; ceci montre que la composante de type (0,q) de $<\tilde{T}_2|\Pi_1|\tilde{\Phi}\wedge\Pi_2^*\alpha>$ est nulle lorsque q>0 . Si q=0 , la composante de degré 0 en t de β est égale à

$$\hat{\chi}_2' \wedge <L\times\Gamma\times\partial\Delta|\hat{g}|\Theta_1'\wedge(d\Theta_1')^{n-2}>(p_2\circ\delta_2)^*\alpha.$$

Supposons désormais E orienté; soit

$$(4.79) \qquad \omega(x) = dx^1\wedge\ldots\wedge dx^n$$

sa forme-volume canonique, où $(x^1,\ldots,x^n)$ désigne les fonctions coordonnées dans une base orthonormée directe; soit $(x, \partial/\partial x)$ le champ de vecteurs défini par

$$(4.80) \qquad (x, \frac{\partial}{\partial x}) = \Sigma\, x^j \frac{\partial}{\partial x^j} ;$$

on désigne par $\omega'(x)$ la forme canonique de degré n-1 :

$$(4.81) \qquad \omega'(x) = \omega(x) \,\llcorner\, (x, \frac{\partial}{\partial x}) = \sum_{j=1}^{n} (-1)^{j-1}\, x^j\, dx^1\wedge\ldots\wedge[dx^j]\wedge\ldots\wedge dx^n ,$$

qui vérifie l'identité

$$(4.82) \qquad (x, dx)\wedge\omega'(x) = (x,x)\omega(x) .$$

LEMME 4.6. Le noyau $\hat{K}_2$ est égal à

(4.83) $$\hat{K}_2 = (-1)^{n(n-1)/2} \frac{d\lambda}{2i\pi\lambda} \wedge \frac{1}{2} \frac{\Gamma(n/2)}{\pi^{n/2}} \omega'(x)(\sigma(x-\bar{\lambda}t))^{-n/2} .$$

Démonstration. On a, d'après le lemme précédent,

$$\hat{K}_2 = -\frac{1}{2} \langle L\times\Gamma\times\partial\Delta|\hat{g}|\hat{g}^*\hat{\chi}'_2\wedge\Theta'_1\wedge(d\Theta'_1)^{n-2}\rangle = \frac{1}{2}(L\times\partial\Delta\times\Gamma|\hat{g}|\Theta'_2\wedge\Theta'_1\wedge(d\Theta'_1)^{n-2}) ,$$

où on désigne encore par $\hat{g}$: $L\times\partial\Delta\times\Gamma \to L\times\partial\Delta\times\Sigma$ l'application $(t,\lambda,u) \to (t,\lambda,\bar{\lambda}u+\lambda\bar{u})$; la fibre $\hat{g}^{-1}(t,\lambda,x)$ est égale à

$$\{(t,\lambda,u);\ u = \frac{\lambda}{2}(x+iy),\ y\in\Sigma,\ (x,y) = 0\} ;$$

Soit Ω la sous-variété de $\Sigma\times\Sigma$ définie par

$$\Omega = \{(x,y)\in\Sigma\times\Sigma;\ (x,y) = 0\} ;$$

l'application h : $L\times\partial\Delta\times\Omega \to L\times\partial\Delta\times\Gamma$ définie par

(4.84) $$h(t,\lambda,x,y) = (t,\lambda,\ \frac{\lambda}{2}(x+iy))$$

est un difféomorphisme $\underline{\mathbb{R}}$-analytique tel que $\hat{g}\circ h$ est la restriction à $L\times\partial\Delta\times\Omega$ de la projection $(t,\lambda,x,y) \mapsto (t,\lambda,x)$; la fibre de $\hat{g}\circ h$ en (t,λ,x) est $\Sigma'_x = \{y\in\Sigma;(x,y)=0\}$. On a donc

(4.85) $$\hat{K}_2 = \frac{1}{2} \langle L\times\partial\Delta\times\Omega|\hat{g}\circ h|h^*(\Theta'_2\wedge\Theta'_1\wedge(d\Theta'_1)^{n-2}\rangle .$$

On a

$$h^*\Theta'_2 = (\hat{g}\circ h)^*\chi'_2 = \frac{(\lambda x-t,\ d(\lambda x))}{2i\pi\ \sigma(\lambda x-t)}$$

et, comme $\Theta'_1 = \psi'/2i\Psi$ avec $\psi' = (2\bar{u},\ du)$ et $\Psi = 1-2(t,\bar{u})$,

$$h^*\psi' = \frac{1}{2}(\bar{\lambda}(x-iy),\ \bar{\lambda}(dx+idy)+d\lambda(x+iy)) = \bar{\lambda}d\lambda+i(x,dy)$$

(compte-tenu de $\lambda\in\partial\Delta$, $(x,y)\in\Omega$) ,

$$h^*\Psi = 1-\bar{\lambda}(t,x)+i\bar{\lambda}(t,y) ,$$

$$h^*d\psi' = i(dx,\ dy) ,$$

d'où

$$h^*(\Theta'_2\wedge\Theta'_1\wedge(d\Theta'_1)^{n-2}) = (\frac{1}{2i\pi})^n \frac{(\lambda x-t,\ d(\lambda x))\wedge(\bar{\lambda}d\lambda+i(x,\ dy))\wedge(i(dx,\ dy))^{n-2}}{\sigma(\lambda x-t)\ (1-\bar{\lambda}(t,x)+i\bar{\lambda}(t,y))^{n-1}} ;$$

en développant le produit des deux premiers termes du numérateur, on obtient

$$(\lambda x-t,\ d(\lambda x))\wedge(\bar{\lambda}d\lambda+i(x,\ dy)) = (\lambda d\lambda-(t,x)d\lambda-\lambda\ (t,\ dx))\wedge(\bar{\lambda}d\lambda+i(x,\ dy))$$
$$= d\lambda\wedge(i\lambda(x,\ dy)-i(t,x)(x,\ dy)+(t,\ dx))-i\lambda(t,\ dx)\wedge(x,\ dy) ;$$

on en déduit la relation

(4.86) $$h^*(\Theta_2'\wedge\Theta_1'\wedge(d\Theta_1')^{n-2}) = \frac{1}{(2\pi)^n}\frac{d\lambda}{i\lambda}\wedge\frac{((1-\bar\lambda(t,x))(x,dy)-i\bar\lambda(t,dx))\wedge(dx,dy)^{n-2}}{\sigma(x-\bar\lambda t)(1-\bar\lambda(t,x)+i\bar\lambda(t,y))^{n-1}}.$$

Nous utiliserons le lemme suivant:

LEMME 4.7. <u>Soit Ω la sous-variété de $\Sigma\times\Sigma$ définie par</u>

$$\Omega = \{(x,y)\in\Sigma\times\Sigma \ ;\ (x,y) = 0\} \ ;$$

<u>les relations suivantes sont vérifiées sur Ω</u> :

(4.87) $$(y,dx)\wedge(dx,dy)^{n-2} = (-1)^{n(n-1)/2}\,(n-2)!\,\omega'(x)\wedge\omega_x''(y) \ ,$$

(4.88) $$(dx,dy)^{n-2} = (-1)^{n(n-1)/2}\,(n-2)!\,\omega_y''(x)\wedge\omega_x''(y) \ ,$$

<u>où $\omega_x''(y)$ est la forme différentielle</u>

(4.89) $$\omega_x''(y) = \omega'(y)\,\llcorner\,(x,\frac{\partial}{\partial y}) \ ,$$

$(x,\frac{\partial}{\partial y})$ <u>désignant le champ de vecteurs qui s'écrit $\Sigma\, x^j \frac{\partial}{\partial y^j}$ dans une base orthonormée</u>.

<u>Démonstration</u>. De l'identité dans $E\times E$: $(dx,dy)^n = (-1)^{n(n-1)/2}\,n!\,\omega(x)\wedge\omega(y)$, on déduit, par produit intérieur avec $(x,\partial/\partial x)$, $n(x,dy)\wedge(dx,dy)^{n-1} = (-1)^{n(n-1)/2}\,n!\,\omega'(x)\wedge\omega(y)$, puis, par produit intérieur avec $(y,\partial/\partial y)$,

$$\begin{aligned}&(x,y)(dx,dy)^{n-1} + (n-1)(x,dy)\wedge(y,dx)\wedge(dx,dy)^{n-2}\\ &= (-1)^{n(n-1)/2}\,(n-1)!\,\omega'(x)\wedge(-1)^{n-1}\,\omega'(y)\end{aligned}$$

et, par produit intérieur avec $(x,\partial/\partial y)$,

$$\begin{aligned}&(n-1)(x,y)((dx,dy)^{n-1}\,\llcorner\,(x,\partial/\partial y)) + (n-1)(x,x)(y,dx)\wedge(dx,dy)^{n-2}\\ &\quad + (n-1)(x,dy)\wedge(y,dx)\wedge((dx,dy)^{n-2}\,\llcorner\,(x,\partial/\partial y))\\ &= (-1)^{n(n-1)/2}(n-1)!\,\omega'(x)\wedge\omega_x''(y) \ ;\end{aligned}$$

de cette relation, on déduit la relation (4.87) par restriction à Ω , sur laquelle on a $(x,y) = 0$, $(x,dy)\wedge(y,dx) = 0$. Enfin, par produit intérieur avec $(y,\frac{\partial}{\partial x})$, on obtient la relation dans $E\times E$:

$$\begin{aligned}&(x,y)((dx,dy)^{n-1}\,\llcorner(x,\frac{\partial}{\partial y})\,\llcorner\,(y,\frac{\partial}{\partial x}))\\ &\quad + (x,x)(y,y)(dx,dy)^{n-2} - (n-2)(x,x)(y,dx)\wedge(y,dy)\wedge(dx,dy)^{n-3}\\ &\quad + (n-2)(x,dy)\wedge(y,y)(x,dx)\wedge(dx,dy)^{n-3}\\ &\quad + (x,dy)\wedge(y,dx)\wedge((dx,dy)^{n-2}\,\llcorner\,(x,\frac{\partial}{\partial y})\,\llcorner\,(y,\frac{\partial}{\partial x}))\end{aligned}$$

$$= (-1)^{n(n-1)/2}\ (n-2)!\ \omega''_y(x)\wedge\omega''_x(y)\ ,$$

d'où on déduit la relation (4.88) par restriction à Ω .

Suite de la démonstration du lemme 4.6. Les relations (4.87) et (4.88) permettent de terminer le calcul du numérateur de (4.86); on a

$$((1-\bar\lambda(t,x))(x,dy) - i\bar\lambda(t,dx))\wedge(dx,dy)^{n-2}$$

$$= (-1)^{n(n-1)/2}(n-2)!(-1+\bar\lambda(t,x))\omega'(x) - i\bar\lambda(t,dx)\wedge\omega''_y(x))\wedge\omega''_x(y)\ ;$$

comme on a, sur Σ ,

$$(t,dx)\wedge\omega''_y(x) = (t,dx)\wedge(\omega'(x)\ \llcorner\ (y,\tfrac{\partial}{\partial x})) = -(t,y)\omega'(x)\ ,$$

il vient finalement

$$((1-\bar\lambda(t,x))(x,dy) - i\bar\lambda(t,dx))\wedge(dx,dy)^{n-2}$$

$$= -(-1)^{n(n-1)/2}(n-2)!(1-\bar\lambda(t,x) + i\bar\lambda(t,y))\omega'(x)\wedge\omega''_x(y)\ .$$

On en déduit la relation

(4.90) $\quad h^*(\theta'_2\wedge\theta'_1\wedge(d\theta'_1)^{n-2})$

$$= -(-1)^{n(n-1)/2}\,\frac{(n-2)!}{(2\pi)^n}\,\frac{d\lambda}{i\lambda}\wedge\frac{\omega'(x)\wedge\omega''_x(y)}{\sigma(x-\bar\lambda t)\ (1-\bar\lambda(t,x)+i\bar\lambda(t,y))^{n-2}}\ .$$

LEMME 4.8. <u>On a la relation, valide pour</u> $t\in L$ <u>et</u> $x\in\Sigma$,

(4.91) $$\int_{y\in\Sigma'_x}\frac{\omega''_x(y)}{(1-(t,x)+i(t,y))^{n-2}} = -2\,\frac{\pi^{(n-1)/2}}{\Gamma((n-1)/2)}\,\sigma^{1-n/2}(x-t)\ .$$

<u>Démonstration</u>. Soit $(e_1,\dots,e_n)$ une base orthonormée directe de E telle que $x = e_1$, $t = t_1e_1+t_2e_2$; si $y\in\Sigma'_x$, on a donc $y = y^2e_2+\dots+y^ne_n$ avec $\sum_2^n(y^j)^2 = 1$,

$$1-(t,x)+i(t,y) = 1-t_1+it_2y^2$$

et

$$\omega''_x(y)\,|_{\Sigma'_x} = \sum_{j=2}^{n}(-1)^{j-1}y^j dy^2\wedge\dots\wedge[dy^j]\wedge\dots\wedge dy^n\ .$$

Soit $J = \int_{y\in\Sigma'_x}\dfrac{\omega''_x(y)}{(1-(t,x)+i(t,y))^{n-2}}$; on a alors

$$J = -\int_{(y^2)^2+\dots+(y^n)^2\leq 1}\frac{(n-1)dy^2\wedge\dots\wedge dy^n}{(1-t_1+it_2y^2)^{n-2}} + \frac{(n-2)it_2dy^2\wedge\omega''_x(y)}{(1-t_1+it_2y^2)^{n-1}}$$

$$= -\int_{(y^2)^2+\ldots+(y^n)^2\leq 1} \left(\frac{n-1}{(1-t_1+it_2y^2)^{n-2}} - \frac{(n-2)\, it_2y^2}{(1-t_1+it_2y^2)^{n-1}}\right)dy^2\wedge\ldots\wedge dy^n$$

$$= -\omega_{n-2}\int_{-1}^{1}\left(\frac{n-1}{(1-t_1+it_2\xi)^{n-2}} - \frac{(n-2)it_2\xi}{(1-t_1+it_2\xi)^{n-1}}\right)(1-\xi^2)^{(n-2)/2}\, d\xi \ ,$$

où $\omega_{n-2} = \int_{(y^3)^2+\ldots+(y^n)^2\leq 1} dy^3\wedge\ldots\wedge dy^n = \frac{\pi^{(n-2)/2}}{\Gamma(n/2)}$. Pour évaluer la dernière intégrale, supposons d'abord que l'on a $|t_1|<1/2$, $|t_2|<1/2$, de sorte que $|t_2/(1-t_1)|<1$; on a alors

$$(1-t_1+it_2\xi)^{2-n} = (1-t_1)^{2-n}\sum_{k=0}^{\infty}\left(\frac{-it_2\xi}{1-t_1}\right)^k\binom{n-3+k}{k}$$

et

$$it_2\xi(1-t_1+it_2\xi)^{1-n} = -(1-t_1)^{2-n}\sum_{k=0}^{\infty}\left(\frac{-it_2\xi}{1-t_1}\right)^{k+1}\binom{n-2+k}{k} \ ,$$

uniformément pour $\xi\in[-1,+1]$. Or $\int_{-1}^{1}(1-\xi^2)^{(n-2)/2}\xi^k d\xi$ est nul si k est impair, et égal à

$$\int_{-1}^{1}(1-\xi^2)^{(n-2)/2}\xi^{2\ell}d\xi = \int_0^1(1-\xi)^{(n-2)/2}\xi^{\ell-1/2}d\xi = B(\tfrac{n}{2},\ell+\tfrac{1}{2})$$

si $k = 2\ell$; on a donc

$$J = -\omega_{n-2}(1-t_1)^{2-n}\sum_{\ell=0}^{\infty}\left(\frac{t_2}{1-t_1}\right)^{2\ell}(-1)^{\ell}\, B(\tfrac{n}{2},\ell+\tfrac{1}{2})\left((n-1)\binom{n-3+2\ell}{2\ell}+(n-2)\binom{n-3+2\ell}{2\ell-1}\right)$$

$$= -\omega_{n-2}(1-t_1)^{2-n}\sum_{\ell=0}^{\infty} a_\ell\left(\frac{t_2}{1-t_1}\right)^{2\ell}$$

avec $a_\ell = (-1)^\ell(n-1+2\ell)\binom{n-3+2\ell}{2\ell}B(\frac{n}{2},\ell+\frac{1}{2})$; on a

$$\frac{a_\ell}{a_{\ell-1}} = -\frac{n-1+2\ell}{n-3+2\ell}\,\frac{(n-3+2\ell)(n-4+2\ell)}{2\ell(2\ell-1)}\,\frac{\ell-\frac{1}{2}}{\frac{n}{2}+\ell-\frac{1}{2}} = -\frac{n-4+2\ell}{2\ell} = \frac{1-\frac{n}{2}-(\ell-1)}{\ell}$$

et $a_0 = (n-1)B(\frac{n}{2},\frac{1}{2})$, ce qui montre que

$$J = -(n-1)\omega_{n-2}\, B(\tfrac{n}{2},\tfrac{1}{2})(1-t_1)^{2-n}\left(1+\left(\frac{t_2}{1-t_1}\right)^2\right)^{1-n/2}$$

$$= -(n-1)\,\frac{\pi^{(n-2)/2}}{\Gamma(n/2)}\,\frac{\Gamma(n/2)\Gamma(1/2)}{\Gamma((n+1)/2)}\,((1-t_1)^2+t_2^2)^{1-n/2}$$

$$= -2\,\frac{\pi^{(n-1)/2}}{\Gamma((n-1)/2)}\,(\sigma(x-t))^{1-n/2} \ .$$

La relation (4.91) est ainsi démontrée pour t voisin de 0; elle est donc vraie par prolongement analytique pour tout $t\in L$.

<u>Fin de la démonstration du lemme</u> 4.6. Compte-tenu des relations (4.85), (4.90) et (4.91), on a

$$\hat{K}_2 = \frac{1}{2}(-1)^{n(n-1)/2} \frac{(n-2)!}{(2\pi)^n} \frac{d\lambda}{i\lambda} \wedge \frac{\omega'(x)}{\sigma(x-\bar{\lambda}t)} \frac{2\pi^{(n-1)/2}}{\Gamma((n-1)/2)} \sigma^{1-n/2}(x-\bar{\lambda}t) ,$$

d'où, compte-tenu de la relation $(n-2)!\pi^{1/2} = 2^{n-2}\,\Gamma(\frac{n-1}{2})\Gamma(\frac{n}{2})$,

$$\hat{K}_2 = (-1)^{n(n-1)/2} \frac{d\lambda}{2i\pi\lambda} \wedge \frac{1}{2} \frac{\Gamma(n/2)}{\pi^{n/2}} \omega'(x)\ \sigma^{-n/2}(x-\bar{\lambda}t) ,$$

qui est la relation cherchée.

LEMME 4.9. <u>Soit α une forme différentielle de classe C^1 et de type $(0,q)$ définie au voisinage de $\partial_2 L$. Les intégrales partielles $<\tilde{R}_2|\Pi_1|\tilde{\Phi}\wedge\Pi_2^* dw^*\alpha>$ et $d<\tilde{R}_2|\Pi_1|\tilde{\Phi}\wedge\Pi_2^* w^*\alpha>$ sont définies et leur composante de type $(0,q)$ est nulle.</u>

<u>Démonstration</u>. Les définitions de $\tilde{T}_2$ et $\tilde{R}_2$:

$$\tilde{T}_2 = \tilde{H}_{1*}((s_2 \circ g',\ G_1')_*(L\times\Gamma\times\partial\Delta)\times S_1),\ \tilde{R}_2 = \tilde{H}_*(\tilde{T}_2\times S_1)$$

entraînent, puisque $\tilde{\Pi}\circ G_1' = g'$ et $\tilde{H} = \tilde{H}_1\circ(id,\tilde{\beta}\circ\tilde{\Pi})$,

(4.92) $\quad \tilde{R}_2 = \tilde{H}_{2*}((s_2\circ g',\ G_1',\ \tilde{\beta}\circ g')_*(L\times\Gamma\times\partial\Delta)\times S_2)$;

il en résulte que l'intégrale partielle

(4.93) $\quad <\tilde{R}_2|\Pi_1|\tilde{\Phi}\wedge\Pi_2^*\alpha>$

(où α est de type $(0,q)$) est définie et égale à

$$<L\times\Gamma\times\partial\Delta|P_1|(s_2\circ g',\ \tilde{\beta}\circ g',\ G_1')^*\tilde{\Phi}_{[2]} \wedge g'^* p_2^*\alpha>$$

(on applique le théorème 1, chap.I: $\int_{S_2}\tilde{H}_2^*\tilde{\Phi} = -\tilde{\Phi}_{[2]}$) et, par le même raisonnement que dans la démonstration du lemme 4.5, égale à

$$\frac{1}{2}<L\times\Gamma\times\partial\Delta|p_1|(s_2\circ\delta_2\circ\hat{g},\ \tilde{\beta}\circ\delta_2\circ\hat{g},\ G_1'\circ\delta_1)^*\tilde{\Phi}_{[2]} \wedge (p_2\circ\delta_2\circ\hat{g})^*\alpha> .$$

Soient $\hat{\chi}_0$ et $\hat{\Theta}_0$ les formes différentielles, définies respectivement sur $L\times\Sigma\times\partial\Delta$ et $L\times\Gamma\times\partial\Delta$ par

(4.94) $\quad \hat{\chi}_0 = \delta_2^*\chi_0$,

(4.95) $\quad \hat{\Theta}_0 = \hat{g}^*\hat{\chi}_0$;

on a alors

$$(s_2\circ\delta_2\circ\hat{g},\ \tilde{\beta}\circ\delta_2\circ\hat{g},\ G_1'\circ\delta_1)^*\tilde{\Phi}_{[2]} = \hat{\Theta}_2\wedge\hat{\Theta}_0\wedge\Theta_1\wedge\sum_{k=0}^{n-3}(d\Theta_1)^k\wedge(d\hat{\Theta}_0)^{n-3-k} ;$$

appliquant le raisonnement fait dans la démonstration du lemme 4.5, on trouve que l'intégrale partielle (4.93) est égale à

$$\frac{1}{2} <L\times\Sigma\times\partial\Delta|p_1|\gamma> ,$$

où

$$(4.96) \qquad \gamma = \hat{\chi}_2\wedge\hat{\chi}_0\wedge(p_2\circ\delta_2)^* w^*\alpha \wedge \sum_{k=0}^{n-3} (d\hat{\chi}_0)^{n-3-k} \wedge <L\times\Gamma\times\partial\Delta|\hat{g}|\Theta_1\wedge(d\Theta_1)^k> .$$

La composante de type $(0,q-1)$en t de γ est contenu dans

$$(4.97) \qquad \gamma' = \hat{\chi}_2\wedge\hat{\chi}_0\wedge(p_2\circ\delta_2)^* w^*\alpha \wedge \sum_{k=0}^{n-3} (d\hat{\chi}_0)^{n-3-k} \wedge <L\times\Gamma\times\partial\Delta|\hat{g}|\Theta_1'\wedge(d\Theta_1')^k> .$$

Nous allons montrer que l'on a

$$(4.98) \qquad <L\times\Gamma\times\partial\Delta|\hat{g}|\Theta_1'\wedge(d\Theta_1')^k> = 0 \quad (0\leqslant k\leqslant n-3) ,$$

ce qui achèvera la démonstration du lemme 4.9. Rappelons que l'on a (démonstration du lemme 4.6)

$$h^*\Theta_1' = \frac{\bar{\lambda}d\lambda-i(y,dx)}{2i\pi(1-\bar{\lambda}(t,x)+i\bar{\lambda}(t,y))} ,$$

$$h^*(\Theta_1'\wedge(d\Theta_1')^k) = \frac{(\bar{\lambda}d\lambda-i(y,dx))\wedge(i(dx,dy))^k}{(2i\pi(1-\bar{\lambda}(t,x))+i\bar{\lambda}(t,y))^{k+1}}$$

et

$$<L\times\Gamma\times\partial\Delta|\hat{g}|\Theta_1'\wedge(d\Theta_1')^k> = \int_{y\in\Sigma_x'} h^*(\Theta_1'\wedge(d\Theta_1')^k) ;$$

or les formes différentielles à intégrer dans cette dernière intégrale sont de degré au plus égal à $k\leqslant n-3$ en y ; elle est donc nulle, Σ_x' étant de dimension $n-2$.

THEOREME 6. <u>Soit</u> α <u>une forme différentielle de classe</u> C^1 <u>et de type</u> $(0,q)$ <u>définie au voisinage de</u> $\bar{L}$. <u>On a alors la relation intégrale, valide pour tout</u> $t\in L$:

1) <u>si</u> $q = 0$:

$$(4.99) \qquad \alpha(t) = \int_{(\lambda,x)\in\partial\Delta\times\Sigma} \hat{K}_2(t,\lambda,x)\alpha(\lambda x) + \int_{z\in L} K^{0,0}(t,z)\wedge\bar{\partial}\alpha(z)$$
$$+ \int_{z\in\partial_1 L} K_{01}^{0,0}(t,z)\wedge\bar{\partial}\alpha(z) ,$$

2) <u>si</u> $0 < q \leqslant n$:

$$(4.100) \qquad \alpha(t) = \int_{z\in L} K^{0,q}(t,z)\wedge\bar{\partial}w^*\alpha(z) + \int_{z\in\partial_1 L} K_{01}^{0,q}(t,z)\wedge\bar{\partial}w^*\alpha(z)$$
$$+ \bar{\partial}\Big(\int_{z\in L} K^{0,q-1}(t,z)\wedge w^*\alpha(z) + \int_{z\in\partial_1 L} K_{01}^{0,q-1}(t,z)\wedge w^*\alpha(z)\Big) ,$$

<u>où</u> $\partial_1 L$ <u>est orienté comme bord de</u> L , $\partial\Delta\times\Sigma$ <u>orienté par</u> $\frac{d\lambda}{2i\pi\lambda}\wedge\omega'(x)$,

$$(4.101) \qquad \hat{K}_2(t,\lambda,x) = \frac{d\lambda}{2i\pi\lambda}\wedge\frac{1}{2}\frac{\Gamma(n/2)}{\pi^{n/2}}\omega'(x)\,(\sigma(x-\bar{\lambda}t))^{-n/2} ,$$

$K^{0,q}$ est la composante de type (0,q) en t , (n, n-q-1) en z du noyau de Bochner-Martinelli-Koppelman

$$K^{0,q}(t,z) = (2i\pi)^{-n}\binom{n-1}{q}\tilde{\rho}^{-n}\, \partial_z\tilde{\rho} \wedge (\bar{\partial}_t\partial_z\tilde{\rho})^q \wedge (\bar{\partial}\partial\rho(z))^{n-1-q}$$

et $K_{01}^{0,q}$ est le noyau de type (0,q) en t , (n, n-q-2) en z défini par

$$K_{01}^{0,q}(t,z) = (2i\pi)^{-n}\, \partial_z\tilde{\rho} \wedge \frac{\partial F(z)}{2} \wedge (\bar{\partial}_t\partial_z\tilde{\rho})^q$$

$$\wedge \sum_{r=q}^{n-2} \binom{r}{q} \frac{(\bar{\partial}\partial\rho(z))^{r-q} \wedge \left(\frac{\bar{\partial}\partial F(z)}{2}\right)^{n-2-r}}{\tilde{\rho}^{r+1}\, F_1^{n-1-r}} ,$$

avec $\tilde{\rho}(t,z) = \rho(z-t)$, $F = 2\rho-\sigma\bar{\sigma}$, $F_1 = (\bar{z}-\bar{\sigma}(z)z,\ z-t)$.

Il suffit d'appliquer les lemmes 4.4, 4.5, 4.6 et 4.9 au calcul des différents termes de la relation (4.41). L'expression explicite de $K^{0,q}$ et $K_{01}^{0,q}$ a été calculée dans les relations (1.38) et (4.60). Pour l'expression (4.101) de $\hat{K}_2$, on a effectué un changement de signe par rapport au résultat (4.83) du lemme 4.6; il suffit de modifier de façon correspondante l'orientation de $\partial\Delta\times\Sigma$; en appliquant la relation (4.99) à $\alpha \equiv 1$, $t = 0$, on voit que $\partial\Delta\times\Sigma$ doit alors être orienté par $\frac{d\lambda}{2i\pi\lambda} \wedge \omega'(x)$.

REMARQUE 6. Si α est une fonction holomorphe au voisinage de $\bar{L}$, la relation (4.99) s'écrit

(4.102) $\quad \alpha(t) = \int_{(\lambda,x)\in\partial\Delta\times\Sigma} \hat{K}_2(t,\lambda,x)\alpha(\lambda x)$.

C'est la formule intégrale de Cauchy-Hua pour les sphères de Lie (cf. HUA [14], formule (7.4.6));les relations (4.99) et (4.100) sont donc les formules d'homotopie pour l'opérateur $\bar{\partial}$, associées à la formule de Cauchy-Hua pour les sphères de Lie .

§5. FORMULES INTEGRALES POUR LE DOMAINE SYMETRIQUE EXCEPTIONNEL DE DIMENSION 16.

Les algèbres d'octonions.

On désigne par $\mathcal{O}$ l'algèbre des octonions à coefficients dans $\mathbb{C}$; celle-ci est caractérisée comme étant, à isomorphisme près, la seule algèbre de composition de dimension 8 sur $\mathbb{C}$, ce qui signifie que $\mathcal{O}$ est un espace vectoriel, de dimension 8 sur $\mathbb{C}$, muni d'une forme quadratique non-dégénérée σ et d'un produit bilinéaire $(u,v)\mapsto uv$, à élément unité $e_o = 1$, tels que la forme σ soit multiplicative:

(5.1) $\quad \sigma(uv) = \sigma(u)\sigma(v) \quad (u,v \in \mathcal{O})$;

la forme σ est appelée norme de Cayley de l'algèbre $\mathcal{O}$. L'algèbre $\mathcal{O}$ est alternative, i.e. vérifie les identités

(5.2) $\quad (uv)v = uv^2, \quad u(uv) = u^2v, \quad u(vu) = (uv)u \quad (u,v \in \mathcal{O})$,

mais n'est ni associative, ni commutative; elle est munie d'un anti-automorphisme $u\mapsto\tilde{u}$, appelé conjugaison de Cayley, lié à la norme de Cayley par l'identité

(5.3) $\quad \sigma(u) = u\tilde{u} = \tilde{u}u \quad (u \in \mathcal{O})$

(on identifie, ici et dans la suite, $\mathbb{C}$ à la sous-algèbre $\mathbb{C}1$ de $\mathcal{O}$ par $\lambda\mapsto\lambda.1$ $(\lambda\in\mathbb{C})$). L'algèbre des octonions à coefficients complexes possède deux formes réelles, i.e. peut être considérée comme la complexifiée de l'une des deux algèbres de composition de dimension 8 sur $\mathbb{R}$:

l'algèbre compacte (à division) $\mathcal{O}_c$, dont la norme σ est une forme quadratique définie-positive sur $\mathbb{R}$;

l'algèbre scindée (à diviseurs de zéro) $\mathcal{O}_s$, dont la norme σ est une forme quadratique de signature (4,4) sur $\mathbb{R}$.

Dans ce qui suit, nous considérerons $\mathcal{O}$ comme la complexifiée $\mathcal{O} = \mathbb{C}\otimes_{\mathbb{R}}\mathcal{O}_c$ de sa forme réelle compacte $\mathcal{O}_c$ et nous désignerons par $u\mapsto\bar{u}$ la conjugaison complexe de $\mathcal{O}$ par rapport à $\mathcal{O}_c$, définie par $\lambda\otimes x = \lambda x\mapsto\bar{\lambda}x \quad (\lambda\in\mathbb{C},\ x\in\mathcal{O}_c)$.

On obtient un modèle de la situation précédente en prenant pour $\mathcal{O}$ le $\mathbb{C}$-espace vectoriel de base $(e_j)_{0\leqslant j\leqslant 7}$, avec $e_o = 1$ et le produit bilinéaire décrit par la table de multiplication

1	e_1	e_2	e_3	e_4	e_5	e_6	e_7
e_1	-1	e_3	$-e_2$	e_5	$-e_4$	$-e_7$	e_6
e_2	$-e_3$	-1	e_1	e_6	e_7	$-e_4$	$-e_5$
e_3	e_2	$-e_1$	-1	e_7	$-e_6$	e_5	$-e_4$
e_4	$-e_5$	$-e_6$	$-e_7$	-1	e_1	e_2	e_3
e_5	e_4	$-e_7$	e_6	$-e_1$	-1	$-e_3$	e_2
e_6	e_7	e_4	$-e_5$	$-e_2$	e_3	-1	$-e_1$
e_7	$-e_6$	e_5	e_4	$-e_3$	$-e_2$	e_1	-1

que l'on peut résumer par le diagramme

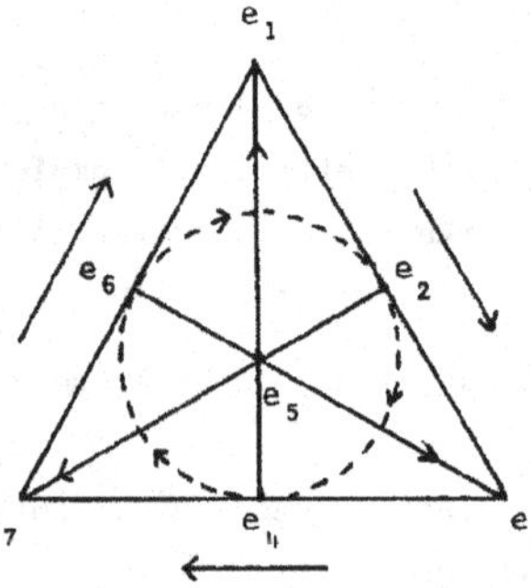

où les cycles $(e_1 e_2 e_3)$, $(e_3 e_4 e_7)$, $(e_7 e_6 e_1)$, $(e_6 e_2 e_4)$, $(e_4 e_5 e_1)$, $(e_6 e_5 e_3)$ et $(e_2 e_5 e_7)$ correspondent aux sous-algèbres de quaternions engendrées par deux éléments e_j $(1 \leq j \leq 7)$; $\mathcal{O}_c$ est alors la sous-algèbre réelle engendrée par $\{e_j;\ 0 \leq j \leq 7\}$.

Si $u = u^0 + \sum_1^7 u^j e_j \in \mathcal{O}$, son conjugué de Cayley est

(5.4) $$\tilde{u} = u^0 - \sum_1^7 u^j e_j ,$$

tandis que son conjugué complexe est

(5.5) $$\bar{u} = \bar{u}^0 + \sum_1^7 \bar{u}^j e_j .$$

La sous-algèbre réelle de $\mathcal{O}$ engendrée par $\{1, e_1, e_2, e_3, ie_4, ie_5, ie_6, ie_7\}$ fournit un modèle de l'algèbre réelle scindée $\mathcal{O}_s$.

Nous noterons (:) la forme $\underline{\underline{C}}$-bilinéaire symétrique associée à la norme de Cayley σ:

(5.6) $(u:v) = \frac{1}{2}(u\tilde{v}+\tilde{u}v) \quad (u,v\in \mathcal{O})$

et ρ la forme hermitienne (définie-positive) associée à σ et à la conjugaison complexe:

(5.7) $\rho(u) = (u:\bar{u}) \quad (u\in\mathcal{O})$;

on a les relations

(5.8) $\sigma(\tilde{u}) = \sigma(u),\ \sigma(\bar{u}) = \overline{\sigma(u)}$,

(5.9) $\rho(\tilde{u}) = \rho(\bar{u}) = \rho(u)$;

si $u = \sum_0^7 u^j e_j$, on a $\sigma(u) = \sum_0^7 (u^j)^2$ et $\rho(u) = \sum_0^7 |u^j|^2$. Les identités suivantes résultent du fait que σ est multiplicative et non-dégénérée:

(5.10) $(au:av) = \sigma(a)(u:v) = (ua:va) \quad (a,u,v\in\mathcal{O})$,

(5.11) $2(a:b)(c:d) = (ac:bd) + (ad:bc) \quad (a,b,c,d\in\mathcal{O})$,

(5.12) $(au:v) = (u:\tilde{a}v),\ (ua:v) = (u:v\tilde{a}) \quad (a,u,v\in\mathcal{O})$,

(5.13) $(uv)\tilde{v} = \sigma(v)u,\ \tilde{u}(uv) = \sigma(u)v \quad (u,v\in\mathcal{O})$,

(5.14) $u^2 - 2(u:1)u + \sigma(u) = 0 \quad (u\in\mathcal{O})$.

Cette dernière relation montre que tout $u\in\mathcal{O}$ vérifie une équation du second degré à coefficients dans $\underline{\underline{C}}$; le nombre complexe $t(u) = 2(u:1)$ est appelé <u>trace</u> de u et vérifie notamment les relations $t(u) = t(\tilde{u}) = u+\tilde{u}$, $t(\bar{u}) = \overline{t(u)}$,

(5.15) $t(uv) = t(vu)$,

(5.16) $t((uv)w) = t(u(vw))$,

(5.17) $\frac{1}{2}t(u\tilde{v}) = (u:v) = (\tilde{u}:\tilde{v})$.

Dans l'algèbre de composition $\mathcal{O}$, on a encore les identités

(5.18) $2(a:b)x = \tilde{a}(bx) + \tilde{b}(ax) = a(\tilde{b}x) + b(\tilde{a}x) = (xb)\tilde{a} + (xa)\tilde{b} = (x\tilde{b})a + (x\tilde{a})b$,

ainsi que les <u>identités de Moufang</u>

(5.19) $a(x(ay)) = (axa)y$,

(5.20) $((ya)x)a = y(axa)$,

(5.21) $(ax)(ya) = a(xy)a$,

où axa désigne la valeur commune de (ax)a et a(xa) (cf.(5.2)).

Pour toutes les propriétés ci-dessus, on pourra consulter R.D. SCHAFER [15] ou D. DRUCKER [16].

La relation (5.11), appliquée à $a = \bar{b} = u$, $c = \bar{d} = v$, entraîne l'identité

(5.22) $$2\rho(u)\rho(v) = \rho(uv) + \rho(u\bar{v}) ;$$

on en déduit l'inégalité

(5.23) $$\rho(uv) \leqslant 2\rho(u)\rho(v) \qquad (u,v \in \mathcal{O}) ;$$

celle-ci est la meilleure possible sur $\mathcal{O}$, car $\mathcal{O}$ contient des diviseurs de zéro; si $u \in \mathcal{O}$ et si θ est un octonion réel ($\theta \in \mathcal{O}_c$), on a $\rho(\theta u) = (\theta u : \theta\bar{u}) = \rho(\theta)\rho(u)$ d'après (5.10), c.à.d.

(5.24) $$\rho(\theta u) = \rho(u\theta) = \rho(\theta)\rho(u) \qquad (u \in \mathcal{O}, \theta \in \mathcal{O}_c) .$$

De (5.22), on déduit la relation

$$2\rho(uv)\rho(v) = \rho((uv)\tilde{v}) + \rho((uv)\bar{\tilde{v}}) ,$$

d'où, comme $(uv)\tilde{v} = \sigma(v)u$,

(5.25) $$\rho((uv)\bar{\tilde{v}}) = 2\rho(uv)\rho(u) - |\sigma(v)|^2\rho(u) .$$

La proposition suivante précise la position relative des diviseurs de zéro dans $\mathcal{O}$.

PROPOSITION 5.1. *Pour que* $u \in \mathcal{O}$ *soit diviseur de zéro dans* $\mathcal{O}$, *il faut et il suffit que l'on ait* $\sigma(u) = 0$. *Si* u *est un diviseur de zéro* ($u \neq 0$), *les suites*

(5.26) $$\mathcal{O} \xrightarrow{L_u} \mathcal{O} \xrightarrow{L_{\tilde{u}}} \mathcal{O} \xrightarrow{L_u} \mathcal{O}$$

et

(5.27) $$\mathcal{O} \xrightarrow{R_u} \mathcal{O} \xrightarrow{R_{\tilde{u}}} \mathcal{O} \xrightarrow{R_u} \mathcal{O}$$

(*où* L_u, R_u *désignent les multiplications à gauche et à droite par* u) *sont exactes; le noyau de* L_u (*resp. de* R_u) *est un espace vectoriel de dimension complexe* 4; *une solution* v *de l'équation* $uv = 0$ *s'écrit d'une manière unique*

(5.28) $$v = \tilde{u}t, \text{ avec } \tilde{u}\bar{t} = 0 ;$$

elle s'écrit aussi d'une manière unique

(5.29) $$v = \tilde{u}\theta \qquad (\theta \in \mathcal{O}_c) .$$

Démonstration. Si $\sigma(u) = 0$, on a $u\tilde{u} = \tilde{u}u = 0$; donc, si $u \neq 0$ et $\sigma(u) = 0$, u est un diviseur de zéro (à gauche et à droite).

Soit $u \neq 0$ tel que $\sigma(u) = 0$, on a alors, pour tout $t \in \mathcal{O}$, $u(\tilde{u}t) = \tilde{u}(ut) = \sigma(u)t = 0$, ce qui montre que la suite (5.26) est nulle. Si $\tilde{u}t = 0$, la relation (5.22) montre que l'on a alors $\rho(ut) = 2\rho(u)\rho(t)$; la restriction de L_u à $\operatorname{Ker} L_{\bar{u}}$ est donc injective; $\operatorname{Ker} L_{\bar{u}} = \overline{\operatorname{Ker} L_u}$ a même dimension réelle, donc même dimension complexe, que $\operatorname{Ker} L_u$; on a donc $\dim \operatorname{Im} L_u \geqslant \dim \operatorname{Ker} L_u$. La nullité de la suite (5.26) entraîne alors

$$\dim \operatorname{Im} L_u \geqslant \dim \operatorname{Ker} L_u \geqslant \dim \operatorname{Im} L_{\tilde{u}} \geqslant \dim \operatorname{Ker} L_{\tilde{u}} \geqslant \dim \operatorname{Im} L_u ,$$

d'où $\dim_{\mathbb{C}} \operatorname{Ker} L_u = \dim_{\mathbb{C}} \operatorname{Im} L_u = \dim_{\mathbb{C}} \operatorname{Ker} L_{\tilde{u}} = \dim_{\mathbb{C}} \operatorname{Im} L_{\tilde{u}} = 4$; on en déduit que la suite (5.26) est exacte et que toute solution v de $uv = 0$ s'écrit d'une manière unique sous la forme (5.28). Si $\theta \in \mathcal{O}_c$, on a $\rho(\tilde{u}\theta) = \rho(u)\rho(\theta)$, ce qui montre que la restriction de $L_{\tilde{u}}$ à $\mathcal{O}_c$ est également injective; l'image de $\mathcal{O}_c$ par $L_{\tilde{u}}$ est de dimension réelle 8; elle est donc égale à $\operatorname{Im} L_{\tilde{u}}$, et (5.29) fournit également un paramétrage des solutions de l'équation $uv = 0$.

Enfin, si $uv = 0$, $u \neq 0$, $v \neq 0$, on a $0 = \sigma(uv) = \sigma(u)\sigma(v)$, d'où $\sigma(u) = 0$ ou $\sigma(v) = 0$; si $\sigma(u) = 0$, on a $v = \tilde{u}t$, d'où $\sigma(v) = \sigma(u)\sigma(t) = 0$; si $\sigma(v) = 0$, on a $\tilde{v}\tilde{u} = 0$, d'où $\tilde{u} = vt$ et $\sigma(u) = 0$.

COROLLAIRE 5.2. Dans $\underline{\underline{P}}_{15}(\underline{\underline{C}}) \simeq \underline{\underline{P}}(\mathcal{O}\oplus\mathcal{O})$, les directions complexes $[u,v]$ des couples $(u,v) \in \mathcal{O}\oplus\mathcal{O}$, vérifiant

$$uv = 0, \quad \sigma(u) = 0, \quad \sigma(v) = 0$$

forment une variété analytique complexe (régulière) D de dimension 10.

En effet, au voisinage d'un point (u_0, v_0), où $u_0 \neq 0$, D se projette sur l'hypersurface régulière $\{u;\sigma(u)=0\}$; lorsque u est fixé $(u \neq 0,\ \sigma(u) = 0)$, l'ensemble $\{v; uv = 0\}$ est un plan de codimension 4. Donc D est une variété de codimension 5 dans $\underline{\underline{P}}_{15}(\underline{\underline{C}})$.

Le domaine hermitien symétrique exceptionnel de dimension 16.

On considère, dans $\mathcal{O}\oplus\mathcal{O} \simeq \underline{\underline{C}}^{16}$, la fonction G, à valeurs réelles, définie par

$$G(u,v) = 2(\rho(u) + \rho(v)) - |\sigma(u)|^2 - |\sigma(v)|^2 - 2\rho(uv) . \tag{5.30}$$

La réalisation de Harish-Chandra du domaine hermitien symétrique (non compact) exceptionnel de dimension 16 s'identifie, d'après D. DRUCKER [17], à

$$\Omega_{16} = \{(u,v) \in \mathcal{O}\oplus\mathcal{O};\ G<1,\ \rho<1\}, \tag{5.31}$$

où $\rho : \mathcal{O}\oplus\mathcal{O} \to \underline{\underline{R}}$ est définie par $\rho(u,v) = \rho(u) + \rho(v)$. La différentielle de G est $dG = \partial G + \bar{\partial} G$, avec

$$\tfrac{1}{2}\partial G = (\bar{u}:du) + (\bar{v}:dv) - \bar{\sigma}(u)(u:du) - \bar{\sigma}(v)(v:dv) - (\overline{uv}:(du)v + u(dv));$$

compte tenu des relations (5.12), on a donc

$$\partial G = \left(\frac{\partial G}{\partial u} : du\right) + \left(\frac{\partial G}{\partial v} : dv\right) ,$$

où $\frac{\partial G}{\partial u}, \frac{\partial G}{\partial v}$ sont les fonctions à valeurs dans $\mathcal{O}$ définies par

$$(5.32) \qquad \frac{1}{2}\frac{\partial G}{\partial u} = \bar{u} - \bar{\sigma}(u)u - (\bar{u}\bar{v})\tilde{v}, \quad \frac{1}{2}\frac{\partial G}{\partial v} = \bar{v} - \bar{\sigma}(v)v - \tilde{u}(\bar{u}\bar{v}) ;$$

comme G est à valeurs réelles, on a $\bar{\partial} G = \left(\frac{\partial G}{\partial \bar{u}} : d\bar{u}\right) + \left(\frac{\partial G}{\partial \bar{v}} : d\bar{v}\right)$, où $\frac{\partial G}{\partial \bar{u}}$ et $\frac{\partial G}{\partial \bar{v}}$ sont conjuguées complexes de $\frac{\partial G}{\partial u}$ et $\frac{\partial G}{\partial v}$. On désignera dans la suite par γ_1 et γ_2 les fonctions définies par

$$(5.33) \qquad \gamma_1 = \frac{1}{2}\frac{\partial G}{\partial \bar{u}} = u - \sigma(u)\bar{u} - (uv)\tilde{\bar{v}}, \quad \gamma_2 = \frac{1}{2}\frac{\partial G}{\partial \bar{v}} = v - \sigma(v)\bar{v} - \tilde{\bar{u}}(uv) .$$

LEMME 5.3. <u>On a les identités (dans</u> $\mathcal{O} \oplus \mathcal{O}$)

$$(5.34) \qquad G(u,v) = \rho(u) + \rho(v) + (\gamma_1 : \bar{u}) + (\gamma_2 : \bar{v}) ,$$

$$(5.35) \qquad \rho(\gamma_1) + \rho(\gamma_2) = 2G - 3\rho + 2\rho^2 - \rho G ,$$

$$(5.36) \qquad \sigma(\gamma_1) = \sigma(u)(1-G), \quad \sigma(\gamma_2) = \sigma(v)(1-G)$$

$$(5.37) \qquad \gamma_1\gamma_2 = uv(1-G).$$

<u>Démonstration</u>. On a

$$(\gamma_1 : \bar{u}) = (u : \bar{u}) - \sigma(u)(\bar{u} : \bar{u}) - ((uv)\tilde{\bar{v}} : \bar{u}) = \rho(u) - |\sigma(u)|^2 - \rho(uv);$$

de même,

$$(\gamma_2 : \bar{v}) = \rho(v) - |\sigma(v)|^2 - \rho(uv);$$

la relation (5.34) en résulte immédiatement. On a ensuite

$$\begin{aligned} \rho(\gamma_1) &= (\bar{u} - \bar{\sigma}(u)u - (\bar{u}\bar{v})\tilde{v} : u - \sigma(u)\bar{u} - (uv)\tilde{\bar{v}}) \\ &= (\bar{u} : u) - \bar{\sigma}(u)(u : u) - (\bar{u}\bar{v} : uv) - \sigma(u)(\bar{u} : \bar{u}) \\ &\quad + |\sigma(u)|^2(u : \bar{u}) + \sigma(u)(\bar{u}\bar{v} : \bar{u}v) - (\bar{u}\bar{v} : uv) \\ &\quad + \bar{\sigma}(u)(u\bar{v} : uv) + ((\bar{u}\bar{v})\tilde{v} : (uv)\tilde{\bar{v}}) \\ &= \rho(u) - 2|\sigma(u)|^2 - 2\rho(uv) + |\sigma(u)|^2\rho(u) + 2|\sigma(u)|^2\rho(v) + \rho((uv)\tilde{\bar{v}}) \end{aligned}$$

et, compte-tenu de la relation

$$(5.25) \qquad \rho((uv)\tilde{\bar{v}}) = 2\rho(uv)\rho(v) - |\sigma(v)|^2\rho(u),$$

$$\begin{aligned} \rho(\gamma_1) &= \rho(u) - 2|\sigma(u)|^2 - 2\rho(uv) + (|\sigma(u)|^2 - |\sigma(v)|^2)\rho(u) \\ &\quad + 2|\sigma(u)|^2\rho(v) + 2\rho(uv)\rho(v) ; \end{aligned}$$

additionnant cette relation avec l'expression analogue pour $\rho(\gamma_2)$, il vient

$$\rho(\gamma_1)+\rho(\gamma_2) = \rho(u)+\rho(v)-2|\sigma(u)|^2-2|\sigma(v)|^2-4\rho(uv)$$
$$+(\rho(u)+\rho(v))(|\sigma(u)|^2+|\sigma(v)|^2+2\rho(uv))$$
$$= 2G-3\rho+\rho(2\rho-G),$$

d'où la relation (5.35). On a également

$$\sigma(\gamma_1) = (u-\sigma(u)\bar{u}-(uv)\tilde{\bar{v}} : u-\sigma(u)\bar{u}-(uv)\tilde{\bar{v}})$$
$$= \sigma(u)+\sigma^2(u)\sigma(\bar{u})+\sigma((uv)\tilde{\bar{v}})-2\sigma(u)\rho(u)-2(uv : u\bar{v})+2\sigma(u)(\bar{u}\bar{v} : uv)$$
$$= \sigma(u)(1+|\sigma(u)|^2+|\sigma(v)|^2-2\rho(u)-2\rho(v)+2\rho(uv)) = \sigma(u)(1-G),$$

d'où les relations (5.36). On a enfin

$$\gamma_1\gamma_2 = (u-\sigma(u)\bar{u}-(uv)\tilde{\bar{v}})(v-\sigma(v)\bar{v}-\tilde{\bar{u}}(uv))$$
$$= uv-\sigma(v)u\bar{v}-u(\tilde{\bar{u}}(uv))-\sigma(u)\bar{u}v+\sigma(uv)\bar{u}\bar{v}$$
$$+\sigma(u)\bar{u}(\tilde{\bar{u}}(uv))-((uv)\tilde{\bar{v}})v+\sigma(v)((uv)\tilde{\bar{v}})\bar{v}+((uv)\tilde{\bar{v}})(\tilde{\bar{u}}(uv));$$

par les relations (5.13), on a

$$\bar{u}(\tilde{\bar{u}}(uv)) = \sigma(\bar{u})uv, \quad ((uv)\tilde{\bar{v}})\bar{v} = \sigma(\bar{v})uv ;$$

par les identités de Moufang (5.19) et (5.20), on a

$$u(\tilde{\bar{u}}(uv)) = (u\tilde{\bar{u}}u)v, \quad ((uv)\tilde{\bar{v}})v = u(v\tilde{\bar{v}}v);$$

l'identité(5.18): $2(a:b)x = a(\tilde{b}x)+b(\tilde{a}x)$, appliquée à $a=\bar{b}=x$, donne

$$2\rho(x)x = x\tilde{\bar{x}}x+\sigma(x)\bar{x}; \tag{5.38}$$

on en déduit les égalités $u(\tilde{\bar{u}}(uv)) = 2\rho(u)uv-\sigma(u)\bar{u}v$, $((uv)\tilde{\bar{v}})v = 2\rho(v)uv-\sigma(v)u\bar{v}$;
l'identité de Moufang (5.21) entraîne

$$((uv)\tilde{\bar{v}})(\tilde{\bar{u}}(uv)) = (uv)(\tilde{\bar{v}}\tilde{\bar{u}})(uv) = (uv)\widetilde{\overline{(uv)}}(uv) = 2\rho(uv)uv-\sigma(uv)\bar{u}\bar{v} ;$$

en reportant les identités ci-dessus dans l'expression de $\gamma_1\gamma_2$, on obtient

$$\gamma_1\gamma_2 = uv-2\rho(u)uv+|\sigma(u)|^2uv-2\rho(v)uv+|\sigma(v)|^2uv+2\rho(uv)uv = uv(1-G).$$

PROPOSITION 5.4. *La frontière* $b\Omega_{16}$ *de* Ω_{16} *est réunion disjointe de l'hypersurface régulière*

$$\partial_1\Omega_{16} = \{G=1, \rho<1\}$$

et de

$$\partial_2\Omega_{16} = \{G=\rho=1\}.$$

Les identités suivantes ont lieu sur la frontière $b\Omega_{16}$:

(5.39) $(\gamma_1 : \bar{u}) + (\gamma_2 : \bar{v}) = 1 - \rho(u) - \rho(v)$,

(5.40) $\rho(\gamma_1) + \rho(\gamma_2) = 2(1-\rho)^2$,

(5.41) $\sigma(\gamma_1) = \sigma(\gamma_2) = 0$, $\gamma_1\gamma_2 = 0$.

En effet, si $G = 1$ et $dG = 0$, on a $\rho = 1$ d'après (5.34); inversement, si $G = \rho = 1$, on a $\gamma_1 = \gamma_2 = 0$ d'après (5.35), d'où $dG = 0$. La partie $\partial_1\Omega_{16} = \{G=1, \rho<1\}$ est donc telle que $dG \neq 0$ en tout point. Les points de la frontière qui ne sont pas dans $\partial_1\Omega_{16}$ vérifient $\rho = 1$, $G \leqslant 1$; mais $\rho = 1$ et la relations (5.35) entraînent $G = 1 + \rho(\gamma_1) + \rho(\gamma_2) \geqslant 1$, d'où $G = 1$; on a donc $b\Omega_{16} = \partial_1\Omega_{16} \cup \partial_2\Omega_{16}$. Il en résulte que $G = 1$ en tout point de $b\Omega_{16}$; les relations (5.39)-(5.41) sont alors des conséquences immédiates des relations (5.34)-(5.37) du lemme 5.3.

En vertu de la définition de G, on a, pour tout point (u,v) de $b\Omega_{16}$,

$$2(\rho(u) + \rho(v)) = 1 + |\sigma(u)|^2 + |\sigma(v)|^2 + 2\rho(uv) ;$$

les points de $b\Omega_{16}$ pour lesquels $\rho(u,v) = \rho(u) + \rho(v)$ est minimum sont les points de l'ensemble

(5.42) $\Gamma = \{\rho(u) + \rho(v) = \frac{1}{2},\ \sigma(u) = \sigma(v) = 0,\ uv = 0\}$.

PROPOSITION 5.5. <u>L'ensemble Γ est une sous-variété, de dimension réelle 21, de l'hypersurface</u> $\partial_1\Omega_{16}$; <u>l'application</u>

$$C : (u,v) \to (C_1, C_2) ,$$

<u>où</u> C_1 <u>et</u> C_2 <u>sont les fonctions définies sur</u> $\partial_1\Omega_{16}$ <u>par</u>

(5.43) $C_1 = \gamma_1 / 2(1-\rho)$, $C_2 = \gamma_2 / 2(1-\rho)$,

<u>est une rétraction de</u> $\partial_1\Omega_{16}$ <u>sur</u> Γ.

En effet, Γ est l'intersection de la sphère de centre 0 et de rayon $1/\sqrt{2}$ avec le cône $\hat{D} = \{\sigma(u) = \sigma(v) = 0,\ uv = 0\}$, qui est de dimension complexe 11 (corollaire 5.2). Si $(u,v) \in \partial_1\Omega_{16}$, le point (C_1, C_2) défini par les relations (5.43) apppartient à Γ en vertu des relations (5.40), (5.41); si, de plus, $(u,v) \in \Gamma$, on a $(C_1, C_2) = (\gamma_1, \gamma_2) = (u,v)$.

LEMME 5.6. <u>Les relations suivantes ont lieu sur</u> $\partial_1\Omega_{16}$:

(5.44) $\gamma_1 + \sigma(u)\bar{\gamma}_1 + (uv)\tilde{\bar{\gamma}}_2 = 2(1-\rho)u$,

(5.45) $\gamma_2 + \sigma(v)\bar{\gamma}_2 + \tilde{\bar{\gamma}}_1(uv) = 2(1-\rho)v$,

(5.46) $C_1 + \sigma(u)\bar{C}_1 + (uv)\tilde{\bar{C}}_2 = u$,

(5.47) $C_2 + \sigma(v)\bar{C}_2 + \tilde{\bar{C}}_1(uv) = v$.

Démonstration. On a (cf. les relations de définition (5.33))

$$\gamma_1 + \sigma(u)\bar{\gamma}_1 + (uv)\tilde{\bar{\gamma}}_2 = u - \sigma(u)\bar{u} - (uv)\tilde{\bar{v}} + \sigma(u)\bar{u} - |\sigma(u)|^2 u - \sigma(u)(\overline{uv})\tilde{v} + (uv)\tilde{\bar{v}} - |\sigma(v)|^2 u - (uv)((uv)^{\approx}u)$$
$$= u(1 - |\sigma(u)|^2 - |\sigma(v)|^2) - \sigma(u)(\overline{uv})\tilde{v} - (uv)((uv)^{\approx}u) ;$$

la relation (5.18), appliquée à $a = \bar{b} = uv$ et $x = u$, entraîne

$$2\rho(uv)u = 2(uv : \overline{uv})u = (uv)((\overline{uv})^{\sim}u) + (\overline{uv})((\tilde{v}\bar{u})u) ,$$

d'où

(5.48) $$2\rho(uv)u = \sigma(u)(\overline{uv})\tilde{v} + (uv)((uv)^{\approx}u) :$$

on a donc

(5.49) $$\gamma_1 + \sigma(u)\bar{\gamma}_1 + (uv)\tilde{\bar{\gamma}}_2 = u(1 - |\sigma(u)|^2 - |\sigma(v)|^2 - 2\rho(uv)) = u(1 + G - 2\rho) ;$$

on en déduit la relation (5.44), valide dès que $G = 1$ et la relation (5.46), valide pour $G = 1$, $\rho \neq 1$. On démontre de même la relation

(5.50) $$\gamma_2 + \sigma(v)\bar{\gamma}_2 + \tilde{\bar{\gamma}}_1(uv) = v(1 + G - 2\rho) ,$$

d'où on déduit, sous les mêmes conditions, les relations (5.45) et (5.47).

LEMME 5.7. *On a les relations*

(5.51) $$\tilde{\gamma}_1(uv) = \sigma(u)\gamma_2 , \quad (uv)\tilde{\gamma}_2 = \sigma(v)\gamma_1 \qquad (u,v \in \mathcal{O}) .$$

Si $(u,v) \in \partial_1\Omega_{16}$, *on a*

(5.52) $$u = C_1 + (\sigma(u) - \bar{\sigma}(v))\bar{C}_1 + (2\mathrm{Re}(uv))\tilde{\bar{C}}_2 ,$$

(5.53) $$v = C_2 + (\sigma(v) - \bar{\sigma}(u))\bar{C}_2 + \tilde{\bar{C}}_1(2\mathrm{Re}(uv)) .$$

Démonstration. On a en effet

$$\tilde{\gamma}_1(uv) = (\tilde{u} - \sigma(u)\tilde{\bar{u}} - \bar{v}(uv)^{\sim})(uv) = \sigma(u)v - \sigma(u)\tilde{\bar{u}}(uv) - \bar{v}\sigma(uv) = \sigma(u)\gamma_2 ;$$

on vérifie de même la deuxième relation (5.51). Des relations (5.51), on déduit immédiatement $\tilde{\bar{C}}_1(\overline{uv}) = \bar{\sigma}(u)\bar{C}_2$, $(\overline{uv})\tilde{\bar{C}}_2 = \bar{\sigma}(v)\bar{C}_1$; en reportant ces relations dans les relations (5.46), (5.47), on obtient les relations (5.52) et (5.53).

REMARQUE. Les relations (5.51) sont des systèmes d'équations aux dérivées partielles linéaires homogènes vérifiées par G; elles s'écrivent en effet

(5.54) $$\begin{aligned} &\left(\frac{\partial G}{\partial \bar{u}}\right)^{\sim}(uv) - \sigma(u)\frac{\partial G}{\partial \bar{v}} = 0 , \\ &\sigma(v)\frac{\partial G}{\partial \bar{u}} - (uv)\left(\frac{\partial G}{\partial \bar{v}}\right)^{\sim} = 0 . \end{aligned}$$

PROPOSITION 5.8. Soit B_{10} la boule-unité de $\underline{\underline{C}} \oplus \mathcal{O}_c \simeq \underline{\underline{R}}^{10}$:

$$B_{10} = \{(\lambda,\theta) \,;\, \lambda \in \underline{\underline{C}}, \theta \in \mathcal{O}_c, \lambda\bar{\lambda} + \theta\tilde{\theta} < 1\}.$$

L'application $g : \Gamma \times B_{10} \to \partial_1\Omega_{16}$ définie par

$$(5.55) \qquad (C_1,C_2,\lambda,\theta) \mapsto \begin{pmatrix} C_1+\lambda\bar{C}_1+\theta\tilde{\bar{C}}_2 \\ C_2-\bar{\lambda}\bar{C}_2+\tilde{\bar{C}}_1\theta \end{pmatrix} \qquad ((C_1,C_2) \in \Gamma, (\lambda,\theta) \in B_{10})$$

est un isomorphisme $\underline{\underline{R}}$-analytique, dont l'inverse est

$$(5.56) \qquad h : (u,v) \mapsto \left(\frac{\gamma_1}{2(1-\rho)}, \frac{\gamma_2}{2(1-\rho)}, \sigma(u) - \sigma(\bar{v}), 2\mathrm{Re}(uv)\right) \qquad ((u,v) \in \partial_1\Omega_{16}),$$

où γ_1,γ_2 sont définis par les relations (5.33). La partie régulière $\partial_1\Omega_{16}$ du bord de Ω_{16} est donc un fibré $\underline{\underline{R}}$-analytique trivial en boules affines:

$\partial_1\Omega_{16} = \bigcup_{C \in \Gamma} B(C)$, où

$$(5.57) \qquad B(C) = \{(C_1+\lambda\bar{C}_1+\theta\tilde{\bar{C}}_2, C_2-\bar{\lambda}\bar{C}_2+\tilde{\bar{C}}_1\theta) ; (\lambda,\theta) \in B_{10})\} \qquad (C = (C_1,C_2) \in \Gamma) ;$$

de plus, les boules affines $B(C)$ sont contenues dans des sous-variétés affines complexes $H(C)$, de dimension complexe 5, telles que $B(C) = H(C) \cap \{\rho<1\}$.

Démonstration. 1) Soit $(u,v) \in \partial_1\Omega_{16}$. Nous avons déjà vu (proposition 5.5) que le point (C_1,C_2) défini par $C_1 = \gamma_1 / 2(1-\rho)$, $C_2 = \gamma_2 / 2(1-\rho)$ appartient à Γ. Soit $\lambda = \sigma(u)-\sigma(\bar{v})$, $\theta = 2\mathrm{Re}(uv) = uv + \bar{u}\bar{v}$; on a alors

$$\begin{aligned} \lambda\bar{\lambda} + \theta\tilde{\theta} &= (\sigma(u) - \sigma(\bar{v}))(\sigma(\bar{u}) - \sigma(v)) + (uv + \bar{u}\bar{v} : uv + \bar{u}\bar{v}) \\ &= |\sigma(u)|^2 + |\sigma(v)|^2 + 2\rho(uv), \end{aligned}$$

d'où

$$(5.58) \qquad \lambda\bar{\lambda} + \theta\tilde{\theta} = 2\rho(u,v) - 1 \qquad ((u,v) \in \partial_1\Omega_{16}) ;$$

il en résulte que l'on a $\lambda\bar{\lambda} + \theta\tilde{\theta} < 1$ (puisque $\rho(u,v) < 1$) et $(\lambda,\theta) \in B_{10}$. Donc $h(\partial_1\Omega_{16}) \subset \Gamma \times B_{10}$. Les relations (5.52), (5.53) signifient que l'on a $g(h(u,v)) = (u,v)$ pour tout $(u,v) \in \partial_1\Omega_{16}$.

2) Soient $(C_1,C_2) \in \Gamma$, $(\lambda,\theta) \in B_{10}$; soient u,v définis par

$$(5.59) \qquad u = C_1 + \lambda\bar{C}_1 + \theta\tilde{\bar{C}}_2, \quad v = C_2 - \bar{\lambda}\bar{C}_2 + \tilde{\bar{C}}_1\theta.$$

On a alors, compte-tenu des relations $C_1C_2 = 0$, $\sigma(C_1) = \sigma(C_2) = 0$,

$$\begin{aligned} \rho(u) &= (C_1 + \lambda\bar{C}_1 + \theta\tilde{\bar{C}}_2 : \bar{C}_1 + \bar{\lambda}C_1 + \theta\tilde{C}_2) \\ &= \rho(C_1) + \lambda\bar{\lambda}\rho(C_1) + \lambda(C_1\bar{C}_2 : \theta) + \bar{\lambda}(C_1\bar{C}_2 : \theta) + \rho(\theta)\rho(C_2) \end{aligned}$$

et, de même,

$$\rho(v) = \rho(C_2) + \lambda\bar{\lambda}\rho(C_2) - \bar{\lambda}(C_1\bar{C}_2 : \theta) - \lambda(\bar{C}_1 C_2 : \theta) + \rho(\theta)\rho(C_1) ,$$

d'où on déduit, puisque $\rho(C_1) + \rho(C_2) = \frac{1}{2}$,

$$(5.60) \qquad \rho(u) + \rho(v) = \frac{1}{2}(1 + \lambda\bar{\lambda} + \rho(\theta)) .$$

On a ensuite les relations

$$(5.61) \qquad \sigma(u) = 2\lambda\rho(C_1) + 2(C_1\bar{C}_2 : \theta), \qquad \sigma(v) = -2\bar{\lambda}\rho(C_2) + 2(\bar{C}_1 C_2 : \theta) ,$$

d'où on déduit notamment

$$(5.62) \qquad \sigma(u) - \bar{\sigma}(v) = \lambda .$$

On a encore

$$uv = (C_1 + \lambda\bar{C}_1 + \theta\tilde{\bar{C}}_2)(C_2 - \bar{\lambda}\bar{C}_2 + \tilde{\bar{C}}_1\theta) ;$$

comme $\bar{C}_1(\tilde{\bar{C}}_1\theta) = \bar{\sigma}(C_1)\theta = 0$ et $(\theta\tilde{\bar{C}}_2)(\tilde{\bar{C}}_1\theta) = \theta(\tilde{\bar{C}}_2\tilde{\bar{C}}_1)\theta = 0$ (cf. l'identité de Moufang (5.21)), on a

$$(5.63) \qquad uv = \lambda\bar{C}_1 C_2 - \bar{\lambda}C_1\bar{C}_2 + C_1(\tilde{\bar{C}}_1\theta) + (\theta\tilde{\bar{C}}_2)C_2 ;$$

on en déduit

$$\bar{u}\bar{v} = \bar{\lambda}C_1\bar{C}_2 - \lambda\bar{C}_1 C_2 + \bar{C}_1(\tilde{C}_1\theta) + (\theta\tilde{C}_2)\bar{C}_2 ;$$

d'après (5.18),

$$C_1(\tilde{\bar{C}}_1\theta) + \bar{C}_1(\tilde{C}_1\theta) = 2\rho(C_1)\theta ,$$

$$(\theta\tilde{\bar{C}}_2)C_2 + (\theta\tilde{C}_2)\bar{C}_2 = 2\rho(C_2)\theta ;$$

on a finalement la relation

$$(5.64) \qquad uv + \bar{u}\bar{v} = \theta .$$

La relation (déjà utilisée pour montrer (5.58))

$$(5.65) \qquad (\sigma(u) - \sigma(\bar{v}))(\sigma(\bar{u}) - \sigma(v)) + (uv + \bar{u}\bar{v} : uv + \bar{u}\bar{v}) = |\sigma(u)|^2 + |\sigma(v)|^2 + 2\rho(uv) ,$$

jointe à (5.62) et (5.64), entraîne

$$(5.66) \qquad |\sigma(u)|^2 + |\sigma(v)|^2 + 2\rho(uv) = \lambda\bar{\lambda} + \rho(\theta) ;$$

compte-tenu de (5.60), on a donc $G(u,v) = 1$; la relation (5.60) entraîne aussi $\rho(u) + \rho(v) < 1$; donc (u,v), défini par (5.59), appartient à $\partial_1\Omega_{16}$.

Calculons à présent, u et v étant toujours définis par les relations (5.59), l'expression

$$u - \sigma(u)\bar{u} - (uv)\tilde{\bar{v}} ;$$

compte-tenu de (5.63), on a

$$(uv)\tilde{\tilde{v}} = (\lambda\bar{C}_1C_2 - \bar{\lambda}C_1\bar{C}_2 + \bar{C}_1(\tilde{C}_1\theta) + (\theta\tilde{C}_2)\bar{C}_2)(\tilde{\bar{C}}_2 - \lambda\tilde{C}_2 + \tilde{\theta}C_1)$$

$$= \lambda(\bar{C}_1C_2)\tilde{\bar{C}}_2 + \lambda(\bar{C}_1C_2)(\tilde{\theta}C_1) + \lambda\bar{\lambda}(C_1\bar{C}_2)\tilde{C}_2$$

$$- \bar{\lambda}(C_1\bar{C}_2)(\tilde{\bar{\theta}}C_1) + (\bar{C}_1(\tilde{\bar{C}}_1\theta))\tilde{\bar{C}}_2 - \lambda(C_1(\tilde{\bar{C}}_1\theta))\tilde{C}_2$$

$$+ (C_1(\tilde{\bar{C}}_1\theta))(\tilde{\theta}C_1) + ((\theta\tilde{\bar{C}}_2)C_2)\tilde{\bar{C}}_2 + ((\theta\tilde{\bar{C}}_2)C_2)(\tilde{\bar{\theta}}C_1) ;$$

l'identité (5.18): $(xa)\tilde{\bar{b}} + (xb)\tilde{a} = 2(a:b)x$, appliquée à $x = \bar{C}_1$, $a = \bar{b} = C_2$, entraîne, compte tenu de $C_1C_2 = 0$,

$$(\bar{C}_1C_2)\tilde{\bar{C}}_2 = 2\rho(C_2)\bar{C}_1 ;$$

on a par ailleurs

$$\sigma(u)\bar{u} = 2(\lambda\rho(C_1) + (C_1\bar{C}_2:\theta))(\bar{C}_1 + \bar{\lambda}C_1 + \theta\tilde{C}_2) ,$$

d'où

$$(5.67) \qquad u - \sigma(u)\bar{u} - (uv)\tilde{\tilde{v}} =$$

$$= C_1 + \lambda(\bar{C}_1 - 2\rho(C_1)\bar{C}_1 - 2\rho(C_1)\theta\tilde{C}_2$$

$$- 2\rho(C_2)\bar{C}_1 - (\bar{C}_1C_2)(\tilde{\theta}C_1) + (C_1(\tilde{\bar{C}}_1\theta))\tilde{\bar{C}}_2)$$

$$+ \bar{\lambda}(-2(C_1\bar{C}_2:\theta)C_1 + (C_1\bar{C}_2)(\tilde{\theta}C_1))$$

$$- \lambda\bar{\lambda}(2\rho(C_1)C_1 + 2\rho(C_2)C_1)$$

$$+ \theta\tilde{\bar{C}}_2 - 2(C_1\bar{C}_2:\theta)\bar{C}_1 - (C_1(\tilde{\bar{C}}_1\theta))\tilde{\bar{C}}_2 - ((\theta\tilde{\bar{C}}_2)C_2)\tilde{\bar{C}}_2$$

$$- 2(C_1\bar{C}_2:\theta)(\theta\tilde{C}_2) - (C_1(\tilde{\bar{C}}_1\theta))(\tilde{\theta}C_1) - ((\theta\tilde{\bar{C}}_2)C_2)(\tilde{\theta}C_1) .$$

Appliquant l'identité (5.18), on a

$$(\bar{C}_1C_2)(\tilde{\theta}C_1) + (\bar{C}_1(\tilde{C}_1\theta))\tilde{C}_2 = 2(C_2:\tilde{C}_1\theta)\bar{C}_1 = 2(C_1C_2:\theta)\bar{C}_1 = 0 ,$$

d'où

$$(5.68) \qquad -(\bar{C}_1C_2)(\tilde{\theta}C_1) = (\bar{C}_1(\tilde{C}_1\theta))\tilde{C}_2 ;$$

compte-tenu de $2\rho(C_1)\theta = C_1(\tilde{\bar{C}}_1\theta) + \bar{C}_1(\tilde{C}_1\theta)$ (toujours par (5.18)), on a donc

$$-(\bar{C}_1C_2)(\tilde{\theta}C_1) + (C_1(\tilde{\bar{C}}_1\theta))\tilde{C}_2 = 2\rho(C_1)\theta\tilde{C}_2 ;$$

le coefficient de λ dans le second membre de (5.67) se réduit donc à $\bar{C}_1(1 - 2\rho(C_1) - 2\rho(C_2)) = 0$. On a, toujours d'après (5.18),

$$2(C_1\bar{C}_2:\theta)C_1 = (C_1\bar{C}_2)(\tilde{\bar{\theta}}C_1) + \theta((C_1\bar{C}_2)^{\sim}C_1) ;$$

or $(C_1\bar{C}_2)^{\sim}C_1 = (\tilde{\bar{C}}_2\tilde{C}_1)C_1 = \tilde{\bar{C}}_2\sigma(C_1) = 0$; donc

$$(5.69) \qquad 2(C_1\bar{C}_2:\theta)C_1 = (C_1\bar{C}_2)(\tilde{\bar{\theta}}C_1) ,$$

ce qui montre que le coefficient de $\bar{\lambda}$ dans le second membre de (5.67) est nul. On a, encore d'après (5.18),

$$2(C_1\bar{C}_2 : \theta)\bar{C}_1 = (C_1\bar{C}_2)(\tilde{\theta}\bar{C}_1) + \theta((\tilde{\bar{C}}_2\tilde{C}_1)\bar{C}_1) = (C_1\bar{C}_2)(\tilde{\theta}\bar{C}_1) + 2\rho(C_1)\theta\tilde{\tilde{C}}_2 ,$$

et, compte-tenu de (5.68),

$$2(C_1\bar{C}_2 : \theta)\bar{C}_1 + (C_1(\tilde{\tilde{C}}_1\theta))\tilde{\tilde{C}}_2 = 2\rho(C_1)\theta\tilde{\tilde{C}}_2 ;$$

d'autre part, l'identité de Moufang (5.20) entraîne

$$((\theta\tilde{\tilde{C}}_2)C_2)\tilde{\tilde{C}}_2 = \theta(\tilde{\tilde{C}}_2C_2\tilde{\tilde{C}}_2) = 2\rho(C_2)\theta\tilde{\tilde{C}}_2 ;$$

les termes linéaires en θ dans le second membre de (5.67) ont donc pour somme $\theta\tilde{\bar{C}}_2 - 2\rho(C_1)\theta\tilde{\tilde{C}}_2 - 2\rho(C_2)\theta\tilde{\tilde{C}}_2 = 0$. Appliquant encore l'identité (5.18), on a

$$(C_1(\tilde{\tilde{C}}_1\theta))(\tilde{\theta}C_1) + (C_1(\tilde{C}_1\theta))(\tilde{\theta}\bar{C}_1) = 2(\tilde{C}_1\theta : \tilde{\tilde{C}}_1\theta)C_1 ,$$

d'où

(5.70) $$(C_1(\tilde{\tilde{C}}_1\theta))(\tilde{\theta}C_1) = 2\rho(\theta)\rho(C_1)C_1 ;$$

on a également

$$2(C_1\bar{C}_2 : \theta)(\theta\tilde{C}_2) = 2(\bar{C}_2 : \tilde{C}_1\theta)(\theta\tilde{C}_2) = ((\theta\tilde{C}_2)\bar{C}_2)(\tilde{\theta}C_1) + ((\theta\tilde{C}_2)(\tilde{C}_1\theta))\tilde{\tilde{C}}_2 ;$$

d'après l'identité de Moufang (5.21), $(\theta\tilde{C}_2)(\tilde{C}_1\theta) = \theta(\tilde{C}_2\tilde{C}_1)\theta = 0$, d'où

(5.71) $$2(C_1\bar{C}_2 : \theta)(\theta\tilde{C}_2) = ((\theta\tilde{C}_2)\bar{C}_2)(\tilde{\theta}C_1) ;$$

on a alors

$$2(C_1\bar{C}_2 : \theta)(\theta\tilde{C}_2) + ((\theta\tilde{\tilde{C}}_2)C_2)(\tilde{\theta}C_1)$$

$$= (((\theta\tilde{C}_2)\bar{C}_2) + ((\theta\tilde{\tilde{C}}_2)C_2))(\tilde{\theta}C_1) = 2\rho(C_2)\theta(\tilde{\theta}C_1) = 2\rho(C_2)\rho(\theta)C_1 ;$$

on en déduit que la somme des termes quadratiques en θ dans le second membre de (5.67) est $-\rho(\theta)C_1$. On a finalement

(5.72) $$u - \sigma(u)\bar{u} - (uv)\tilde{\bar{v}} = (1 - \lambda\bar{\lambda} - \rho(\theta))C_1 ;$$

on montre de même la relation

(5.73) $$v - \sigma(v)\bar{v} - \tilde{\bar{u}}(uv) = (1 - \lambda\bar{\lambda} - \rho(\theta))C_2 .$$

Compte-tenu de la relation (5.60), les relations (5.72), (5.73), (5.62) et (5.64) montrent que $(h\circ g)(C_1,C_2,\lambda,\theta) = (C_1,C_2,\lambda,\theta)$.

3) On a ainsi montré que $\partial_1\Omega_{16}$ est réunion disjointe des boules affines $B(C)$, où C parcourt Γ. La boule $B(C)$ est, d'après (5.60), l'intersection de la boule unité $\{\rho < 1\}$ de $\mathcal{O}\oplus\mathcal{O}$ avec la sous-variété affine réelle, de dimension réelle 10,

$$H(C) = \{(C_1 + \lambda\bar{C}_1 + \theta\tilde{\bar{C}}_2, C_2 - \bar{\lambda}\bar{C}_2 + \tilde{\bar{C}}_1\theta ; \lambda \in \underline{\underline{C}}, \theta \in \mathcal{O}_c\} .$$

Pour montrer que H(C) est une sous-variété affine complexe, il suffit de montrer que si $(u,v) \in B(C)$, le point $(C_1 + i(u - C_1), C_2 + i(v - C_2))$ appartient également à B(C). Nous utiliseront à cet effet le lemme suivant.

LEMME 5.9. <u>Soient</u> $(u,v) \in \partial_1\Omega_{16}$, $(C_1,C_2) \in \Gamma$ <u>tels que</u> $(u,v) \in B(C)$. <u>On a alors les relations</u>

(5.74) $\quad (u - C_1 : \bar{C}_1) = 0 , \quad (v - C_2 : \bar{C}_2) = 0 ,$

(5.75) $\quad \sigma(u - C_1) = \sigma(v - C_2) = 0 ,$

(5.76) $\quad (u - C_1)(v - C_2) = 0 .$

En effet, on a

$$u = C_1 + \lambda\bar{C}_1 + \theta\tilde{\bar{C}}_2 , \quad v = C_2 - \bar{\lambda}\bar{C}_2 + \tilde{\bar{C}}_1\theta$$

avec $\lambda \in \underline{\underline{C}}$, $\theta \in \mathcal{O}_c$; on en déduit

$$(u - C_1 : \bar{C}_1) = (\lambda\bar{C}_1 + \theta\tilde{\bar{C}}_2 : \bar{C}_1) = \lambda\sigma(\bar{C}_1) + (\theta : \bar{C}_1\bar{C}_2) = 0 ,$$

et, de même, $(v - C_2 : \bar{C}_2) = 0$. On a ensuite

$$\sigma(u - C_1) = \sigma(\lambda\bar{C}_1 + \theta\tilde{\bar{C}}_2) = \lambda^2\sigma(\bar{C}_1) + 2\lambda(\bar{C}_1\bar{C}_2 : \theta) + \sigma(\theta)\sigma(\tilde{\bar{C}}_2) = 0 ,$$

ainsi que $\sigma(v - C_2) = 0$. Enfin,

$$(u - C_1)(v - C_2) = (\lambda\bar{C}_1 + \theta\tilde{\bar{C}}_2)(-\bar{\lambda}\bar{C}_2 + \tilde{\bar{C}}_1\theta)$$

$$= -\lambda\bar{\lambda}\bar{C}_1\bar{C}_2 - \bar{\lambda}(\theta\tilde{\bar{C}}_2)\bar{C}_2 + \lambda\bar{C}_1(\tilde{\bar{C}}_1\theta) + (\theta\tilde{\bar{C}}_2)(\tilde{\bar{C}}_1\theta) ;$$

les quatre termes du dernier membre sont nuls, compte-tenu de $C_1C_2 = 0$, $\sigma(C_1) = \sigma(C_2) = 0$, et de l'identité de Moufang (5.21) pour le dernier d'entre eux.

<u>Fin de la démonstration du théorème</u> 5.8. Soit $(u,v) \in \partial_1\Omega_{16}$ et soit (C_1,C_2) le point de Γ tel que $(u,v) \in B(C)$; soit (u',v') le point défini par

(5.77) $\quad u' = C_1 + i(u - C_1) , \quad v' = C_2 + i(v - C_2)$

Les relations (5.74) entraînent

$$\rho(u') = \rho(C_1) + \rho(u - C_1) = \rho(u) ,$$

$$\rho(v') = \rho(C_2) + \rho(v - C_2) = \rho(v) ;$$

les relations (5.75), jointes à $\sigma(C_1) = \sigma(C_2) = 0$, entraînent

$$\sigma(u') = 2i(C_1 : u - C_1) = i\sigma(u) ,$$

$$\sigma(v') = 2i(C_2 : v - C_2) = i\sigma(v) ;$$

enfin, la relation (5.76) et $C_1C_2 = 0$ entraînent

$$u'v' = iC_1(v-C_2) + i(u-C_1)C_2 = iuv ,$$

on a donc

(5.78) $\rho(u') = \rho(u),\ \rho(v') = \rho(v),\ \sigma(u') = i\sigma(u),\ \sigma(v') = i\sigma(v),\ u'v' = iuv,$

d'où on déduit $\rho(u') + \rho(v') = \rho(u) + \rho(v)$ et $G(u',v') = G(u,v)$, ce qui montre que $(u',v') \in \partial_1\Omega_{16}$. De (5.77) et (5.78), on déduit encore

$$u' - \sigma(u')\bar{u}' - (u'v')\tilde{\bar{v}}' = C_1 + i(u-C_1) - i\sigma(u)(\bar{C}_1 - i(\bar{u}-\bar{C}_1)) - iuv(\tilde{\bar{C}}_2 - i(\tilde{\bar{v}}-\tilde{\bar{C}}_2))$$

$$= u - \sigma(u)\bar{u} - (uv)\tilde{\bar{v}} + (i-1)(u - C_1 - \sigma(u)\bar{C}_1 - (uv)\tilde{\bar{C}}_2) ,$$

d'où, grâce à (5.46),

(5.79) $u' - \sigma(u')\bar{u}' - (u'v')\tilde{\bar{v}}' = u - \sigma(u)\bar{u} - (uv)\tilde{\bar{v}}$;

on démontre de même la relation

(5.80) $v' - \sigma(v')\bar{v}' - \tilde{\bar{u}}'(u'v') = v - \sigma(v)\bar{v} - \tilde{\bar{u}}(uv)$.

Les relations (5.79), (5.80) et $\rho(u') + \rho(v') = \rho(u) + \rho(v)$ montrent que $(u',v') \in B(C)$.

REMARQUE. La démonstration ci-dessus prouve en outre que l'application $g_1 : \Gamma \times B_{10} \to \partial_1\Omega_{16}$ définie par

(5.81) $g_1(C_1,C_2,\lambda,\theta) = (C_1 + \lambda\bar{C}_1 - i\theta\tilde{\bar{C}}_2, C_2 + \bar{\lambda}\bar{C}_2 - i\tilde{\bar{C}}_1\theta)$

est également une paramétrisation $\underline{\underline{R}}$-analytique de $\partial_1\Omega_{16}$, dont l'inverse est

(5.82) $h_1 : (u,v) \to (\frac{\gamma_1}{2(1-\rho)}, \frac{\gamma_2}{2(1-\rho)}, \sigma(u) + \sigma(\tilde{v}), i(uv - \bar{u}\bar{v}))$,

γ_1 et γ_2 étant toujours définis par les relations (5.33). Mais la paramétrisation g_1, pas plus que la paramétrisation g, ne permet de constater directement que les boules affines B(C) (C ∈ Γ) sont des boules affines-complexes.

Soit Σ_9 la sphère-unité de $\underline{\underline{C}} \oplus \mathcal{O}_c \simeq \underline{\underline{R}}^{10}$:

$$\Sigma_9 = \{(\lambda,\theta) ; \lambda \in \underline{\underline{C}},\ \theta \in \mathcal{O}_c ,\ \lambda\bar{\lambda} + \theta\bar{\theta} = 1\}.$$

La définition (5.55) de l'application g s'étend à $\Gamma \times \bar{B}_{10}$; nous désignerons par g' sa restriction à $\Gamma \times \Sigma_9$. Soient $C = (C_1,C_2) \in \Gamma$, $(\lambda,\theta) \in \Sigma_9$ et $(u,v) = g'(C_1,C_2,\lambda,\theta)$, i.e.

$$u = C_1 + \lambda\bar{C}_1 + \theta\tilde{\bar{C}}_2 ,\quad v = C_2 + \tilde{\bar{C}}_1\theta - \bar{\lambda}\bar{C}_2 ;$$

les relations (5.60) et (5.66) sont encore valides et entraînent, puisque $\lambda\bar{\lambda}+\theta\tilde{\theta}=1$,

$$\rho(u) + \rho(v) = 1, \quad |\sigma(u)|^2 + |\sigma(v)|^2 + 2\rho(uv) = 1 ,$$

ce qui montre que $G(u,v) = \rho(u,v) = 1$, autrement dit, que (u,v) apppartient à $\partial_2\Omega_{16}$.

Nous allons montrer dans la suite que $\partial_2\Omega_{16}$, qui est la partie singulière du bord de Ω_{16}, est une variété $\underline{\underline{R}}$-analytique de dimension 24 et que $g' : \Gamma\times\Sigma_9 \to \partial_2\Omega_{16}$ est un fibré $\underline{\underline{R}}$-analytique localement trivial dont les fibres sont des sphères Σ_6 de dimension 6.

LEMME 5.10. Pour $(\lambda,\theta)\in\Sigma_9$, l'endomorphisme $\underline{\underline{C}}$-linéaire $R(\lambda,\theta) : \mathcal{O}\oplus\mathcal{O}\to\mathcal{O}\oplus\mathcal{O}$ défini par

$$(5.83) \qquad R(\lambda,\theta)\begin{pmatrix}u_1\\u_2\end{pmatrix} = \begin{pmatrix}\lambda u_1 + \theta\tilde{u}_2\\ \tilde{u}_1\theta - \bar{\lambda}u_2\end{pmatrix} \qquad (u_1\,, u_2\in\mathcal{O})$$

est unitaire (pour la forme hermitienne associée à $\rho(u_1,u_2) = \rho(u_1)+\rho(u_2)$) ; son inverse est $R^{-1}(\lambda,\theta) = R(\bar{\lambda},\theta)$; le polynôme homogène de degré 4

$$(5.84) \qquad H(u_1,u_2) = |\sigma(u_1)|^2 + |\sigma(u_2)|^2 + 2\rho(u_1u_2)$$

est invariant par $R(\lambda,\theta)$; en particulier, $R(\lambda,\theta)$ est un automorphisme analytique de Ω_{16} et induit des difféomorphismes de $\partial_1\Omega_{16}$ et $\partial_2\Omega_{16}$ sur eux-mêmes.

Démonstration. Soit $v_1 = \lambda u_1 + \theta\tilde{u}_2$, $v_2 = \tilde{u}_1\theta - \bar{\lambda}u_2$; on a

$$\rho(v_1) = (v_1 : \bar{v}_1) = \lambda\bar{\lambda}\rho(u_1) + \lambda(u_1 : \theta\bar{\tilde{u}}_2) + \bar{\lambda}(\bar{u}_1 : \theta\tilde{u}_2) + (\theta\tilde{u}_2 : \theta\bar{\tilde{u}}_2)$$
$$= \lambda\bar{\lambda}\rho(u_1) + \lambda(\theta : u_1\bar{u}_2) + \bar{\lambda}(\theta : \bar{u}_1u_2) + \rho(\theta)\rho(u_2)$$

et, de même

$$\rho(v_2) = \rho(\theta)\rho(u_1) - \bar{\lambda}(\theta : \bar{u}_1u_2) - \lambda(\theta : u_1\bar{u}_2) + \lambda\bar{\lambda}\rho(u_2),$$

d'où

$$(5.85) \qquad \rho(v_1) + \rho(v_2) = (\lambda\bar{\lambda} + \rho(\theta))(\rho(u_1) + \rho(u_2)),$$

ce qui montre que $R(\lambda,\theta)$ est unitaire lorsque $(\lambda,\theta)\in\Sigma_9$. D'autre part, on a

$$\bar{\lambda}v_1 + \theta\tilde{v}_2 = \bar{\lambda}(\lambda u_1 + \theta\tilde{u}_2) + \theta(\tilde{\theta}u_1 - \bar{\lambda}\tilde{u}_2) = (\lambda\bar{\lambda} + \rho(\theta))u_1 = u_1$$

et, de même, $\tilde{v}_1\theta - \lambda v_2 = u_2$, ce qui montre que $\bar{R}(\lambda,\theta) = R(\bar{\lambda},\theta)$ est l'inverse de $R(\lambda,\theta)$.

Pour montrer que H est invariant par $R(\lambda,\theta)$, on utilise l'identité (5.65) :

$$H = |\sigma(u_1) - \sigma(\bar{u}_2)|^2 + \rho(u_1u_2 + \bar{u}_1\bar{u}_2) ;$$

on a

$$\sigma(v_1) = \lambda^2\sigma(u_1) + 2\lambda(\theta : u_1u_2) + \rho(\theta)\sigma(u_2),$$

$$\sigma(v_2) = \rho(\theta)\sigma(u_1) - 2\bar{\lambda}(\theta : u_1u_2) + \bar{\lambda}^2\sigma(u_2),$$

d'où

$$\sigma(v_1) - \sigma(\bar{v}_2) = \lambda^2(\sigma(u_1) - \sigma(\bar{u}_2)) + 2\lambda(\theta : u_1u_2 + \bar{u}_1\bar{u}_2) + \rho(\theta)(\sigma(u_2) - \sigma(\bar{u}_1)),$$

c'est-à-dire, en posant $\mu = \sigma(u_1) - \sigma(\bar{u}_2)$, $\omega = u_1u_2 + \bar{u}_1\bar{u}_2$,

(5.86) $\quad \sigma(v_1) - \sigma(\bar{v}_2) = \lambda^2\mu + 2\lambda(\theta : \omega) - \bar{\mu}\rho(\theta).$

D'autre part, on a $v_1v_2 = \lambda\theta\sigma(u_1) - \bar{\lambda}\theta\sigma(u_2) - \lambda\bar{\lambda}u_1u_2 + \theta(\tilde{u}_2\tilde{u}_1)\theta$, d'où

(5.87) $\quad v_1v_2 + \bar{v}_1\bar{v}_2 = (\lambda\mu + \bar{\lambda}\bar{\mu})\theta - \lambda\bar{\lambda}\omega + \theta\tilde{\omega}\theta.$

On en déduit les égalités

$$\begin{aligned} H(v_1,v_2) &= |\lambda^2\mu + 2\lambda(\theta : \omega) - \bar{\mu}\rho(\theta)|^2 + \rho((\lambda\mu + \bar{\lambda}\bar{\mu})\theta - \lambda\bar{\lambda}\omega + \theta\tilde{\omega}\theta) \\ &= (\lambda\bar{\lambda})^2\mu\bar{\mu} + \rho^2(\theta)\mu\bar{\mu} + 4\lambda\bar{\lambda}(\theta : \omega)^2 - (\lambda^2\mu^2 + \bar{\lambda}^2\bar{\mu}^2)\rho(\theta) \\ &\quad + 2\lambda\bar{\lambda}(\lambda\mu + \bar{\lambda}\bar{\mu})(\theta : \omega) - 2(\lambda\mu + \bar{\lambda}\bar{\mu})\rho(\theta)(\theta : \omega) + (\lambda\mu + \bar{\lambda}\bar{\mu})^2\rho(\theta) \\ &\quad + (\lambda\bar{\lambda})^2\rho(\omega) + \rho^2(\theta)\rho(\omega) - 2\lambda\bar{\lambda}(\lambda\mu + \bar{\lambda}\bar{\mu})(\theta : \omega) \\ &\quad + 2(\lambda\mu + \bar{\lambda}\bar{\mu})(\theta : \theta\tilde{\omega}\theta) - 2\lambda\bar{\lambda}(\omega : \theta\tilde{\omega}\theta) \\ &= (\lambda\bar{\lambda} + \rho(\theta))^2\mu\bar{\mu} + ((\lambda\bar{\lambda})^2 + \rho^2(\theta))\rho(\omega) + 2\lambda\bar{\lambda}(2(\theta : \omega)^2 - (\tilde{\theta\omega} : \tilde{\omega}\theta)) \ ; \end{aligned}$$

comme

$$2(\theta : \omega)^2 = 2(\tilde{\theta} : \tilde{\omega})(\omega : \theta) = (\tilde{\theta}\omega : \tilde{\omega}\theta) + (\tilde{\theta}\theta : \tilde{\omega}\omega) = (\tilde{\theta}\omega : \tilde{\omega}\theta) + \rho(\theta)\rho(\omega),$$

on a finalement $H(v_1,v_2) = (\lambda\bar{\lambda} + \rho(\theta))^2(\mu\bar{\mu} + \rho(\omega))$, autrement dit,

(5.88) $\quad H(R(\lambda,\theta)u) = (\lambda\bar{\lambda} + \rho(\theta))^2H(u) \qquad (\lambda \in \underline{\underline{C}},\ \theta \in \mathcal{O}_c,\ \ u \in \mathcal{O} \oplus \mathcal{O})$;

en particulier, si $(\lambda,\theta) \in \Sigma_9$, on voit que H est invariant par $R(\lambda,\theta)$.

Rappelons que γ_1, γ_2 sont les fonctions définies par

(5.33) $\quad \gamma_1(u_1,u_2) = u_1 - \sigma(u_1)\bar{u}_1 - (u_1u_2)\bar{\bar{u}}_2\ ,\ \ \gamma_2(u_1,u_2) = u_2 - \bar{\bar{u}}_1(u_1u_2) - \sigma(u_2)\bar{u}_2$;

définissons les fonctions $\lambda : \mathcal{O} \oplus \mathcal{O} \to \underline{\underline{C}}$ et $\theta : \mathcal{O} \oplus \mathcal{O} \to \mathcal{O}_c$ par

(5.89) $\quad \lambda = \sigma(u_1) - \bar{\sigma}(u_2), \quad \theta = u_1u_2 + \bar{u}_1\bar{u}_2$.

PROPOSITION 5.11. <u>Soit</u> $u = (u_1,u_2) \in \mathcal{O} \oplus \mathcal{O}$; <u>chacune des conditions suivantes est nécessaire et suffisante pour que</u> u <u>apppartienne à</u> $\partial_2\Omega_{16}$:

(5.90.1) $\quad G(u) = \rho(u) = 1$;

(5.90.2) $\quad u \neq 0$ <u>et</u> $\gamma_1(u) = \gamma_2(u) = 0$ (<u>i.e.</u> $\bar{\partial}G(u) = 0$) ;

(5.90.3) $\quad u \neq 0$ <u>et</u> $u = R(\lambda,\theta)\bar{u}$.

<u>De plus, si</u> $u \in \partial_2\Omega_{16}$, <u>on a</u> $(\lambda,\theta) \in \Sigma_9$; <u>la composée des applications</u> $g' : \Gamma\times\Sigma_9 \to \partial_2\Omega_{16}$ <u>et</u> $(\lambda,\theta) : \partial_2\Omega_{16} \to \Sigma_9$ <u>est la deuxième projection du produit</u> $\Gamma\times\Sigma_9$.

<u>Démonstration</u>. La condition (5.90.1) a été donnée dans la proposition 5.4. Si $G = \rho = 1$, on a $\rho(\gamma_1) + \rho(\gamma_2) = 0$ en appliquant (5.35), d'où $\gamma_1 = \gamma_2 = 0$. Inversement, si $\gamma_1 = \gamma_2 = 0$, on a $G = \rho$ par (5.34) et $0 = -\rho + \rho^2$ par (5.35) ; d'où $\rho = 1$ (car $\rho \neq 0$). Pour montrer l'équivalence de (5.90.2) et (5.90.3), il suffit d'observer la relation $\gamma(u) = u - R(\lambda,\theta)\bar{u}$, où $\gamma = (\gamma_1,\gamma_2)$; on a en effet

$$\gamma_1(u) = u_1 - \sigma(u_1)\bar{u}_1 - (u_1u_2)\tilde{u}_2 = u_1 - (\sigma(u_1) - \bar{\sigma}(u_2))\bar{u}_1 - (u_1u_2 + \bar{u}_1\bar{u}_2)\tilde{\bar{u}}_2 ,$$

et, de même, $\gamma_2(u) = u_2 - \tilde{u}_1(u_1u_2 + \bar{u}_1\bar{u}_2) - (\sigma(u_2) - \bar{\sigma}(u_1))\bar{u}_2$. On a déjà vu (démonstration du théorème 5.8) la relation

$$(5.65) \qquad \lambda\bar{\lambda} + \theta\tilde{\theta} = |\sigma(u_1)|^2 + |\sigma(u_2)|^2 + 2\rho(u_1u_2),$$

qui s'écrit encore $\lambda\bar{\lambda} + \theta\tilde{\theta} = 2\rho - G$; on en déduit que $\lambda\bar{\lambda} + \theta\tilde{\theta} = 1$ sur $\partial_2\Omega_{16}$. Enfin, les relations (5.62) et (5.64), valides sur $\Gamma\times\bar{B}_{10}$, montrent que la composée des applications g' et (λ,θ) est la deuxième projection de $\Gamma\times\Sigma_9$.

Dans la suite, nous désignons par B_9 l'hémisphère de Σ_9 :

$$B_9 = \{(\lambda,\theta) \in \underline{\underline{C}} \oplus \mathcal{O}_{\mathbb{C}} \ ; \ \lambda\bar{\lambda} + \theta\tilde{\theta} = 1 , \ \operatorname{Im}\lambda > 0\}$$

et par Σ_{15} la sphère-unité de $\mathcal{O}_{\mathbb{C}} \oplus \mathcal{O}_{\mathbb{C}} \simeq \underline{\underline{R}}^{16}$.

PROPOSITION 5.12. <u>La partie singulière</u> $\partial_2\Omega_{16}$ <u>du bord de</u> Ω_{16} <u>est une variété analytique-réelle de dimension</u> 24. <u>L'application</u> $\delta : \Sigma_{15}\times\Sigma_9 \to \partial_2\Omega_{16}$ <u>définie par</u> $\delta(x;\lambda,\theta) = R(\lambda,\theta)x$ <u>est surjective et sa restriction</u> δ' <u>à</u> $\Sigma_{15}\times B_9$ <u>est un isomorphisme</u> <u>R-analytique de</u> $\Sigma_{15}\times B_9$ <u>sur l'ouvert dense</u> $\partial_2\Omega_{16}\setminus\Sigma_{15}$ <u>de</u> $\partial_2\Omega_{16}$.

<u>Démonstration</u>. Si $x \in \Sigma_{15}$, on a $x \in \partial_2\Omega_{16}$; si $(\lambda,\theta) \in \Sigma_9$, alors $u = R(\lambda,\theta)x$ appartient à $\partial_2\Omega_{16}$ d'après le lemme 5.10.

Inversement soit $u = (u_1,u_2) \in \partial_2\Omega_{16}$; on cherche $x \in \Sigma_{15}$ et $(\lambda,\theta) \in \Sigma_9$ tels que $u = R(\lambda,\theta)x$; on doit alors avoir les relations

$$(5.91) \qquad \sigma(u_1) + \bar{\sigma}(u_2) = \lambda^2 + \rho(\theta),$$

$$(5.92) \qquad u_1u_2 - \bar{u}_1\bar{u}_2 = (\lambda - \bar{\lambda})\theta \ ;$$

si $\lambda \in \underline{\underline{C}}$ et $\theta \in \mathcal{O}$ vérifient ces relations, on a

$$(\lambda\bar{\lambda} + \rho(\theta))^2 = |\lambda^2 + \rho(\theta)|^2 + \rho((\lambda - \bar{\lambda})\theta) = H(u_1,u_2) = 1 .$$

Si $\lambda - \bar{\lambda} \neq 0$, (5.92) entraîne que θ est réel. De (5.91), on déduit

$$\lambda^2 - \lambda\bar{\lambda} = \sigma(u_1) + \bar{\sigma}(u_2) - 1 ,$$

d'où

(5.93) $(\lambda-\bar\lambda)^2 = 2(\mathrm{Re}(\sigma(u_1)+\bar\sigma(u_2)) - 1$;

comme $|\sigma(u_1)+\bar\sigma(u_2)| \leqslant \rho(u_1)+\rho(u_2) = 1$, le second membre de (5.93) est négatif ou nul, et s'annule seulement si $\sigma(u_1)+\bar\sigma(u_2) = 1$. L'égalité $\sigma(u_1)+\bar\sigma(u_2) = 1$ a lieu seulement si $\sigma(u_1) = \rho(u_1)$, $\sigma(u_2) = \rho(u_2)$, c'est-à-dire si u_1 et u_2 sont réels; mais les points réels de $\partial_2\Omega_{16}$ sont exactement ceux de Σ_{15}, car on a $G = \rho$ sur $\mathcal{O}_c \oplus \mathcal{O}_c$.

1) Si $u \in \partial_2\Omega_{16} \setminus \Sigma_{15}$, on a donc $\sigma(u_1)+\bar\sigma(u_2) \neq 1$ et l'équation (5.93) a deux solutions $\lambda-\bar\lambda$ opposées, l'une dans $i\mathbb{R}_+$, l'autre dans $i\mathbb{R}_-$; à chacune correspond une valeur de θ par (5.92); la partie réelle de λ est déterminée dans chaque cas par (5.91). Ayant ainsi déterminé $(\lambda,\theta) \in \Sigma_9$, à la multiplication par ± 1 près, (et unique si on impose en plus $\mathrm{Im}\,\lambda > 0$, i.e. $(\lambda,\theta) \in B_9$), le point x est alors donné par la relation

$$x = R(\bar\lambda,\theta)u .$$

En vertu du lemme 5.10, on a $\rho(x) = \rho(u) = 1$. Il reste à montrer que x est réel. Nous utiliserons à cet effet le résultat suivant, que l'on vérifie par un calcul direct:

LEMME 5.13. *Soit* $J : \mathcal{O}\oplus\mathcal{O} \to \mathcal{O}\oplus\mathcal{O}$ *l'endomorphisme défini par*

(5.94) $J(u_1,u_2) = (u_1, iu_2)$.

Soit $(\lambda,\theta) \in \Sigma_9$ *et soit* (λ',θ') *le point de* Σ_9 *défini par*

$$\lambda' = \lambda^2 + \rho(\theta) , \quad \theta' = i(\lambda-\bar\lambda)\theta .$$

On a alors

(5.95) $J(R(\lambda,\theta))^2 J = R(\lambda',\theta')$.

Suite de la démonstration de la proposition 5.12. Soit $u' = (u'_1,u'_2) = Ju$; il est clair que u' appartient comme u à $\partial_2\Omega_{16}$, de sorte que l'on a $u' = R(\lambda',\theta')\bar u'$, avec

$$\lambda' = \sigma(u'_1) - \bar\sigma(u'_2) = \sigma(u_1)+\bar\sigma(u_2) = \lambda^2+\rho(\theta)$$

et

$$\theta' = u'_1u'_2 + \bar u'_1\bar u'_2 = i(u_1u_2 - \bar u_1\bar u_2) = i(\lambda-\bar\lambda)\theta ;$$

on en déduit que $u = J^{-1}R(\lambda',\theta')J^{-1}\bar u$ et, par le lemme 5.13, la relation

(5.96) $u = R^2(\lambda,\theta)\bar u$.

De (5.96), on déduit $R(\bar\lambda,\theta)u = R(\lambda,\theta)\bar u$, c'est-à-dire $x = \bar x$.

2) Si $u \in \Sigma_{15}$ et $u = R(\lambda,\theta)x$, on a $\lambda \in \mathbb{R}$ d'après (5.93). Inversement si

$(\lambda,\theta)\in\Sigma_9$ et $\lambda\in\mathbb{R}$, l'élément x de Σ_{15}, défini par $x = R(\lambda,\theta)u$, vérifie $u = R(\lambda,\theta)x$, puisque $R^2(\lambda,\theta) = \mathrm{id}$.

On a ainsi montré que $\delta : \Sigma_{15}\times\Sigma_9\to\partial_2\Omega_{16}$ est surjective et que sa restriction δ' à $\Sigma_{15}\times B_9$ est un homéomorphisme sur l'ouvert $\partial_2\Omega_{16}\setminus\Sigma_{15}$ de $\partial_2\Omega_{16}$. Comme la multiplication par i conserve $\partial_2\Omega_{16}$, $i\delta'$ est également un homéomorphisme de $\Sigma_{15}\times B_9$ sur $\partial_2\Omega_{16}\setminus i\Sigma_{15}$. Comme Σ_{15} et $i\Sigma_{15}$ sont disjoints, les deux applications analytiques-réelles δ' et $i\delta'$ paramètrent entièrement $\partial_2\Omega_{16}$, qui est donc une variété analytique-réelle de dimension 24. L'application $\delta : \Sigma_{15}\times\Sigma_9\to\partial_2\Omega_{16}$ est un revêtement à deux feuillets au-dessus de $\partial_2\Omega_{16}\setminus\Sigma_{15}$, tandis que la fibre d'un point de Σ_{15} est difféomorphe à une sphère Σ_8 de dimension 8.

LEMME 5.14. L'application h définie par

$$h(C) = C+\bar{C} \quad (C\in\Gamma)$$

est un fibré $\mathbb{R}$-analytique localement trivial

$$h : \Gamma\to\Sigma_{15}$$

dont les fibres sont des sphères affines de dimension 6.

Soit $C = (C_1,C_2)\in\Gamma$ et soit $u = (u_1,u_2) = h(C)$; comme $\sigma(C_1) = \sigma(C_2) = 0$, on a $\rho(u_1) = 2\rho(C_1)$, $\rho(u_2) = 2\rho(C_2)$ d'où $\rho(u) = 1$ et $u\in\Sigma_{15}$.

Soit $u\in\Sigma_{15}$; la relation $h(C) = u$ s'écrit $C_1+\bar{C}_1 = u_1$, $C_2+\bar{C}_2 = u_2$, d'où $C_1 = \frac{1}{2}(u_1+iv_1)$, $C_2 = \frac{1}{2}(u_2+iv_2)$ avec $v_1,v_2\in\mathcal{O}_C$. Supposons $u_1\neq 0$; la relation $\sigma(C_1) = 0$ équivaut à $\rho(u_1) = \rho(v_1)$, $(u_1 : v_1) = 0$. Soit Σ_6 la sphère (de dimension 6) des octonions (réels) α qui sont purs (i.e. de trace nulle) et de norme égale à 1 ($\alpha^2 = -1$). On a $\sigma(C^1) = 0$ si et seulement si v_1 s'écrit

$$v_1 = u_1\alpha \quad (\alpha\in\Sigma_6)\,. \tag{5.97}$$

Comme $C_1 = \frac{1}{2}(u_1+iv_1)$ ainsi obtenu est non nul, les octonions C_2 qui vérifient $C_1C_2 = 0$ (et $\sigma(C_2) = 0$) vérifient, d'après la proposition 5.1, une relation $C_2 = \tilde{C}_1\theta$, avec $\theta\in\mathcal{O}_C$, qui équivaut à $u_2+iv_2 = (\tilde{u}_1+i\tilde{v}_1)\theta$, soit $u_2 = \tilde{u}_1\theta$, $v_2 = \tilde{v}_1\theta$, d'où $\theta = \dfrac{u_1u_2}{\rho(u_1)}$ et

$$v_2 = \frac{\tilde{v}_1(u_1u_2)}{\rho(u_1)} = -\frac{(\alpha\tilde{u}_1)(u_1u_2)}{\rho(u_1)}\,. \tag{5.98}$$

Si v_1 et v_2 sont donnés par les relations (5.97) et (5.98), on a $\sigma(C_1) = \sigma(C_2) = 0$, $C_1C_2 = 0$ et $\rho(C_1)+\rho(C_2) = \frac{1}{2}$.

Soit $\varepsilon : B_9 \to \Sigma'_9 = \Sigma_9 \setminus \{(1,0)\}$ l'application

$$\varepsilon : (\lambda,\theta) \mapsto (\lambda^2 + \rho(\theta),\ i(\lambda - \bar{\lambda})\theta) ;$$

il résulte de la démonstration de la proposition 5.12 que ε est un difféomorphisme $\underline{\underline{R}}$-analytique. Soit $g'_1 : \Gamma \times \Sigma_9 \to \partial_2\Omega_{16}$ l'application

$$(C_1,C_2,\lambda',\theta') \to (C_1 + \lambda'\bar{C}_1 - i\theta'\tilde{\bar{C}}_2, C_2 - i\tilde{\bar{C}}_1\theta' + \bar{\lambda}'\bar{C}_2) ;$$

il résulte de la démonstration du théorème 5.8 et de la remarque qui suit que g'_1 est à valeurs dans $\partial_2\Omega_{16}$ et que si $(u_1,u_2) = g'_1(C_1,C_2,\lambda',\theta')$, on a $\lambda' = \sigma(u_1) + \bar{\sigma}(u_2)$, $\theta' = i(u_1u_2 - \bar{u}_1\bar{u}_2)$. Soit enfin $\Delta : \Gamma \times B_9 \to \Gamma \times \Sigma'_9$ l'application définie par

$$\Delta(C,(\lambda,\theta)) = (R(\lambda,\theta)C, \varepsilon(\lambda,\theta)) \qquad (C \in \Gamma, (\lambda,\theta) \in B_9) ; \tag{5.99}$$

c'est un difféomorphisme $\underline{\underline{R}}$-analytique, dont l'inverse est donné par

$$\Delta^{-1}(C,(\lambda',\theta')) = (R(\bar{\lambda},\theta)C\ ,\ (\lambda,\theta) = \varepsilon^{-1}(\lambda',\theta')).$$

Nous désignerons par $\hat{h}$ l'application $h \times id : \Gamma \times B_9 \to \Sigma_{15} \times B_9$, i.e. $\hat{h}(C,(\lambda,\theta)) = (C + \bar{C},(\lambda,\theta))$.

PROPOSITION 5.15. *L'application $g'_1 : \Gamma \times \Sigma_9 \to \partial_2\Omega_{16}$ définie par*

$$g'_1(C_1,C_2,\lambda',\theta') = (C_1 + \lambda'\bar{C}_1 - i\theta'\tilde{\bar{C}}_2, C_2 - i\tilde{\bar{C}}_1\theta' + \lambda'\bar{C}_2)((C_1,C_2) \in \Gamma, (\lambda',\theta') \in \Sigma_9)$$

est un fibré $\underline{\underline{R}}$-analytique localement trivial, dont les fibres sont des sphères de dimension 6. L'image réciproque de Σ_{15} par g'_1 est $\Gamma \times \{(1,0)\}$; le diagramme

$$\begin{array}{ccc} \Gamma \times B_9 & \xrightarrow{\hat{h}} & \Sigma_{15} \times B_9 \\ \Delta \downarrow \wr & & \delta' \downarrow \wr \\ \Gamma \times \Sigma'_9 & \xrightarrow{g'_1} & \partial_2\Omega_{16} \setminus \Sigma_{15} \end{array} \tag{5.100}$$

est commutatif.

Démonstration. Les points de Σ_{15} (les points réels de $\partial_2\Omega_{16}$) sont caractérisés, comme on l'a vu au cours de la démonstration de la proposition (5.12), par la condition $\lambda' \equiv \sigma(u_1) + \bar{\sigma}(u_2) = 1$; comme $g'_1(C,(1,0)) = h(C)$, on a $g'_1(\Gamma \times \{(1,0)\}) = \Sigma_{15}$ par le lemme 5.14.

Soit $C' = \frac{1}{2}(x + iy) \in \Gamma$ et $(\lambda,\theta) \in B_9$; on a évidemment $\delta' \circ \hat{h}(C') = R(\lambda,\theta)x$. D'autre part, soit $(C,(\lambda',\theta')) = \Delta(C',(\lambda,\theta))$; on a donc

$$C = \frac{1}{2} R(\lambda,\theta)x + \frac{i}{2} R(\lambda,\theta)y ,$$

$$\overline{C} = \frac{1}{2} R(\overline{\lambda},\theta)x - \frac{i}{2} R(\overline{\lambda},\theta)y .$$

L'image de $(C,(\lambda',\theta'))$ par g_1' est $C + R'(\lambda',\theta')\overline{C}$, où $R'(\lambda',\theta')$ est l'opérateur unitaire défini par

$$(5.101) \qquad R'(\lambda',\theta')\begin{pmatrix} u_1 \\ u_2 \end{pmatrix} = \begin{pmatrix} \lambda' u_1 - i\theta'\overline{u}_2 \\ -i\overline{u}_1\theta' + \overline{\lambda}' u_2 \end{pmatrix} .$$

Compte-tenu de $\lambda' = \lambda^2 + \rho(\theta)$, $\theta' = i(\lambda - \overline{\lambda})\theta$, on a la relation

$$(5.102) \qquad R'(\lambda',\theta') = (R(\lambda,\theta))^2 \qquad ((\lambda,\theta) \in \Sigma_9) ,$$

que l'on vérifie par un calcul direct et qui est une variante du lemme 5.13. On a donc

$$R'(\lambda',\theta')\overline{C} = \frac{1}{2} R(\lambda,\theta)x - \frac{i}{2} R(\lambda,\theta)y ,$$

d'où

$$(5.103) \qquad C + R'(\lambda',\theta')\overline{C} = R(\lambda,\theta)x ,$$

ce qui prouve la commutativité du diagramme (5.100). Les flèches verticales de ce diagramme étant des isomorphismes, on déduit du lemme 5.14 que g_1' est un fibré $\underline{\mathbb{R}}$-analytique localement trivial au-dessus de $\partial_2\Omega_{16} \setminus \Sigma_{15}$; si $u = R(\lambda,\theta)x$, $(\lambda,\theta) \in B_9$, $x \in \Sigma_{15}$, la fibre $g_1'^{-1}(u)$ est $(R(\lambda,\theta)h^{-1}(x), \varepsilon(\lambda,\theta))$.

On montre d'une façon analogue, en remplaçant δ' par $i\delta'$ et en effectuant les modifications appropriées sur $\hat{h}$ et Δ, que g_1' est un fibré en sphères de dimension 6 au-dessus de $\partial_2\Omega_{16} \setminus i\Sigma_{15}$.

REMARQUE. Il est clair qu'en intervertissant les rôles des opérateurs du type $R(\lambda,\theta)$ et $R'(\lambda',\theta')$, on peut construire un diagramme analogue à (5.100), où g_1' est remplacé par une restriction de $g' : \Gamma \times \Sigma_9 \to \partial_2\Omega_{16}$ (défini par $g'(C,(\lambda,\theta)) = C + R(\lambda,\theta)\overline{C}$) et où Δ, $\hat{h}$, δ' sont remplacés par des applications appropriées ayant des propriétés voisines. On démontre ainsi que $g' : \Gamma \times \Sigma_9 \to \partial_2\Omega_{16}$ est, comme g_1', un fibré $\underline{\mathbb{R}}$-analytique localement trivial en sphères Σ_6 et, notamment, que g' est surjective.

En vertu du théorème de convexité de R. HERMANN (cf. [18], p. 286), la réalisation de HARISH-CHANDRA d'un domaine hermitien symétrique non compact est <u>convexe</u> ; il en résulte que celui-ci est situé tout entier du même côté de l'hyperplan tangent en un point régulier du bord. Nous donnons ci-dessous une démonstration directe de ce fait pour Ω_{16}.

Soit $C \in \Gamma$ et soit $z \in B(C)$; on a alors (théorème 5.8, et notamment relations (5.72), (5.73))

$$dG(z) = (1 - \rho(z))dG(C) ,$$

ce qui entraîne que l'hyperplan (affine) tangent $T(z)$ à $\partial_1\Omega_{16}$ en z est constant sur $B(C)$; l'équation de $T(C)$ est

$$\mathrm{Re}((\bar{C}_1 : t_1 - C_1) + (\bar{C}_2 : t_2 - C_2)) = 0 ,$$

c'est-à-dire

$$(5.104) \qquad 2\mathrm{Re}((\bar{C}_1 : t_1) + (\bar{C}_2 : t_2)) = 1 \qquad (t \in T(C)) .$$

PROPOSITION 5.16. <u>Soit</u> $C \in \Gamma$. <u>Pour tout</u> $t \in \bar{\Omega}_{16}$, <u>on a</u>

$$(5.105) \qquad 2\mathrm{Re}((\bar{C}_1 : t_1) + (\bar{C}_2 : t_2)) \leq 1 ;$$

<u>l'inégalité stricte</u>

$$(5.106) \qquad 2\mathrm{Re}((\bar{C}_1 : t_1) + (\bar{C}_2 : t_2)) < 1$$

<u>a lieu pour tout</u> $t \in \bar{\Omega}_{16} \setminus \bar{B}(C)$.

<u>Démonstration</u>. Supposons d'abord $t \in \partial_2\Omega_{16}$; il s'écrit alors (de plusieurs façons) $t = C' + R(\lambda,\theta)\bar{C}'$, où $\lambda = \sigma(t_1) - \bar{\sigma}(t_2)$, $\theta = t_1 t_2 + \bar{t}_1 \bar{t}_2$ et $C' \in \Gamma$. Soit alors z le point de $\partial B(C)$ défini par $z = C + R(\lambda,\theta)\bar{C}$. Si on désigne par $(z|t)$ le produit scalaire hermitien sur $\mathcal{O} \oplus \mathcal{O}$:

$$(z|t) = (z_1 : \bar{t}_1) + (z_2 : \bar{t}_2) ,$$

on a la relation

$$(5.107) \qquad 2\mathrm{Re}((\bar{C}_1 : t_1) + (\bar{C}_2 : t_2)) = (z|t) .$$

En effet, en utilisant le lemme 5.10, on a

$$\begin{aligned}(z|t) &= (C + R(\lambda,\theta)\bar{C}|C' + R(\lambda,\theta)\bar{C}') \\ &= (C|C') + (C|R(\lambda,\theta)\bar{C}') + (\bar{C}|R(\bar{\lambda},\theta)C') + (\bar{C}|\bar{C}') \\ &= (C|t) + (\bar{C}|\bar{t}) = 2\mathrm{Re}(t|C) .\end{aligned}$$

Comme $\rho(z) = \rho(t) = 1$, la relation (5.107) et l'inégalité de Cauchy-Schwarz entraînent la relation (5.105) pour tout $t \in \partial_2\Omega_{16}$. L'égalité (5.104) a lieu si $z = \alpha t$, où $\alpha \in \underline{C}$, $|\alpha| = 1$; on a alors

$$z = C + R(\lambda,\theta)\bar{C} = \alpha(C' + R(\lambda,\theta)\bar{C}') = \alpha C' + \alpha^2 R(\lambda,\theta)\overline{\alpha C'} ,$$

ce qui implique

$$z = \alpha C' + R(\lambda,\theta)\overline{\alpha C'} ;$$

comme C' est non nul et $R(\lambda,\theta)$ unitaire, la relation $\alpha^2 R(\lambda,\theta)\overline{\alpha C'} = R(\lambda,\theta)\overline{\alpha C'}$ implique $\alpha^2 = 1$; si $\alpha = 1$, on a $t = z \in \partial B(C)$; le cas $\alpha = -1$ est impossible, car il entraînerait $t = -C - R(\lambda,\theta)\bar{C}$ et $2\mathrm{Re}(t|C) = -1$. La proposition est ainsi démontrée pour les points t de $\partial_2\Omega_{16}$.

Démontrons-la à présent pour les points de $\partial_1\Omega_{16}$. Si $t \in \Gamma$, la relation (5.105) est immédiate, car C et t appartiennent à la sphère $\Sigma(0,1/\sqrt{2})$ et T(C) est également l'hyperplan tangent à cette sphère en C ; l'inégalité stricte (5.106) a lieu si $t \neq C$. Si t est un point quelconque de $\partial_1\Omega_{16}$, il s'écrit $t = C' + R(\lambda,\theta)\bar{C}'$, où $C' \in \Gamma$ et $(\lambda,\theta) \in B_{10}$ sont déterminés univoquement par t ; il appartient donc à un segment $[C',t']$, $C' \in \Gamma$, $t' \in \partial_2\Omega_{16}$; comme C' et t' vérifient (5.105), il en est de même de t ; l'inégalité stricte (5.106) est vérifiée dès que l'un des deux points C', t' la vérifie, i.e si $C' \neq C$, soit $t \notin B(C)$.

Pour montrer que l'inégalité stricte (5.106) est vérifiée par les points de Ω, il suffit de montrer que Ω_{16} est étoilé par rapport à 0, qui vérifie bien évidemment (5.106). Soit $t \in b\Omega_{16}$; on a $G(\lambda t) = 2\lambda^2\rho(t) - \lambda^4(2\rho(t) - 1)$; comme fonction de λ, cette expression est croissante sur l'intervalle $[0,(\rho(t)/(2\rho(t)-1))^{1/2}]$, qui contient $[0,1]$ car on a $1/2 \leqslant \rho(t) \leqslant 1$.

<u>Le cycle du fibré de Leray associé au domaine exceptionnel de dimension</u> 16. Nous désignerons par E l'espace vectoriel complexe $\mathcal{O}\oplus\mathcal{O}$ et nous l'identifierons à son dual E' au moyen du produit scalaire complexe (:) défini par

$$(u:v) = (u_1:v_1) + (u_2:v_2) \qquad (u = (u_1,u_2),\ v = (v_1,v_2) \in \mathcal{O}\oplus\mathcal{O})\ ;$$

le fibré de Leray $\tilde{\mathcal{L}}$ de E est alors identifié à

$$\tilde{\mathcal{L}} = \{(t,u,h) \in E^3\ ;\ (u-t:h) = 1\}.$$

Soit $G_1 : \Omega_{16} \times \Gamma \times \bar{B}_{10} \to \tilde{\mathcal{L}}$ l'application définie par

(5.108) $$G_1(t,C,\lambda,\theta) = (t,\ g_1(C,\lambda,\theta),\ 2\bar{C}/(1-2(\bar{C}:t)))$$
$$(t \in \Omega_{16},\ C \in \Gamma,\ (\lambda,\theta) \in \bar{B}_{10}),$$

où g_1 est toujours l'application définie par

(5.81) $$g_1(C_1,C_2,\lambda,\theta) = (C_1 + \lambda\bar{C}_1 - i\theta\bar{\bar{C}}_2,\ C_2 + \bar{\lambda}\bar{C}_2 - i\bar{\bar{C}}_1\theta) \qquad ((C_1,C_2) \in \Gamma,\ (\lambda,\theta) \in \bar{B}_{10})\ ;$$

cette application est bien définie, car $1 - 2\mathrm{Re}(\bar{C}:t)$ ne s'annule pas pour $C \in \Gamma$ et $t \in \Omega_{16}$, en vertu de la proposition (5.16) ; on a de plus $(g_1(C,\lambda,\theta) - t : 2\bar{C}) = 1 - 2(\bar{C}:t)$, ce qui montre que $G_1(t,C,\lambda,\theta)$ appartient à $\tilde{\mathcal{L}}_t$. La restriction de G_1 à $\Omega_{16} \times \Gamma \times B_{10}$, que nous noterons encore G_1, est la composée du difféomorphisme $g_1 : \Omega_{16} \times \Gamma \times B_{10} \to \Omega_{16} \times \partial_1\Omega_{16}$ (défini par $(t,C,\lambda,\theta) \mapsto (t,g_1(C,\lambda,\theta))$)

et de la section s_1 de $\tilde{\mathcal{L}}$, définie au voisinage de $\Omega_{16}\times\partial_1\Omega_{16}$ par

(5.109) $\quad s_1(t,u) = (t,u,\bar{\gamma}(u) / (\bar{\gamma}(u) : u-t))$;

rappelons que $\gamma(u) = \frac{1}{2}\frac{\partial G}{\partial \bar{u}}$; l'égalité $G_1 = s_1 \circ g_1$ résulte directement de la remarque suivant le théorème 5.8.

Soit s_2 la section de $\tilde{\mathcal{L}}$, définie au voisinage de $\Omega_{16}\times\partial_2\Omega_{16}$ par

(5.110) $\quad s_2(t,u) = (t,u,\bar{u} / (1-(t:\bar{u})))$;

soit G_1' la restriction de G_1 à $\Omega_{16}\times\Gamma\times\Sigma_9$ et soit $g_1' : \Omega_{16}\times\Gamma\times\Sigma_9 \to \Omega_{16}\times\partial_2\Omega_{16}$ la fibration

$$(t,C,\lambda,\theta) \mapsto (t, C + R'(\lambda,\theta)\bar{C})$$

(cf. (5.101) pour la définition de $R'(\lambda,\theta)$) ; on a $\tilde{\Pi}\circ G_1' = g_1'$, ce qui permet de définir

$$(s_2\circ g_1', G_1') : \Omega_{16}\times\Gamma\times\Sigma_9 \to \tilde{\mathcal{L}}_{[1]}$$

et $G_2 : \Omega_{16}\times\Gamma\times\Sigma_9\times[0,1] \to \tilde{\mathcal{L}}$ par

(5.111) $\quad G_2 = \tilde{H}_1((s_2\circ g_1', G_1')\times S_1)$;

on a alors

(5.112) $\quad \tilde{\Pi}\circ G_2 = g_1'' = g_1' \times id_{[0,1]}$

(pour les notations $\tilde{\mathcal{L}}_{[1]}$, $\tilde{\Pi}$, $\tilde{H}_1$, on se reportera au début du §1, chap. II).

On définit alors les courants $T_{1,t}$, $T_{2,t}$ et T_t (de dimension 31 dans $\tilde{\mathcal{L}}_t$), pour tout $t\in\Omega_{16}$, par

(5.113) $\quad T_{1,t} = G_{1*}(\{t\}\times\Gamma\times\bar{B}_{10})$,

(5.114) $\quad T_{2,t} = G_{2*}(\{t\}\times\Gamma\times\Sigma_9\times[0,1])$,

(5.115) $\quad T_t = T_{1,t} + T_{2,t}$;

on définit encore les courants (de dimension 63 dans $\tilde{\mathcal{L}}$) $\tilde{T}_1$, $\tilde{T}_2$ et $\tilde{T}$ par

(5.116) $\quad \tilde{T}_1 = G_{1*}(\Omega_{16}\times\Gamma\times\bar{B}_{10})$,

(5.117) $\quad \tilde{T}_2 = G_{2*}(\Omega_{16}\times\Gamma\times\Sigma_9\times[0,1])$,

(5.118) $\quad \tilde{T} = \tilde{T}_1 + \tilde{T}_2$.

PROPOSITION 5.17. <u>Le courant $\tilde{T}$ satisfait aux hypothèses du théorème 3 (chap. I), à savoir</u>:

1) <u>le courant $\tilde{T}$ est fermé dans $\tilde{\mathcal{L}}_{\Omega_{16}}$ et admet la désintégration $(T_t)_{t\in\Omega_{16}}$ par rapport à la première projection $\Pi_1 : \tilde{\mathcal{L}}_{\Omega_{16}} \to \Omega_{16}$</u> ;

2) <u>son image directe par</u> $\tilde{\Pi} : \tilde{\mathcal{L}}_{\Omega_{16}} \to \Omega_{16} \times E$ <u>est</u> $\tilde{\Pi}_* \tilde{T} = \Omega_{16} \times b\Omega_{16}$.

La démonstration est entièrement analogue à celle de la proposition 4.3.

<u>Les formules intégrales associées au domaine symétrique exceptionnel de dimension</u> 16. On les obtient en appliquant le théorème 3 du chap. I au cycle $\tilde{T}$ construit ci-dessus. Désignant par $\tilde{H} : \tilde{\mathcal{L}} \times A_1 \to \tilde{\mathcal{L}}$ l'application définie par

$$\tilde{H}(t,u,h;\lambda^0,\lambda^1) = (t,u,\lambda^0 h + \lambda^1 b(t,u)) \quad ((t,u,h) \in \tilde{\mathcal{L}} \ ; \ \lambda^0 + \lambda^1 = 1) ,$$

où b est la section de Bochner-Martinelli de $\tilde{\mathcal{L}}$: $b(t,u) = (\bar{u} - \bar{t}) / \rho(u-t)$, nous considérerons les courants $\tilde{R}$, $\tilde{R}_1$, $\tilde{R}_2$ définis par

$$(5.119) \qquad \tilde{R} = \tilde{H}_*(\tilde{T} \times S_1), \ \tilde{R}_1 = \tilde{H}_*(\tilde{T}_1 \times S_1), \ \tilde{R}_2 = \tilde{H}_*(\tilde{T}_2 \times S_1),$$

où $S_1 = \{(\lambda^0,\lambda^1) \ ; \ \lambda^0 \geq 0, \ \lambda^1 \geq 0, \ \lambda^0 + \lambda^1 = 1\}$. Soit α une forme différentielle, de type (0,q) et de classe C^1, définie au voisinage de $\bar{\Omega}_{16}$; la relation intégrale (3.16) du théorème 3, chap. I s'écrit alors, sous réserve de l'existence des intégrales partielles qui y figurent:

$$(5.119) \qquad \alpha|_{\Omega_{16}} = < \tilde{T}_1 \mid \Pi_1 \mid \tilde{\Phi} \wedge \Pi_2^* \alpha > + < \tilde{T}_2 \mid \Pi_1 \mid \tilde{\Phi} \wedge \Pi_2^* \alpha >$$
$$+ \int_{u \in \Omega_{16}} K(u-t) \wedge dw^* \alpha(u) + < \tilde{R}_1 \mid \Pi_1 \mid \tilde{\Phi} \wedge \Pi_2^* dw^* \alpha > + < \tilde{R}_2 | \Pi_1 | \tilde{\Phi} \wedge \Pi_2^* dw^* \alpha >$$
$$+ d\left[\int_{u \in \Omega_{16}} K(u-t) \wedge w^* \alpha(u) + < \tilde{R}_1 | \Pi_1 | \tilde{\Phi} \wedge \Pi_2^* w^* \alpha > + < \tilde{R}_2 | \Pi_1 | \tilde{\Phi} \wedge \Pi_2^* w^* \alpha > \right].$$

Nous calculerons ci-dessous les intégrales partielles figurant dans cette relation, et spécialement leur composante de type (0,q).

Nous désignerons par χ_0 la forme différentielle

$$\chi_0 = \tilde{\beta}^* \tilde{\theta} = \eta_0 / 2i\pi\tilde{\rho}(t,u) ,$$

où $\tilde{\beta}$ est la section de Bochner-Martinelli: $\tilde{\beta}(t,u) = (t,u,b(t,u))$, $\tilde{\rho}(t,u) = \rho(u-t) = (u-t : \bar{u}-\bar{t})$ et

$$\eta_0 = (\bar{u}-\bar{t} : du-dt) = \partial\tilde{\rho}(t,u) \ ;$$

les composantes de types (1,0) en u (et (0,0) en t) de χ_0 et η_0 sont respectivement

$$\chi_0' = \eta_0' / 2i\pi\tilde{\rho} , \quad \eta_0' = (\bar{u} - \bar{t} : du) = \partial_u \tilde{\rho} .$$

Nous désignerons par χ_1 la forme différentielle

$$(5.120) \qquad \chi_1 = s_1^* \tilde{\theta} = \eta_1 / 2i\pi F_1 ,$$

où s_1 est la section de $\tilde{\mathcal{L}}$ définie par la relation (5.109) au voisinage de $\Omega_{16} \times \partial_1 \Omega_{16}$; si on désigne par C l'application définie par

$$C(u) = \gamma(u) / 2(1-\rho(u)) \quad (\rho(u) < 1),$$

s_1 s'écrit encore

$$s_1(t,u) = (t,\ u,\ \bar{C}(u) / (\bar{C}(u) : u-t))$$

et F_1, η_1 sont définis par

(5.121) $F_1(t,u) = (\bar{C}(u) : u-t)$,

(5.122) $\eta_1(t,u) = (\bar{C}(u) : du-dt)$;

les composantes, de type (1,0) en u, de χ_1 et η_1 sont respectivement χ_1' et η_1' définies par

(5.123) $\chi_1' = \eta_1' / 2i\pi F_1$,

(5.124) $\eta_1'(t,u) = (\bar{C}(u) : du)$;

on en déduit immédiatement les relations

(5.125) $d_t\eta_1 = 0$,

(5.126) $d\eta_1' = (d\bar{C}(u) : du)$.

LEMME 5.18. _Soit_ α _une forme différentielle de classe_ C^1 _et de type_ (0,q) _définie au voisinage de_ $b\Omega_{16}$. _Les intégrales partielles_ $<\tilde{T}_1 \mid \Pi_1 \mid \tilde{\Phi} \wedge \Pi_2^*\alpha>$ _et_ $<\tilde{R}_1 \mid \Pi_1 \mid \tilde{\Phi} \wedge \Pi_2^*\alpha>$ _sont alors définies. La composante de type_ (0,q) _de_ $<\tilde{T}_1 \mid \Pi_1 \mid \tilde{\Phi} \wedge \Pi_2^*\alpha>$ _est nulle quel que soit_ q $(0 \leq q \leq 16)$. _La composante de type_ (0,q) _de_ $<\tilde{R}_1 \mid \Pi_1 \mid \tilde{\Phi} \wedge \Pi_2^* d\alpha>$ _est égale à_

(5.127) $\int_{u \in \partial_1\Omega_{16}} K_{01}^{0,q}(t,u) \wedge \bar{\partial}\alpha(u)$,

_où_ $K_{01}^{0,q}$ _est la restriction à_ $\Omega_{16} \times \partial_1\Omega_{16}$ _de la composante de type_ (0,q) _en_ t _de_

(5.128) $K_{01}^{0,*} = \chi_0 \wedge \sum_{r=4}^{14} (\bar{\partial}\chi_0)^r \wedge (\bar{\partial}\chi_1')^{14-r}$;

la composante de type (0,q) _de_ $d<\tilde{R}_1 \mid \Pi_1 \mid \tilde{\Phi} \wedge \Pi_2^*\alpha>$ _est égale à_

(5.129) $\bar{\partial} \int_{u \in \partial_1\Omega_{16}} K_{01}^{0,q-1}(t,u) \wedge \alpha(u)$.

Démonstration. Comme $\tilde{T}_1 = G_{1*}(\Omega_{16} \times \Gamma \times B_{10})$ et $G_1 = s_1 \circ g_1$, on a $\tilde{T}_1 = s_{1*}(\Omega_{16} \times \partial_1\Omega_{16})$, d'où l'existence de $<\tilde{T}_1 \mid \Pi_1 \mid \tilde{\Phi} \wedge \Pi_2^*\alpha>$, qui est égale à

$$<\tilde{T}_1 \mid \Pi_1 \mid \tilde{\Phi}\wedge\Pi_2^*\alpha> = <\Omega_{16}\times\partial_1\Omega_{16} \mid p_1 \mid s_1^*\tilde{\Phi}\wedge p_2^*\alpha>,$$

où p_1, p_2 désignent les projections du produit $\Omega_{16}\times\partial_1\Omega_{16}$. On a

$$s_1^*\tilde{\Phi} = \chi_1\wedge(d\chi_1)^{n-1} = (2i\pi)^{-n}F_1^{-n}\eta_1\wedge(d\eta_1)^{n-1} ;$$

comme $\bar{\partial}_t\eta_1 = 0$, la composante de type (0,q) de $s_1^*\tilde{\Phi}$ est nulle pour tout q>0 ; la composante de type (0,q) de $<\tilde{T}_1 \mid \Pi_1 \mid \tilde{\Phi}\wedge\Pi_2^*\alpha>$ est donc nulle si q>0. Pour le cas q = 0, nous utiliserons le résultat suivant:

LEMME 5.19. <u>L'image réciproque de</u> $\eta_1' = (\bar{C}(u) : du)$ <u>par</u> $g_1 : \Gamma\times B_{10}\to\partial_1\Omega_{16}$ <u>est</u>

(5.130) $\quad (g_1^*\eta_1')(C,\lambda,\theta) = (\bar{C} : dC)$;

<u>on a la relation</u>

(5.131) $\quad (\eta_1'\wedge(d\eta_1')^{11})\big|_{\partial_1\Omega_{16}} = 0.$

On a en effet

$$g_1^*\eta_1' = (\bar{C} : dg_1) = (\bar{C}_1 : d(C_1+\lambda\bar{C}_1-i\theta\tilde{\bar{C}}_2)) + (\bar{C}_2 : d(C_2+\bar{\lambda}\bar{C}_2-i\tilde{\bar{C}}_1\theta)) ;$$

compte-tenu de $\sigma(C_1) = \sigma(C_2) = 0$ et $C_1C_2 = 0$, les termes en $d\lambda$, $d\theta$ sont nuls ; il reste

$$g_1^*\eta_1' = (\bar{C}_1 : d\bar{C}_1) + (\bar{C}_2 : dC_2) + \lambda(\bar{C}_1 : d\bar{C}_1) + \bar{\lambda}(\bar{C}_2 : d\bar{C}_2) - i(\theta : \bar{C}_1 d\bar{C}_2 + d\bar{C}_1.\bar{C}_2) ;$$

or $\sigma(C_1) = 0$ entraîne $(C_1 : dC_1) = 0$ et $C_1C_2 = 0$ entraîne $C_1dC_2 + dC_1.C_2 = 0$, d'où la relation (5.130). Par conséquent, $g_1^*\eta_1'$ ne dépend pas de (λ,θ) ; il en est de même de $g_1^*\eta_1'\wedge(dg_1^*\eta_1')^{11}$, qui provient donc d'une forme différentielle de degré 23 sur la variété Γ, qui est de dimension 21 ; on a donc $g_1^*\eta_1'\wedge(dg_1^*\eta_1')^{11} = 0$; on en déduit (5.131), puisque g_1 est un difféomorphisme de $\Gamma\times B_{10}$ sur $\partial_1\Omega_{16}$.

Lorsque α est une fonction, la composante de type (0,0) en t de $s_1^*\tilde{\Phi}\wedge p_2^*\alpha$ est $(2\pi)^{-16}F_1^{-16}\eta_1'\wedge(d\eta_1')^{15}\wedge\alpha(t)$; sa restriction à $\Omega_{16}\times\partial_1\Omega_{16}$ est donc nulle en vertu du lemme précédent.

Des définitions $\tilde{T}_1 = s_{1*}(\Omega_{16}\times\partial_1\Omega_{16})$ et $\tilde{R}_1 = \tilde{H}_*(\tilde{T}_1\times S_1)$, on déduit

(5.132) $\quad \tilde{R}_1 = \tilde{H}_{1*}((s_1,\tilde{\beta})_*(\Omega_{16}\times\partial_1\Omega_{16})\times S_1)$;

l'intégrale partielle $<\tilde{R}_1 \mid \Pi_1 \mid \tilde{\Phi}\wedge\Pi_2^*\alpha>$ est donc définie et égale à

$$<(s_1,\tilde{\beta})_*(\Omega_{16}\times\partial_1\Omega_{16})\times S_1 \mid \Pi_1 \mid \tilde{H}_1^*\tilde{\Phi}\wedge\Pi_2^*\alpha> ;$$

compte-tenu de la relation $\int_{S_1}\tilde{H}_1^*\Phi = -\tilde{\Phi}_{[1]}$ (théorème 1, chap. I), on a finalement

$$<\tilde{R}_1 \mid \Pi_1 \mid \tilde{\Phi}\wedge\Pi_2^*\alpha>(t) = \int_{u\in\partial_1\Omega_{16}} K_{01}(t,u)\wedge\alpha(u) \qquad (t\in\Omega_{16}),$$

où K_{01} est défini par

$$(5.133) \qquad K_{01} = (\tilde{\beta},s_1)^*\,\tilde{\Phi}_{[1]} = \chi_0\wedge\chi_1\wedge\sum_{r=0}^{14}(d\chi_0)^r\wedge(d\chi_1)^{14-r}.$$

Si α est de type (0,q), la composante de type (0,q) de $\int_{u\in\partial_1\Omega_{16}} K_{01}(t,u)\wedge\bar{\partial}\alpha(u)$ est égale à $\int_{u\in\partial_1\Omega_{16}} K_{01}^{0,q}(t,u)\wedge\bar{\partial}\alpha(u)$, où $K_{01}^{0,q}(t,u)$ est la restriction à $\Omega_{16}\times\partial_1\Omega_{16}$ de la composante, de type (0,q) en t et (n,n-q-1) en u, de K_{01} ; on a

$$\sum_{q=0}^{14} K_{01}^{0,q} = K_{01}^{0*} = \chi_0'\wedge\chi_1'\wedge\sum_{r=0}^{14}(\bar{\partial}\chi_0')^r\wedge(\bar{\partial}\chi_1')^{14-r} ;$$

comme $\chi_0' = \eta_0'/2i\pi\tilde{\rho}$, $\chi_1' = \eta_1'/2i\pi F_1$, on a

$$\chi_0'\wedge\chi_1'\wedge(\bar{\partial}\chi_0')^r\wedge(\bar{\partial}\chi_1')^{14-r} = (2\pi)^{-16}\,\tilde{\rho}^{-r-1}F_1^{r-15}\,\eta_0'\wedge\eta_1'\wedge(\bar{\partial}\eta_0')^r\wedge(\bar{\partial}\eta_1')^{14-r} ;$$

compte-tenu du lemme (5.19), la restriction de cette forme à $\Omega_{16}\times\partial_1\Omega_{16}$ est nulle pour $r\leqslant 3$; on a donc (sur $\Omega_{16}\times\partial_1\Omega_{16}$)

$$K_{01}^{0*} = \chi_0'\wedge\chi_1'\wedge\sum_{r=4}^{14}(\bar{\partial}\chi_0')^r\wedge(\bar{\partial}\chi_1')^{14-r}.$$

On démontre de la même façon que la composante de type (0,q) de $d<R_1 \mid \Pi_1 \mid \tilde{\Phi}\wedge\Pi_2^*\alpha> = d\int_{\partial_1\Omega_{16}} K_{01}(t,u)\wedge\alpha(u)$ est égale à $\bar{\partial}\int_{u\in\partial_1\Omega_{16}} K_{01}^{0,q-1}(t,u)\wedge\alpha(u)$.

REMARQUE. La forme différentielle χ_1 peut encore s'écrire

$$\chi_1 = \hat{\eta}_1 / 2i\pi\,\hat{G}(t,u),$$

avec

$$(5.134) \qquad \hat{G}(t,u) = \left(\frac{\partial G}{\partial u}(u) : u-t\right)$$

et $\hat{\eta}_1 = \left(\frac{\partial G}{\partial u}(u) : du-dt\right)$; la composante de $\hat{\eta}_1$, de type (1,0) en u, est $\hat{\eta}_1' = \left(\frac{\partial G}{\partial u}(u) : du\right) = \partial G(u)$, de sorte que l'on a

$$(5.135) \qquad \chi_1' = \partial G(u) / 2i\pi\,\hat{G}(t,u) ;$$

compte-tenu de $\chi_0' = \eta_0'/2i\pi\tilde{\rho}$, $\eta_0' = \partial_u\tilde{\rho}$, on a donc

$$(5.136) \qquad K_{01}^{0*} = (2\pi)^{-16}\,\partial_u\tilde{\rho}\wedge\partial G(u)\wedge\sum_{r=4}^{14}\tilde{\rho}^{-r-1}\,G^{r-15}\,(\bar{\partial}\partial_u\tilde{\rho})^r\wedge(\bar{\partial}\partial G(u))^{14-r} ;$$

on en déduit l'expression explicite de $K_{01}^{0,q}$:

$$(5.137)\qquad K_{01}^{0,q} = (2\pi)^{-16}\, \partial_u\tilde{\rho} \wedge \partial G(u) \wedge (\bar{\partial}_t \partial_u \tilde{\rho})^q \wedge$$

$$\wedge \sum_{r=\inf(4,q)}^{14} \binom{r}{q} \tilde{\rho}^{-r-1}\, \hat{G}^{r-15} (\bar{\partial}\partial\rho(u))^{r-q} \wedge (\bar{\partial}\partial G(u))^{14-r} .$$

Soit χ_2 la forme différentielle définie au voisinage de $\Omega_{16} \times \partial_2\Omega_{16}$ par

$$(5.138)\qquad \chi_2 = s_2^*\tilde{\theta} = \eta_2 / 2i\pi F_2(t,u) ,$$

avec

$$(5.139)\qquad \eta_2 = (\bar{u} : du - dt),\ F_2(t,u) = 1-(t : \bar{u}) ;$$

sa composante de degré 0 en t (et de type (1,0) en u) est

$$(5.140)\qquad \chi_2' = \partial\rho(u) / 2i\pi F_2(t,u) .$$

Soit Θ_1 la forme différentielle sur $\Omega_{16} \times \Gamma \times \Sigma_9$, définie par

$$(5.141)\qquad \Theta_1 = G_1'\ \tilde{\theta} = \psi / 2i\pi\Psi ,$$

où $\psi(t,C,\lambda,\theta) = 2(\bar{C} : dg_1 - dt)$ est égal, d'après le lemme 5.19, à

$$(5.142)\qquad \psi = 2(\bar{C} : dC - dt) ,$$

Ψ étant la fonction définie par

$$(5.143)\qquad \Psi = 1 - 2(\bar{C} : t) .$$

Sa composante de degré 0 en t est

$$(5.144)\qquad \Theta_1' = \psi' / 2i\pi\Psi ,\ \psi' = 2(\bar{C} : dC) ;$$

on a donc

$$\Theta_1' \wedge (d\Theta_1')^r = (2i\pi\Psi)^{-1-r} \psi' \wedge (d\psi')^r ;$$

comme ψ' est une forme de degré 1 sur Γ, cette expression est nulle si r est supérieur ou égal à 11. D'après le théorème 5.15, l'application $g_1' : \Omega_{16} \times \Gamma \times \Sigma_9 \to \Omega_{16} \times \partial_2\Omega_{16}$ est une fibration localement triviale à fibre compacte de dimension 6 ; on peut donc définir, pour tout r, les formes différentielles ζ_r et ζ_r' par les relations

$$(5.145)\qquad \zeta_r = \langle \Omega_{16} \times \Gamma \times \Sigma_9 \mid g_1' \mid \Theta_1 \wedge (d\Theta_1)^r \rangle ,$$

$$(5.146)\qquad \zeta_r' = \langle \Omega_{16} \times \Gamma \times \Sigma_9 \mid g_1' \mid \Theta_1' \wedge (d\Theta_1')^r \rangle .$$

Les formes différentielles ζ_r et ζ_r' sont de degré $2r-5$ et sont donc nulles si $r<3$; elles sont également nulles si $r>10$; ζ_r' est la composante, de degré 0 en $t \in \Omega_{16}$, de ζ_r .

LEMME 5.20. <u>Les formes différentielles</u> ζ'_r <u>sont nulles pour</u> $r \neq 6$; <u>la forme différentielle</u> ζ'_6 <u>est égale à</u>

$$(5.147)\qquad \zeta'_6(t,u) = \frac{3!}{\pi^4}\,\frac{1-(t:\bar{u})}{|1-2(t:\bar{u})+H(t,u)|^4}\,\omega'_7(u)\,, \qquad (t\in\Omega_{16},\ u\in\partial_2\Omega_{16})$$

<u>où</u> $H(t,u)$ <u>désigne la fonction, holomorphe en</u> t <u>et antiholomorphe en</u> u, <u>définie par</u>

$$(5.148)\qquad H(t,u) = \sigma(t_1)\bar{\sigma}(u_1) + \sigma(t_2)\bar{\sigma}(u_2) + 2(t_1t_2 : \bar{u}_1\bar{u}_2) \qquad (t,u\in \mathcal{O}\oplus\mathcal{O})$$

<u>et</u> $\omega'_7(u)$ <u>est la forme différentielle de degré 7 sur</u> $\partial_2\Omega_{16}$, <u>invariante par les automorphismes</u> $R(\lambda,\theta)$ $((\lambda,\theta)\in\Sigma_9)$, <u>dont la valeur, en un point</u> u <u>de</u> $\partial_2\Omega_{16}$ <u>qui s'écrit</u> $u=(u_1,0)$, <u>avec</u> $u_1\in\mathcal{O}_c$, <u>est</u>

$$(5.149)\qquad \omega'_7(u_1,0) = \sum_{j=0}^{7}(-1)^j u_1^j\, du_1^0\wedge\ldots\wedge[du_1^j]\wedge\ldots\wedge du_1^7\,.$$

<u>Démonstration.</u> Remarquons d'abord que ζ'_r est invariante par tout automorphisme $R = R(\lambda,\theta)$, où $(\lambda,\theta)\in\Sigma_9$. En effet, la forme différentielle à intégrer,

$$(5.150)\qquad \Theta'_1\wedge(d\Theta'_1)^r = \frac{(2\bar{C}:dC)\wedge(2d\bar{C}:dC)^r}{(2i\pi)^{r+1}(1-2(\bar{C}:t))^{r+1}}$$

est invariante par R ; d'autre part, l'image réciproque de $(t,u)\in\Omega_{16}\times\partial_2\Omega_{16}$ par g'_1 est $\{t\}\times\Gamma_u\times\{S(u)\}$ (où $S(u) = (\sigma(u_1)+\bar{\sigma}(u_2),\ i(u_1u_2-\bar{u}_1\bar{u}_2))\in\Sigma_9$ et où Γ_u est l'ensemble des points $C\in\Gamma$ tels que $g'_1(C,S(u)) = u$) ou encore, en utilisant le théorème 5.15 et la proposition 5.16, l'ensemble des points $C\in\Gamma$ tels que l'hyperplan tangent réel $T(C)$ à $\partial_1\Omega_{16}$ contienne le point u ; la valeur en (t,u) de la forme différentielle ζ'_r est donc l'intégrale partielle de $\Theta'_1\wedge(d\Theta'_1)^r$, qui ne dépend pas de $S(u)$, sur $\{t\}\times\Gamma_u$; comme R est linéaire, on a $R\Gamma_u = \Gamma_{Ru}$; il en résulte que $R^*\zeta'_r(t,u)$ est l'intégrale partielle de $\Theta'_1\wedge(d\Theta'_1)^r = R^*(\Theta'_1\wedge(d\Theta'_1)^r)$ sur $\{Rt\}\times\Gamma_{Ru} = R(\{t\}\times\Gamma_u)$, d'où $R^*\zeta'_r(t,u) = \zeta'_r(t,u)$.

Comme tout point $u\in\partial_2\Omega_{16}$ s'écrit $u = R(\lambda,\theta)x$, avec $x\in\Sigma_{15}$ et $(\lambda,\theta)\in\Sigma_9$, il suffit de calculer $\zeta'_r(t,x)$ avec $x\in\Sigma_{15}$ et $t\in\Omega_{16}$. Soit $x=(x_1,x_2)\in\Sigma_{15}$; si $x_1\neq 0$, on a

$$x = R\left(|x_1|,\ \frac{x_1x_2}{|x_1|}\right)x'\,,$$

où $x' = (x_1/|x_1|,0)$; si $x_1 = 0$, on a $x = R(0,1)x'$, avec $x' = (\tilde{x}_2,0)$. Il suffit donc de déterminer $\zeta'_r(t,x)$ lorsque $x\in\Sigma_{15}$ est de la forme $(\xi,0)$. Comme $S(x) = (1,0)$, Γ_x est l'ensemble des $C\in\Gamma$ tels que $C+\bar{C} = x$, ce qui équivaut à

(5.151) $C = (C_1,0),\quad C_1 = \frac{1}{2}(\xi + i\eta),\quad \rho(\eta) = 1,\quad (\xi : \eta) = 0\,.$

Il en résulte que l'on a, si $C \in \Gamma_x$ est exprimé par les relations (5.151),

$$(2\bar{C} : dC) = \frac{1}{2}(\xi - i\eta : d\xi + id\eta) = \frac{1}{2}(\xi : d\xi) - \frac{i}{2}(\eta : d\xi) + \frac{i}{2}(\xi : d\eta) + (\eta : d\eta)\ ;$$

compte-tenu des relations $\rho(\eta) = 1$, $(\xi : \eta) = 0$ on a $(\xi : d\eta) = -(\eta : d\xi)$ et $(\eta : d\eta) = 0$ sur Γ_x ; d'autre part, on a $(\xi : d\xi) = 0$ sur $\partial_2\Omega_{16}$, car c'est la valeur en $(\xi,0)$ de la forme différentielle $\frac{1}{2}(\bar{u} : du) + \frac{1}{2}(u : d\bar{u})$, qui est identiquement nulle sur $\partial_2\Omega_{16}$. On a finalement, pour $C \in \Gamma_{(\xi,0)}$,

$$(2\bar{C} : dC) = -i(\eta : d\xi),\quad (2d\bar{C} : dC) = i(d\xi : d\eta),$$

et

(5.152) $$\zeta'_r(t;\xi,0) = -\int_{\eta\in\Sigma'_\xi} \frac{(\eta:d\xi)\wedge(d\xi:d\eta)^r}{(2\pi)^{r+1}(1-(\xi:t')+i(\eta:t'))^{r+1}}\,,$$

où $t = (t',t'')$ et où Σ'_ξ désigne la sphère de dimension 6 dans $\mathcal{O}_c \simeq \underline{\underline{R}}^8$:

$$\Sigma'_\xi = \{\eta \in \mathcal{O}_c\ ;\ \rho(\eta) = 1\,,\ (\xi : \eta) = 0\}.$$

La forme différentielle à intégrer est nulle sur Σ'_ξ si $r > 6$, et de degré r en η si $r \leqslant 6$; on a donc $\zeta'_r = 0$ pour $r \neq 6$. La relation (4.87) du lemme 4.7 s'écrit

$$(\eta : d\xi)\wedge(d\xi:d\eta)^6 = 6!\,\omega'(\xi)\wedge\omega''_\xi(\eta)\ ;$$

on en déduit la relation

(5.153) $$\zeta'_6(t;\xi,0) = -\frac{6!}{(2\pi)^7}\,\omega'(\xi)\int_{\eta\in\Sigma'_\xi}\frac{\omega''_\xi(\eta)}{[1-(\xi:t')+i(\eta:t')]^7}\,.$$

Le calcul de ζ'_6 est ainsi ramené au calcul de l'intégrale ci-dessus.

LEMME 5.21. <u>Pour</u> $t = (t',t'') \in \Omega_{16}$ <u>et tout</u> $x = (\xi,0)$, <u>où</u> $\xi \in \mathcal{O}_c$ $(\rho(\xi) = 1)$, <u>on a la relation</u>

(5.154) $$\int_{\eta\in\Sigma'_\xi}\frac{\omega''_\xi(\eta)}{[1-(\xi:t')+i(\eta:t')]^7} = -\frac{16\pi^3}{15}\,\frac{1-(\xi:t')}{[1-2(\xi:t')+H(t,x)]^4}\,.$$

<u>Démonstration</u>. On convient d'orienter Σ'_ξ par ω''_ξ ; on précisera plus loin l'orientation de $\partial_2\Omega_{16}$ compatible avec ce choix. Soit $(e_1,e_2,\ldots,e_8)$ une base orthonormée directe de $\mathcal{O}_c \simeq \underline{\underline{R}}^8$ telle que $\xi = e_1$, $t' = t_1e_1 + t_2e_2$; on a alors

$$\Sigma'_\xi = \{\eta = \sum_{j=2}^{8}\eta^j e_j\ ;\ \Sigma(\eta^j)^2 = 1\}$$

et

$$\omega''_\xi(\eta)\Big|_{\Sigma'_\xi} = \sum_{j=2}^{8}(-1)^{j-1}\,\eta^j\,d\eta^2\wedge\ldots\wedge[d\eta^j]\wedge\ldots\wedge d\eta^8\ ;$$

d'autre part, on a $1-(\xi:t')+i(\eta:t') = 1-t_1+it_2\eta^2$. Soit J le premier membre de la relation (5.154) ; on a donc

$$J = \int_{(\eta^2)^2+\ldots+(\eta^8)^2=1} \frac{\omega''_\xi(\eta)}{(1-t_1+it_2\eta^2)^7}.$$

La différentielle de la forme à intégrer est

$$d_\eta\left(\frac{\omega''_\xi(\eta)}{(1-t_1+it_2\eta^2)^7}\right) = -\frac{7d\eta^2\wedge\ldots\wedge d\eta^8}{(1-t_1+it_2\eta^2)^7} - \frac{7it_2d\eta^2\wedge\omega''_\xi(\eta)}{(1-t_1+it_2\eta^2)^8}$$

$$= -\frac{7d\eta^2\wedge\ldots\wedge d\eta^8}{(1-t_1+it_2\eta^2)^7} + \frac{7it_2\eta^2d\eta^2\wedge\ldots\wedge d\eta^8}{(1-t_1+it_2\eta^2)^8}$$

$$= -\frac{7(1-t_1)d\eta^2\wedge\ldots\wedge d\eta^8}{(1-t_1+it_2\eta^2)^8} ;$$

on en déduit, par application du théorème de Stokes,

$$J = -7(1-t_1)\int_{(\eta^2)^2+\ldots+(\eta^8)^2\leqslant 1} \frac{d\eta^2\wedge\ldots\wedge d\eta^8}{(1-t_1+it_2\eta^2)^8}$$

$$= -7(1-t_1)\frac{\pi^3}{3!}\int_{-1}^{+1}(1-t_1+it_2y)^{-8}(1-y^2)^3dy .$$

Pour évaluer cette dernière intégrale, qui est analytique en (t_1,t_2), on suppose d'abord (t_1,t_2) suffisamment voisin de 0 pour avoir

$$(1-t_1+it_2)^{-8} = (1-t_1)^{-8}\sum_{k=0}^{\infty}\binom{k+7}{7}\left(\frac{it_2y}{1-t_1}\right)^k ,$$

uniformément pour $y\in[-1,+1]$. L'intégrale $\int_{-1}^{+1} y^k(1-y^2)^3dy$ est nulle si k est impair, et égale à $B(\ell+\frac{1}{2},4)$ si $k = 2\ell$. On a donc

$$J = -\frac{7\pi^3}{3!}(1-t_1)^{-7}\sum_{\ell=0}^{\infty}(-1)^\ell\binom{2\ell+7}{7}B(\ell+\frac{1}{2},4)\left(\frac{t_2}{1-t_1}\right)^{2\ell} ;$$

soit $a_\ell = (-1)^\ell\binom{2\ell+7}{7}B(\ell+\frac{1}{2},4)$; on a

$$\frac{a_\ell}{a_{\ell-1}} = -\frac{(2\ell+7)(2\ell+6)}{2\ell(2\ell-1)}\,\frac{\ell-1/2}{4+\ell-1/2} = \frac{-3-\ell}{\ell}$$

et $a_0 = B(4,1/2) = \dfrac{2^4.3!}{1.3.5.7}$, d'où

$$J = -\frac{16\pi^3}{15}(1-t_1)^{-7}\left(1+\frac{t_2^2}{(1-t_1)^2}\right)^{-4} = -\frac{16\pi^3}{15}(1-t_1)((1-t_1)^2+t_2^2)^{-4} .$$

Comme on a $t_1 = (\xi : t')$ et $t_1^2 + t_2^2 = \sigma(t') = H(t,x)$, la relation (5.154) est démontrée pour t suffisamment voisin de 0 ; elle s'étend à tout $t \in \Omega_{16}$ par prolongement analytique.

Fin de la démonstration du lemme 5.20. En reportant le résultat obtenu dans la relation (5.153), on obtient

$$(5.155) \qquad \zeta_6'(t;\xi,0) = \frac{3!}{\pi^4} \frac{1-(t':\xi)}{(1-2(t':\xi)+H(t,x))^4} \omega'(\xi),$$

qui est bien la relation (5.147) lorsque $u = (\xi,0)$. Il reste à remarquer que $H(t,u)$ est invariant par les automorphismes $R = R(\lambda,\theta)$, $(\lambda,\theta) \in \Sigma_9$, ce qui résulte du lemme 5.10 et du fait que R est $\underline{\underline{C}}$-linéaire, ou d'un calcul direct analogue à la démonstration du lemme 5.10. La forme différentielle

$$\frac{\pi^4}{3!} \frac{(1-2(t:\bar{u})+H(t,u))^4}{1-(t:\bar{u})} \zeta_6'(t,u) = \omega_7'(u)$$

est donc invariante par les automorphismes $R(\lambda,\theta)$ et égale à $\omega'(\xi)$ lorsque $u=(\xi,0)$, $\xi \in \mathcal{O}_c$, $\rho(\theta) = 1$; elle est donc indépendante de t et satisfait sur tout $\partial_2\Omega_{16}$ aux conditions de l'énoncé du lemme 5.20.

LEMME 5.22. Soit α une forme différentielle de classe C^1 et de type $(0,q)$ définie au voisinage de $\partial_2\Omega_{16}$. L'intégrale partielle $<\tilde{T}_2 \mid \Pi_1 \mid \tilde{\Phi} \wedge \Pi_2^*\alpha>$ est alors définie ; sa composante de type $(0,q)$ est nulle si $q > 0$. Si $q = 0$, c.à.d. si α est une fonction, on a

$$(5.156) \qquad <\tilde{T}_2 \mid \Pi_1 \mid \tilde{\Phi} \wedge \Pi_2^*\alpha> = <\Omega_{16} \times \partial_2\Omega_{16} \mid p_1 \mid K_2 \wedge p_2^*\alpha> = \int_{u \in \partial_2\Omega_{16}} K_2(t,u) \wedge \alpha(u),$$

où p_1, p_2 désignent les projections de $\Omega_{16} \times \partial_2\Omega_{16}$ et où le noyau K_2 est la forme différentielle sur $\Omega_{16} \times \partial_2\Omega_{16}$, définie par

$$(5.157) \qquad K_2 = \zeta_6' \wedge \chi_2' \wedge (\bar{\partial}\chi_2')^8.$$

Démonstration. Compte-tenu des relations de définition (5.117) et (5.111), on a

$$\tilde{T}_2 = \tilde{H}_{1*}((s_2 \circ g_1', G_1')_*(\Omega_{16} \times \Gamma \times \Sigma_9) \times S_1) ;$$

l'intégrale partielle $<\tilde{T}_2 \mid \Pi_1 \mid \tilde{\Phi} \wedge \Pi_2^*\alpha>$ est donc égale, par application du théorème 1, chap. I et de la relation $\Pi_2 \circ (s_2 \circ g_1', G_1') = p_2 \circ g_1'$, à

$$<\Omega_{16} \times \Gamma \times \Sigma_9 \mid P_1 \mid (G_1', s_2 \circ g_1')^* \Phi_{[1]} \wedge g_1'^* p_2^* \alpha> ;$$

cette intégrale partielle existe puisque la première projection P_1 de $\Omega_{16} \times \Gamma \times \Sigma_9$ est propre. Comme

$$(G_1', s_2 \circ g_1')^* \Phi_{[1]} = \Theta_1 \wedge g_1'^* \chi_2 \wedge \sum_{r_1+r_2=14} (d\Theta_1)^{r_1} \wedge (g_1'^* d\chi_2)^{r_2},$$

on a

$$<\tilde{T}_1 \mid \Pi_2 \mid \tilde{\Phi} \wedge \Pi_2^* \alpha> = <\Omega_{16} \times \partial_2 \Omega_{16} \mid p_1 \mid \gamma>$$

avec

$$\gamma = \sum_{r_1+r_2=14} <\Omega_{16} \times \Gamma \times \Sigma_9 \mid g_1' \mid \Theta_1 \wedge (d\Theta_1)^{r_1} \wedge g_1'^*(\chi_2 \wedge (d\chi_2)^{r_2} \wedge p_2^* \alpha>$$

$$= \sum_{r_1+r_2=14} \zeta_{r_1} \wedge \chi_2 \wedge (d\chi_2)^{r_2} \wedge p_2^* \alpha .$$

Comme Θ_1 est holomorphe en t, il en est de même des ζ_r ; comme χ_2 est également holomorphe en t, la composante de type (0,q) en t de γ est nulle si $q > 0$; la composante de type (0,q) de $<T_2 \mid \Pi_1 \mid \tilde{\Phi} \wedge \Pi_2^* \alpha>$ est alors également nulle. Si $q = 0$, la composante de γ, de degré 0 en t, vaut

$$\gamma' = \zeta_6' \wedge \chi_2' \wedge (\bar{\partial} \chi_2')^8 \wedge p_2^* \alpha ,$$

ce qui démontre le lemme.

LEMME 5.23. Soit α une forme différentielle de classe C^1 et de type (0,q) définie au voisinage de $\partial_2 \Omega_{16}$. Les intégrales partielles $<\tilde{R}_2 \mid \Pi_1 \mid \tilde{\Phi} \wedge \Pi_2^* d\alpha>$ et $d <\tilde{R}_2 \mid \Pi_1 \mid \tilde{\Phi} \wedge \Pi_2^* \alpha>$ sont alors définies ; leurs composantes de type (0,q) valent respectivement

$$\int_{u \in \partial_2 \Omega_{16}} K_{012}^{0,q}(t,u) \wedge \bar{\partial} \alpha(u)$$

et

$$\bar{\partial} \int_{u \in \partial_2 \Omega_{16}} K_{012}^{0,q-1}(t,u) \wedge \alpha(u) ,$$

où $K_{012}^{0,q}$ est la composante, de type (0,q) en t, de

$$K_{012}^{0,} = \zeta_6' \wedge \sum_{r_0+r_2=7} \chi_2' \wedge \chi_0' \wedge (\bar{\partial} \chi_0')^{r_0} \wedge (\bar{\partial} \chi_2')^{r_2} \tag{5.158}$$

(en particulier, $K_{012}^{0,q}$ est nul si $q > 7$).

Démonstration. Les relations de définition de $\tilde{T}_2$ et $\tilde{R}_2$:

$$\tilde{T}_2 = \tilde{H}_{1*}((s_2 \circ g_1', G_1')_*(\Omega_{16} \times \Gamma \times \Sigma_9) \times S_1), \quad \tilde{R}_2 = \tilde{H}_*(T_2 \times S_1)$$

entraînent, compte-tenu de $\tilde{\Pi} \circ G_1' = g_1'$ et $\tilde{H} = \tilde{H}_1 \circ (id, \tilde{\beta} \circ \tilde{\Pi})$,

$$\tilde{R}_2 = \tilde{H}_{2*}((s_2 \circ g_1', G_1', \tilde{\beta} \circ g_1')_*(\Omega_{16} \times \Gamma \times \Sigma_9) \times S_2) .$$

Appliquant le théorème 1, chap. I : $\int_{S_2} \tilde{H}_2 \tilde{\Phi} = -\tilde{\Phi}_{[2]}$, on voit que $<\tilde{R}_2 \mid \Pi_1 \mid \tilde{\Phi} \wedge \Pi_2^* \alpha>$

est définie et égale à

$$<\Omega_{16}\times\Gamma\times\Sigma_9 \mid P_1 \mid (\tilde{\beta}\circ g_1', G_1', s_2\circ g_1')^*\tilde{\Phi}_{[2]}\wedge g_1'^* p_2^*\alpha> ;$$

compte-tenu des définitions : $\chi_0 = \tilde{\beta}^*\tilde{\theta}$, $\chi_2 = s_2^*\tilde{\theta}$, $\Theta_1 = G_1'^*\tilde{\theta}$, on a

$$(\tilde{\beta}\circ g_1', G_1', s_2\circ g_1')^*\Phi_{[2]}$$

$$= \sum_{r_0+r_1+r_2=13} g_1'^*(\chi_0\wedge(d\chi_0)^{r_0})\wedge\Theta_1\wedge(d\Theta_1)^{r_1}\wedge g_1'^*(\chi_2\wedge(d\chi_2)^{r_2}) ;$$

on en déduit l'égalité

$$(5.159)\qquad <\tilde{R}_2 \mid \Pi_1 \mid \tilde{\Phi}\wedge\Pi_2^*\alpha> = <\Omega_{16}\times\partial_2\Omega_{16} \mid p_1 \mid K_{012}\wedge p_2^*\alpha> ,$$

où p_1, p_2 sont les projections de $\Omega_{16}\times\partial_2\Omega_{16}$ et où K_{012} est défini par

$$(5.160)\qquad K_{012} = \sum_{r_0+r_1+r_2=13} \chi_0\wedge(d\chi_0)^{r_0}\wedge\zeta_{r_1}\wedge\chi_2\wedge(d\chi_2)^{r_2} ;$$

comme p_1 est une application propre, les deux membres de l'égalité (5.159) sont définis. La composante de $<\tilde{R}_2 \mid \Pi_1 \mid \tilde{\Phi}\wedge\Pi_2^*\alpha>$, de type (0,q-1), est alors $\int_{u\in\partial_2\Omega_{16}} K_{012}^{0,q-1}(t,u)\wedge\alpha(u)$, ce qui entraîne que la composante de type (0,q) de $d<\tilde{R}_2 \mid \Pi_1 \mid \tilde{\Phi}\wedge\Pi_2^*\alpha>$ est égale à $\bar{\partial}\int_{u\in\partial_2\Omega_{16}} K_{012}^{0,q-1}(t,u)\wedge\alpha(u)$. De même, la composante de type (0,q) de $<\tilde{R}_2 \mid \Pi_1 \mid \tilde{\Phi}\wedge\Pi_2 d\alpha>$ est égale à $\int_{u\in\partial_2\Omega_{16}} K_{012}^{0,q}(t,u)\wedge d\alpha(u)$; il reste à montrer que $\int_{u\in\partial_2\Omega_{16}} K_{012}^{0,q}(t,u)\wedge\partial\alpha(u)$ est nul. Cette dernière intégrale est égale à la composante de type (0,q) de

$$<\Omega_{16}\times\Gamma\times\Sigma_9 | P_1 | \sum_{r_0+r_2=7} g_1'^*(\chi_0'\wedge(\bar{\partial}\chi_0')^{r_0})\wedge\Theta_1'\wedge(d\Theta_1')^6\wedge g_1'^*(\chi_2'\wedge(\bar{\partial}\chi_2')^{r_2})\wedge g_1'^* p_2^*\partial\alpha> ;$$

la forme différentielle à intégrer est donc l'image réciproque par g_1' de la forme différentielle, définie au voisinage de $\Omega_{16}\times b\Omega_{16}$:

$$(5.161)\qquad \sum_{r_0+r_2=7} \chi_0'\wedge(\bar{\partial}\chi_0')^{r_0}\wedge\chi_1'\wedge(\bar{\partial}\chi_1')^6\wedge\chi_2'\wedge(\bar{\partial}\chi_2')^{r_2}\wedge\partial\alpha(u) ;$$

si α est de type (0,q), la composante de type (0,q) en t de la forme (5.161) sera de type (17,13) en u, donc nulle. Comme ζ_6' et χ_2' sont holomorphes et de degré 0 en t, on déduit de (5.158) que $K_{012}^{0,q}$ est nul pour $q > 7$ et égal à

$$(5.162)\qquad K_{012}^{0,q} = \chi_0'\wedge\zeta_6'\wedge\chi_2'\wedge(\bar{\partial}_t\chi_0')^q\wedge\sum_{r=q}^{7}\binom{r}{q}(\bar{\partial}_u\chi_0')^{r-q}\wedge(\bar{\partial}\chi_2')^{7-r}$$

si $q \leqslant 7$.

THEOREME 7. <u>Soit α une forme différentielle, de classe C^1 et de type (0,q), définie</u>

au voisinage de $\bar{\Omega}_{16}$. On a alors les relations intégrales, valides pour tout $t\in\Omega_{16}$:

1) si $q = 0$:

$$(5.163)\quad \alpha(t) = \int_{u\in\partial_2\Omega_{16}} K_2(t,u)\,\alpha(u) + \int_{u\in\Omega_{16}} K^{0,0}(t,u)\wedge\bar\partial\alpha(u) + \int_{u\in\partial_1\Omega_{16}} K^{0,0}_{01}(t,u)\wedge\bar\partial\alpha(u) + \int_{u\in\partial_2\Omega_{16}} K^{0,0}_{012}(t,u)\wedge\bar\partial\alpha(u)\ ;$$

2) si $0<q\leqslant 16$:

$$(5.164)\quad \alpha(t) = \int_{u\in\Omega_{16}} K^{0,q}(t,u)\wedge\bar\partial w^*\alpha(u) + \int_{u\in\partial_1\Omega_{16}} K^{0,q}_{01}(t,u)\wedge\bar\partial w^*\alpha(u) + \int_{u\in\partial_2\Omega_{16}} K^{0,q}_{012}(t,u)\wedge\bar\partial w^*\alpha(u) + \bar\partial\int_{u\in\Omega_{16}} K^{0,q-1}(t,u)\wedge w^*\alpha(u) + \bar\partial\int_{u\in\partial_2\Omega_{16}} K^{0,q-1}_{01}(t,u)\wedge w^*\alpha(u) + \bar\partial\int_{u\in\partial_2\Omega_{16}} K^{0,q-1}_{012}(t,u)\wedge w^*\alpha(u)\ ;$$

les noyaux K_2, $K^{0,q}$, $K^{0,q}_{01}$ et $K^{0,q}_{012}$ ont été définis respectivement par les relations (5.157), (1.38), (5.137) et (5.162) ; on a

$K^{0,q} = 0$ si $q = 16$,

$K^{0,q}_{01} = 0$ si $q \geqslant 15$,

$K^{0,q}_{012} = 0$ si $q \geqslant 8$.

Les relations (5.163) et (5.164) résultent immédiatement de la relation (5.119) et des lemmes 5.18, 5.22 et 5.23.

Noyau de Cauchy-Hua et noyau de Poisson. Si f est une fonction holomorphe au voisinage de $\bar{\Omega}_{16}$, la relation (5.163) s'écrit

$$f(t) = \int_{u\in\partial_2\Omega_{16}} f(u)K_2(t,u) \qquad (t\in\partial_2\Omega_{16}).$$

La variété $\partial_2\Omega_{16}$ est orientable, puisqu'elle est réunion des deux ouverts $\partial_2\Omega_{16}\setminus\Sigma_{15}$ et $\partial_2\Omega_{16}\setminus i\Sigma_{15}$, dont l'intersection est connexe et qui sont tous deux difféomorphes à $\Sigma_{15}\times B_9$ (proposition (5.12) ; dans les relations intégrales précédentes, il convient donc d'orienter $\partial_2\Omega_{16}$ par $K_2(t,u)$. Rappelons que l'on a

$$\zeta_6' = \frac{3!}{\pi^4}\,\frac{1-(t:\bar u)}{(1-2(t:\bar u)+H(t,u))^4}\,\omega_7'(u)$$

et

$$\chi_2' = \frac{1}{2i\pi}\,\frac{(\bar u:du)}{1-(t:\bar u)}\ ;$$

on en déduit l'expression de K_2 :

$$K_2 = \zeta_6' \wedge \chi_2' \wedge (\bar\partial \chi_2')^8 = \frac{3!}{\pi^4}\frac{1}{\pi^9}\frac{1}{(1-(t:\bar u))^8(1-2(t:\bar u)+H(t,u))^4}\gamma(u) ,$$

où $\gamma(u)$ est la forme différentielle

$$\gamma(u) = \omega_7'(u) \wedge \frac{1}{2i}(\bar u : du) \wedge (\frac{1}{2i} d\bar u : du)^8 ;$$

la forme γ est invariante sur $\partial_2\Omega_{16}$ par les automorphismes $R(\lambda,\theta)$ $((\lambda,\theta)\in\Sigma_9)$; il suffit donc de la calculer en un point $u = (\xi,0)$, où $\xi \in \mathcal{O}_c$ et $\rho(\xi) = 1$; γ est également invariante par une rotation réelle sur ξ ; il suffit finalement de calculer $\gamma(1,0)$. Soient $u_\ell^j = x_\ell^j + iy_\ell^j$ $(\ell = 1,2 ; 0 \leqslant j \leqslant 7)$ les coordonnées de $\underline{\underline{C}}^{16} \simeq \mathcal{O}\oplus\mathcal{O} \simeq (\mathcal{O}_c \oplus i\mathcal{O}_c)\oplus(\mathcal{O}_c \oplus i\mathcal{O}_c)$ relatives à une base orthonormée $(e_0=1, e_1,\dots,e_7)$ de $\mathcal{O}_c$; on a alors, au point $u = (1,0)\in\partial_2\Omega_{16}$,

$$\omega_7'(u) = dx_1^1 \wedge \dots \wedge dx_1^7 , \qquad \frac{1}{2i}(\bar u : du) = \frac{1}{2} dy_1^0$$

$$\frac{1}{2i}(d\bar u : du) = (dx : dy) = \sum_{j=0}^{7} (dx_1^j : dy_1^j) + (dx_2^j : dy_2^j) ;$$

on en déduit que la valeur de $\gamma|_{\partial_2\Omega_{16}}$ en $(1,0)$ est égale à

$$\frac{1}{2} dx_1^1 \wedge \dots \wedge dx_1^7 \wedge dy_1^0 \wedge (\sum_{j=0}^{7} dx_2^j : dy_2^j)^8 =$$

$$= \frac{8!}{2} dx_1^1 \wedge \dots \wedge dx_1 \wedge dy_1 \wedge \bigwedge_{j=0}^{7} (dx_2^j \wedge dy_2^j),$$

c'est-à-dire $\frac{8!}{2}\omega_{24}(1,0)$, en désignant par ω_{24} la forme-volume euclidienne de $\partial_2\Omega_{16}$, compatible avec l'orientation choisie. On a donc $\gamma = \frac{8!}{2}\omega_{24}$ sur tout $\partial_2\Omega_{16}$ et par conséquent

(5.165) $$K_2|_{\partial_2\Omega_{16}} = \frac{3!8!}{2\pi^{13}}\frac{1}{(1-(t:\bar u))^8(1-G(t,u))^4}\omega_{24}(u) ,$$

avec

(5.166) $$G(t,u) = 2(t:\bar u) - \sigma(t_1)\bar\sigma(u_1) - \sigma(t_2)\bar\sigma(u_2) - 2(t_1t_2 : \bar u_1\bar u_2).$$

Définissons $C(t,u)$ par

(5.167) $$C(t,u) = \frac{3!8!}{2\pi^{13}}\frac{1}{(1-(t:\bar u))^8(1-G(t,u))^4} ;$$

alors $C(t,u)$ est le <u>noyau de Cauchy</u> de Ω_{16}, au sens de HUA [14] : en effet, $C(t,u)$ est holomorphe en t, vérifie $\bar C(t,u) = C(u,t)$ et toute fonction f holomorphe au voisinage de $\bar\Omega_{16}$ vérifie la <u>formule de Cauchy</u>

(5.168) $$f(t) = \int_{u\in\partial_2\Omega_{16}} f(u)\,C(t,u)\,\omega_{24}(u) \qquad (t\in\Omega_{16}) ;$$

un noyau C(t,u) possédant ces propriétés est unique (cf. HUA [14]) ; de la relation (5.168), appliquée à $f \equiv 1$, $u = 0$ et de l'expression (5.167) de C(t,u), on déduit le volume euclidien de $\partial_2 \Omega_{16}$:

(5.169) $$\mathrm{vol}(\partial_2 \Omega_{16}) = \frac{2\pi^{13}}{3!8!} = \frac{1}{2}\mathrm{vol}\,\Sigma_{15}\ \mathrm{vol}\,\Sigma_9 .$$

Enfin, le <u>noyau de Poisson</u> de Ω_{16}, défini par

(5.170) $$P(t,u) = \frac{|C(t,u)|^2}{C(t,t)}$$

(cf. HUA [14]), est égal à

(5.171) $$P(t,u) = \frac{3!8!}{2\pi^{13}} \frac{(1-\rho(t))^8(1-G(t))^4}{|1-2(t:\bar{u})|^{16}|1-G(t,u)|^8} ;$$

toute fonction f harmonique sur $\bar{\Omega}_{16}$ satisfait à la <u>formule de Poisson</u>

(5.172) $$f(t) = \int_{u\in\partial_2\Omega_{16}} P(t,u)\, f(u)\, \omega_{24}(u) \qquad (t \in \Omega_{16}).$$

APPENDICE

COURANTS SUR UNE VARIETE

On désigne par X une variété différentiable C^∞, de dimension pure n, qui sera toujours supposée réunion dénombrable de compacts. Pour tout ouvert U de X, on considère les espaces vectoriels suivants:

$\mathcal{D}(U) = \mathcal{D}^0(U)$, espace vectoriel sur $\underline{\underline{C}}$ des fonctions C^∞ à support compact, définies dans U et à valeurs dans $\underline{\underline{C}}$;

$\mathcal{D}^p(U)$, espace vectoriel sur $\underline{\underline{C}}$ des formes différentielles C^∞ à support compact, de degré p, définies dans U et à coefficients dans $\underline{\underline{C}}$;

$\mathcal{D}(U;C^k) = \mathcal{D}^0(U;C^k) = \mathcal{D}(U;k) = \mathcal{D}^0(U;k)$ $(k \in \underline{\underline{N}})$, espace vectoriel sur $\underline{\underline{C}}$ des fonctions C^k, définies dans U, à valeurs dans $\underline{\underline{C}}$, à support compact;

$\mathcal{D}^p(U;C^k) = \mathcal{D}^p(U;k)$, espace vectoriel sur $\underline{\underline{C}}$ des formes différentielles C^k de degré p, définies dans U, à support compact, à coefficients dans $\underline{\underline{C}}$.

1. Définition des courants. Soit $T: \mathcal{D}^p(U) \to \underline{\underline{C}}$ une application $\underline{\underline{C}}$-linéaire; on note $\langle T, \phi \rangle$ la valeur de T en $\phi \in \mathcal{D}^p(U)$; on dit que T est un courant de dimension p dans U si, pour tout $\phi \in \mathcal{D}^p(U)$, l'application $T \llcorner \phi : \mathcal{D}(U) \to \underline{\underline{C}}$, définie par

(1) $\quad \langle T \llcorner \phi, f \rangle = \langle T, \phi f \rangle \quad (f \in \mathcal{D}(U)),$

est une distribution dans U; on dit que T est d'ordre (au plus) k si $T \llcorner \phi$ est une distribution d'ordre (au plus) k pour tout $\phi \in \mathcal{D}^p(U)$.

Les distributions sont donc les courants de dimension 0. Les courants de dimension p forment un $\underline{\underline{C}}$-espace vectoriel, qui sera noté $\mathcal{D}'_p(U)$ ou $\mathcal{D}_p(U)$; les courants de dimension p et d'ordre au plus k en forment un sous-espace vectoriel, noté $\mathcal{D}'_p(U;k)$ ou $\mathcal{D}_p(U;k)$.

2. Restriction à un ouvert; localisation. Soient U, V deux ouverts de X, tels que $V \subset U$; l'extension par 0 sur $U \setminus V$ est une application linéaire injective $\varepsilon_V^U : \mathcal{D}^p(V) \to \mathcal{D}^p(U)$. Si $T \in \mathcal{D}'_p(U)$, la relation

(2) $\quad \langle \rho_V^U T, \phi \rangle = \langle T, \varepsilon_V^U \phi \rangle \quad (\phi \in \mathcal{D}^p(V))$

définit un courant $\rho_V^U T \in \mathcal{D}'_p(V)$, encore noté $T|_V$, appelé restriction de T à l'ouvert V. L'application de restriction $\rho_V^U : \mathcal{D}'_p(U) \to \mathcal{D}'_p(V)$ est donc la transposée de ε_V^U.

L'opération de restriction des courants, comme celle des distributions qu'elle généralise, possède les propriétés d'un faisceau:

si U, V, W sont des ouverts de X tels que $W \subset V \subset U$, on a $\rho_W^U = \rho_W^V \rho_V^U$;

si $V = \bigcup_{j \in J} V_j$ est une réunion d'ouverts de X, tout courant T sur V est uniquement déterminé par la famille $(T_j)_{j \in J}$ de ses restrictions $T_j = T|_{V_j}$; si $(T_j)_{j \in J}$ est une famille de courants, où $T_j \in \mathcal{D}'_p(V_j)$ pour chaque $j \in J$, une condition nécessaire et suffisante pour qu'il existe un courant $T \in \mathcal{D}'_p(V)$, tel que $T|_{V_j} = T_j$ pour tout $j \in J$, est que la famille $(T_j)_{j \in J}$ satisfasse les conditions de "recollement"

(3) $$T_j|_{V_j \cap V_k} = T_k|_{V_j \cap V_k} \qquad (j,k \in J).$$

Pour qu'une application $T : \mathcal{D}^p(U) \to \underline{\underline{C}}$ soit un courant (resp. un courant d'ordre au plus r), il faut et il suffit que ses restrictions $T_j = T \circ \varepsilon_{V_j}^U$ aux ouverts V_j d'un recouvrement $(V_j)_{j \in J}$ de U soient des courants (resp. des courants d'ordre au plus r) dans chaque V_j $(j \in J)$; en particulier, il suffira de savoir caractériser les courants dans les ouverts de définition des cartes locales de la variété X.

Soit U un ouvert de X, dans lequel est défini un système de coordonnées $(x^1, \ldots, x^n)$ de la variété X. Pour tout $J = (j_1, \ldots, j_p)$, $1 \leq j_1 < \ldots < j_p \leq n$, soit $T_J : \mathcal{D}^0(U) \to \underline{\underline{C}}$ l'application $\underline{\underline{C}}$-linéaire associée à $T : \mathcal{D}^p(U) \to \underline{\underline{C}}$ par $T^J = T \llcorner dx^J$, où $dx^J = dx^{j_1} \wedge \ldots \wedge dx^{j_p}$ et

(4) $$\langle T \llcorner dx^J, f \rangle = \langle T, f dx^J \rangle \qquad (f \in \mathcal{D}^0(U));$$

la donnée de la famille $(T^J)_{J \in I(p,n)}$, où $I(p,n)$ désigne l'ensemble des applications croissantes de $\{1, \ldots, p\}$ dans $\{1, \ldots, n\}$, définit T, puisque tout $\alpha \in \mathcal{D}^p(U)$ s'écrit d'une manière unique $\alpha = \sum_{J \in I(p,n)} \alpha_J \, dx^J$, ce qui entraîne

(5) $$\langle T, \alpha \rangle = \sum_{J \in I(p,n)} \langle T^J, \alpha_J \rangle;$$

il en résulte que T est un courant dans U si et seulement si les T^J sont des distributions . Compte-tenu de la notion de produit d'un courant par un champ de p-vecteurs qui est rappelée plus loin (cf. 3.4), les relations (5) sont équivalentes à la relation

(6) $$T = \sum_{J \in I(p,n)} T^J \wedge \frac{\partial}{\partial x^J},$$

où $\frac{\partial}{\partial x^J}$ désigne le champ de p-vecteurs $\frac{\partial}{\partial x^{j_1}} \wedge \dots \wedge \frac{\partial}{\partial x^{j_p}}$; la relation (6) est l'écriture en coordonnées locales d'un courant de dimension p.

Un courant de dimension p apparaît ainsi de façon naturelle comme un "champ de p-vecteurs à coefficients distributions".

Soit $T : \mathcal{D}^p(U) \to \underline{\underline{C}}$ un courant de dimension p dans un ouvert U de X, où sont définies des coordonnées locales $(x^1,\dots,x^n)$ de la variété X. Alors T peut aussi s'écrire

(7) $$T = \sum_{J \in I(n-p,n)} T_J \llcorner dx^J ,$$

où les T_J sont cette fois des courants de dimension n, déterminés par les relations

$$T_J = T \wedge \frac{\partial}{\partial x^J}$$

(cf. ci-dessous 3.3 et 3.4 pour la signification des notations $T_J \llcorner dx^J$ et $T \wedge \frac{\partial}{\partial x^J}$); les courants T_J sont liés aux distributions de l'écriture (6) par les relations

(8) $$T^{J'} = T_J \llcorner (dx^J \wedge dx^{J'}) , \qquad T_J = T^{J'} \wedge \left(\frac{\partial}{\partial x^{J'}} \wedge \frac{\partial}{\partial x^J}\right),$$

où, si $J \in I(n-p,n)$, J' désigne la suite croissante "complémentaire" formée avec les entiers de $\{1,\dots,n\} \setminus J$. La relation (7) sera appelée deuxième écriture en coordonnées locales du courant T.

Le support d'un courant est défini comme celui d'une distribution. Un courant T de support Σ possède une extension canonique $T : \mathcal{E}^p_\Sigma(U) \to \underline{\underline{C}}$ à l'espace vectoriel $\mathcal{E}^p_\Sigma(U)$ des formes différentielles ϕ, C^∞ et de degré p, telles que supp $\phi \cap \Sigma$ soit compact; celle-ci est définie par

$$\langle T,\phi\rangle = \langle T,\alpha\phi\rangle \qquad (\phi \in \mathcal{E}^p_\Sigma(U))$$

où $\alpha : U \to \underline{\underline{C}}$ est une fonction C^∞ à support compact, égale à 1 dans un voisinage de supp $\phi \cap \Sigma$. Comme pour les distributions, un courant T d'ordre au plus r possède une extension canonique $T : \mathcal{D}^p(U;C^r) \to \underline{\underline{C}}$.

3. Opérations sur les courants.

3.1. La structure d'espace vectoriel de $\mathcal{D}'_p(U)$. Si $T_1, T_2 \in \mathcal{D}'_p(U)$, $\lambda, \mu \in \underline{\underline{C}}$, le courant $\lambda T_1 + \mu T_2 \in \mathcal{D}'_p(U)$ est défini par

$$\langle \lambda T_1 + \mu T_2, \phi\rangle = \lambda\langle T_1,\phi\rangle + \mu\langle T_2,\phi\rangle \qquad (\phi \in \mathcal{D}^p(U)).$$

Plus généralement, la somme d'une famille localement finie $(T_\alpha)_{\alpha \in A}$ de courants $T \in \mathcal{D}'_p(U)$, c. à d. telle que la famille des supports

$(\operatorname{supp} T_\alpha)_{\alpha\in A}$ soit localement finie, est définie par

$$< \sum_{\alpha\in A} T_\alpha,\phi> = \sum_{\alpha\in A_\phi} <T_\alpha,\phi> \quad (\phi\in \mathcal{D}^p(U)),$$

la somme du second membre étant prise sur l'ensemble fini

$$A_\phi = \{\alpha\in A;\quad \operatorname{supp} T_\alpha \cap \operatorname{supp}\phi\neq\emptyset\}.$$

3.2. <u>Produit par une fonction</u>. Si $T\in\mathcal{D}'_p(U)$ et si $f\in\mathcal{E}^0(U)$, $\underline{\underline{C}}$-espace vectoriel des fonctions C^∞ dans U, le <u>produit</u> $Tf=fT=T\llcorner f=f\lrcorner T=T\wedge f=f\wedge T$ est défini par

(9) $\qquad <Tf,\phi> = <T,f\phi> \quad (\phi\in\mathcal{D}^p(U)).$

Si $T\in\mathcal{D}'_p(U;r)$ et si $f\in\mathcal{E}^0(U;r)$, $\underline{\underline{C}}$-espace vectoriel des fonctions C^r dans U, le produit Tf est encore défini par la même relation.

3.3. <u>Produit intérieur par une forme différentielle</u>. Si $T\in\mathcal{D}'_p(U)$ et si $\psi\in\mathcal{E}^q(U)$, $\underline{\underline{C}}$-espace vectoriel des formes différentielles C^∞ de degré q dans U, le <u>produit intérieur</u> $T\llcorner\psi$ est le courant de dimension p-q défini par

(10) $\qquad <T\llcorner\psi,\phi> = <T,\psi\wedge\phi> \quad (\phi\in\mathcal{D}^{p-q}(U));$

on définit également le produit $\psi\lrcorner T$ par

(11) $\qquad <\psi\lrcorner T,\phi> = <T,\phi\wedge\psi> \quad (\phi\in\mathcal{D}^{p-q}(U));$

on a la relation

(12) $\qquad \psi\lrcorner T = (-1)^{q(p-q)}\, T\llcorner\psi.$

Si $T\in\mathcal{D}'_p(U;r)$ et si $\psi\in\mathcal{E}^q(U;r)$, $\underline{\underline{C}}$-espace vectoriel des q-formes différentielles C^r dans U, les produits $T\llcorner\psi$ et $\psi\lrcorner T$ sont encore définis par les relations (10) et (11), et vérifient encore la relation (12).

3.4. <u>Produit extérieur par un champ de vecteurs</u>. On désigne par $\mathfrak{X}_p(U)$ (resp. $\mathfrak{X}_p(U;r)$) le $\underline{\underline{C}}$-espace vectoriel des p-champs de vecteurs C^∞ (resp. C^r) dans U. Si ξ est un champ de p-vecteurs et ϕ une p-forme différentielle, tous deux définis dans U, on désigne par (ξ,ϕ) la fonction résultant de l'accouplement canonique:

(13) $\qquad (\xi,\phi)(x) = (\xi(x),\phi(x)) \quad (x\in U),$

le second membre étant défini par la dualité de l'algèbre extérieure de T_xX. Si $\xi\in\mathfrak{X}_p(U;r)$ et si $\phi\in\mathcal{E}^p(U;r)$, alors $(\xi,\phi)\in\mathcal{E}^0(U,r)$.

Soient ξ un champ de p-vecteurs et ϕ une q-forme différentielle dans U; on suppose $q \geq p$; on désigne par $\xi \lrcorner \phi$ et $\phi \llcorner \xi$ les formes différentielles, de degré q-p, définies par

$$(14) \qquad \begin{aligned} (\eta, \xi \lrcorner \phi) &= (\eta \wedge \xi(x), \phi(x)) \\ (\eta, \phi \llcorner \xi) &= (\xi(x) \wedge \eta, \phi(x)) \qquad (\eta \in \Lambda_{q-p} T_x X). \end{aligned}$$

Si $\xi \in \mathfrak{X}_p(U;r)$, $\phi \in \mathcal{E}^q(U;r)$, alors $\xi \lrcorner \phi$ et $\phi \llcorner \xi$ appartiennent à $\mathcal{E}^{q-p}(U,r)$.

On a la relation

$$(15) \qquad \xi \lrcorner \phi = (-1)^{p(q-p)} \phi \llcorner \xi;$$

en particulier, si p=q, $\xi \lrcorner \phi = \phi \llcorner \xi = (\xi, \phi)$. Si p>q, on convient que $\xi \lrcorner \phi = \phi \llcorner \xi = 0$.

Soient $T \in \mathcal{D}'_p(U)$, $\xi \in \mathfrak{X}_q(U)$; on définit les <u>produits extérieurs</u> $T \wedge \xi$ et $\xi \wedge T$ par les relations

$$(16) \qquad \begin{aligned} \langle T \wedge \xi, \phi \rangle &= \langle T, \xi \lrcorner \phi \rangle, \\ \langle \xi \wedge T, \phi \rangle &= \langle T, \phi \llcorner \xi \rangle \end{aligned} \qquad (\phi \in \mathcal{D}^{p+q}(U));$$

on a la relation

$$(17) \qquad T \wedge \xi = (-1)^{pq} \xi \wedge T.$$

Si p+q est supérieur à la dimension de la variété, $T \wedge \xi = 0$. Si $T \in \mathcal{D}'_p(U;r)$, $\xi \in \mathfrak{X}_q(U;r)$, on peut encore définir $T \wedge \xi$ et $\xi \wedge T$ par les relations (16); on obtient des courants d'ordre au plus r, vérifiant encore la relation (17).

3.5. <u>Bord d'un courant</u>. Soit $T \in \mathcal{D}'_p(U)$; son <u>bord</u> bT est le courant de dimension p-1 défini par

$$(18) \qquad \langle bT, \phi \rangle = \langle T, d\phi \rangle \qquad (\phi \in \mathcal{D}^{p-1}(U));$$

si p=0, on convient que bT=0. Si $T \in \mathcal{D}'_p(U;r)$, alors $bT \in \mathcal{D}'_{p-1}(U;r+1)$.

3.6. <u>Image directe</u>. Soient U,V deux variétés et soit $f: U \to V$ une application C^∞; soit Σ_f l'ensemble des fermés F de U tels que la restriction $f|_F$ soit <u>propre</u>; on désigne par $\mathcal{D}'_p(U,f) = \mathcal{D}'_p(U,\Sigma_f)$ le sous-espace vectoriel de $\mathcal{D}'_p(U)$ dont les éléments sont les courants T vérifiant $\operatorname{supp} T \in \Sigma_f$.

Si $T \in \mathcal{D}'_p(U,f)$, son <u>image par</u> f, notée fT, ou $f_* T$, est le courant de dimension p dans V défini par

$$(19) \qquad \langle f_* T, \phi \rangle = \langle T, f^* \phi \rangle \qquad (\phi \in \mathcal{D}^p(V)).$$

Lorsque $T \in \mathcal{D}'_p(U,f;r) = \mathcal{D}'_p(U,f) \cap \mathcal{D}'_p(U;r)$, l'image $f_* T$ est encore définie par la relation (19) lorsque f est C^{r+1} (ou lorsque f est C^r et p=0); on a alors $f_* T \in \mathcal{D}'_p(V;r)$.

3.7. Produit direct. Soient U, V deux variétés. Si $S \in \mathcal{D}'_p(U)$, $T \in \mathcal{D}'_q(V)$, leur produit direct (ou cartésien, ou tensoriel) $S \times T \in \mathcal{D}'_{p+q}(U \times V)$ est l'unique courant vérifiant les relations

$$
(20) \quad \begin{aligned}
&\langle S \times T, x^* \alpha \wedge y^* \beta \rangle = \langle S, \alpha \rangle \langle T, \beta \rangle \quad \text{si } \alpha \in \mathcal{D}^p(U),\ \beta \in \mathcal{D}^q(V),\\
&\langle S \times T, x^* \alpha \wedge y^* \beta \rangle = 0 \quad \text{si } \alpha \in \mathcal{D}^r(U),\ \beta \in \mathcal{D}^s(V),\ r+s=p+q,\ r \neq p,
\end{aligned}
$$

où on a désigné par $x: U \times V \to U$ et $y: U \times V \to V$ les applications de projection.

3.8. Les formules (20) montrent qu'il peut être commode de considérer un courant $T \in \mathcal{D}'_p(U)$ comme une forme linéaire définie sur l'espace vectoriel des formes différentielles de tout degré.

Si U est une variété de dimension n, on considérera donc l'espace vectoriel $\mathcal{D}^*(U) = \bigoplus_{p \in \underline{\underline{Z}}} \mathcal{D}^p(U)$, où $\mathcal{D}^p(U)=0$ si $p<0$, $\mathcal{D}^p(U)$ étant toujours l'espace vectoriel des formes C^∞ de degré p, à support compact si $p \geq 0$; on a $\mathcal{D}^p(U)=0$ si $p>n$.

Soit $T \in \mathcal{D}'_p(U)$; on étend T en une forme linéaire $T: \mathcal{D}^*(U) \to \underline{\underline{C}}$ par les conditions

$$\langle T, \alpha \rangle = 0 \quad \text{si } \alpha \in \mathcal{D}^q(U),\ p \neq q.$$

Si $T \in \mathcal{D}'_p(U)$ et si $\alpha = \sum_{q \in \underline{\underline{Z}}} \alpha^q$, $\alpha^q \in \mathcal{D}^q(U)$, on a donc $\langle T, \alpha \rangle = \langle T, \alpha^p \rangle$.

L'espace des courants dans U est l'espace $\mathcal{D}_*(U) = \bigoplus_{q \in \underline{\underline{Z}}} \mathcal{D}'_q(U)$; un élément $T = \sum_{q \in \underline{\underline{Z}}} T_q$, $T_q \in \mathcal{D}'_q(U)$ est identifié à la forme linéaire $\Sigma T_q : \mathcal{D}^*(U) \to \underline{\underline{C}}$, de sorte que si $\alpha = \sum_{q \in \underline{\underline{Z}}} \alpha^q$, $\alpha^q \in \mathcal{D}^q(U)$, on a

$$\langle T, \alpha \rangle = \sum_{0 \leq q \leq n} \langle T_q, \alpha^q \rangle = \sum_{q \in \underline{\underline{Z}}} \langle T_q, \alpha^q \rangle.$$

On définit d'une manière analogue et évidente les espaces $\mathcal{D}^*(U;k)$, $\mathcal{D}_*(U;k)$, $\mathcal{E}^*(U;k)$, $\mathcal{E}^*(U)$, $\mathcal{K}_*(U)$, $\mathcal{K}_*(U;k)$, $\mathcal{D}_*(U,f)$, $\mathcal{D}_*(U,f;k)$. Toutes les opérations décrites dans les paragraphes 3.2 à 3.7 s'étendent par linéarité ou bilinéarité. En particulier, la définition du produit direct devient simplement

$$\langle S \times T, x^* \alpha \wedge y^* \beta \rangle = \langle S, \alpha \rangle \langle T, \beta \rangle, (S \in \mathcal{D}_*(U),\ T \in \mathcal{D}_*(V), \alpha \in \mathcal{D}^*(U), \beta \in \mathcal{D}^*(V)).$$

3.9. Dérivée de Lie. Soit ξ un champ de vecteurs C^∞. Soit $(\phi_t)_{|t|<\varepsilon}$ un groupe à un paramètre de difféomorphismes associé à ξ: $\phi_0 = \mathrm{id}$, $\frac{\partial}{\partial t} \phi_t(x) = \xi(\phi_t(x))$. Pour une forme différentielle α, soit $\mathcal{L}_\xi \alpha$ la forme différentielle définie par $(\mathcal{L}_\xi \alpha)(x) = \frac{\partial}{\partial t} (\phi_t^* \alpha)\big|_{t=0}$. On a alors

$$\mathcal{L}_\xi \alpha = d(\alpha \llcorner \xi) + (d\alpha) \llcorner \xi.$$

Si T est un courant de dimension p, sa dérivée de Lie est définie d'une manière analogue:

(21) $$\mathcal{L}_\xi T = \frac{\partial}{\partial t}((\phi_{-t})_* T)\Big|_{t=0};$$

on a les relations

(22) $$<\mathcal{L}_\xi T, \alpha> = -<T, \mathcal{L}_\xi \alpha> \qquad (\alpha \in \mathcal{D}^*(\ ))$$

et

(23) $$\mathcal{L}_\xi T = -b(\xi \wedge T) - \xi \wedge bT.$$

Cas des distributions. On a, si $T \in \mathcal{D}'_0(X)$, $<\mathcal{L}_\xi T, f> = -<T, \xi \cdot f>$ $(f \in \mathcal{D}^0(V))$. Si $(x^1,\ldots,x^n)$ est un système de coordonnées locales et si $\xi_j = \partial/\partial x^j$, on a donc $\mathcal{L}_{\xi_j} T = \partial T/\partial x^j$.

Cas des courants de dimension n. Si la variété X est orientée, ils généralisent les fonctions; soit $\omega = g\ dx^1 \wedge \ldots \wedge dx^n$ une forme de degré maximum; on a $\mathcal{L}_{\xi_j} \omega = \frac{\partial g}{\partial x_j} dx^1 \wedge \ldots \wedge dx^n$, d'où, si T est de dimension n, $<\mathcal{L}_{\xi_j} T, \omega> =$

$= -<T, \frac{\partial g}{\partial x_j} dx^1 \wedge \ldots \wedge dx^n>$. Plus généralement, si ξ est un champ de vecteurs quelconque, on a $\mathcal{L}_\xi \omega = d(\omega \llcorner \xi)$, donc $<\mathcal{L}_\xi T, \omega> = -<T, d(\omega \llcorner \xi)>$. Si de plus $T = [f]$, où f est C^1 dans X, on a

$$\mathcal{L}_\xi [f] = [\xi \cdot f];$$

en effet, pour tout $\omega \in \mathcal{D}^n(X)$, on a

$$<\mathcal{L}_\xi [f], \omega> = -\int_X f\, d(\omega \llcorner \xi) = \int_X df \wedge (\omega \llcorner \xi)$$

et

$$0 = (df \wedge \omega) \llcorner \xi = (df \llcorner \xi) \wedge \omega - df \wedge (\omega \llcorner \xi),$$

donc $<\mathcal{L}_\xi [f], \omega> = \int_X (df \llcorner \xi) \wedge \omega = \int_X (\xi \cdot f) \omega.$

En particulier, si $\xi_j = \frac{\partial}{\partial x^j}$, $\mathcal{L}_{\xi_j} [f] = [\frac{\partial f}{\partial x^j}]$.

La dérivée de Lie des courants généralise donc l'action d'un champ de vecteurs, aussi bien sur une distribution que sur une fonction.

4. Propriétés des opérations sur les courants. Toutes les opérations décrites dans les paragraphes 3.2 à 3.7 sont bilinéaires (produit) ou linéaires (bord, image directe). On désigne par $w^* : \mathcal{E}^*(U;k) \to \mathcal{E}^*(U;k)$ l'application linéaire définie par

(24) $$w^*(\Sigma\, \alpha^q) = \Sigma (-1)^q\, \alpha^q, \qquad \alpha^q \in \mathcal{E}^q(U;k);$$

cette application conserve évidemment les sous-espaces $\mathcal{D}^*(U;k)$, $\mathcal{D}^*(U)$, $\mathcal{E}^*(U)$. On désigne par w_*, sa transposée $w_*: \mathcal{D}_*(U) \to \mathcal{D}_*(U)$:

(25) $\quad w_*(\Sigma T_q) = \Sigma(-1)^q T_q, \quad T_q \in \mathcal{D}_q(U).$

Les propriétés suivantes résultent immédiatement des définitions:

(26) $\quad (T \llcorner \phi) \llcorner \psi = T \llcorner (\phi \wedge \psi)$

si $T \in \mathcal{D}_*(U)$, $\phi \in \mathcal{E}^*(U)$, $\psi \in \mathcal{E}^*(U)$ ou si $T \in \mathcal{D}_*(U;r)$, $\phi \in \mathcal{E}^*(U;r)$, $\psi \in \mathcal{E}^*(U,r)$;

(27) $\quad (T \wedge \xi) \wedge \eta = T \wedge (\xi \wedge \eta)$

si $T \in \mathcal{D}_*(U)$, $\xi \in \mathfrak{X}_*(U)$, $\eta \in \mathfrak{X}_*(U)$ ou si $T \in \mathcal{D}_*(U;r)$, $\xi \in \mathfrak{X}_*(U;r)$, $\eta \in \mathfrak{X}_*(U;r)$;

(28) $\quad (T \wedge \xi) \llcorner \phi - (T \llcorner \phi) \wedge \xi = w_*(T \llcorner (\xi \lrcorner \phi))$,

si $T \in \mathcal{D}'_*(U)$, $\xi \in \mathfrak{X}_1(U)$, $\phi \in \mathcal{E}^*(U)$ ou si $T \in \mathcal{D}'_*(U;r)$, $\xi \in \mathfrak{X}_1(U;r)$, $\phi \in \mathcal{E}^*(U;r)$;

(29) $\quad (T \wedge \xi) \llcorner \phi - (T \llcorner \phi) \wedge \xi = w_* T$

si $T \in \mathcal{D}'_*(U)$, $\xi \in \mathfrak{X}_1(U)$, $\phi \in \mathcal{E}^1(U)$, $(\xi,\phi) \equiv 1$ ou si $T \in \mathcal{D}'_*(U;r)$, $\xi \in \mathfrak{X}_1(U;r)$, $\phi \in \mathcal{E}^1(U;r)$, $(\xi,\phi) \equiv 1$;

(30) $\quad b(bT) = 0 \quad (T \in \mathcal{D}'_*(U))$;

(31) $\quad b(T \llcorner \phi) = (bT) \llcorner (w^* \phi) + T \llcorner (w^* d\phi)$

si $T \in \mathcal{D}'_*(U)$, $\phi \in \mathcal{E}^*(U)$ ou si $T \in \mathcal{D}'_*(U;r)$, $\phi \in \mathcal{E}^*(U;r+1)$;

(32) $\quad b(\phi \lrcorner T) = \phi \lrcorner (bT) - w_*((d\phi) \lrcorner T)$,

sous les mêmes hypothèses;

(33) $\quad b f_* T = f_* bT$

si $f: U \to V$ est C^∞, $T \in \mathcal{D}'_*(U,f)$, ou si $f: U \to V$ est C^{r+2}, $T \in \mathcal{D}'_*(U,f;r)$, ou si $f: U \to V$ est C^{r+1}, $T \in \mathcal{D}'_1(U,f;r)$;

(34) $\quad g_*(f_* T) = (g \circ f)_* T$

si $f: U \to V$, $g: V \to W$ sont C^∞, $T \in \mathcal{D}'_*(U, g \circ f)$ ou si $f: U \to V$, $g: V \to W$ sont C^{r+1}, $T \in \mathcal{D}'_*(U, g \circ f; r)$ ou si f et g sont C^r, $T \in \mathcal{D}'_0(U, g \circ f; r)$;

(35) $\quad f_*(T \llcorner f^* \phi) = (f_* T) \llcorner \phi, \quad f_*((f^* \phi) \lrcorner T) = \phi \lrcorner f_* T$

si $f: U \to V$ est C^∞, $T \in \mathcal{D}'_*(U,f)$, $\phi \in \mathcal{E}^*(V)$ ou si f est C^{r+1}, $T \in \mathcal{D}'_*(U,f;r)$, $\phi \in \mathcal{E}^*(V;r)$ ou si f est C^r, $T \in \mathcal{D}'_0(U,f;r)$, $\phi \in \mathcal{E}^0(V;r)$;

(36) $\quad b(S \times T) = bS \times T + (w_* S) \times bT \, (S \in \mathcal{D}'_*(U),\ T \in \mathcal{D}'_*(V))$.

5. <u>Courants d'intégration</u>. Soit X une variété <u>orientée</u> de dimension n. Il existe un courant de dimension n et un seul, noté I_X, vérifiant la propriété suivante: si U est un ouvert de X, si $x=(x^1,\ldots,x^n)$ est un système (orienté) de coordonnées locales dans U et si $\phi \in \mathcal{D}^n(X)$ (supp $\phi \subset U$) s'écrit $\phi = \tilde{\phi}\, dx^1 \wedge \ldots \wedge dx^n$, on a

$$(37) \qquad \langle I_X , \phi \rangle = \int_{x(U)} \tilde{\phi} \circ x^{-1}\, dx^1 \ldots dx^n .$$

Le courant I_X est un courant d'ordre 0; il est encore noté $\int_X$ ou $[X]$; il est appelé <u>courant d'intégration</u> de la variété orientée X. On a la relation

$$(38) \qquad b\, I_X = 0$$

("<u>théorème de Stokes pour une variété orientée sans bord</u>")

Si V est une sous-variété (fermée) orientée, C^1 et de dimension p, de la variété X, on note encore I_V ou $[V]$ l'élément de $\mathcal{D}'_p(X)$, image par l'injection $V \to X$, du courant d'intégration de la variété V. On a encore $b\, I_V = 0$.

Soit U un ouvert de X; le courant $I_{\bar{U}}$ d'intégration sur l'adhérence de U est l'unique élément de $\mathcal{D}'_n(X)$ vérifiant la propriété suivante:

si $(K_j)_{j \in \mathbb{N}}$ est une suite croissante de compacts, telle que $\bigcup_{j \in \mathbb{N}} K_j = U$, $K_j \subset \mathring{K}_{j+1}$ et $\phi_j : U \to \mathbb{R}$ une suite de fonctions C^∞, positives, telles que $\phi_j|_{K_j} \equiv 1$, supp $\phi_j \subset K_{j+1}$, on a

$$\langle I_{\bar{U}}, \psi \rangle = \lim_{j \to +\infty} \langle I_U, \phi_j\, \psi \rangle \qquad (\psi \in \mathcal{D}^n(X)).$$

On obtient ainsi un courant d'ordre 0. Plus généralement, si V est une sous-variété orientée de dimension p de X, et W un ouvert de V, le courant d'intégration $I_{\bar{W}}$ est l'élément de $\mathcal{D}'_p(X)$, image de $I_{\bar{W}} \in \mathcal{D}'_p(V)$ par l'injection $V \to X$.

Soit U un ouvert de X, possédant un bord orienté ∂U, C^1 par morceaux (∂U est réunion localement finie: $\partial U = \bigcup_{j \in J} \bar{W}_j$, où les W_j sont des ouverts, deux à deux disjoints, de sous-variétés de dimension $n-1$ de X, orientées comme ∂U; on a alors

$$(39) \qquad b\, I_{\bar{U}} = I_{\partial U} \equiv \sum_{j \in J} I_{\bar{W}_j}$$

("<u>théorème de Stokes pour les ouverts à bord</u>").

Cette relation s'étend évidemment au cas où U est un ouvert à bord d'une variété V de dimension p de X, possédant un bord orienté ∂U, C^1 par morceaux.

Soit $\phi \in \mathfrak{E}^p(X;0)$ une p-forme différentielle continue; le <u>courant associé à</u> ϕ (dans X) est l'élément de $\mathcal{D}'_{n-p}(X;0)$, noté $[\phi\wedge]_X$ ou $[\phi\wedge]$, défini par

(40) $\qquad [\phi\wedge]_X = I_X \llcorner \phi ;$

l'application $\phi \to [\phi\wedge]_X : \mathfrak{E}^p(X;0) \to \mathcal{D}'_{n-p}(X;0)$ est <u>injective</u>; appliquant les relations (31) et (38), on a

(41) $\qquad b\ [\phi\wedge]_X = [w^*(d\phi)\wedge]_X$

pour tout $\phi \in \mathfrak{E}^p(X;1)$.

Plus généralement, soit W un ouvert d'une sous-variété V, orientée, de dimension p; pour tout $\phi \in \mathfrak{E}^q(X;0)$, le <u>courant porté par</u> W, <u>de densité</u> ϕ est l'élément $[\phi\wedge]_W$ de $\mathcal{D}'_{p-q}(X;0)$ défini par

(42) $\qquad [\phi\wedge]_W = I_{\overline{W}} \llcorner \phi ;$

si $\phi \in \mathfrak{E}^q(X;1)$ et si W est un ouvert à bord ∂W (orienté, C^1 par morceaux), on a

(43) $\qquad b\ [\phi\wedge]_W = [w^*\phi\wedge]_W + [w^*(d\phi)\wedge]_W .$

Sous les mêmes hypothèses, on peut aussi définir le courant $[\wedge\phi]_X = [\wedge\phi]$, également appelé courant dans X de densité ϕ, par

(40') $\qquad [\wedge\phi]_X = \phi \lrcorner I_X ;$

celui-ci ne diffère que par un changement de signe du courant $[\phi\wedge]_X$:

$$[\wedge\phi]_X = (-1)^{p(n-p)}[\phi\wedge]_X \quad (p=\deg\phi\ ,\ n=\dim X).$$

Les relations (41) et (43) seront remplacées par

(41') $\qquad b\ [\wedge\phi]_X = -w_*[\wedge d\phi]_X ,$

(43') $\qquad b\ [\wedge\phi]_W = [\wedge\phi]_{bW} - w_*[\wedge d\phi]_W .$

6. <u>Courants associés aux formes localement intégrables</u>. Soit ϕ une forme de degré n sur la variété X de dimension n. On dit que ϕ est <u>localement intégrable</u> si, pour tout système $x=(x^1,\dots,x^n)$ de coordonnées locales de X, la fonction $\tilde{\phi}\circ x^{-1}$, où $\phi = \tilde{\phi}\, dx^1\wedge\dots\wedge dx^n$ dans le domaine de la carte x, est localement intégrable par rapport à la mesure de Lebesgue de $\underline{R}^n$. On désignera par $\mathfrak{E}^n(X;L^1)$ (resp. $\mathcal{D}^n(X;L^1)$ l'espace vectoriel des n-formes localement intégrables (resp. (localement) intégrables et à support

compact), définies presque partout dans X. Le courant d'intégration $I_X : \mathcal{D}^n(X;0) \to \underline{\underline{C}}$ possède une extension canonique

$$I_X : \mathcal{D}^n(X;L^1) \to \underline{\underline{C}} ,$$

linéaire et vérifiant la propriété suivante:

si le support de $\phi \in \mathcal{D}^n(X;L^1)$ est contenu dans l'ouvert de définition U d'une carte locale $x=(x^1,\dots,x^n)$ de la variété orientée X et si $\phi|_U = \tilde{\phi}\, dx^1\wedge\dots\wedge dx^n$,

(44) $$\langle I_X,\phi\rangle = \int_X \phi = \int_{x(U)} \tilde{\phi}\circ x^{-1}\, dx^1\wedge\dots\wedge dx^n.$$

Soit ψ une forme différentielle de degré p ($0 \leq p < n$), définie presque partout dans X; on dit que ψ est <u>localement intégrable</u> si, pour toute forme continue θ de degré n-p, la forme $\psi\wedge\theta$, qui est de degré n, est localement intégrable au sens du paragraphe précédent; pour que ψ soit localement intégrable, il suffit que, dans tout ouvert U de coordonnées locales $x=(x^1,\dots,x^n)$, elle s'écrive $\psi|_U = \sum_{J\in I(p,n)} \psi_J\circ x\, dx^J$, où les ψ_J sont localement intégrables dans x(U) par rapport à la mesure de Lebesgue de $\underline{\underline{R}}^n$. On désignera par $\mathfrak{L}^p(X;L^1)$ (resp. $\mathcal{D}^p(X;L^1)$), le $\underline{\underline{C}}$-espace vectoriel des p-formes différentielles localement intégrables (resp. (localement) intégrables et à support compact).

A toute forme $\psi \in \mathfrak{L}^p(X;L^1)$, on associe le courant d'ordre 0 (noté $[\psi\wedge]_X$, $I_X \llcorner \psi$ ou $[\psi\wedge]$) défini par

(45) $$\langle [\psi]_X , \theta\rangle = \int_X \psi\wedge\theta \quad (\theta \in \mathcal{D}^{n-p}(X;0)).$$

On définit ainsi une application linéaire

$$\psi \to [\psi\wedge]_X : \mathfrak{L}^p(X;L^1) \to \mathcal{D}'_{n-p}(X;0),$$

dont le noyau a pour éléments les p-formes différentielles presque partout nulles dans X.

Les définitions précédentes s'étendent sans difficulté à un ouvert W d'une sous- variété orientée V, de dimension p et à une forme différentielle ψ, de degré q, localement intégrable sur un voisinage de $\bar{W}$ dans V; le courant $[\psi]_{\bar{W}} = I_{\bar{W}} \llcorner \psi$, identifié à son image directe par l'injection V →X est l'élément de $\mathcal{D}'_{p-q}(X;0)$ défini par

(46) $$\langle [\psi\wedge]_{\bar{W}}, \theta\rangle = \int_V \chi_{\bar{W}}\, \psi\wedge\theta \quad (\theta \in \mathcal{D}^{p-q}(X;0));$$

on l'appelle encore <u>courant porté par</u> $\bar{W}$, <u>de densité</u> ψ; son support est contenu dans $\bar{W}$.

7. Intégration partielle.

7.1. Soient X,Y deux variétés orientées de dimensions respectives m, n; soit T un courant dans Y. Soit α une forme différentielle C^∞ sur $Z=X\times Y$. Si la restriction de la projection $p:X\times Y\to X$ à $\operatorname{supp}\alpha\cap(X\times\operatorname{supp}T)$ est propre, l'image directe $p_*(\alpha\lrcorner([X]\times T)$ est définie; il existe alors une forme différentielle C^∞ (nécessairement unique) β, définie sur X et vérifiant la relation

$$(47)\qquad p_*(\alpha\lrcorner([X]\times T)) = \beta\lrcorner[X].$$

On dira que β est l'intégrale partielle de α par rapport à T (ou par rapport à $[X]\times T$), pour la projection $p:X\times Y\to X$; l'intégrale partielle β sera notée

$$\int_T\alpha \qquad \text{ou} \qquad \langle T,\alpha\rangle \qquad \text{ou} \qquad \langle [X]\times T|p|\alpha\rangle,$$

les deux premières notations étant employées lorsqu'elles ne risquent pas de causer de confusions.

L'application d'intégration partielle $\alpha\to\int_T\alpha$ ainsi définie est linéaire et possède les propriétés suivantes:

1) on a $\deg(\int_T\alpha) = \deg\alpha - \dim T$;

2) si $\deg\alpha = \dim T$, l'intégrale partielle est la fonction définie par

$$(48)\qquad (\int_T\alpha)(x) = \langle\delta_x\times T,\alpha\rangle;$$

3) si α est une forme différentielle sur $X\times Y$ telle que l'intégrale partielle $\int_T\alpha$ soit définie et si γ est une forme différentielle C^∞ sur X, on a

$$(49)\qquad \int_T p^*\gamma\wedge\alpha = \gamma\wedge\int_T\alpha .$$

Ces propriétés permettent de calculer $\int_T\alpha$.

Soit T un courant dans Y et soit α une forme différentielle C^∞ dans $X\times Y$ telle que la restriction de $p:X\times Y\to X$ à $\operatorname{supp}T\cap\operatorname{supp}\alpha$ soit propre; alors $\int_T\alpha$, $\int_{bT}\alpha$ et $\int_T d\alpha$ sont définis et liés par la relation

$$(50)\qquad \int_{bT}\alpha = w^*\int_T d\alpha + dw^*\int_T\alpha.$$

7.2. Soient Z,X des variétés orientées de dimensions respectives p,m; soit $f:Z\to X$ une submersion C^∞. On désigne par $n=m-p$ la dimension des fibres de cette submersion. Soit $\tilde{T}\in\mathcal{D}'_r(Z)$; on dit que $\tilde{T}$ admet une désintégration par rapport à f s'il existe une famille de courants $(T_x)_{x\in X}$, $T_x\in\mathcal{D}'_{r-m}(Z)$ qui est localement intégrable (i.e. telle que, pour tout $\phi \in \mathcal{D}^{r-m}(Z)$, la fonction $x \to \langle T_x, \phi\rangle$ est localement intégrable) et qui vérifie, pour tout $\phi \in \mathcal{D}^{r-m}(Z)$ et tout $\eta \in \mathcal{D}^m(X)$, la relation

(51) $$\langle \tilde{T}, f^*\eta \wedge \phi\rangle = \int_X \langle T_x, \phi\rangle \eta(x).$$

Si $\tilde{T}$ admet une désintégration $(T_x)_{x \in X}$, le courant $b\tilde{T}$ admet une désintégration $((-1)^n bT_x)_{x \in X}$. Si Z est le produit X×Y de deux variétés et si $f:Z \to X$ est la première projection de ce produit, le courant $[X]\times T$, où T est un courant de Y, admet la désintégration $(\delta_x \times T)_{x \in X}$. On notera que la connaissance d'une désintégration $(T_x)_{x \in X}$ d'un courant $\tilde{T}$ de Z ne permet pas en général de reconstituer le courant $\tilde{T}$; néanmoins, la relation (51) détermine $\tilde{T}$ connaissant $(T_x)_{x \in X}$ lorsque $\tilde{T}$ est de dimension maximum ($r = \dim Z$).

7.3. Soit $f:Z \to X$ une submersion C^∞. On désigne par $\mathcal{E}^{q,s}(f)$ $(p \geq s \geq q \geq m)$ l'espace vectoriel des formes différentielles ϕ qui sont C^∞ dans Z et qui peuvent s'écrire comme sommes, localement finies par rapport à X,

$$\phi = \sum_j f^*\alpha_j \wedge \beta_j ,$$

où $\alpha_j \in \mathcal{D}^q(X)$, $\beta_j \in \mathcal{E}^{s-q}(Z)$.

Soit $f:Z \to X$ une submersion C^∞; soient $\tilde{T}$ un courant de Z et α une forme différentielle C^∞ sur Z tels que la restriction de f à $\operatorname{supp}\alpha \cap \operatorname{supp} T$ soit propre. On dit que α admet une <u>intégrale partielle</u> par rapport à $\tilde{T}$, pour la submersion f, s'il existe une forme différentielle β, localement intégrable sur X, vérifiant la relation

(52) $$f_*(\alpha \lrcorner \tilde{T}) = \beta \lrcorner [X].$$

Cette notion d'intégrale partielle généralise évidemment celle étudiée en 7.1. L'intégrale partielle β sera notée $\langle \tilde{T}|f|\alpha\rangle$.

7.4. Soit $f:Z \to X$ une submersion C^∞, où Z et X sont des variétés orientées, de dimensions respectives p et m. Soit $\tilde{T} \in \mathcal{D}'_r(Z)$ un courant qui admet une désintégration $(T_x)_{x \in X}$ par rapport à f; soit ϕ une forme différentielle C^∞ sur Z, telle que la restriction de f à $\operatorname{supp}\phi \cap \operatorname{supp} T$ soit propre.

Si $\phi \in \mathcal{E}^{r-k,m-k}(f)$ $(0 \leq k \leq m)$, elle admet alors une intégrale partielle $\langle \tilde{T}|f|\phi\rangle$, localement intégrable et de degré m-k sur X; si $\phi \in \mathcal{E}^{r-m}(Z)$, l'intégrale partielle $\langle \tilde{T}|f|\phi\rangle$ n'est autre que la fonction $x \to \langle T_x, \phi\rangle$. Si $\phi \in \mathcal{E}^{r-k,m-k}(f)$ et si $\gamma \in \mathcal{E}^\ell(X)$, on a $f^*\gamma \wedge \phi \in \mathcal{E}^{r-k+\ell,m-k+\ell}(f)$; les intégrales partielles $\langle \tilde{T}|f|\phi\rangle$ et $\langle \tilde{T}|f|f^*\gamma \wedge \phi\rangle$ sont alors liées par la relation

(53) $\quad <\tilde{T}|f|f^{*}\gamma\wedge\phi> = \gamma\wedge<\tilde{T}|f|\phi>$

(qui reste valide chaque fois que $<\tilde{T}|f|\phi>$ existe). Ces propriétés permettent de calculer $<\tilde{T}|f|\phi>$ connaissant la désintégration $(T_x)_{x\in X}$.

Si la désintégration (T_x) est <u>de classe</u> C^1 et si $\phi\in \mathcal{E}^{r-1-k,m-k}(f)$ (ou, plus généralement, si $\phi\in \mathcal{E}^{r-1-k,m-1-k}(f)$ et si $d\phi\in \mathcal{E}^{r-k,m-k}(f)$, les intégrales partielles $<\tilde{T}|f|\phi>$, $<\tilde{T}|f|d\phi>$ et $<b\tilde{T}|f|\phi>$ sont définies et liées par la relation

(54) $\quad <\tilde{T}|f|d\phi> = (-1)^k <b\tilde{T}|f|\phi> + d<\tilde{T}|f|\phi>$;

cette relation reste encore valide chaque fois que $<\tilde{T}|f|\phi>$ et $<b\tilde{T}|f|\phi>$ sont définies, $<\tilde{T}|f|\phi>$ étant supposé alors de classe C^1.

7.5. Soient Z, Z', X des variétés C^∞ et soient $f:Z\to X$, $f':Z'\to X$ des des submersions C^∞ telles qu'il existe une application $g:Z\to Z'$, C^∞ et vérifiant $f=f'\circ g$. Soit $\tilde{T}\in \mathcal{D}'_r(Z)$ un courant qui admet une désintégration $(T_x)_{x\in X}$ par rapport à f; si la restriction de g au support de $\tilde{T}$ est propre, le courant image $g_*\tilde{T}$ admet alors la désintégration $(g_*T_x)_{x\in X}$ par rapport à f'. Si $\psi\in \mathcal{E}^*(Z')$ est telle que la restriction de f à $\operatorname{supp} g^*\psi \cap \operatorname{supp}\tilde{T}$ est propre et si l'intégrale partielle $<\tilde{T}|f|g^*\psi> = <\tilde{T}|f'\circ g|g^*\psi>$ est définie, alors l'intégrale partielle $<g_*\tilde{T}|f'|\psi>$ est également définie et on a la relation

(55) $\quad <g_*\tilde{T}|f'|\psi> = <\tilde{T}|f'\circ g|g^*\psi>$.

BIBLIOGRAPHIE

1. Publications citées.

1. LERAY J., Le calcul différentiel et intégral sur une variété analytique complexe (Problème de Cauchy III), Bull. Soc. Math. France, 87, 81-180 (1959).

2. KOPPELMAN W., The Cauchy integral for functions of several complex variables, Bull. Amer. Math. Soc., 73, 373-377 (1967).

3. KOPPELMAN W., The Cauchy integral for differential forms, Bull. Amer. Math. Soc., 73, 554-556 (1967).

4. ANDREOTTI A., NORGUET F., Problème de Levi et convexité holomorphe pour les classes de cohomologie, Ann. Sc. Norm. Sup. Pisa, 20, 197-241 (1966).

5. HENKIN G.M., Integral'noe predstavlenie funkcij, golomorfnyh v psevdovypuklyh oblastijah i nekotorye priloženija, Matem. Sbornik, 78 (120), 611-632 (1969).

6. RAMIREZ DE A. E., Ein Divisionsproblem und Randintegraldarstellungen in der komplexen Analysis, Math. Ann., 184, 172-187 (1970).

7. ØVRELID N., Integral representation formulas and L^p-estimates for the $\bar\partial$-equation, Math. Scand., 29, 137-160 (1971).

8. HENKIN G.M., Integral'noe predstavlenie funkcij v strogo psevdovypuklyh oblastijah i priloženija k $\bar\partial$-zadače, Matem. Sbornik, 82 (184), 300-308 (1970).

9. WEIL A., L'intégrale de Cauchy et les fonctions de plusieurs variables, Math. Ann., 111, 178-182 (1935).

10. RANGE R.M., SIU Y.T., Uniform estimates for the $\bar\partial$-equation on domains with piecewise smooth pseudoconvex boundaries, Math. Ann., 206, 325-354 (1973).

11. FEDERER H., Geometric Measure Theory, Springer-Verlag, Berlin-Heidelberg-New York, 1969.

12. STOUT E.L., An integral formula for holomorphic functions on strictly pseudoconvex hypersurfaces, Duke Math. J., 42, 347-356.(1975).

13. DRUŻKOWSKI L.M., Effective formula for the crossnorm in the complexified unitary spaces, Zeszyty Nauk. Uniw. Jagiellon. Prace Mat., 16, 47-53 (1974).

14. HUA L.K., Harmonic analysis of functions of several complex variables in the classical domains, Translations of Mathematical Monographs, vol. 6, American Mathematical Society, Providence, Rhode Island, 1963.

15. SCHAFER R.D., An Introduction to Nonassociative Algebras, Academic Press, New York, 1966.

16. DRUCKER D., Exceptional Lie algebras and the structure of hermitian symmetric spaces, Mem. Amer. Math. Soc., n°208, 16 (1978).

17. DRUCKER D., Simplified descriptions of the exceptional bounded symmetric domains, Geom. Dedicata, 10, 1-29 (1981).

18. WOLF J.A., Fine structure of hermitian symmetric spaces, Symmetric Spaces (W.M. BOOTHBY & G.L. WEISS eds.), 271-357, Marcel Dekker, New York, 1972.

19. NORGUET F., Problèmes sur les formes différentielles et les courants, Ann. Inst. Fourier, 11, 1-88 (1960).

20. HARVEY R., POLKING J., Fundamental solutions in complex analysis. I. The Cauchy Riemann operator, Duke Math. J., 46, 253-300 (1979).

2. Publications antérieures de l'auteur.

I. ROOS G.,Formules intégrales pour les formes différentielles sur $\underline{C}^n$, I, Ann. Sc. Norm. Sup. Pisa, 26, 171-179 (1972).

II. ROOS G., Formules intégrales pour les formes différentielles sur $\underline{C}^n$, II, Fonctions de Plusieurs Variables Complexes III (Séminaire François Norguet, octobre 1975-juin 1977), Lecture Notes in Mathematics, 670, 31-52 Springer-Verlag, Berlin-Heidelberg-New York, 1978.

III. ROOS G., Recollement universel de noyaux, Fonctions de Plusieurs Variables Complexes III (Séminaire François Norguet, octobre 1975-juin 1977), Lecture Notes in Mathematics, 670, 22-30, Springer Verlag, Berlin-Heidelberg-New York, 1978.

IV. ROOS G, Cocycles de noyaux de Martinelli, Fonctions de Plusieurs Variables Complexes III (Séminaire François Norguet, octobre 1975-juin 1977), Lecture Notes in Mathematics, 670, 365-369, Springer-Verlag, Berlin-Heidelberg-New York, 1978.

V. ROOS G., Procédures de recollement de noyaux de formules intégrales : intégration partielle dans la formule de Cauchy-Fantappiè, Colloque d'analyse harmonique et complexe (La Garde-Freinet, 20-25 juin 1977), 7 pp. (pagination discontinue) UER Math., Univ. Aix-Marseille I, Marseille, 1977.

VI. ROOS G., L'intégration partielle de la formule de Cauchy-Fantappiè, C. R. Acad. Sci. Paris, Série A, 287, 615-618 (1978).

VII. ROOS G., L'intégrale de Cauchy dans $\underline{C}^n$, Fonctions de plusieurs variables complexes (Séminaire François Norguet 1970-73), Lecture Notes in Mathematics, 409, 176-195, Springer-Verlag, Berlin-Heidelberg-New York, 1974.

INJECTIVITÉ DE LA TRANSFORMATION OBTENUE PAR INTÉGRATION SUR LES CYCLES ANALYTIQUES

A.- CAS D'UNE VARIETE KÄHLERIEENE COMPACTE

par

Salomon OFMAN

INTRODUCTION

Soit Z une variété analytique complexe compacte connexe de dimension n, Y un ouvert de Z. Soient $A^{p,q}$ (resp. $\mathcal{H}$, $\mathcal{O}$, Ω^q, $K_c^{p,q}$) le faisceau des germes de formes différentielles $\mathcal{C}^\infty$ de type (p,q) (resp. de fonctions pluriharmoniques , de fonctions holomorphes, de formes différentielles holomorphes de type (q,0), de courants $\mathcal{C}^\infty$ de type (p,q) à support compact). On note $C_q^+(Y)$ l'ensemble des cycles analytiques compacts sur Y de dimension q, c'est-à-dire le monoïde libre engendré par les sous-ensembles analytiques compacts de dimension q. Cet ensemble est muni d'une structure d'espace analytique ([B]).

Soit $\phi \in A^{q,q}(Y)$, on sait ([L]) que l'intégrale $\int_c \phi$ est convergente pour tout $c \in C_q^+(Y)$, et le courant ainsi défini est d-fermé, on en déduit aisément que si $\phi \in d'A^{q-1,q}(Y) \oplus d''A^{q,q-1}(Y)$, $\int_c \phi = 0$. Cela permet de définir une application ρ_o de $A^{q,q}(Y)$ dans l'espace des fonctions de $C_q^+(Y)$ à valeurs dans $\mathbb{C}$.

Si $d'd''\phi = 0$ (resp. $d''\phi = 0$), $\rho_o\phi$ est une fonction pluriharmonique (resp. holomorphe) sur $C_q^+(Y)$, et elle passe au quotient, définissant une fonction encore notée $\rho_o : V^{q,q}(Y) \to H^o(C_q^+(Y),\mathcal{H})$ (resp. $H^q(Y,\Omega^q) \to H^o(C_q^+(Y),\mathcal{O})$) ([AN]) et ([O]). Le but de cet article est l'étude de ρ_o lorsque Y = Z est kählérienne.

1.- LE THEOREME D'ISOMORPHIE POUR LES $V^{r,s}$

Théorème 1.- *Soit* Z *une variété kählérienne compacte. Il existe un isomorphisme naturel entre* $V^{r,s}(Z)$ *et* $H^s(Z,\Omega^r)$ *pour tout entier* r *et* s.

(*) Pour simplifier les énoncés du Corollaire 6 p.187 et du théorème 5 p.198, on y suppose implicitement que $H^{1,1}(Z) \cap H^2(Z,\mathbb{Z})$ engendre $H^{1,1}(Z)$.

Nous remercions M. D. I. Lieberman qui a eu l'obligeance de nous signaler l'oubli de cette précision dans la prépublication "Sur la possibilité d'étendre la conjecture de Hodge à certaines variétés algébriques projectives non compactes", Université Paris 7, 1985.

Notations.- On note δ'' (resp. δ',δ) les adjoints des différentielles d'' (resp. d', d), $\square = \delta'd'' + d''\delta'$, $\bar{\square} = \delta''d' + d'\delta''$, $\nabla = \delta d + d\delta$, $\mathcal{H}^{p,q}(Y) = \{\phi \in A^{p,q}(Y), \square\phi = 0\}$.

Lemme 1.- *Soit Z une variété kählérienne compacte, toute forme différentielle $\phi \in A^{p,q}(Z)$ peut d'écrire*

(1) $\quad \phi = \alpha + d'\beta + d''\gamma + \delta'\delta''\varepsilon \quad$ *où* $\quad \square\,\alpha = 0.$

Démonstration du lemme 1.- Il existe [K - M] une unique représentation

(2) $\quad \phi = \alpha + \zeta_1 \quad$ avec $\square\alpha = 0$ et $\zeta_1 \in \square A^{p,q}(Z)$, autrement dit,

$$\phi = \alpha + d''\delta'\zeta + \delta'd''\zeta \quad \text{avec } \square\alpha = 0.$$ On peut donc aussi écrire

$$\zeta = \eta' + \zeta_2 \quad \text{avec } \square\eta' = 0 \quad \text{et} \quad \zeta_2 \in \square A^{p,q}(Z) = \bar{\square}A^{p,q}(Z),$$ d'où

(2) s'écrit $\quad \phi = \alpha + d''\delta'\eta' + \delta'd''\eta' + d''\delta'\zeta + \delta'd''d'\delta''\zeta' + \delta'd''\delta''d'\zeta' \quad (3)$

où $\quad \zeta_2 = \delta''d'\zeta' + d'\delta''\zeta' + \eta'.$

Mais $\square\eta' = 0 \Longleftrightarrow d''\eta' = \delta'\eta' = 0$ et $d''d' = -d'd''$, d'où (3) devient :

$$\phi = \alpha + d''\delta''\zeta - \delta'd'd''\delta''\zeta' + \delta'd''\delta''d'\zeta' = \alpha + d''\delta'\zeta + d'\delta'd''\delta''\zeta' +$$

$$\delta'\delta''d''d'\zeta' \quad (\text{car } \delta''d'' + d''\delta'' = \delta'd' + d'\delta' = 0) ;$$

on obtient (1) en prenant

$$\beta = \delta'd''\delta''\zeta', \quad \gamma = \delta'\zeta \quad \text{et} \quad \varepsilon = d'd''\zeta'.$$

Lemme 2.- *Toute forme différentielle* ϕ, $d'd''$-*fermée dans Z s'écrit* :

$$\phi = \alpha + d'\beta + d''\gamma \qquad \text{avec } \square\alpha = 0.$$

Démonstration du lemme 2.- D'après le lemme 1 : $\phi = \alpha + d'\beta + d''\gamma + \delta'\delta''\varepsilon$ avec $\square\alpha = 0$, alors $0 = d'd''\phi = d'd''\delta'\delta''\varepsilon$. Si on note (,) le produit scalaire des formes différentielles, on aura : $(d'd''\delta'\delta''\varepsilon,\varepsilon) = (\delta'\delta''\varepsilon,\delta'\delta''\varepsilon) = 0 \Longleftrightarrow \delta'\delta''\varepsilon = 0$, d'où le lemme 2.

Lemme 3.- *Soit* Z *une variété kählérienne compacte, l'application*

$$d : H^s(Z,\Omega^{r-1}) \to H^s(Z,\Omega^r) \quad \textit{a pour image } 0 \textit{ dans} \quad H^s(Z,\Omega^r).$$

Démonstration du lemme 3.- Toute classe de d"-cohomologie admet un représentant d-fermé, le lemme en résulte aussitôt.

Démonstration du théorème.- Il existe une application naturelle évidente $i : H^s(Z,\Omega^r) \to V^{r,s}(Z)$. Cette application est surjective d'après le lemme 2, on va montrer que i est injective : soit $\dot{\phi} \in H^s(Z,\Omega^r)$, $\phi \in \dot{\phi}$,

$$i(\dot{\phi}) = 0 \Longleftrightarrow \phi = d'x + d''y \ (x \in A^{p-1,q}(Z),\ y \in A^{p,q-1}(Z)) \Longrightarrow 0 = d''\phi = d'd''x \Longrightarrow (\text{lemme } 2)$$

$$\phi = d'(\alpha + d'\beta + d''\gamma) + d''y = d'\alpha + d''(y - d'\gamma) = d''(y - d'\gamma)\,(\text{car } \Box\alpha = \bar{\Box}\alpha = 0 \Longrightarrow d'\alpha = 0) \text{ et}$$

par raison de type, on peut supposer $(y - d'\gamma) \in A^{p,q-1}(Z)$.

Remarque.- Le théorème 1 se trouve dans [Bi].

Corollaire 1.- *Soit* Z *une variété kählérienne compacte.*

i) $V^{r,s}(Z)$ *est un espace vectoriel de dimension finie.*

ii) $V^{r,s}(Z) \cong V^{s,r}(Z)$, $V^{r,r}(Z) \neq 0$ *et* $\dim V^{r,s}(Y) = 0 \bmod 2$ *pour* $r+s$ *impair.*

iii) $H^p(Z,\mathbb{C}) = \bigoplus_{r+s=p} V^{r,s}(Z)$.

Démonstration.- i) résulte du théorème B de Cartan, ii) provient des propriétés de $H^s(Z,\Omega^r)$, iii) résulte de la décomposition de Hodge.

2.- CALCUL DU ρ_o POUR LES VARIETES KÄHLERIENNES COMPACTES

On considère la fonction ρ_o, d'espace de départ $(V^{q,q}(Z)$ (qui est en fait aussi $H^q(Z,\Omega^q)$ d'après le théorème 1). Pour toute composante connexe U de $C_q^+(Z)$, on désigne par ρ_U l'application de $V^{q,q}(Z)$ dans $H^o(U,\mathcal{H})$, telle que

$$\rho_U\phi = (\rho_o\phi)_{|U} .$$

Théorème 2.- Dim Ker ρ_U = dim $V^{q,q}(Z) - 1$.

On démontre tout d'abord le

Lemme 4.- *Pour toute forme différentielle* d'd''-*fermée* ϕ , $\rho_o\phi$ *est localement constant.*

Démonstration du lemme 4.- On a une représentation $\phi = \alpha + d'\beta + d''\gamma$; soit c un point régulier de $C_q^+(Z)$, alors $\rho_o\phi(c) = \beta_*\alpha^*\phi(c)$, où α (resp. β) sont les projections naturelles du graphe d'appartenance $Z \not\Leftarrow C_q^+(Z) = \{(z,c) \in Z \times C_q^+(Z),\ z \in c\}$ sur Z (resp. $C_q^+(Z)$) (voir [B] par exemple)

$$(d\rho_o\nu)(c) = (d\beta_*\alpha^*\nu)(c) = (\beta_*\alpha^* d\nu)(c) = 0.$$

$\rho_o\phi(c) = \rho_o\nu(c)$, d'où $\rho_o\phi$ est localement constant aux points réguliers de $C_q^+(Z)$. Par continuité de $\rho_o\phi$, il en est de même sur tout $C_q^+(Z)$.

Démonstration du lemme 1.- Soit $\tilde{\omega}$ une forme différentielle d'd''-fermée sur Z, de type (q,q) n'appartenant pas à Ker ρ_U. Toute autre forme différentielle ϕ, d'd''-fermée de type (q,q) s'écrit : $\phi = \lambda\tilde{\omega} + \tilde{\phi}$, où $\tilde{\phi} \in$ Ker ρ_U et $\lambda = \rho_o\phi(c)/\rho_o\tilde{\omega}(c)$ est une constante complexe. D'où $V^{q,q}(Z) = \mathbb{C}\,\tilde{\omega} \oplus \mathrm{Ker}\ \rho_U$.

On peut choisir $\tilde{\omega} = \omega^q$, qui est défini à partir d'une forme hermitienne définie positive, donc prenant des valeurs positives par intégration sur les sous-ensembles analytiques. On notera $\dot{\omega}$ sa classe dans $V^{q,q}(Z)$.

Remarque.- Im $\rho_U \cong \mathbb{C}$ est composée des fonctions constantes sur U.

Corollaire 2.- *Soit* Z *une variété algébrique projective de dimension* n

$$V^{q,q}(Z) = \mathrm{Ker}\ \rho_U \oplus \mathbb{C}\,\dot{\omega}$$

Corollaire 3.- *Si* dim $H^q(Z,\Omega^q) = 1$, *alors* ρ_U *est injective pour toute composante connexe* U *de* $C_q^+(Z)$.

Corollaire 4.- *Si* $\dim H^{2q}(Z,\mathbb{C}) = 1$, *alors* ρ_U *est injective.*

On note $H^{n-q,n-q}(Z,\mathbb{C})$, la partie de $H_{2q}(Z,\mathbb{C})$ formée par les formes différentielles dont la partie harmonique est de type $(n-q,n-q)$.

Corollaire 5.- *Si* $H^{n-q,n-q}(Z,\mathbb{C})$ *admet une base constituée de classes de cycles analytiques, l'application* $\rho_o : V^{q,q}(Z) \to H^o(C_q^+(Z),\mathcal{K})$ *est injective.*

Démonstration.- $H_{2q}(Z,\mathbb{C}) = H^{2n-2q}(Z,\mathbb{C})$ d'après la dualité de Poincaré. D'après la décomposition de Hodge, une forme différentielle représentant un élément de $H_{2q}(Z,\mathbb{C})$ sera dans $H^{n-q,n-q}(Z,\mathbb{C})$ si et seulement si elle appartient au sous-espace vectoriel engendré par $H^{n-q}(Z,\Omega^{n-q})$ dans $H_{2q}(Z,\mathbb{C})$.

Soit $\phi \in \dot{\phi} \in V^{q,q}(Z)$. $\phi \in \operatorname{Ker} \rho_o \Longrightarrow \int_c \phi = 0 \quad \forall c \in C_q^+(Z)$. Si l'on note $\{c\}$ la classe d'homologie induite par c, on aura $< \dot{\phi},\{c\} > = 0$. D'après l'hypothèse du lemme cela entraîne : $< \dot{\phi},\zeta > = 0 \quad \forall \zeta \in H^{n-q,n-q}(Z,\mathbb{C})$ c'est-à-dire par raison de type $< \dot{\phi},\zeta > = 0 \quad \forall \zeta \in H_{2q}(Z,\mathbb{C})$. D'après la décomposition du corollaire 1, on peut choisir $\phi' \in \dot{\phi}$ tel que $d\phi' = 0$.

$$< \dot{\phi},\zeta > = < \dot{\phi}',\zeta > = 0 \quad \forall \zeta \in H_{2q}(Z,\mathbb{C}) \ ;$$

donc $\dot{\phi} = 0$ dans $H^{2q}(Z,\mathbb{C})$ et $\dot{\phi} = 0$ dans $V^{q,q}(Z)$.

Corollaire 8.- *Soit* Z *une variété algébrique projective de dimension* n *; l'application* $\rho_o : V^{n-1,n-1}(Z) \to H^o(C_{n-1}^+(Z),\mathcal{K}))$ *est injective.*

Démonstration.- Cela résulte de l'existence d'une base de cycles analytiques pour l'homologie de $H^{1,1}$ $(Z, \mathbb{Z})$ ([K-S] et [H]).

Remarque 1.- Si $\dim H^q(Z,\Omega^q) = 1$, $\rho_o : V^{q,q}(Z) \to H^o(C_q^+(Z),\mathcal{K})$ est trivialement injective. En effet, si $\phi \in \dot{\phi} \in V^{q,q}(Z)$, $\phi = \lambda\omega^q + d''\alpha + d'\beta$ (th. 1) et $\rho_o\phi(c) = \lambda \int_c \omega^q = 0 \Longleftrightarrow \lambda = 0$. En fait, $\phi \in \operatorname{Ker} \rho_o$ ssi il existe $c \in C_q^+(Z)$ tel que $\int_c \phi = 0$.

Remarque 2.- Soit $b = \dim H^q(Z,\Omega^q)$; il existe alors au moins b composantes connexes $(K_i)_{1\le i\le b}$ de $C_q^+(Z)$ telles que si $|K_i|$ est formé par les sous-ensembles analytiques supports des cycles contenus dans K_i, les $|K_i|$ sont deux à deux disjoints.

3.- LE THEOREME D'ISOMORPHISME POUR LES $\Lambda^{r,s}$

Lemme 5.- *Toute forme différentielle homogène* ϕ *d-exacte dans* Z *est* d'd"*-exacte.*

Démonstration.- Soit ϕ de type (r,s).

$$\phi^{r,s} = dx = d'x^{r-1,s} + d''y^{r,s-1}$$

et $\qquad d\phi^{r,s} = d'\phi^{r,s} = d''\phi^{r,s}$, par raison de type .

On en tire :

$$d'd''x^{r-1,s} = d'd''y^{r,s-1} = 0 \qquad \text{(lemme 2) :}$$

$$\left.\begin{aligned} x &= \alpha_1 + d'\beta_1 + d''\gamma_1 \\ y &= \alpha_2 + d'\beta_2 + d''\gamma_2 \end{aligned}\right\} \quad \text{avec } \Box\alpha_1 = \Box\alpha_2 = 0 \Longrightarrow$$

$$\phi^{r,s} = d'd''(\gamma_1 - \beta_2).$$

Théorème 5.- *Soit* Z *une variété kählérienne compacte. Il existe un isomorphisme naturel entre* $\Lambda^{r,s}(Z)$ *et* $H^s(Z,\Omega^r)$ *pour tout entier* r *et* s.

Démonstration.- D'après la décomposition de Hodge, toute forme $\phi^{r,s}$, d-fermée dans Z admet un unique représentant harmonique modulo d, donc d'après le lemme 5 la classe de $\phi^{r,s}$ dans $\Lambda^{r,s}(Y)$ admet aussi un unique représentant harmonique.

Corollaire 7.- *Soit* K *un compact de* Z, ϕ *une forme différentielle* d*-exacte définie dans un voisinage* V *de* K. *Alors pour tout voisinage ouvert* U *de* K, *dont l'adhérence est contenue dans* V, $\phi_{|U}$ *est* d'd"*-exacte.*

Démonstration.- Soit $\phi = d\psi$ dans V, p' une fn $\in \mathcal{E}^{\infty}(Z)$, $\rho_{|U} = 1$ et supp $\rho \subset V$. Soit $\tilde{\psi} = \rho \cdot \phi$ et $\tilde{\phi} = d\tilde{\psi}$; $\tilde{\phi}$ et $\tilde{\psi} \in C^{\infty}(Z)$ et l'on a : $\tilde{\psi}_{|U} = \psi$, $\tilde{\phi}_{|U} = \phi$; $\tilde{\phi}$ est d-exacte dans Z donc d'après le lemme 4, $\tilde{\phi}$ est d'd"-exacte. En particulier sa restriction à U est d'd"-exacte.

BIBLIOGRAPHIE

[A.N] A. ANDREOTTI & F. NORGUET : Convexité holomorphe dans l'espace des cycles d'une variété algébrique, Ann. Sc. Norm. Sup. Pisa, vol. 21, 1967, p. 31-82.

[B] D. BARLET : Espace analytique réduit à des cycles analytiques compacts d'un espace analytique de dimension finie, Lect. Notes in Math. n°482, Fonctions de plusieurs variables complexes (Séminaire F. Norguet), Springer Verlag, pp. 1-158.

[Bi] B. BIGOLIN : Gruppi di Aeppli, Annali Sc. Norm. Sup. Pisa, s.3, vol.23 (1969), pp. 259-287.

[K-M] K. KODAIRA & J. MORROW : Complex manifolds, Athena series, selected topics in mathematics, Holt, Rinehart and Wiston.

[K-S] K. KODAIRA & D.C. SPENCER : Divisor class groups on algebraïc varieties, Proc. N.A.S., vol. 39, n°8, pp. 868-877.

[H] W. HODGE : The theory and Applications of Harmonic Integrals, Cambridge University Press, 1941, pp. 214-216.

[L] P. LELONG : Intégration sur un sous-ensemble analytique complexe, Bull. Soc. Math. de France, t. 85, 1957, pp. 239-262.

[O] S. OFMAN : Résidu et dualité, dans ce volume p.1.

INJECTIVITÉ DE LA TRANSFORMATION OBTENUE PAR INTÉGRATION SUR LES CYCLES ANALYTIQUES

B.- CAS D'UNE VARIÉTÉ ALGÉBRIQUE PROJECTIVE PRIVÉE D'UN POINT (*)

par

Salomon OFMAN

INTRODUCTION

Nous allons étudier les transformations intégrales définies dans ([AN 1]) par l'application $\rho_o^Y : V^{n-1,n-1}(Y) \to H^o(C_{n-1}^+(Y),\mathcal{H})$ (respectivement $H^{n-1}(Y,\Omega^{n-1}) \to H^o(C_{n-1}^+(Y),\mathcal{O}))$ par intégration sur les cycles analytiques compacts d'une forme différentielle d'd"-fermée (resp. d"-fermée) d'un ouvert Y d'une variété algébrique projective où $C_{n-1}^+(Y)$ est l'espace des cycles analytiques compacts de Y, $\mathcal{H}$ (resp. $\mathcal{O}$) le faisceau des germes de fonctions pluriharmoniques (resp. holomorphes). Lorsqu'il n'y a aucune confusion possible, on notera ρ_o au lieu de ρ_o^Y. $V^{n-1,n-1}(Y)$ a été défini dans [O3] .

Sous certaines conditions sur Y, ([AN 2]) a prouvé que le noyau de la première transformation est de dimension finie, ([B]) et ([K]) ont démontré que pour certains ouverts de $\mathbb{P}_n(\mathbb{C})$, elle est en fait injective et calculé le noyau de la seconde. Nous allons considérer ces deux transformations intégrales dans le cas d'une variété algébrique projective générale Z privée d'un point et montrer l'injectivité de la première de ces transformations et sous certaines conditions sur Z déterminer le noyau de la seconde.

Notation.- Si W est un sous-ensemble de $C_q^+(Y)$, on notera ρ_W l'application naturelle $V^{n-1,n-1}(Y) \to H^o(W,\mathcal{H})$ (resp. $H^{n-1}(Y,\Omega^{n-1}) \to H^o(C_{n-1}^+(Y),\mathcal{O})$) définie par $\rho_W\phi = (\rho_o\phi)_{|W}$.

(*) Ceci généralise le chapitre II de ([O1]) et développe la seconde partie de ([O2]).

CHAPITRE I

INTÉGRATION DES FORMES d''-FERMÉES

I.- POSITION DU PROBLEME

a) Soit Z une variété algébrique projective complexe lisse, de dimension complexe n, 0 un point de Z, Ω^q le faisceau des germes de formes différentielles holomorphes de type (q,0) sur Z ; soit Y une partie de Z , $A^{p,q}(Y)$ l'ensemble des formes différentielles $\mathcal{C}^\infty$ de type (p,q) sur Y, $K_c^{p,q}(Y)$ l'ensemble des courants à support compact de Y, de bidegré (p,q).

Soit alors Y un ouvert de Z , $C_q^+(Y)$ l'ensemble des cycles analytiques compacts de Y de dimension q. Si ϕ est une forme différentielle de type (q,q), d"-fermée dans Y, on peut intégrer ϕ sur tout cycle c ([L])); si ϕ est d-exacte (resp. d"-exacte) la valeur de l'intégrale est nulle.

b) On peut alors définir pour tout ϕ de type (q,q) une application de $C_q^+(Y)$ dans $\mathbb{C}$ par intégration. Comme $H^q(Y,\Omega^q)$ est le quotient des formes $A^{q,q}(Y)$ d"-fermées par les formes d"-exactes, d'après a) l'application intégration sur les cycles passe au quotient, ce qui permet de définir une application linéaire $\rho_o : H^q(Y,\Omega^q) \to (C_q^+(Y),\mathbb{C})$ où $(C_q^+(Y),\mathbb{C})$ est l'ensemble des applications de $C_q^+(Y)$ dans $\mathbb{C}$; en fait ([AN 1]) montre que l'image de l'application est contenue dans l'ensemble $H^o(C_q^+(Y), \mathcal{O})$, espace des applications analytiques (complexes) de $C_q^+(Y)$ à valeurs dans $\mathbb{C}$. Pour $\phi \in H^q(Y,\Omega^q)$, on note $\rho_o\phi$ l'image de ϕ par ρ_o.

c) On s'intéresse ici au noyau de cette application. ([AN 2]) montre que ce noyau est de dimension infinie si Y est est q-pseudo-convexe. Et de plus ce noyau est, à un espace vectoriel de dimension finie près, l'image par d' de $H^q(Y,\Omega^{q-1})$ dans $H^q(Y,\Omega^q)$.

([B]) et ([K]) montrent que pour $Z = \mathbb{P}_n$, et $X = \{0\}$ ou $\mathbb{P}_k$ ou un tube autour de $\mathbb{P}_k$ $(0 < k < n-1)$, le noyau de ρ_o est même exactement $d'H^q(Y,\Omega^{q-1})$ avec $q = \text{codim } X - 1$ et Y complémentaire de X dans Z.

Le but de ce chapitre est de généraliser ce type de résultat aux variétés algébriques projectives, dans le cas où X est un point.

2.- DEUX SUITES EXACTES DUALES

On suppose désormais que Z est une variété algébrique projective de dimension n, Y le complémentaire d'un point 0 dans Z. On a le diagramme suivant ([03]) :

$$\begin{array}{lccccccccc}
(1) & 0\to H^{n-1}(Z,\Omega^{n-2}) & \xrightarrow{r_2} & H^{n-1}(Z-\{0\},\Omega^{n-2}) & \xrightarrow{\partial_2} & H^n_{\{0\}}(Z,\Omega^{n-2}) & \xrightarrow{pr_2} & H^n(Z,\Omega^{n-2})\to 0 \\
 & \downarrow d' & & \downarrow d' & & \downarrow d' & & \downarrow d' \\
(2) & 0\to H^{n-1}(Z,\Omega^{n-1}) & \xrightarrow{r_1} & H^{n-1}(Z-\{0\},\Omega^{n-1}) & \xrightarrow{\partial_1} & H^n_{\{0\}}(Z,\Omega^{n-1}) & \xrightarrow{pr_1} & H^n(Z,\Omega^{n-1})\to 0
\end{array}$$

où les r_i sont les restrictions naturelles, les pr_i induits par les prolongements par 0 des hyperformes (formes différentielles à coefficients hyperfonctions) à support dans $\{0\}$, ∂_i les homomorphismes de ([03]) $(i = 1,2)$.

Les deux suites (1) et (2) (en dehors des extrémités) sont exactes comme suites de cohomologie à support dans un fermé, et le diagramme est commutatif par fonctorialité de d'.

D'après ([03]), $H^n(Y,\Omega^r) = 0$; il reste à montrer $H^{n-1}_{\{0\}}(Z,\Omega^{n-i}) = 0$ $(i=1,2)$.

$H^{n-1}_0(Z,\Omega^r)$ ne dépend que d'un voisinage de 0 dans Z · on peut se placer dans un voisinage de carte U, boule ouverte de centre 0 et l'on a $H^{n-1}_{\{0\}}(Z,\Omega^r) \cong (H^{n-1}_{\{0\}}(U,\Omega^r)$.

La suite exacte de cohomologie relative au fermé $\{0\}$ de U s'écrit :

$$(3) \qquad H^{n-2}(U - \{0\},\Omega^r) \to H^{n-1}_{\{0\}}(U,\Omega^r) \to H^{n-1}(U,\Omega^r)$$

Mais U est un ouvert de Stein, $H^{n-1}(U,\Omega^r) = H^p(U - \{0\},\Omega^r) = 0$ pour $p \neq 0,n-1$, d'où $H^{n-2}(U - \{0\},\Omega^q) = H^{n-1}(U,\Omega^q) = 0$. D'après la suite exacte (3), $H^{n-1}_{\{0\}}(U,\Omega^{n-i}) = H^{n-1}_{\{0\}}(Z,\Omega^{n-i}) = 0$ $(i = 1,2)$.

3.- RESULTATS FONDAMENTAUX

Nous noterons un élément de $H^p(Y,\Omega^q)$ en utilisant la représentation en Dolbeault, c'est-à-dire la classe $\dot\phi$ représentée par la forme différentielle ϕ de type (q,p), d''- fermée au voisinage de Y. Soient alors $\dot\phi \in H^{n-1}(Z - \{0\},\Omega^{n-1})$ et $\dot\phi \in \operatorname{Ker} \rho_0$, U un voisinage de carte $0 \in Z$ qu'on choisit comme une boule de centre 0. On pose $\partial_1\dot\phi = \dot\varepsilon \in H^n_{\{0\}}(Z,\Omega^{n-1})$.

a) On a un diagramme commutatif :

$$\begin{array}{ccc} H^{n-1}(Z - \{0\},\Omega^{n-1}) & \xrightarrow{\partial_1} & H^n_{\{0\}}(Z,\Omega^{n-1}) \\ & {\scriptstyle r}\searrow \quad \nearrow{\scriptstyle \tilde{\partial}_1} & \\ & H^{n-1}(U - \{0\},\Omega^{n-1}) & \end{array}$$

qui provient du digaramme commutatif :

$$\begin{array}{ccc} H^{n-1}(Z - \{0\},\Omega^{n-1}) & \xrightarrow{\partial_1} & H^n_{\{0\}}(Z,\Omega^{n-1}) \\ \downarrow r & & \wr\downarrow r \\ H^{n-1}(U - \{0\},\Omega^{n-1}) & \xrightarrow{\partial_1} & H^n_{\{0\}}(U,\Omega^{n-1}) \end{array}$$

et d'autre part par fonctorialité, on a le diagramme commutatif :

$$(4) \qquad \begin{array}{ccccc} H^{n-1}(U - \{0\},\Omega^{n-2}) & \to & H^n_{\{0\}}(Z,\Omega^{n-2}) & \cong & H^n_{\{0\}}(U,\Omega^{n-2}) \\ & & \downarrow d' & & \downarrow d' \\ H^{n-1}(U - \{0\},\Omega^{n-1}) & \to & H^n_{\{0\}}(Z,\Omega^{n-1}) & \cong & H^n_{\{0\}}(U,\Omega^{n-1}) \end{array}$$

On est dans les conditions d'applications du

LEMME ([AN 2]).- *Etant donné un plongement de* Z *dans un projectif, il existe un voisinage ouvert* U *de* 0 *dans* Z *tel que si* $\dot{\xi}$ *est une classe de cohomologie,*

$$\dot{\xi} \in \ker H^{n-1}(Y,\Omega^{n-1}) \xrightarrow{\rho_W} H^0(W, \mathcal{O}))$$

où W *est la composante de* $\overset{+}{C}_{n-1}(Y)$ *des cycles traces des cycles linéaires dans* Y, *alors il existe des formes différentielles* $\mathcal{C}^\infty$, ψ *et* χ *de type respectivement* (n-2,n-1) *et* (n-1,n-2) *définies sur* U - {0} = V *telles que* $\phi_{|V} = d'\psi + d''\chi$ *avec* $d''\psi = 0$.

Corollaire.- *Localement,* $\ker \rho_0 = d'H^{n-1}(Y,\Omega^{n-2})$.

En restreignant au besoin U, on peut supposer que U est un ouvert pour lequel on peut appliquer le corollaire, c'est-à-dire : il existe $\dot{\theta}' \in H^{n-1}(U - \{0\},\Omega^{n-2})$, $r\dot{\phi} = d'\dot{\theta}'$ d'où d'après (4), il existe $\dot{\theta} \in H^n_{\{0\}}(Z,\Omega^{n-2})$ tel que : $\partial_1\dot{\phi} = \dot{\varepsilon} = d'\dot{\theta}$. On a donc :

Proposition 1.- *Si* $\dot{\varepsilon} \in \partial_1(\ker \rho_0)$ *alors* $\dot{\varepsilon} \in d'(H^n_{\{0\}}(Z,\Omega^{n-2}))$.

b) Théorème 1.- *Soit* Z *une variété algébrique projective de dimension* n, 0 *un point de* Z, Y *le complémentaire de* 0 *dans* Z.

Pour toute forme différentielle ϕ, d''*-fermée dans* Y, *d'intégrale nulle sur tous les cycles* $c \in C^+_{n-1}(Y)$, *il existe* ϕ_2 *forme différentielle* $\mathscr{C}^\infty$ *sur* Y, ϕ_1 *forme différentielle* *dans* Y, θ_Y *restriction à* Y *d'une forme différentielle* C^∞ *sur* Z, *d'intégrale nulle sur tous les cycles analytiques de* Z, *telles que :*

$$\phi = d'\phi_1 + d''\phi_2 + \theta_Y .$$

On en déduitra le

Théorème 2.- *Supposons que* Z *possède les deux propriétés suivantes :*

i) $H^o(Z,\Omega^2) = 0$;

ii) $(*)_Z$: $[\dot\phi \in H^{n-1}(Z,\Omega^{n-1})$ *et* $\int_c \dot\phi = 0$ *pour tout* $c \in C^+_{n-1}(Z)] \Longrightarrow$
$\dot\phi \in d'H^{n-1}(Y,\Omega^{n-2})$.

alors la propriété $(*)_Y$ est vérifiée.

Remarque 1.- Pour tout Y' de Z, la propriété $(*)_Y$ signifie que la suite :

$$H^{n-1}(Y',\Omega^{n-2}) \xrightarrow{d'} H^{n-1}(Y',\Omega^{n-1}) \xrightarrow{\rho_o} H^o(C^+_{n-1}(Y'),\mathcal{O})$$

est exacte.

c) Démonstration du théorème 1.- 1) Soit $\dot\phi \in H^{n-1}(Z - \{0\}, {}^{n-1})$, $\dot\phi \in \ker \rho_o$. D'après la proposition 1, on a $\partial_1\dot\phi = d'\dot\psi$ avec $\dot\psi \in H^n_{\{0\}}(Z,\Omega^{n-2})$. D'après ((1), (2)), on a le diagramme partiel :

$$\begin{array}{ccc} H^n_{\{0\}}(Z,\Omega^{n-2}) & \xrightarrow{pr_2} & H^n(Z,\Omega^{n-2}) \\ \downarrow d' & & \downarrow d' \\ H^n_{\{0\}}(Z,\Omega^{n-1}) & \xrightarrow{pr_1} & H^n(Z,\Omega^{n-1}) \end{array}$$

Par dualité $H^n(Z,\Omega^{n-2}) \cong (H^o(Z,\Omega^2))' = 0$, d'où : ∂_2 est surjective, et d'après (1) : $\dot\psi = \partial_2\dot\xi$ avec $\dot\xi \in H^{n-1}(Z\setminus\{0\},\Omega^{n-2})$.

D'après le diagramme partiel contenu dans ((1),(2)) :

$$\begin{array}{ccc} H^{n-1}(Z - \{0\},\Omega^{n-2}) & \xrightarrow{\partial_2} & H^n_{\{0\}}(Z,\Omega^{n-2}) \\ \downarrow d' & & \downarrow d' \\ H^{n-1}(Z - \{0\},\Omega^{n-1}) & \xrightarrow{\partial_1} & H^n_{\{0\}}(Z,\Omega^{n-1}) \end{array}$$

on tire $\dot\varepsilon = d' \circ \partial_2 \dot\xi = \partial_1 \circ d'\dot\xi = \partial_1 \dot\phi$ (par définition de $\dot\varepsilon$) $\Longrightarrow \partial_1(d'\dot\xi - \dot\phi) = 0 \Longrightarrow$ (la suite (2) étant exacte) $d'\dot\xi - \dot\phi = r_1 \dot x$ avec $\dot x \in H^{n-1}(Z,\Omega^{n-1})$.

Remarque 3.- Tout diviseur de Z passant par 0 étant équivalent à un diviseur ne passant pas par ce point, on a l'isomorphisme : $\operatorname{Ker} \rho_0^Z = \operatorname{Ker} \rho_0^Y \cap \operatorname{Im} r'$.

4.- APPLICATIONS

Théorème 3.- *Soit* Z *une variété algébrique projective de dimension* n. *Si* $H^o(Z,\Omega^2) = 0$ *alors la suite*

$$H^{n-1}(Z\setminus\{0\},\Omega^{n-2}) \xrightarrow{d'} H^{n-1}(Z\setminus\{0\},\Omega^{n-1}) \xrightarrow{\rho_o} H^o(C^+_{n-1}(Z\setminus\{0\}),\mathcal{O})$$

est exacte.

Démonstration.- Ce théorème résulte immédiatement du théorème 2 et des lemmes ci-dessous :

Lemme 1.- *Si* Z *possède une base de cycles analytiques pour* $H_{(n-1,n-1)}(Z)$ *et si de plus* $H^o(Z,\Omega^3) = 0$, *alors* Z *vérifie la propriété* $(*)_Z$.

Démonstration du lemme.- Soit $\dot\phi \in H^{n-1}(Z,\Omega^{n-1})$, $(\dot e_i)$ une base duale de la base finie de types analytiques $(\dot c_j)$ de $H_{(n-1,n-1)}(Z)$. (Z) étant kählérienne, on a $H^{2n-2}(Z,\mathbb{C}) = \bigoplus_{p+q=2n-2} H^p(Z,\Omega^q)$. Tout élément de $H^{n-1}(Z,\Omega^{n-1})$ admet donc un représentant $\tilde\phi$ d-fermé et si $\dot\phi \in \operatorname{Ker} \rho_o$, $\tilde\phi = d\lambda$ d'où d'après la théorie de Hodge, ϕ admet un représentant d"-exact, autrement dit, $\dot\phi = 0$. Le théorème résulte alors de l'existence d'une base de $H_{(n-1,n-1)}(Z)$ formé de diviseurs.

De ce lemme, résulte le

Corollaire 1.- *Toute surface algébrique projective* Z, *vérifie la propriété* $(*)_Z$.

Du théorème 3 résultent les deux corollaires suivants :

Corollaire 2.- *Soit* Z *une surface algébrique projective telle que* $H^o(Z,\Omega^2) = 0$. *Alors la suite*

$$H^1(Z\setminus\{0\}, \mathcal{O}) \xrightarrow{d'} H^1(Z\setminus\{0\}, \Omega^1) \xrightarrow{\rho_o} H^o(C_1^+(Z), \mathcal{O})$$

est exacte.

Corollaire 3.- *Soit* $G_{m,k}$ *la grassmanienne des k-plans de* $\mathbb{C}^m$ *; on a la suite exacte*

$$H^{n-1}(G_{m,k} - \{0\},\Omega^{n-2}) \xrightarrow{d} H^{n-1}(G_{m,k} - \{0\},\Omega^{n-1}) \xrightarrow{\rho_o} H^o(C_{n-1}^+(G_{m,k} - \{0\}),\mathcal{O}).$$

où $n = \dim_{\mathbb{C}} G_{m,k}$.

CHAPITRE II

INTÉGRATION DES FORMES $d'd''$-FERMÉES

Les méthodes de démonstration sont analogues à celles du chapitre précédent , en particulier W est le sous-ensemble introduit dans le lemme du § 3 du chapitre I.

Théorème 4.- *On a une suite exacte :*

$$\mathbb{C}^{p-1} \xrightarrow{r} V^{n-1,n-1}(Y) \xrightarrow{\rho_W} H^o(W,\mathcal{H})$$

où $p = \dim H^{n-1}(Z,\Omega^{n-1})$ *et* r *est induite par la restriction naturelle :* $V^{n-1,n-1}(Z) \to V^{n-1,n-1}(Y)$.

Démonstration.- On considère la suite exacte ([O3]) :

(1)
$$\begin{array}{ccccccc} V^{n-1,n-1}(Z) & \to & V^{n-1,n-1}(Y) & \overset{\partial}{\to} & \Lambda^{n,n}_{\{0\}}(Z) & \to & \Lambda^{n,n}(Z) \\ \uparrow & & & & & & \downarrow \\ V^{n-1,n-1}_{\{0\}}(Z) & & & & & & \Lambda^{n,n}(Y) \end{array},$$

où $\Lambda^{n,n}(Y) = 0$ ([O3], corollaire 14).

Soit $c \in C^+_{n-1}(Y)$, $\{c\}$ la classe de cohomologie induite par c dans $\Lambda^{1,1}_c(Y)$ comme courant d-fermé à support compact.

$$\rho_o\phi(c) = \int_c \phi = <\dot{\phi},\{c\}> \ , \quad \forall\, \phi \in \dot{\phi} \in V^{n-1,n-1}(Y).$$

Supposons $\dot{\phi} \in \operatorname{Ker} \rho_o$, on a le

Lemme ([A-N 2]): *Si* $\phi \in \dot{\phi} \in \operatorname{Ker} \rho_W$, *il existe* U *ouvert de* Z *et des formes différentielles* $\mathcal{C}^\infty$, α *et* β *telles que* $\phi_{|U\cap Y} = d'\alpha + d''\beta$.

On considère alors le diagramme commutatif :

$$\begin{array}{ccc} V^{n-1,n-1}(Y) & \xrightarrow{r} & V^{n-1,n-1}(U) \\ \downarrow \partial_1 & & \downarrow \partial_2 \\ \Lambda^{n,n}_{\{0\}}(Z) & \xrightarrow{\sim} & \Lambda^{n,n}_{\{0\}}(U) \end{array} .$$

où U est choisi comme en a) et assez petit.

D'après le lemme, $\partial_2(\dot{\phi}) = 0 \iff \partial_1(\dot{\phi}) = 0$ et d'après la suite exacte (1), il existe $\phi' \in \dot{\phi}' \in V^{n-1,n-1}(Z)$ telle que $r\,\dot{\phi}' = \dot{\phi}$.

$\dot{\phi} \in \operatorname{Ker} \rho_0^Y \Longrightarrow \dot{\phi}' \in \operatorname{Ker} \rho_0^Z$ (d'après la remarque suivant le théorème 2), d'où d'après [04], $\dot{\phi}' = 0$. Ceci termine la démonstration du théorème 4.

Remarque.- La condition $\dim_{\mathbb{C}} H^{n-1}(Z,\Omega^{n-1}) = 1$ (évidemment réalisée si $\dim_{\mathbb{C}} H^{2n-2}(Z,\mathbb{C}) = 1$) équivaut à l'injectivité de ρ_W ; cela explique la possibilité de se restreindre aux cycles linéaires dans certaines variétés, en particulier $\mathbb{P}_n$ (cf. [B] et [K]).

Vu le corollaire 6 de [04], le théorème 4 précédent entraîne le

Théorème 5.- *Soit Z une variété algébrique projective, 0 un point de Z, $Y = Z - \{0\}$. L'application $\rho_0 : V^{n-1,n-1}(Y) \to H^0(C^+_{n-1}(Y),\mathcal{H})$ est injective.*

Corollaire 4.- *Si $H^0(Z,\Omega^2) = 0$, la suite ci-dessous*

$$H^{n-1}(Y,\Omega^{n-2}) \xrightarrow{d} H^{n-1}(Y,\Omega^{n-1}) \xrightarrow{\rho_0} H^0(C^+_{n-1}(Y),\mathcal{O})$$

est exacte.

Démonstration.- On sait déjà que cette suite est un complexe ($\rho_0 \circ d = 0$). Soit alors $\phi \in \dot{\phi} \in H^{n-1}(Y,\Omega^{n-1})$ et $\phi \in \operatorname{Ker} \rho_0$. D'après le théorème 4, il existe α et β formes différentielles C^∞ sur Y telles que $\phi = d'\alpha + d''\beta$, où α (resp. β) est de type $(n-2,n-1)$ (resp. $(n-1,n-2)$) ; $d''\alpha$ est de type $(n-2,n)$ et $d'd''\alpha = 0$. On a la suite exacte :

$$H^{n-2}(Z,\Omega^n) \to H^{n-2}(Y,\Omega^n) \to H^{n-1}_{\{0\}}(Z,\Omega^n).$$

Z étant kählerienne compacte, dim $H^{n-2}(Z,\Omega^n)$ = dim $H^n(Z,\Omega^{n-2})$ = dim $H^o(Z,\Omega^2)$ (dualité de Serre) = 0. Comme

$$H^{n-1}_{\{0\}}(Z,\Omega^n) \cong H^{n-2}(\mathbb{C}^n\setminus\{0\},\Omega^n) = 0 \quad ([O3]), \quad H^{n-2}(Y,\Omega^n) = 0 = H^n(Y,\bar{\Omega}^{n-2}) .$$

Il existe donc une forme différentielle $\tilde{\gamma}$, $\mathcal{C}^\infty$ sur Y telle que $d''\alpha = d'\tilde{\gamma}$ où $\tilde{\gamma}$ est de type $(n-3,n)$; $H^n(Y,\Omega^{n-3}) = 0$ ([O3]) , d'où finalement $d'\alpha = d'd''\gamma$.

Soit $\tilde{\alpha} = \alpha + d'\gamma$, $d'\tilde{\alpha} = d'\alpha$, $d''\tilde{\alpha} = d''\alpha - d'd''\gamma = 0$ et $\phi = d'\tilde{\alpha} + d''\beta$, d'où le corollaire.

BIBLIOGRAPHIE

[AN 1] A. ANDREOTTI & F. NORGUET : Convexité holomorphe dans l'espace des cycles d'une variété algébrique, Ann. Sc. Norm. Sup. Pisa, vol. 21, 1967, p. 31-82.

[AN 2] A. ANDREOTTI & F. NORGUET : Cycles of algebraïc manifolds and d'd''-cohomology, Ann. Sc. Norm. Sup. Pisa, vol.25, Fasc.1, 1971.

[B] D. BARLET : Espace des cycles et d'd''-cohomology de $P_n - P_k$,, Lect. Notes in Math. n°409, Fonctions de plusieurs variables complexes (Sém. F. Norguet), Springer Verlag, p. 98-123.

[E] C. EHRESMAN : Sur la topologie de certains espaces homogènes, Ann. of Math., vol. 35, 1934, p. 336-443.

[K] H. KREBS : Intégrales de formes différentielles d''-fermées sur les cycles analytiques compacts de certains ouverts de $P_n(C)$, Lect. Notes in Math. n°482, Fonctions de plusieurs variables complexes (Sém. F. Norguet), Springer Verlag, p. 217-249.

[L] P. LELONG : Intégration sur un sous-ensemble analytique complexe, Bull. Soc. Math. de France, t. 85, 1957, p. 239-262.

[M] A. MARTINEAU : Les hyperfonctions de M. Sato, Sém. Bourbaki, n°214.

[O1] S. OFMAN : Intégrale sur les cycles, résidus, transformée de Radon, thèse de 3° cycle, Paris VII, le 27-06-80.

[O2] S. OFMAN: Intégrale sur les cycles analytiques compacts d'une variété algébrique projective complexe privée d'un point, C.R. Acad. Sc. Paris, t. 292, 1981, p. 259-262.

[O3] S. OFMAN : Résidu et dualité, dans ce volume, p. 1.

[O4] S. OFMAN : Injectivité de la transformation obtenue par intégration sur les cycles analytiques, A. Cas d'une variété kählerienne compacte, dans ce volume, p. 183.

INJECTIVITÉ DE LA TRANSFORMATION OBTENUE PAR INTÉGRATION SUR LES CYCLES ANALYTIQUES

C.- CAS DU COMPLÉMENTAIRE D'UNE SOUS-VARIÉTÉ

par

Salomon OFMAN

INTRODUCTION

Soit Z une variété analytique complexe, Y ouvert de Z, $X = Z\backslash Y$, soit $C_q^+(Y)$ l'espace des cycles analytiques compacts de dimension q contenus dans Y. On note $\mathcal{A}^{r,s}$ (resp. Ω^r, $\bar{\Omega}^r$, $\mathcal{H}$, $\mathcal{B}^{r,s}$) le faisceau sur Y des germes de formes différentielles C^∞ de type (r,s) (resp. des formes différentielles holomorphes de type (r,0), antiholomorphes de type (0,r), de fonctions pluriharmoniques, d'hyperformes (formes différentielles à coefficients hyperfonctions) de type (r,s)).

Pour $\phi \in \mathcal{A}^{q,q}(Y)$ et $c \in C_q^+(Y)$, l'intégrale $\int_c \phi$ est convergente [L] ; si de plus $d'd''\phi = 0$, la fonction $\rho_o\phi$ définie sur $C_q^+(Y)$ est harmonique [AN 1], et la restriction de $\rho_o\phi$ à $d'\mathcal{A}^{q-1,q}(Y) \oplus d''\mathcal{A}^{q,q-1}(Y)$ est identiquement nulle, ce qui permet de définir par passage au quotient une application, encore notée ρ_o :

$$V^{q,q}(Y) = \frac{\mathrm{Ker}[\mathcal{A}^{q,q}(Y) \to \mathcal{A}^{q+1,q+1}(Y)]}{d'\mathcal{A}^{q-1,q}(Y) \oplus d''\mathcal{A}^{q,q-1}(Y)} \to H^o(C_q^+(Y),\mathcal{H})$$

On suppose désormais que Z est une variété algébrique projective (lisse), X une sous-variété (fermée) de Z de codimension q + 1, $Y = Z\backslash X$. Pour un plongement de Z dans un espace projectif, on note W_Y (resp. W) le sous-espace de $C_q^+(Y)$ (resp. $C_q^+(Z)$) des traces des cycles linéaires contenus dans Y (resp. dans Z), et ρ_{W_Y} (resp. ρ_W) l'application définie par : $\rho_{W_Y}\phi = (\rho_o\phi)_{|W_Y}$ (resp. $\rho_W\phi = (\rho_o\phi)_{|W}$) pour tout $\phi \in H^q(Y,\Omega^r)$ (resp. $\phi \in H^q(Z,\Omega^q)$).

- Si X est une intersection complète dans Z,

i) $V^{q,q}(Y)$ est un espace vectoriel de dimension infinie.

ii) ker ρ_{W_Y} (ker ρ_o) est un sous-espace vectoriel de $V^{q,q}(Y)$ de dimension finie.

- Dans le cas où $Z = \mathbb{P}_n$ et $X = \mathbb{P}_{n-q-1}$ (resp. X = tube autour d'un sous-espace projectif) [B] (resp. [K]) prouve que ρ_{W_Y} (donc ρ_o) est en fait injectif.

- Pour Z quelconque et X un point, on montre que $\dim_{\mathbb{C}} \ker \rho_{W_Y} = \dim_{\mathbb{C}} H^q(Z,\Omega^q) - 1$ et que ρ_o est injectif ([O3]).

Nous allons calculer ici le noyau de ρ_W et en déduire le noyau de ρ_o .

On considère dans la suite un ouvert U de Z isomorphe à un polydisque $D_n = \{z \in \mathbb{C}^n)|z| < 1\}$ et V un ouvert de Y où V sera isomorphe à $(D_n \backslash D_{n-q-1})$ c'est-à-dire à $(D_{n-q-1} \times (D_{q+1} \backslash \{0\}))$.

CHAPITRE I

1.- QUELQUES RESULTATS SUR LES HYPERFORMES

On note $\tilde{\mathcal{H}}$ le faisceau des germes d'hyperformes d'd"-fermées, C^i (resp. C'^i) les faisceaux :

$$C^i = \bigoplus_{j=0}^{i} \mathcal{B}^{j,i-j} \quad (\text{resp. } C'^i = \bigoplus_{j=0}^{i} \mathcal{A}^{j,i-j}) \quad \text{pour } 0 \le i \le q$$

$$C^i = \bigoplus_{j \ge i-q}^{q} \mathcal{B}^{j,i-j} \quad (\text{resp. } C'^i = \bigoplus_{j \ge i-q}^{q} \mathcal{A}^{j,i-j}) \quad \text{pour } i \ge q$$

$$D^i = \bar{\Omega}^{i+1} \oplus C^i \oplus \Omega^{i+1} \quad (\text{resp. } D'^i = \bar{\Omega}^{i+1} \oplus C'^i \oplus \Omega^{i+1})$$

(en particulier $C^{2q-1} = \mathcal{B}^{q-1,q} \oplus \mathcal{B}^{q,q-1}$).

On a alors les suites :

$$(\mathcal{R}_q) \quad 0 \to \tilde{\mathcal{H}} \to D^0 \xrightarrow{h_0} D^1 \to \dots \to D^{q-1} \xrightarrow{h_{q-1}} C^q \xrightarrow{h_q} C^{q+1} \to \dots \xrightarrow{h_{2q-2}}$$

$$\to C^{2q-1} \to \mathcal{B}^{q,q} \xrightarrow{d'd''} \mathcal{B}^{q+1,q+1} \xrightarrow{d} \mathcal{B}^{q+1,q+2} \oplus \mathcal{B}^{q+2,q+1}$$

$$(\mathcal{R}'_q) \quad 0 \to \mathcal{H} \to D'^0 \xrightarrow{h'_0} D'^1 \to \dots \to D'^{q-1} \xrightarrow{h'_{q-1}} C'^q \xrightarrow{h'_q} C'^{q+1} \to \dots \xrightarrow{h'_{2q-2}}$$

$$\to C'^{2q-1} \to \mathcal{A}^{q,q} \xrightarrow{d'd''} \mathcal{A}^{q+1,q+1} \xrightarrow{d} \mathcal{A}^{q+1,q+2} \oplus \mathcal{A}^{q+2,q+1} .$$

Les h_k (resp. h'_k) sont induits par les morphismes d', d" et l'injection naturelle : Ω^k dans $\mathcal{B}^{k,0}$ et $\bar{\Omega}^k$ dans $\mathcal{B}^{0,k}$ (resp. Ω^k dans $\mathcal{A}^{k,0}$ et $\bar{\Omega}^k$ dans $\mathcal{A}^{0,k}$).

EXEMPLES

(1) $q = 1$

$$C^0 = \mathcal{B}^{0,0},\ D^0 = \bar{\Omega}^1 \oplus \mathcal{B}^{0,0} \oplus \Omega^1,\quad C^1 = \mathcal{B}^{0,1} \oplus \mathcal{B}^{1,0},\quad C^2 = \mathcal{B}^{1,1} .$$

La suite $(\mathcal{R}_1)$ devient :

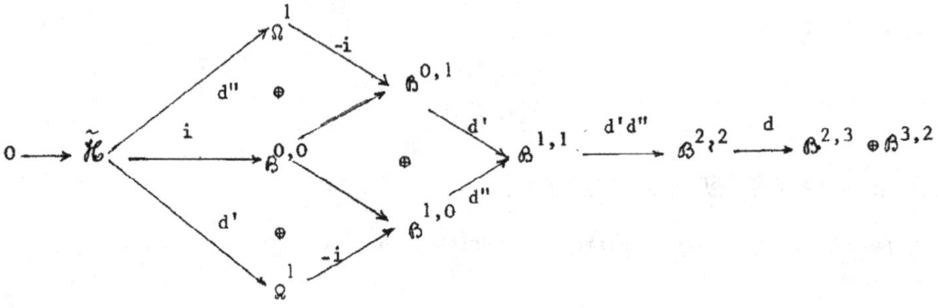

(2) $q = 2$

$C^0 = \mathcal{B}^{0,0}$, $D^0 = \bar{\Omega}^1 \oplus D^{0,0} \oplus \Omega^1$, $C^1 = \mathcal{B}^{0,1} \oplus \mathcal{B}^{1,0}$, $D^1 = \bar{\Omega}^2 \oplus \mathcal{B}^{0,1}$

$\mathcal{B}^{1,0} \oplus \Omega^2$, $C^2 = \mathcal{B}^{0,2} \oplus \mathcal{B}^{1,1} \oplus \mathcal{B}^{2,0}$, $C^3 = \mathcal{B}^{1,2} \oplus \mathcal{B}^{2,1}$

et la suite $(\mathcal{R}_2)$ devient :

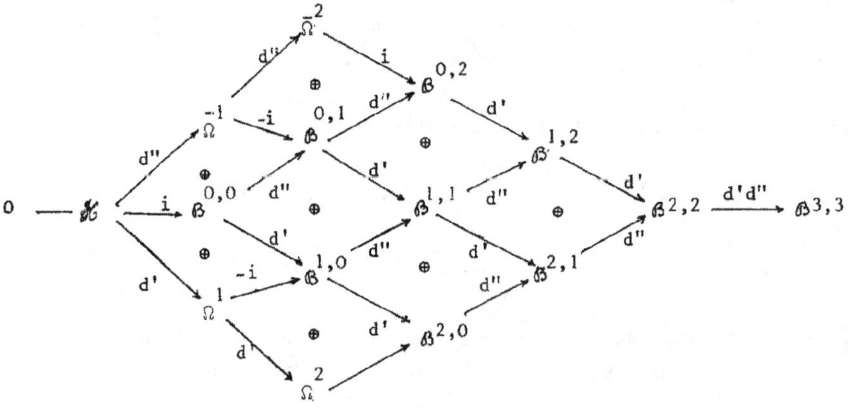

La suite $(\mathcal{R}'_q)$ est une résolution de $\mathcal{H}$ ([Bi]), nous allons montrer qu'il en est de même de $(\mathcal{R}_q)$.

Cela va résulter de la

Proposition 1.- *Soit* $\tilde{\Phi} \in \mathcal{B}^{p,q}$ *avec* $d'd''\tilde{\Phi} = 0$.

A) *si* $p = q = 0$ (*autrement dit* $\tilde{\phi} = f \in \tilde{\mathcal{H}}$)

$$\exists\ \alpha,\beta \in \mathcal{B}^{0,0},\ \textit{avec}\ d'\alpha = d''\beta = 0\ \textit{et}\ f = \alpha + \beta$$

B) *si* $p^2 + q^2 \neq 0$ *et* $p = 0$ (*resp.* $q = 0$) *alors*

$$\tilde{\phi}^{0,q} = \tilde{\alpha} + d''\tilde{\beta} \quad (\textit{resp.}\ \ \tilde{\phi}^{q,0} = d'\tilde{\alpha} + \tilde{\beta})\ \textit{où}$$

$$\tilde{\alpha} \in \mathcal{B}^{0,q},\ \check{\beta} \in \mathcal{B}^{0,q-1},\quad d'\tilde{\alpha} = 0\ (\textit{resp.}\ \tilde{\alpha} \in \mathcal{B}^{q-1,0},\ \tilde{\beta} \in \mathcal{B}^{q,0},\quad d''\tilde{\beta} = 0)$$

C) *si* $pq \neq 0$ *alors*

$$\tilde{\phi}^{p,q} = d'\tilde{\alpha}^{p-1,q} + d''\tilde{\beta}^{p,q-1}\ .$$

Corollaire 1.- $\tilde{\mathcal{H}} = \mathcal{H}$

<u>Démonstration du corollaire.</u>- D'après A), si $f \in \tilde{\mathcal{H}}$, alors $f = \tilde{\alpha} + \tilde{\beta}$ où $\tilde{\alpha}$ est antiholomorphe, β est holomorphe. D'après la résolution de $\mathcal{O}$ (resp. $\bar{\mathcal{O}}$) par les hyperformes, $\alpha \in \bar{\mathcal{O}}$, $\beta \in \mathcal{O} \Longrightarrow f \in \mathcal{H}$.

<u>Remarque.</u>- Dans B) $\tilde{\alpha}$ (resp. $\tilde{\beta}$) sont en fait des formes différentielles $\mathcal{C}^{\infty}$.

<u>Démonstration de la proposition.</u>- Soit $\tilde{\phi} = f \in \tilde{\mathcal{H}}$

A) $d'd''f = d[d''f] = 0 \Longrightarrow$ (résolution de $\mathbb{C}$ par les hyperformes)

$d''f = dg$ avec $g \in \mathcal{B}^{0,0}$; par raison de type,

$$\left.\begin{array}{l} d''f = d''g \\ d'g = 0 \end{array}\right\} \Longrightarrow g \in \bar{\mathcal{O}} \quad \text{et} \quad d''(f-g) = 0 \Longrightarrow \left.\begin{array}{r} g \in \bar{\mathcal{O}} \\ h = f - g \in \mathcal{O} \end{array}\right\} \Longrightarrow$$

$f = g + h$, $g \in \bar{\mathcal{O}}$, $h \in \mathcal{O}$.

B) α.- Soit $\tilde{\phi} \in \mathcal{B}^{0,q}$ $(q \geq 1)$

$$d'[d''\tilde{\phi}] = 0 \iff d[d'\tilde{\phi}] = 0 \iff d'\tilde{\phi}^{0,q} = d(\tilde{\gamma})^{(q)}\ .$$

On décompose $\tilde{\gamma}$ en parties homogènes $\tilde{\gamma}^{i,j}$, par raison de type il vient

$$(2)\qquad \begin{cases} d'\tilde{\phi}^{0,q} = d'\tilde{\gamma}^{0,q} + d''\tilde{\gamma}^{1,q-1} \\ d''\tilde{\gamma}^{0,q} = 0. \end{cases}$$

i) On va montrer pour ϕ et q fixés, par récurrence sur le degré s de γ en $\bar{z}$ que $d''\tilde{\gamma}^{1,q-1} = d'd''\tilde{\alpha}_1^{0,q-1}$.

1) $s = 0$

$d'\tilde{\gamma}^{r,s} = d'\tilde{\gamma}^{q,0} = 0$ (par raison de type) $\Longrightarrow d''\tilde{\gamma}^{q,0} = d'd''\tilde{\alpha}_1^{q-1,0}$

2) $s = h \leq q-1$

d'après l'égalité (*) en considérant les types on a :

$d'\tilde{\gamma}^{q-h-1,h+1} + d''\tilde{\gamma}^{q-h,h} = 0$

Par hypothèse de récurrence $d''\tilde{\gamma}^{q-h,h} = d'd''\tilde{\alpha}_1^{q-h-1,h} \Longrightarrow d'(\tilde{\gamma}^{q-h-1,h+1} - d''\tilde{\alpha}_1^{q-h-1,h}) = 0$

$\Longrightarrow \tilde{\gamma}^{q-h-1,h+1} = d''\tilde{\alpha}_1^{q-h-1,h} - d'\tilde{\alpha}_1^{q-h-2,h+1} \Longrightarrow d''\tilde{\gamma}^{q-h-1,h+1} = d'd''\tilde{\alpha}_1^{q-h-2,h+1}$,

d'où finalement $d''\tilde{\gamma}^{1,q-1} = d'd''\tilde{\alpha}_1^{0,q-1}$.

ii) On reporte cela dans (2) :

$d'\tilde{\phi}^{0,q} = d'd''\tilde{\alpha}_2^{0,q-1} + d'd''\tilde{\alpha}_1^{0,q-1} \Longrightarrow d'(\tilde{\phi}^{0,q} - d''\tilde{\alpha}_2^{0,q-1} - d''\tilde{\alpha}_1^{0,q-1}) = 0 \Longrightarrow$

$\tilde{\phi}^{0,q} = \tilde{\alpha}^{0,q} + d''\tilde{\beta}^{0,q-1}$ en posant $\tilde{\beta}^{0,q-1} = \tilde{\alpha}_1^{0,q-1} + \tilde{\alpha}_2^{0,q-1}$.

B) .- Soit $\tilde{\phi} \in \mathcal{B}^{p,0}$ avec $d'd''\tilde{\phi} = 0$, alors $\tilde{\psi} = \bar{\tilde{\phi}} \in \mathcal{B}^{0,p}$ et $d'd\tilde{\psi} = 0 \overset{(\alpha)}{\Longrightarrow} \tilde{\psi} = \alpha_1^{0,p} + d''\tilde{\beta}_1^{0,p-1} \Longrightarrow \tilde{\phi} = \bar{\tilde{\psi}} = \tilde{\alpha}^{p,0} + d'\tilde{\beta}^{p-1,0}$ où $\tilde{\alpha}^{p,0} = \bar{\tilde{\alpha}}_1^{0,p}$ et $\tilde{\beta}^{p-1,0} = \bar{\tilde{\beta}}_1^{0,p-1}$.

C) $\tilde{\phi} \in \mathcal{B}^{p,q}$ avec (p,q) quelconque.

On fait une récurrence sur $h = \inf(p,q)$

1) $h = 0$ c'est A) ou B).

2) $h > 0$, on suppose le résultat vérifié pour $h-1$, on a alors $d'd''\tilde{\phi}^{p,q} = 0 = d[d'\tilde{\phi}^{p,q}] = 0 \Longleftrightarrow d'\tilde{\phi}^{p,q} = d\tilde{\gamma} = d(\sum_{j=0}^{p+q} \tilde{\gamma}^{j,p+q-j}) \Longrightarrow$ (égalisation par type).

$$(3)\qquad d'\tilde{\phi}^{p,q} = d'\tilde{\gamma}^{p,q} + d''\tilde{\gamma}^{p+1,q-1}$$

$$(4)\qquad 0 = d''\tilde{\gamma}^{p,q} + d'\tilde{\gamma}^{p-1,q+1}$$

$$d'd''\tilde{\gamma}^{p+1,q-1} = d'd''\tilde{\gamma}^{p-1,q+1} \Longrightarrow \text{(récurrence)}$$

$$d''\tilde{\gamma}^{p+1,q-1} = d'd''\tilde{\alpha}_1^{p,q-1} \quad (4)$$

$$d'\tilde{\gamma}^{p-1,q+1} = d'd''\tilde{\beta}_1^{p-1,q} \Longrightarrow d''(\tilde{\gamma}^{p,q} - d'\tilde{\beta}_1^{p-1,q}) = 0 \Longrightarrow$$

$$\tilde{\gamma}^{p,q} = d'\tilde{\beta}_1^{p-1,q} + d''\tilde{\alpha}_2^{p,q-1} \Longrightarrow d'\tilde{\gamma}^{p,q} = d'd''\tilde{\alpha}_2^{p,q-1} \quad (5)$$

en remplaçant (4) et (5) dans (3), on tire

$$d'(\tilde{\alpha}^{p,q} - d''\tilde{\alpha}_1^{p,q-1} - d''\tilde{\alpha}_2^{p,q-1}) = 0 \Longrightarrow \tilde{\phi}^{p,q} = d'\tilde{\alpha} + d''\tilde{\beta} \text{ avec } \tilde{\beta} = \tilde{\alpha}_1^{p,q-1} + \tilde{\alpha}_2^{p,q-1} .$$

<u>Corollaire 2</u>.- *Soit* $\tilde{\phi} \in B^{p,q}$, $d\tilde{\phi} = 0$

A) *si* $p = q = 0$, ϕ *est une fonction constante.*

Soit $p^2 + q^2 \neq 0$.

B) *si* $p = 0$ (*resp.* $q = 0$) $\tilde{\phi} = d''\beta^{0,q-1}$ (*resp.* $\tilde{\phi} = d'\tilde{\alpha}^{p-1,0}$) *avec*

$d'\tilde{\beta}^{0,q-1} = 0$ (*resp.* $d''\tilde{\alpha}^{p-1,0} = 0$)

C) *si* $pq \neq 0$, $\tilde{\phi} = d'd''\tilde{\gamma}$

<u>Démonstration</u>.-

A) si $\tilde{\phi} \in B^{0,0}$, $d\tilde{\phi} = 0$, d'après la résolution de $\mathbb{C}$ par les hyperformes, $\tilde{\phi} \in \mathcal{A}^{0,0}$ et est constante.

B) $d\tilde{\phi} = 0 \Longrightarrow \tilde{\phi} = d\tilde{\gamma}$

si p = 0 (resp. q = 0) par raison de type

$$\left.\begin{array}{l}\tilde{\phi} = d''\tilde{\beta}^{0,q-1} \\ d'\tilde{\beta}^{0,q-1} = 0\end{array}\right\} \text{(resp } \left.\begin{array}{l}\tilde{\phi} = d'\tilde{\alpha}^{p-1,0} \\ d'\tilde{\alpha}^{p-1,0} = 0\end{array}\right\})$$

$$\text{C) } d\tilde{\phi} = 0 \Longleftrightarrow d'\tilde{\phi}^{p,q} = d''\tilde{\phi}^{p,q} = 0 \Longleftrightarrow \left\{\begin{array}{l}\tilde{\phi}^{p,q} = d'\tilde{\alpha}^{p-1,q} \\ d''\tilde{\phi}^{p,q} = 0\end{array}\right. \Longleftrightarrow$$

$$\left.\begin{array}{l}\tilde{\phi}^{p,q} = d'\tilde{\alpha}^{p-1,q} \\ d'd''\tilde{\alpha}^{p-1,q} = 0\end{array}\right\} \Longrightarrow \begin{array}{l}\tilde{\phi} = d'\tilde{\alpha}^{p-1,q} \\ \tilde{\alpha}^{p-1,q} = \tilde{\alpha}^{p-1,q} + d''\tilde{\gamma}^{p-1,q-1} \quad \text{avec} \quad d'\tilde{\alpha}^{p-1,q} = 0\end{array}$$

$$\Longrightarrow \tilde{\phi}^{p,q} = d'd''\tilde{\gamma}^{p-1,q-1} .$$

II. <u>RESOLUTION DE</u> $\mathcal{H}$: Considérons le cas le plus simple des suites $(\mathcal{R}_q)$, la suite $\mathcal{R}_1$. On va montrer en explicitant les morphismes h_i l'exactitude de cette suite.

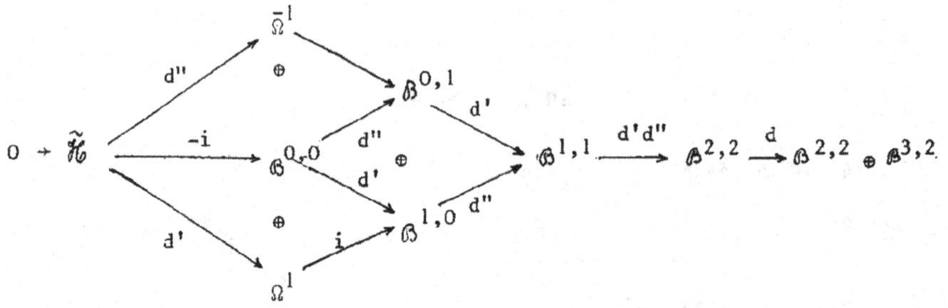

a) La suite est évidemment un complexe.

b) $\tilde{\mathcal{H}}$ s'injecte trivialement dans $\mathcal{B}^{0,0}$ donc dans $\bar{\Omega}^1 \oplus \mathcal{B}^{0,0} \oplus \Omega^1$.

c) $\begin{cases} i(\bar{\omega}^{0,1}) - d''f^{0,0} = 0 \\ i(\omega^{1,0}) - d'f^{0,0} = 0 \end{cases} \Longrightarrow d'd''f^{0,0} = 0$ d'où $\begin{matrix} \bar{\omega}^{0,1} = + d''f^{0,0} \\ \omega^{1,0} = + d'f^{0,0} \end{matrix}$

d) $d'\phi^{0,1} + d''\phi^{1,0} = 0 \Longrightarrow d'd''\phi^{0,1} = d'd''\phi^{1,0} \Longrightarrow$ (proposition 1)

$\phi^{0,1} = \bar{\omega}^{0,1} + d''g^{0,0} = \omega^{0,1} + d''f^{0,0}$

$\phi^{1,0} = \omega^{1,0} + d'h^{0,0} = \omega^{1,0} + d'f^{0,0}$

en prenant par exemple $g = f, \bar{\omega}^{0,1} = \bar{\omega}'^{0,1}$ et $\omega'^{1,0} = \omega^{1,0} + d'h - d'g$.

e) L'exactitude : $\mathcal{B}^{0,1} \oplus \mathcal{B}^{1,0} \to \mathcal{B}^{1,1} \xrightarrow{d'd''} \mathcal{B}^{2,2}$ résulte de la proposition 1, celle de : $\mathcal{B}^{1,1} \xrightarrow{d'd''} \mathcal{B}^{2,2} \xrightarrow{d} \mathcal{B}^{2,3} \oplus \mathcal{B}^{3,2}$ du corollaire 2.

<u>Proposition 2.</u>- *La suite*

$(\mathcal{R}_q)$: $0 \to \mathcal{H} \to \Omega^1 \oplus \mathcal{B}^{0,0} \oplus \bar{\Omega}^1 \to \Omega^2 \oplus \mathcal{B}^{1,0} \oplus \mathcal{B}^{0,1} \oplus \bar{\Omega}^2 \to \dots \to \Omega^{q-1} \oplus \mathcal{B}^{q-2,0}$

$\oplus \dots \oplus \mathcal{B}^{0,q-2} \oplus \bar{\Omega}^{q-1} \to \Omega^q \oplus \mathcal{B}^{q-1,0} \oplus \dots \oplus \mathcal{B}^{0,q-1} \oplus \bar{\Omega}^q \to \mathcal{B}^{q,0} \oplus \dots \oplus \mathcal{B}^{0,q} \to \dots$

$\to \mathcal{B}^{q,q-2} \oplus \mathcal{B}^{q-1,q-1} \oplus \mathcal{B}^{q-2,q} \to \mathcal{B}^{q-1,q-1} \oplus \mathcal{B}^{q-1,q} \xrightarrow{d'd''} \mathcal{B}^{q,q} \xrightarrow{d'd''} \mathcal{B}^{q+1,q+1}$

est une résolution de $\mathcal{H}$.

<u>Démonstration.</u>- D'après le corollaire 1 c'est bien la suite $(\mathcal{R}_q)$. L'exactitude se démontre de manière analogue au cas particulier ci-dessus en utilisant la proposition 1.

CHAPITRE II

I. DEFINITION - On note $\tilde{\tau}^i$ le noyau de h^i de la suite ($\mathcal{R}$) et τ^i le noyau de h'^i de la suite ($\mathcal{R}'$).

Désormais on considérera la résolution ($\mathcal{R}_q$) (resp. ($\mathcal{R}'_q$)) qu'on notera pour simplifier ($\mathcal{R}$) (resp. ($\mathcal{R}'$)).

Proposition 3.- *Pour tout ouvert* Y *de* Z *et* $X = Z\backslash Y$, *on a pour* $p \geq 1$ *et* $q \geq 1$

i) $H^p(Y,\tilde{\tau}^{2q-1}) \cong H^p(Y,\tau^{2q-1})$

ii) $H_X^{p+1}(Z,\tilde{\tau}^{2q-1}) \cong H_X^{p+1}(Z,\tau^{2q-1})$.

Démonstration.- Cela va résulter de la comparaison de la suite ($\mathcal{R}$) et de ($\mathcal{R}'$)

$$(\mathcal{R})\quad 0 \to \mathcal{H} \to \Omega^1 \oplus \mathcal{A}^{0,0} \oplus \bar{\Omega}^1 \to \Omega^2 \oplus \mathcal{A}^{0,1} \oplus \mathcal{A}^{1,0} \oplus \bar{\Omega}^2 \to \ldots \to \Omega^{q-1} \oplus \mathcal{A}^{0,q-2} \oplus$$

$$\ldots \oplus \mathcal{A}^{q-2,0} \oplus \bar{\Omega}^{q-1} \to \Omega^q \oplus \mathcal{A}^{0,q-1} \oplus \ldots \oplus \mathcal{A}^{q-1,0} \oplus \bar{\Omega}^q \to \mathcal{A}^{0,q} \oplus \ldots \oplus \mathcal{A}^{q,0} \to \ldots$$

$$\to \mathcal{A}^{q,q-2} \oplus \mathcal{A}^{q-1,q-1} \oplus \mathcal{A}^{q-2,q} \to \mathcal{A}^{q-1,q} \oplus \mathcal{A}^{q,q-1} \xrightarrow{d'd''} \mathcal{A}^{q,q} \to \ldots$$

($\mathcal{R}''$) est une suite exacte et l'on tire les suites exactes analogues aux suites (i)

$$(0')\quad 0 \to \mathcal{H} \to \Omega^1 \oplus \mathcal{A}^{0,0} \oplus \bar{\Omega}^1 \to \tau^1 \to 0$$

$$(1')\quad 0 \to \tau^1 \to \Omega^2 \oplus \mathcal{A}^{1,0} \oplus \mathcal{A}^{0,1} \oplus \bar{\Omega}^2 \to \tau^2 \to 0$$

$$\vdots$$

$$((q-2)')\quad 0 \to \tau^{q-2} \to \Omega^{q-1} \oplus \mathcal{A}^{0,q-2} \oplus \ldots \oplus \mathcal{A}^{q-2,0} \oplus \bar{\Omega}^{q-1} \to \tau^{q-1} \to 0$$

$$((q-1)')\quad 0 \to \tau^{q-1} \to \Omega^q \oplus \mathcal{A}^{0,q-1} \oplus \ldots \oplus \mathcal{A}^{q-1,0} \oplus \bar{\Omega}^q \to \tau^q \to 0$$

$$(q')\quad 0 \to \tau^q \to \mathcal{A}^{0,q} \oplus \ldots \oplus \mathcal{A}^{q,0} \to \tau^{q+1} \to 0$$

$$\vdots$$

$$((2q-2)')\quad 0 \to \tau^{2q-2} \to \mathcal{A}^{q,q-2} \oplus \mathcal{A}^{q-1,q-1} \oplus \mathcal{A}^{q-2,q} \to \tau^{2q-1} \to 0$$

$$((2q-1)')\quad 0 \to \tau^{2q-1} \to \mathcal{A}^{q,q-1} \oplus \mathcal{A}^{q-1,q} \xrightarrow{d''\oplus d'} \mathcal{A}^{q,q} \xrightarrow{d'd''} \mathcal{A}^{q+1,q+1} \to \ldots$$

i) Les faisceaux $\mathcal{A}^{*,*}$ et $\mathcal{B}^{*,*}$ étant acycliques, on a :

$$H^k(Y,\tau^{2q-1}) \cong H^{k-1}(Y,\tau^{2q-2}) \cong \ldots \cong H^{k+q-1}(Y,\tau^q) \quad \text{et}$$

$$H^k(Y,\tilde{\tau}^{2q-1}) \cong H^{k-1}(Y,\tilde{\tau}^{2q-2}) \cong \ldots \cong H^{k+q-1}(Y,\tilde{\tau}^q) \quad (k \geq 1)$$

ii) Par récurrence sur i, on va alors montrer que $H^p(Y,\tau^i) = H^p(Y,\tilde{\tau}^i)$ $(p \geq 1)$ et les égalités du i) donnent alors le résultat :

a) Si $i = 1$, de (1)et (1') on a les suites exactes : $\forall\, p \geq 1$

$$\begin{array}{ccccccccc}
H^p(Y,\mathcal{H}) & \to & H^p(Y,\Omega^1) \oplus H^p(Y,\bar{\Omega}^1) & \to & H^p(Y,\tilde{\tau}^1) & \to & H^{p+1}(Y,\mathcal{H}) & \to & H^{p+1}(Y,\Omega^1 \oplus \bar{\Omega}^1) \\
\| & & \| & & \uparrow & & \| & & \| \\
H^p(Y,\mathcal{H}) & \to & H^p(Y,\Omega^1) \oplus H^p(Y,\bar{\Omega}^1) & \to & H^p(Y,\tau^1) & \to & H^{p+1}(Y,\mathcal{H}) & \to & H^{p+1}(Y,\Omega^1 \oplus \bar{\Omega}^1)
\end{array}$$

d'où (lemme des cinq) $H^p(Y,\tau^1) = H^p(Y,\tilde{\tau}^1)$.

b) On suppose le résultat vérifié pour $k < q$; des suites exactes (h) et (h') on tire :

$$\begin{array}{ccccccccc}
H^p(Y,\tilde{\tau}^{h-1}) & \to & H^p(Y,\Omega^h) \oplus H^p(Y,\bar{\Omega}^h) & \to & H^p(Y,\tilde{\tau}^h) & \to & H^{p+1}(Y,\tilde{\tau}^{h-1}) & \to & H^{p+1}(Y,\Omega^{h-1} \oplus \bar{\Omega}^{h-1}) \\
\wr\| & & \| & & \uparrow & & \wr\| & & \| \\
H^p(Y,\tau^{h-1}) & \to & H^p(Y,\Omega^h) \oplus H^p(Y,\bar{\Omega}^h) & \to & H^p(Y,\tau^h) & \to & H^{p+1}(Y,\tau^{h-1}) & \to & H^{p+1}(Y,\Omega^{h-1} \oplus \bar{\Omega}^{h-1})
\end{array}$$

Proposition 4.- *Soit* U *un ouvert de Stein*

$$H^k(U,\tau^{2q-1}) = H^k(U,\tilde{\tau}^{2q-1}) = 0 \qquad \forall\, k \geq 1$$

Démonstration.- D'après la proposition 3, il suffit de le montrer pour τ^{2q-1}. Le théorème résulte immédiatement de l'acyclicité des faisceaux Ω^* sur U.

Proposition 5.- *Soit* U *un ouvert de Stein dans* Z, X *compact de* Z, $V = U\setminus(U \cap X)$. *Alors pour* $k \geq 2$, $q \geq 1$:

i) $H^k(V,\tilde{\tau}^{2q-1}) = H^k(V,\tau^{2q-1}) = 0$,

ii) $H^{k+1}_{X\cap U}(U,\tilde{\tau}^{2q-1}) = H^{k+1}_{X\cap U}(U,\tau^{2q-1}) = 0.$

Démonstration.- D'après la proposition 3, il suffit de montrer la nullité de $H^k(Y,\tau^{2q-1})$ et $H^{k+1}_X(Y,\tau^{2q-1})$.

i) De l'acyclicité des faisceaux $\mathcal{A}^{*,*}$ et de l'exactitude des suites (2q -2)' à (q') on tire :

$$H^k(V,\tau^{2q-1}) \cong H^{k+1}(V,\tau^{2q-2}) \cong \dots \cong H^{k+q-1}(V,\tau^q).$$

Il suffit alors de montrer l'annulation de $H^p(V,\tau^q)$ pour $p \geq q+1$. La suite (q - 1)' donne d'après l'hypothèse un isomorphisme :

$$H^p(V,\tau^q) \cong H^{p+1}(V,\tau^{q-1}) \qquad \text{et par récurrence sur p}$$

$$H^p(V,\tau^q) \cong \dots \cong H^{p+q-1}(V,\tau^1) \cong H^{p+q}(V,\mathcal{H}) \cong H^{p+q+1}(V,\mathbb{C}) = 0 \quad \text{car}$$

$p + q + 1 \geq 2q + 2$.

ii)De la suite de cohomologie du faisceau $\tau^{2q-1}|_U$ relative à $X \cap U$

$$H^k(U,\tilde{\tau}^{2q-1}) \to H^k(V,\tilde{\tau}^{2q-1}) \to H^{k-1}_{X\cap U}(U,\tilde{\tau}^{2q-1}) \to H^{k+1}_{X\cap U}(U,\tau^{2q-1})$$

et de la proposition 4 i) résulte la deuxième partie de la proposition.

II.- Soit A un anneau, M, M_1', M_1'', M_2', M_2'' des A-modules, k, k', r, r', d_o et d_1 des applications linéaires donnant le diagramme commutatif ci-dessous :

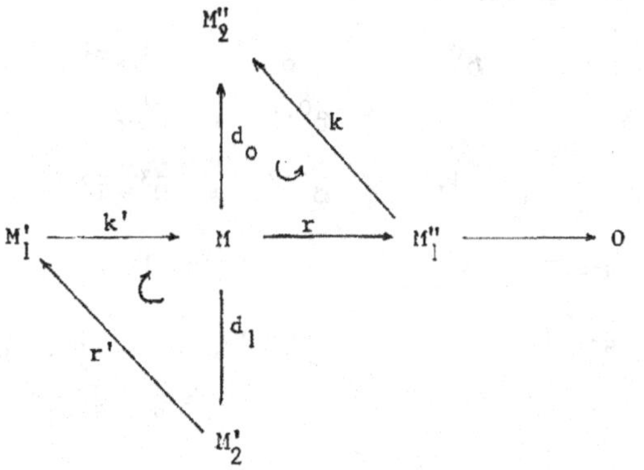

(1)

(2)

Lemme 0.- *Si dans le diagramme (1) les propriétés suivantes sont vérifiées*

i) r *est surjectif*

ii) $\mathrm{Im}\, d_1 \supset \ker d_o$

iii) $\ker r \supset \mathrm{Im}\, k'$

Alors k *est injective.*

Démonstration.- Soit $\xi \in M''_1$, $k\xi = 0$; d'après i) $\exists\ \beta \in M$, tq $\xi = r\beta$; par commutativité $d_o\beta = k\,r\,\beta = 0$ et d'après ii) $\exists\ \alpha \in M'_2$ telle que $\beta = d_1\alpha$; par commutativité $\beta = d_1\alpha = k\ \ r\ \alpha \implies \xi = r\beta = r\,k'\,r'\,\alpha = 0$ d'après iii).

Lemme 0'.- *Si dans le diagramme (1)*

i) k *est injectif*

ii) r' *est surjectif*

iii) $\ker r \subset \operatorname{Im} k'$

alors $\operatorname{Im} d_1 \supset \ker d$.

Démonstration.- Soit $\beta \in M$, $d_o\beta = 0$; d'après la commutativité $k\,r\ \ \beta = 0$ et d'après i) $r\beta = 0$; d'après iii) $\exists\ \gamma \in M'_1$ telle que $\beta = k'\gamma$ et d'après ii) $\exists\ \alpha \in M'_2$ telle que $\gamma = r'\alpha$; d'après la commutativité du diagramme $\beta = k'\gamma = d_1\alpha$

Remarque.- Si la suite horizontale (1) est exacte, sous les hypothèses du lemme 0' $\operatorname{Im} d_1 = \ker d_o$.

3.- On suppose désormais que X est une sous-variété compacte de Z de codimnesion $q + 1$ $(q \geq 1)$, U un ouvert isomorphe à une boule de $\mathbb{C}^n$ coupant X et on pose $V = U\backslash(U \cap X)$.

B) La résolution de $\mathcal{K}$ donne les suites exactes

$$
\begin{array}{ll}
(0) & 0 \to \tilde{\tau}^0 \to \Omega^1 \oplus \mathcal{B}^{0,0} \oplus \bar{\Omega}^1 \to \tilde{\tau}^1 \to 0 \\
(1) & 0 \to \tilde{\tau}^1 \to \Omega^2 \oplus \mathcal{B}^{1,0} \oplus \mathcal{B}^{0,1} \oplus \bar{\Omega}^2 \to \tilde{\tau}^2 \to 0 \\
(2) & 0 \to \tilde{\tau}^2 \to \Omega^3 \oplus \mathcal{B}^{2,0} \oplus \mathcal{B}^{1,1} \oplus \mathcal{B}^{0,2} \oplus \bar{\Omega}^3 \to \tilde{\tau}^3 \to 0 \\
\vdots & \vdots \\
(q-2) & 0 \to \tilde{\tau}^{q-2} \to \Omega^{q-1} \oplus \mathcal{B}^{q-2,0} \oplus \mathcal{B}^{0,q-1} \oplus \bar{\Omega}^{q-1} \to \tilde{\tau}^{q-1} \to 0 \\
(q-1) & 0 \to \tilde{\tau}^{q-1} \to \Omega^{q} \oplus \mathcal{B}^{q-1,0} \oplus \mathcal{B}^{0,q-1} \oplus \bar{\Omega}^{q} \to \tilde{\tau}^{q} \to 0 \\
(q) & 0 \to \tilde{\tau}^{q} \to \mathcal{B}^{q,0} \oplus \cdots\cdots \oplus \mathcal{B}^{0,q} \to \tilde{\tau}^{q+1} \to 0 \\
\vdots & \vdots \\
(2q-3) & 0 \to \tilde{\tau}^{2q-3} \to \mathcal{B}^{q,q-3} \oplus \mathcal{B}^{q-1,q-2} \oplus \mathcal{B}^{q-2,q-1} \oplus \mathcal{B}^{q-3,q} \to \tilde{\tau}^{2q-2} \to 0 \\
(2q-2) & 0 \to \tilde{\tau}^{2q-2} \to \mathcal{B}^{q,q-2} \oplus \mathcal{B}^{q-1,q-1} \oplus \mathcal{B}^{q-2,q} \to \tilde{\tau}^{2q-1} \to 0 \\
(2q-1) & 0 \to \tilde{\tau}^{2q-1} \longrightarrow \mathcal{B}^{q,q-1} \oplus \mathcal{B}^{q-1,q} \xrightarrow{d'' \oplus d'} \mathcal{B}^{q+1,q+1} \xrightarrow{d} \mathcal{B}^{q+2,q+1} \oplus \mathcal{B}^{q+1,q+2}
\end{array}
$$

et l'on peut considérer la suite exacte :

$$(-1) : \qquad 0 \to \tilde{\tau}^{-1} \to \mathcal{O} + \bar{\mathcal{O}} \to \tilde{\tau}^0 \to 0$$

(avec $\tilde{\tau}^{-1} = \mathbb{C}$ et $\tilde{\tau}^0 = \mathcal{H}$).

A) <u>Lemme 1.-</u>

$$H_{X \cap U}^{q+2}(U, \tilde{\tau}^p) = 0, \qquad p \geq -1 \text{ et } p \neq q - 1.$$

<u>Démonstration.-</u>

i) $p = -1$, $\tilde{\tau}^p = \mathbb{C}$ et le lemme est trivial ($q + 2 \neq 2q + 2$).

ii) $H_{X \cap U}^k(U, \Omega^r) = H_{X \cap U}^k(U, \bar{\Omega}^r) = H_{X \cap U}^k(U, \mathcal{B}^{r,s}) = 0$ pour tous entiers r, s, k où $k \neq 0, q+1$, d'où

$$H_{X \cap U}^k(U, \Omega^r \oplus \mathcal{B}^{r-1,0} \oplus \ldots \oplus \mathcal{B}^{0,r-1} \oplus \bar{\Omega}^r) = 0 \qquad \forall\, r \geq 1, \ \forall\, k \neq 0, q+1.$$

De $(q-1)$ on tire un isomorphisme : $H_{X \cap U}^{q+2}(U, \tilde{\tau}^p) \simeq H_{X \cap U}^{q+3}(U, \tilde{\tau}^{p-1})$ et par récurrence :

$$H_{X \cap U}^{q+2}(U, \tilde{\tau}^p) \simeq H_{X \cap U}^{q+3}(U, \tilde{\tau}^p) \simeq \ldots \simeq H_{X \cap U}^{p+q+2}(U, \tilde{\tau}^0) \simeq H_{X \cap U}^{q+p+3}(U, \tilde{\tau}^{-1}) \text{ (suite exacte } (-1))$$

et $H_{X \cap U}^{q+p+3}(U, \tilde{\tau}^{-1}) = H_{X \cap U}^{q+p+3}(U, \mathbb{C}) = 0$ pour $q + p + 3 \neq 2q + 2$, d'où le lemme.

<u>Proposition 6.-</u> $H_{X \cap U}^1(U, \tilde{\tau}^k) = 0$ *pour* $2q - 2 \geq k \geq 0$.

<u>Démonstration.-</u>

<u>Premier cas</u> : $k < q$

L'exactitude de $(k-1)$ donne un isomorphisme : $H_{X \cap U}^1(U, \tilde{\tau}^k) \simeq H_{X \cap U}^2(U, \tilde{\tau}^{k-1})$ et par récurrence : $H_{X \cap U}^1(U, \tilde{\tau}^k) \simeq H_{X \cap U}^2(U, \tilde{\tau}^{k-1}) \simeq \ldots \simeq H^k(U, \tilde{\tau}^1) \simeq H_{X \cap U}^{k+1}(U, \tilde{\tau}^0)$ et la suite exacte (-1) donne une injection : $H_{X \cap U}^{k+1}(U, \tilde{\tau}^0) \hookrightarrow H_{X \cap U}^{k+2}(U, \tilde{\tau}^{-1}) = 0$ pour $k + 2 \neq 2q + 2$.

<u>Second cas</u> : $k \geq q$

On aura besoin d'un certain nombre de lemmes :

<u>Lemme 2.-</u> *Pour* $q \geq p \geq 1$, *l'application* :

$$k_1 : H_{X \cap U}^{q+1}(U, \tilde{\tau}^{p-2}) \xrightarrow{\ k_1\ } H_{X \cap U}^{q+1}(U, \Omega^{p-1} \oplus \bar{\Omega}^{p-1})$$

est injective.

Démonstration.-

1) p = 1

$\underset{\tau}{\sim}{}^{p-2} = \mathbb{C}$ et le lemme est trivial $(H^{q+1}_{X\cap U}(U,\mathbb{C}) = 0)$

2) p > 1

    i) on a un diagramme

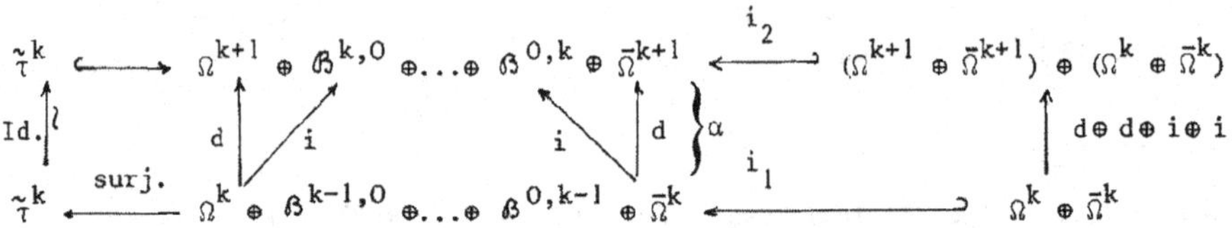

a) La commutativité du diagramme

$$
\begin{array}{ccc}
\underset{\tau}{\sim}{}^k & \hookrightarrow & D^k \\
\uparrow \wr & & \uparrow h_{k-1} \\
\underset{\tau}{\sim}{}^k & \longleftarrow & D^{k-1}
\end{array}
$$

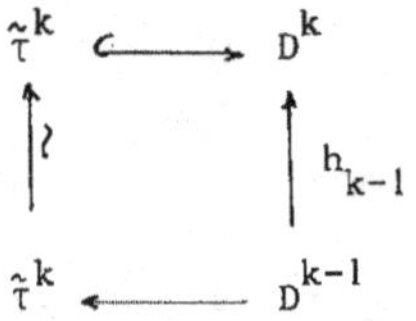

résulte immédiatement de l'exactitude : $D^{k-1} \to D^k \to D^{k+1}$ et de la définition de $\underset{\tau}{\sim}{}^k$.

    b) La commutativité :

$$
\begin{array}{ccc}
D^k & \xleftarrow{\quad i \oplus i \oplus d \oplus d \quad} & \Omega^{k+1} \oplus \bar{\Omega}^{k+1} \oplus \Omega^k + \bar{\Omega}^k \\
\uparrow h_{k-1} & & \uparrow d \oplus d \oplus i \oplus i \\
D^{k-1} & \xrightarrow{\qquad i \qquad} & \Omega^k \oplus \bar{\Omega}^k
\end{array}
$$

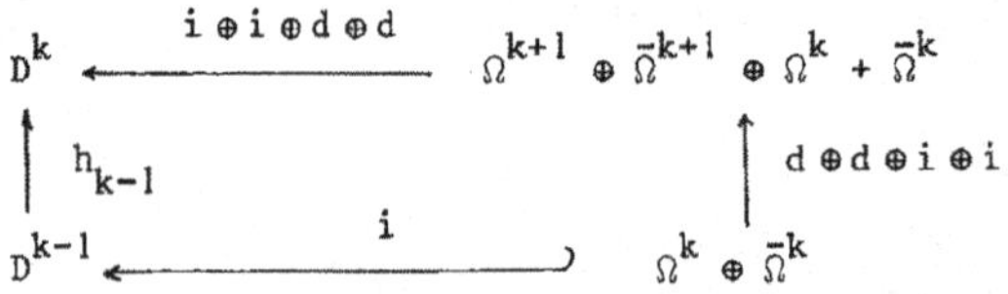

est évidente par construction. Ce diagramme s'écrit :

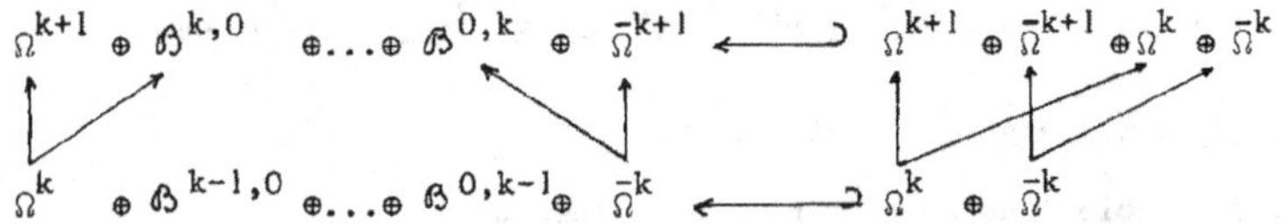

c) i) de a) on tire immédiatement la commutativité des diagrammes pour les groupes de cohomologie :

$$
\begin{array}{ccccc}
H^p_{X\cap U}(U,\tilde{\tau}^k) & \to & H^p_{X\cap U}(U,D^k) & \cong & H^p_{X\cap U}(U,\Omega^{k+1}) \oplus H^p_{X\cap U}(U,\bar{\Omega}^{k+1}) \\
\uparrow\wr & & \uparrow & & \uparrow d \\
H^p_{X\cap U}(U,\tilde{\tau}^k) & \leftarrow & H^p_{X\cap U}(U,D^{k-1}) & \cong & H^p_{X\cap U}(U,\Omega^k) \oplus H^p_{X\cap U}(U,\bar{\Omega}^k)
\end{array}
$$

Il reste à montrer : $H^p_{X\cap U}(U,\Omega^{k+1} \oplus \bar{\Omega}^{k+1}) \to H^p_{X\cap U}(U,\Omega^k \oplus \bar{\Omega}^k)$ est bien induite par la différentielle d.

ii) de b) on a :

$$
\begin{array}{ccc}
 & \begin{array}{ccc} 0 & 0 & 0 \\ \shortparallel & \shortparallel & \shortparallel \end{array} & \\
H^p_{X\cap U}(U,\Omega^{k+1}) \oplus H^p_{X\cap U}(U,\mathcal{B}^{k,0}) \oplus \ldots \oplus H^p_{X\cap U}(U,\mathcal{B}^{0,k}) \oplus H^p_{X\cap U}(U,\bar{\Omega}^{k+1}) & \leftarrow & \left[\begin{array}{c} H^p_{X\cap U}(U,\Omega^{k+1}) \\ \oplus \\ H^p_{X\cap U}(U,\bar{\Omega}^{k+1}) \\ \oplus \\ H^p_{X\cap U}(U,\Omega^k) \\ \oplus \\ H^p_{X\cap U}(U,\bar{\Omega}^k) \end{array}\right. \\
\uparrow d & & \uparrow \\
H^p_{X\cap U}(U,\Omega^k) \qquad \oplus \qquad H^p_{X\cap U}(U,\bar{\Omega}^k) & \tilde{\leftarrow} & \left[\begin{array}{c} H^p_{X\cap U}(U,\Omega^k) \\ \oplus \\ H^p_{X\cap U}(U,\bar{\Omega}^k) \end{array}\right.
\end{array}
$$

ou encore

$$
\left.\begin{array}{ccccccc}
H^p_{X\cap U}(U,\Omega^{k+1}) & \oplus & H^p_{X\cap U}(U,\bar{\Omega}^{k+1}) & \leftarrow & H^p_{X\cap U}(U,\Omega^{k+1}) & \oplus & H^p_{X\cap U}(U,\bar{\Omega}^{k+1}) \\
\uparrow d & & \uparrow & & \uparrow d & & \uparrow d \\
H^p_{X\cap U}(U,\Omega^k) & \oplus & H^p_{X\cap U}(U,\bar{\Omega}^k) & \underset{Id}{\cong} & H^p_{X\cap U}(U,\Omega^k) & \oplus & H^p_{X\cap U}(U,\bar{\Omega}^k) \\
 & & & & & & \\
 & & 0 \oplus 0 & \leftarrow & H^p_{X\cap U}(U,\Omega^k) & \oplus & H^p_{X\cap U}(U,\bar{\Omega}^k)
\end{array}\right\}
$$

D'où finalement le diagramme commutatif

$$
\begin{array}{ccc}
H^p_{X\cap U}(U,\tilde{\tau}^k) & \xrightarrow{\ \tilde{i}\ } & H^p_{X\cap U}(U,\Omega^{k+1} \oplus \bar{\Omega}^{k+1}) \\
 & \nwarrow \tilde{h} & \uparrow d \\
 & & H^p_{X\cap U}(U,\Omega^k \oplus \bar{\Omega}^k)
\end{array}
$$

De la définition des morphismes des suites exactes (i), on a un diagramme commutatif :

$$\text{(D)}\qquad \begin{array}{ccc} H^{q+1}_{X\cap U}(U,\tilde{\tau}^{p-2}) & \xrightarrow{\;k_1\;} & H^{q+1}_{X\cap U}(U,\Omega^{p-1}\oplus\bar{\Omega}^{p-1}) \\ & {}_{r_2}\nwarrow \quad \nearrow_{d_1} & \\ & H^{q+1}_{X\cap U}(U,\Omega^{p-2}\oplus\bar{\Omega}^{p-2}) & \end{array}$$

où h_1 et h_2 sont induites par les différentielles d' et d".

Des suites (p-2) et (p-3) on tire :

$$(\alpha)\qquad 0 \to H^{q}_{X\cap U}(U,\tilde{\tau}^{p-1}) \to H^{q+1}_{X\cap U}(U,\tilde{\tau}^{p-2}) \xrightarrow{\;k_1\;} H^{q+1}_{X\cap U}(U,\Omega^{p-1}\oplus\bar{\Omega}^{p-1})$$

et

$$(\beta)\qquad H^{q}_{X\cap U}(U,\hat{\tau}^{p-2}) \to H^{q+1}_{X\cap U}(U,\tilde{\tau}^{p-3}) \xrightarrow{\;k_2\;} H^{q+1}_{X\cap U}(\Omega^{p-2}\oplus\bar{\Omega}^{p-2}) \xrightarrow{\;r_2\;} \cdots$$

$$\cdots \longrightarrow H^{q+1}_{X\cap U}(U,\tilde{\tau}^{p-2}) \to H^{q+2}_{X\cap U}(U,\tilde{\tau}^{p-3}) = 0 \qquad \text{(Lemme 1).}$$

On a donc dans le diagramme commutatif (D), r surjective; de la suite (p-4) on tire une application r_3 :

$$(\gamma)\qquad H^{q+1}_{X\cap U}(U,\Omega^{p-3}\oplus\bar{\Omega}^{p-3}) \xrightarrow{\;r_3\;} H^{q+1}_{X\cap U}(U,\tilde{\tau}^{p-3})$$

qui, combiné avec (β) et (α), donne le diagramme commutatif :

$$\text{(D1)}\qquad \begin{array}{ccccc} & & H^{q+1}_{X\cap U}(U,\Omega^{p-1}\oplus\bar{\Omega}^{p-1}) & & \\ & & d_1\uparrow \quad \circlearrowleft & \nwarrow^{k_1} & \\ H^{q+1}_{X\cap U}(U,\tilde{\tau}^{p-3}) & \xrightarrow{\;k_2\;} & H^{q+1}_{X\ U}(U,\Omega^{p-2}\oplus\bar{\Omega}^{p-2}) & \xrightarrow{\;r_2\;} & H^{q+1}_{X\ U}(U,\tilde{\tau}^{p-2}) \to 0 \\ & {}_{r_3}\nwarrow \quad \circlearrowright & \uparrow d_2 & & \\ & & H^{q+1}_{X\cap U}(U,\Omega^{p-3}\oplus\bar{\Omega}^{p-3}) & & \end{array}$$

iii) Soit $\mathcal{Z}^{i} = \ker[\Omega^{i} \to \Omega^{i+1}]$ $(i \geq 0)$; de la résolution de $\mathbb{C} = \mathcal{Z}^{0}$ par les Ω^{i} : $0 \to \mathbb{C} \to \mathcal{O} \to \Omega^{1} \to \ldots \to \Omega^{k} \to \ldots$ on tire les suites exactes :

$$0 \to \mathcal{Z}^0 \to \mathcal{O} \to \mathcal{Z}^1 \to 0$$

$$0 \to \mathcal{Z}^1 \to \Omega^1 \to \mathcal{Z}^2 \to 0$$

$$\vdots \qquad \vdots \qquad \vdots$$

$$0 \to \mathcal{Z}^{p-2} \to \Omega^{p-2} \to \mathcal{Z}^{p-1} \to 0$$

$$0 \to \mathcal{Z}^{p-1} \to \Omega^{p-1} \to \mathcal{Z}^{p} \to 0$$

<u>Lemme 3</u>.- *i)* $H^{q+2}_{X\cap U}(U,\mathcal{Z}^k) = 0$, $k \neq q$

ii) $H^{q}_{X\cap U}(U,\mathcal{Z}^k) = 0$, $\forall\, k \in \mathbb{N}$.

<u>Démonstration</u>.- 1) $k = 0$, $\mathcal{Z}^0 = \mathbb{C}$ et le lemme est trivial

2) $k > 0$

i) De l'exactitude de :

$$0 \to \mathcal{Z}^{k-1} \to \Omega^{k-1} \to \mathcal{Z}^{k} \to 0$$

on tire : $H^{q+2}_{X\cap U}(U,\mathcal{Z}^k) \cong H^{q+3}_{X\cap U}(U,\mathcal{Z}^{k-1})$ et par récurrence :

$$H^{q+2}_{X\cap U}(U,\mathcal{Z}^k) \cong H^{q+3}_{X\cap U}(U,\mathcal{Z}^{k-1}) \cong \ldots \cong H^{k+q+1}_{X\cap U}(U,\mathcal{Z}^1) \cong H^{k+q+2}_{X}(U,\mathcal{Z}^0) =$$

$$H^{k+q+2}_{X}(U,\mathbb{C}) = 0 \quad \text{pour } k \neq q.$$

ii) De l'exactitude de

$$0 \to \mathcal{Z}^{k} \to \Omega^{k} \to \mathcal{Z}^{k+1} \to 0$$

on tire

$$H^{q}_{X\cap U}(U,\mathcal{Z}^k) \cong H^{q-1}_{X\cap U}(U,\mathcal{Z}^{k+1}) \qquad \text{et par récurrence}$$

$$H^{q}_{X\cap U}(U,\mathcal{Z}^k) \cong \ldots \cong H^{1}_{X\cap U}(U,\mathcal{Z}^{q+k-1}) \quad ;$$

la suite exacte : $0 \to \mathcal{Z}^{q+k-1} \to \Omega^{q+k-1} \to \mathcal{Z}^{q+k} \to 0$ donne l'exactitude (par continuité des sections des faisceaux Ω^*)

$$0 \to H^{1}_{X\cap U}(U,\mathcal{Z}^{q+k-1}) \to H^{1}_{X\cap U}(U,\Omega^{q+k-1}).$$

La suite exacte de cohomologie relative au fermé $X \cap U$ de U s'écrit :

$$0 \to H^0(U,\Omega^{q+k-1}) \xrightarrow{\ i\ } H^0(V,\Omega^{q+k-1}) \to H^1_{X\cap U}(U,\Omega^{q+k-1}) \to 0.$$

D'après le théorème de Hartogs, i est un isomorphisme $\Longrightarrow H^1_{X\cap U}(U,\Omega^{q+k-1}) = 0$ $\Longrightarrow H^1_{X\cap U}(U,\mathcal{Z}^{q+k-1}) = 0$, et le lemme 3 est établi.

<u>Lemme 3'</u>.- *La suite*

$$H^{q+1}_{X\cap U}(U,\Omega^{p-3} \oplus \bar{\Omega}^{p-3}) \xrightarrow{\ d\ } H^{q+1}_{X\cap U}(U,\Omega^{p-2} \oplus \bar{\Omega}^{p-2}) \xrightarrow{\ d\ } H^{q+1}_{X\cap U}(U,\Omega^{p-1} \oplus \bar{\Omega}^{p-1})$$

est exacte.

<u>Démonstration</u>.- De la suite des faisceaux : $0 \to \mathcal{Z}^{p-3} \to \Omega^{p-3} \to \mathcal{Z}^{p-2} \to 0$, on tire l'exactitude de la suite :

$$(***) \qquad H^{q+1}_{X\cap U}(U,\mathcal{Z}^{p-3}) \to H^{q+1}_{X\cap U}(U,\Omega^{p-3}) \to H^{q+1}_{X\cap U}(U,\mathcal{Z}^{p-2}) \longrightarrow \begin{array}{c} 0 \\ \| \\ H^{q+2}_{X\cap U}(U,\mathcal{Z}^{p-3}) \end{array}$$

De : $0 \to \mathcal{Z}^{p-2} \to \Omega^{p-2} \to \mathcal{Z}^{p-1} \to 0$, l'exactitude de :

$$(**) \qquad H^{q+1}_{X\cap U}(U,\mathcal{Z}^{p-2}) \to H^{q+1}_{X\cap U}(U,\Omega^{p-2}) \to H^{q+1}_{X\cap U}(U,\mathcal{Z}^{p-2})$$

et de : $0 \to \mathcal{Z}^{p-1} \to \Omega^{p-1} \to \mathcal{Z}^{p} \to 0$, l'exactitude de :

$$(*) \qquad \begin{array}{c} 0 \\ \| \\ H^{q}_{X\cap U}(U,\mathcal{Z}^{p}) \end{array} \longrightarrow H^{q+1}_{X\cap U}(U,\mathcal{Z}^{p-1}) \to H^{q+1}_{X\cap U}(U,\Omega^{p-1})$$

De la commutativité évidente du diagramme de faisceaux :

$$\begin{array}{ccc} \mathcal{Z}^{i} & \xrightarrow{\ i\ } & \Omega^{i+1} \\ & {\scriptstyle d}\nwarrow \quad \nearrow{\scriptstyle d} & \\ & \Omega^{i+1} & \end{array} \qquad (i \geq 0)$$

on obtient un diagramme commutatif :

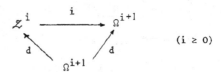

(D 2) 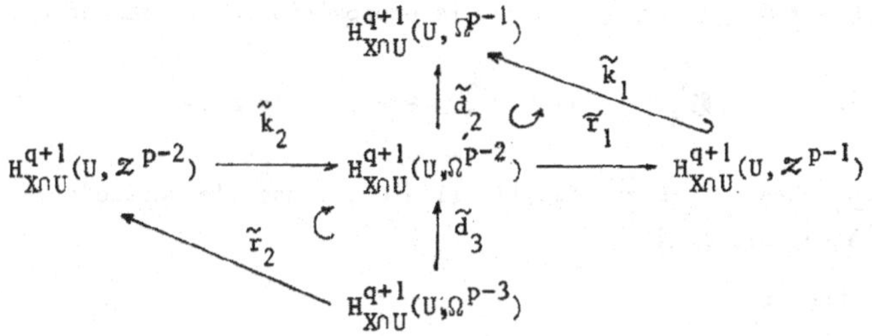

où $\tilde{k}_1$ est injectif (*), $\tilde{r}_2$ est surjectif (***) et la suite horizontale est exacte. D'après le lemme 0', la suite verticale est exacte. On a un diagramme $(\bar{D}2)$ par conjugaison pour les faisceaux $\bar{\Omega}^k$ $(k = p-1, p-2, p-3)$ et par somme directe on obtient le lemme 3'.

<u>Fin de la démonstration du lemme 2</u> : Dans le diagramme D 1, r_3 est surjective, les suites horizontales et verticales sont exactes, d'où d'après le lemme 0, k_1 est injectif, et le lemme est démontré.

<u>Lemme 4</u>.- $H^q_{X\cap U}(U,\tau^{p-1}) = 0$, $q \geq p \geq 0$ $(q \geq 1)$.

<u>Démonstration</u>.-

i) $p = 0$, $\tilde{\tau}^{p-1} = \mathbb{C}$, et le lemme est trivial.

ii) $p > 0$

De (p-1) on a une suite exacte :

$$H^q_{X\cap U}(U,\Omega^{p-1} \oplus \bar{\Omega}^{p-1}) = 0 \to H^q_{X\cap U}(U,\tilde{\tau}^{p-1}) \to H^{q+1}_{X\cap U}(U,\tilde{\tau}^{p-2}) \xrightarrow{k_1} H^{q+1}_{X\cap U}(U,\Omega^{p-1} \oplus \bar{\Omega}^{p-1})$$

et l'injectivité de k_1 donne le résultat cherché.

<u>Fin de la démonstration de la proposition 6</u>.- De (k) on déduit un isomorphisme :

$$\begin{array}{ccccccc}
0 = H^1_{X\cap U}(U,\Omega^{k+1} \oplus \bar{\Omega}^{k+1}) & \to & H^1_{X\cap U}(U,\tilde{\tau}^k) & \tilde{\to} & H^2_{X\cap U}(U,\tilde{\tau}^{k+1}) & \to & H^2_{X\cap U}(U,\Omega^{k+1} \oplus \bar{\Omega}^{k+1}) = 0 \\
\vdots & & \vdots & & \vdots & & \vdots \\
H^{q-1}_{X\cap U}(U,\Omega^{k-q+3} \oplus \bar{\Omega}^{k-q+3}) & \to & H^{q-1}_{X\cap U}(U,\tilde{\tau}^{k-q+3}) & \tilde{\to} & H^q_{X\cap U}(U,\tilde{\tau}^{k-q+3}) & \to & H^q_{X\cap U}(U,\Omega^{k-q+3} \oplus \bar{\Omega}^{k-q+3}) = 0
\end{array}$$

Le cas $k < q$ ayant été étudié, on peut supposer $k - q + 3 > 0$; on obtient donc :

$$H^1_{X\cap U}(U,\tilde{\tau}^k) \cong H^q_{X\cap U}(U,\tilde{\tau}^{k-q+3}) = 0 \quad \text{pour } k - q + 2 \leq q \quad \text{(lemme 4)}$$

$\Longleftrightarrow H^1_{X\cap U}(U,\tilde{\tau}^k) = 0$ pour $k \leq 2q-2$ et la proposition 6 est démontrée.

Proposition 7.- $H^p(Z,\mathcal{H}^0_X(\tilde{\tau}^{2q-1})) = 0$, $\forall\, p \geq 1$ $(q \geq 1)$.

Démonstration.- Les suites exactes (i) $(i \geq 0)$, donne l'exactitude des suites de cohomologie à support dans $X \cap U$:

de (2q-2) on tire :

$$0 \to H^0_{X\cap U}(U,\tilde{\tau}^{2q-2}) \to H^0_{X\cap U}(U,\mathcal{B}^{q,q-2} \oplus \mathcal{B}^{q-1,q-1} \oplus \mathcal{B}^{q-2,q}) \to H^0_{X\cap U}(U,\tilde{\tau}^{2q-1}) \to H^1_{X\cap U}(U,\tilde{\tau}^{2q-2}) = 0$$

$$\vdots$$

de (q) :

$$0 \to H^0_{X\cap U}(U,\tilde{\tau}^{q}) \to H^0_{X\cap U}(U,\mathcal{B}^{q,0} \oplus \dots \oplus \mathcal{B}^{0,q}) \to H^0_{X\cap U}(U,\tilde{\tau}^{q+1}) \to H^1_{X\cap U}(U,\tilde{\tau}^{q}) = 0$$

de (q-1) :

$$0 \to H^0_{X\cap U}(U,\tilde{\tau}^{q-1}) \to H^0_{X\cap U}(U,\Omega^q \oplus \mathcal{B}^{q-1,0} \oplus \dots \oplus \mathcal{B}^{0,q-1} \oplus \bar{\Omega}^q) \to H^0_{X\cap U}(U,\tilde{\tau}^{q}) \to H^1_{X\cap U}(U,\tilde{\tau}^{q-1}) = 0$$

$$\vdots$$

de (1) :

$$0 \to H^0_{X\cap U}(U,\tilde{\tau}^{1}) \to H^0_{X\cap U}(U,\Omega^2 \oplus \mathcal{B}^{1,0} \oplus \mathcal{B}^{0,1} \oplus \bar{\Omega}^2) \to H^0_{X\cap U}(U,\tilde{\tau}^{2}) \to H^1_{X\cap U}(U,\tilde{\tau}^{1}) = 0$$

de (0) :

$$0 \to H^0_{X\cap U}(U,\tilde{\tau}^{0}) \to H^0_{X\cap U}(U,\Omega^1 \oplus \mathcal{B}^{0,0} \oplus \bar{\Omega}^1) \to H^0_{X\cap U}(U,\tilde{\tau}^{1}) \to H^1_{X\cap U}(U,\tilde{\tau}^{0}) = 0$$

Les termes extrêmes sont nuls d'après la proposition 6 et en passant aux limites inductives on tire les suites exactes de faisceaux :

$$0 \to \mathcal{H}^0_X(\tilde{\tau}^{2q-2}) \to \mathcal{H}^0_X(\mathcal{B}^{q,q-2} \oplus \mathcal{B}^{q-1,q-1} \oplus \mathcal{B}^{q-2,q}) \to \mathcal{H}^0_X(\tilde{\tau}^{2q-1}) \to 0$$

$$\vdots$$

$$0 \to \mathcal{H}^0_X(\tilde{\tau}^{q}) \to \mathcal{H}^0_X(\mathcal{B}^{q,0} \oplus \dots \oplus \mathcal{B}^{0,q}) \to \mathcal{H}^0_X(\tilde{\tau}^{q+1}) \to 0$$

$$0 \to \mathcal{H}^0_X(\tilde{\tau}^{q-1}) \to \mathcal{H}^0_X(\Omega^q \oplus \mathcal{B}^{q-1,0} \oplus \dots \oplus \mathcal{B}^{0,q-1} \oplus \bar{\Omega}^{q-1}) \to \mathcal{H}^0_X(\tilde{\tau}^{q}) \to 0$$

$$\vdots$$

$$0 \to \mathcal{H}^0_X(\tilde{\tau}^{0}) \to \mathcal{H}^0_X(\Omega^1 \oplus \mathcal{B}^{0,0} \oplus \bar{\Omega}^1) \to \mathcal{H}^0_X(\tilde{\tau}^{1}) \to 0$$

Les faisceaux $\mathcal{B}^{r,s}$ étant flasques, il en est de même de leurs faisceaux de section à support dans un compact quelconque. D'autre part, les faisceaux Ω^r étant $\mathcal{C}^\infty$, leur faisceau de sections à support dans la sous-variété X (de codim $q \geq 2$) est nul. Les suites exactes induisent les isomorphismes (pour $p \geq 1$) :

$$0 \to H^p(Z,\mathcal{H}^0_X(\tilde\tau^{2q-1})) \xrightarrow{\sim} H^{p+1}(Z,\mathcal{H}^0_X(\tilde\tau^{2q-2})) \to 0$$

$$\vdots$$

$$0 \to H^{p+2q-3}(Z,\mathcal{H}^0_X(\tilde\tau^{2})) \xrightarrow{\sim} H^{p+2q-2}(Z,\mathcal{H}^0_X(\tilde\tau^{1})) \to 0$$

$$0 \to H^{p+2q-2}(Z,\mathcal{H}^0_X(\tilde\tau^{1})) \xrightarrow{\sim} H^{p+2q-1}(Z,\mathcal{H}^0_X(\tilde\tau^{0})) = H^{p+2q-1}(Z,\mathcal{H}^0_X(\mathcal{H})) = 0$$

$$\Longrightarrow H^p(Z,\mathcal{H}^0_X(\tilde\tau^{2q-1})) = 0 \qquad \forall\, p \geq 1.$$

B) <u>Lemme 5</u>.-

$$H^1_{X\cap U}(U,\tilde\tau^{2q-1}) = H^q_{X\cap U}(U,\tilde\tau^q).$$

<u>Démonstration</u>.- Des suites exactes (i) $(i \geq q)$ on tire des suites exactes de cohomologie :

de $(2q-2)$:

$$0 \to H^1_{X\cap U}(U,\mathcal{B}^{q-2,q} \oplus \mathcal{B}^{q-1,q-1} \oplus \mathcal{B}^{q,q-2}) \to H^1_{X\cap U}(U,\tilde\tau^{2q-1}) \xrightarrow{\sim} H^2_{X\cap U}(U,\tilde\tau^{2q-2}) \to$$

$$H^2_{X\cap U}(U,\mathcal{B}^{q-2,q} \oplus \mathcal{B}^{q-1,q-1} \oplus \mathcal{B}^{q,q-2}) = 0$$

de (q) :

$$0 = H^{q-1}_{X\cap U}(U,\mathcal{B}^{q,0} \oplus\ldots\oplus \mathcal{B}^{0,q}) \to H^{q-1}_{X\cap U}(U,\tilde\tau^{q+1}) \xrightarrow{\sim} H^q_{X\cap U}(U,\tilde\tau^q) \to H^q_{X\cap U}(U,\mathcal{B}^{q,0} \oplus\ldots\oplus \mathcal{B}^{0,q}) = 0$$

d'où l'isomorphisme cherché.

Soit alors k_o l'application induite par la suite exacte $(q-1)$:

$$H^{q+1}_{X\cap U}(U,\tilde\tau^{q-1}) \to H^{q+1}_{X\cap U}(U,\Omega^q \oplus \bar\Omega^q) \cong H^{q+1}_{X\cap U}(U,\Omega^q \oplus \mathcal{B}^{q-1,0} \oplus\ldots\oplus \mathcal{B}^{0,q-1} \oplus \bar\Omega^q)\ .$$

On a le

<u>Lemme 6</u>.- *L'application* k_o *est injective.*

<u>Démonstration</u>.-

i) De la suite exacte $(q-2)$ on a l'exactitude :

$$(*)\quad H^{q+1}_{X\cap U}(U,\tilde\tau^{q-2}) \xrightarrow{k_1} H^{q+1}_{X\cap U}(U,\Omega^{q-1} \oplus \bar\Omega^{q-1}) \xrightarrow{r_1} H^{q+1}_{X\cap U}(U,\tilde\tau^{q-1}) \to H^{q+2}_{X\cap U}(U,\tilde\tau^{q-2}) = 0$$

(lemme 1).

De la commutativité des faisceaux :

$$\begin{array}{ccc} D^{q-2} & \longrightarrow & D^{q-1} \\ & \searrow \quad \nearrow & \\ & \tilde\tau^{q-1} & \end{array}$$

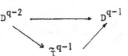

on tire le diagramme commutatif (D'1) :

(D'1)
$$\begin{array}{ccccc}
 & & H^{q+1}_{X\cap U}(U,\Omega^q \oplus \bar{\Omega}^q) & \overset{k_o}{\longleftarrow} & \\
 & & \uparrow d_o & \circlearrowleft & \\
H^{q+1}_{X\cap U}(U,\tilde{\tau}^{q-2}) & \xrightarrow{k_1} & H^{q+1}_{X\cap U}(U,\Omega^{q-1} \oplus \bar{\Omega}^{q-1}) & \xrightarrow{r_1} & H^{q+1}_{X\cap U}(U,\tilde{\tau}^{q-1}) \to 0 \\
 & \circlearrowleft & \uparrow d_1 & & \\
 & \overset{r_2}{\nwarrow} & H^{q+1}_{X\cap U}(U,\Omega^{q-2} \oplus \bar{\Omega}^{q-2}) & &
\end{array}$$

l'application r_2 étant induite par la suite (q-3)

$$(H^{q+1}_{X\cap U}(U,\tilde{\tau}^{q-3}) \to H^{q+1}_{X\cap U}(U,\Omega^{q-2} \oplus \mathcal{B}^{q-2,0} \oplus \ldots \oplus \mathcal{B}^{0,q-2} \oplus \bar{\Omega}^{q-2}) \cong$$
$$H^{q+1}_{X\cap U}(U,\Omega^{q-2} \oplus \bar{\Omega}^{q-2}) \xrightarrow{r_2} H^{q+1}_{X\cap U}(U,\tilde{\tau}^{q-2}))$$

et la suite horizontale est exacte(d'après (*)).

Démontrons tout d'abord le :

<u>Lemme 7</u>.- *La suite*

$$H^{q+1}_{X\cap U}(U,\Omega^{q-2} \oplus \bar{\Omega}^{q-2}) \xrightarrow{d_1} H^{q+1}_{X\cap U}(U,\Omega^{q-1} \oplus \bar{\Omega}^{q-1}) \xrightarrow{d_o} H^{q+1}_{X\cap U}(U,\Omega^q \oplus \bar{\Omega}^q)$$

est exacte.

<u>Démonstration</u>.- Les suites

$$0 \to \mathcal{Z}^{q-1} \to \Omega^{q-1} \to \mathcal{Z}^q \to 0$$

et

$$0 \to \mathcal{Z}^{q-2} \to \Omega^{q-2} \to \mathcal{Z}^{q-1} \to 0$$

donnent l'exactitude des suites

$$(**)\quad \underset{\overset{\|}{0}}{H^q_{X\cap U}(U,\mathcal{Z}^q)} \to H^{q+1}_{X\cap U}(U,\mathcal{Z}^{q-1}) \to H^{q+1}_{X\cap U}(U,\Omega^{q-1}) \to H^{q+1}_{X\cap U}(U,\mathcal{Z}^q) \to \underset{\overset{\|}{0}}{H^{q+2}_{X\cap U}(U,\mathcal{Z}^{q-1})}$$

et

$$(*)\quad \underset{\overset{\|}{0}}{H^q_{X\cap U}(U,\mathcal{Z}^{q-1})} \to H^{q+1}_{X\cap U}(U,\mathcal{Z}^{q-2}) \to H^{q+1}_{X\cap U}(U,\Omega^{q-2}) \to H^{q+1}_{X\cap U}(U,\mathcal{Z}^{q-1}) \to \underset{\overset{\|}{0}}{H^{q+2}_{X\cap U}(U,\mathcal{Z}^{q-2})}$$

la suite

$$0 \to \mathcal{Z}^q \to \Omega^q \to \mathcal{Z}^{q+1} \to 0$$

donne l'exactitude de :

$$(***) \quad \underset{\substack{\| \\ 0}}{H^q_{X\cap U}(U,\mathcal{Z}^{q+1})} \to H^{q+1}_{X\cap U}(U,\mathcal{Z}^q) \to H^{q+1}_{X\cap U}(U,\Omega^q)$$

et $\quad H^q_{X\cap U}(U,\mathcal{Z}^q) = H^q_{X\cap U}(U,\mathcal{Z}^{q+1}) = H^{q+2}_{X\cap U}(U,\mathcal{Z}^{q-1}) = H^{q+2}_{X\cap U}(U,\mathcal{Z}^{q-2}) = 0$ (lemme 3).

On a alors le diagramme commutatif (D'2) ci-dessous

(D'2)

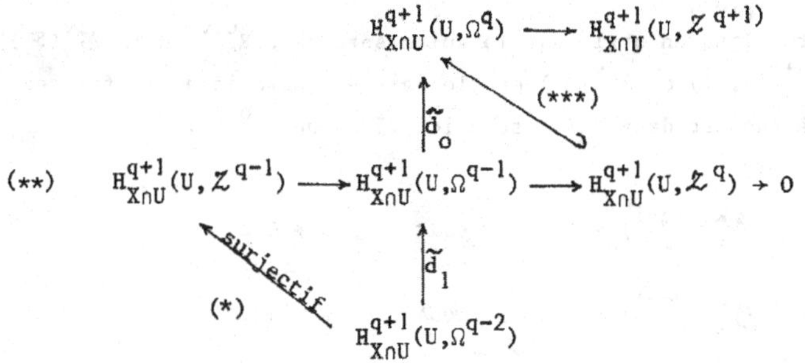

par conjugaison et somme directe des faisceaux Ω^r et $\bar{\Omega}^r$, on en déduit l'égalité $\ker d_o = \operatorname{Im} d_1$, d'où le lemme.

<u>Fin de la démonstration du lemme 6</u>.- L'injectivité de k_1 résulte alors du diagramme (D'1) et du lemme 0.

<u>Proposition 8</u>.- $H^1_{X\cap U}(U,\tilde{\tau}^{2q-1}) = 0$.

<u>Démonstration</u>.- La suite exacte (q-1) donne l'exactitude de :

$$\underset{0}{H^q_{X\cap U}(U,\Omega^q \oplus \bar{\Omega}^q)} \to H^q_{X\cap U}(U,\tilde{\tau}^q) \to H^{q+1}_{X\cap U}(U,\tilde{\tau}^{q-1}) \xrightarrow{k_o} H^{q+1}_{X\cap U}(\Omega^{q-1} \oplus \bar{\Omega}^{q-1})$$

k_o étant injective, $H^q_{X\cap U}(U,\tilde{\tau}^q) = 0$, d'où d'après le lemme 5 : $H^1_{X\cap U}(U,\tilde{\tau}^{2q-1}) = 0$.

CHAPITRE III

PASSAGE AU GLOBAL

Lemme (Cartan-Eilenberg : Homological Algebra).- *Soient* q *et* q' *2 entiers*, $q > q'$. *Si la suite spectrale* $E_2^{u,v}$ *est convergente et* $E_2^{u,v} = 0$ *pour* $v \neq q$ *et* q', *on a la suite exacte longue*

$$\ldots \to E_2^{p-r,r} \to H^p \to E_2^{p-r',r'} \to E_2^{p+1-r,r} \to H^{p+1} \to \ldots$$

On va utiliser ce résultat en utilisant la suite spectrale $E_2^{u,v} = H^u(Z, \mathcal{H}_X^v(\mathcal{F}))$ convergeant vers $H_X^{u+v}(Z, \mathcal{F})$ où $\mathcal{H}_X^v(\mathcal{F})$ est le faisceau associé au préfaisceau des sections de $\mathcal{F}$ à support dans X ($\mathcal{F}$ sera ici τ^{2q-1} ou $\tilde{\tau}^{2q-1}$).

Proposition 9.- *i)* $\mathcal{H}_X^k(\tilde{\tau}^{2q-1}) = 0$ *pour* $k \neq 0,2$

ii) $\mathcal{H}_X^k(\tau^{2q-1}) = 0$ *pour* $k \neq 1,2$

Démonstration.- i) résulte des propositions 5 et 8.

ii) Pour $k > 2$, résulte de i) et des isomorphismes de la proposition 3. $\mathcal{H}_X^0(\tau^{2q-1}) = 0$, car il n'existe pas de sections continues à support dans une sous-variété de codimension ≥ 2.

Théorème 1.- *Les applications naturelles :*

i) $H_X^p(Z, \tilde{\tau}^{2q-1}) \xrightarrow{\tilde{j}} H^{p-2}(Z, \mathcal{H}_X^2(\tilde{\tau}^{2q-1}))$

et

ii) $H_X^p(Z, \tau^{2q-1}) \xrightarrow{j} H^{p-2}(Z, \mathcal{H}_X^2(\tau^{2q-1}))$

sont des isomorphismes pour $p \geq 2$.

Démonstration.- i) D'après la proposition 9, on peut appliquer le lemme ci-dessus et on obtient une suite exacte :

$$H^p(Z,\mathcal{H}^0_X(\tilde{\tau}^{2q-1})) \to H^p_X(Z,\tilde{\tau}^{2q-1}) \to H^{p-2}(Z,\mathcal{H}^2_X(\tilde{\tau}^{2q-1})) \to H^{p+1}(Z,\mathcal{H}^0_X(\tilde{\tau}^{2q-1})).$$

Les deux termes extrêmes sont nuls (proposition 7) d'où l'isomorphisme cherché.

ii) résulte des isomorphismes $H^p_X(Z,\tilde{\tau}^{2q-1}) \cong H^p_X(Z,\tau^{2q-1})$ pour $p \geq 2$ (proposition 3).

On considère la suite exacte (2q-1)' :

$$0 \to \tau^{2q-1} \to \mathcal{A}^{q,q-1} \oplus \mathcal{A}^{q-1,q} \xrightarrow{d''\oplus d'} \mathcal{A}^{q,q} \xrightarrow{d'd''} \mathcal{A}^{q+1,q+1}$$

Les faisceaux de ce début de résolutions sont fins , on a donc

$$H^1(Y,\tau^{2q-1}) = \frac{\ker[\mathcal{A}^{q,q}(Y) \xrightarrow{d'd''} \mathcal{A}^{q+1,q+1}(Y)]}{d''\mathcal{A}^{q,q-1} \oplus d'\mathcal{A}^{q-1,q}} = V^{q,q}(Y).$$

On posera : $V^{q,q}_X(Z) = H^1_X(Z,\tau^{2q-1})$, $\tilde{V}^{q,q}_X(Z) = H^1_X(Z,\tilde{\tau}^{2q-1})$, $\Lambda^{q+1,q+1}_X(Z) = H^2_X(Z,\tau^{2q-1})$, $\tilde{\Lambda}^{q+1,q+1}_X = H^2_X(Z,\tilde{\tau}^{2q-1})$ et $\mathcal{\Lambda}^{q+1,q+1}_X = \mathcal{H}^2_X(\tau^{2q-1})$, $\mathcal{\Lambda}^{q+1,q+1}_X = \mathcal{H}^2_X(\tilde{\tau}^{2q-1})$.

Pour p = 2, le théorème 1 devient :

Théorème 1'.- *On a les isomorphismes*

$$\Lambda^{q+1,q+1}_X(Z) \cong H^0(Z,\mathcal{\Lambda}^{q+1,q+1}_X)$$

et

$$\tilde{\Lambda}^{q+1,q+1}_X(Z) = H^0(Z,\mathcal{\Lambda}^{q+1,q+1})$$

Proposition 10.- *L'application* $H^1(Z,\tau^{2q-1}) \xrightarrow{r} H^1(Y,\tau^{2q-1})$ *induite par restriction est injective.*

Démonstration.- On a un diagramme commutatif :

$$\begin{array}{ccc} H^1(Z,\tau^{2q-1}) & \to & H^1(Y,\tau^{2q-1}) \\ \wr\| & & \wr\| \\ H^1(Z,\tilde{\tau}^{2q-1}) & \to & H^1(Y,\tilde{\tau}^{2q-1}) \end{array}$$

où les flèches horizontales sont induites par les restrictions. Le noyau du second morphisme est $H^1_X(Z,\tilde{\tau}^{2q-1}) = 0$ (proposition 8), d'où le résultat.

On suppose désormais que Z est une variété algébrique projective de dimension n, ω^q la forme de type (q,q) induite par le produit q fois de la forme de Fubini de l'espace projectif, X est une sous-variété de codimension (q + 1) intersection complète dans Z et Y le complémentaire de X dans Z ; de plus, pour distinguer les applications $\rho_o : V^{q,q}(Z) \to H^o(C_q^+(Z),\mathcal{H})$ et : $V^{q,q}(Y) \to H^o(C_q^+(Y),\mathcal{H})$ on les notera respectivement ρ_o^Z et ρ_o^Y.

Théorème 2.- Ker $\rho_{W_Y} \oplus \mathbb{C}\,\dot{\omega}^q \cong H^q(Z,\Omega^q)$ *(l'isomorphisme étant induit par la restriction)*.

Démonstration.- La suite exacte de cohomologie :

$$(1) \qquad H^1_X(Z,\tau^{2q-1}) \to H^1(Z,\tau^{2q-1}) \xrightarrow{r} H^1(Y,\tau^{2q-1}) \xrightarrow{\delta} H^2_X(Z,\tau^{2q-1})$$

s'écrit d'après le théorème 1 :

$$(2) \qquad V_X^{q,q}(Z) \to V^{q,q}(Z) \xrightarrow{r} V^{q,q}(Y) \xrightarrow{\delta} H^o(Z, \textstyle\bigwedge_X^{q+1,q+1}).$$

Soit $\phi \in V^{q,q}(Y) \cap \ker \rho_{W_Y}$, d'après [A.N 2], ϕ est localement nulle d'où $\delta\phi = 0$, l'exactitude de (1) entraîne que $\phi = r\psi$ où ψ est une classe de formes différentielles définies dans Z tout entier. r est injective (proposition 10), ker ρ_{W_Y} étant un hyperplan de $V^{q,q}(Z)$ [O2] et r(ker ρ_W)$\subset$ker ρ_{W_Y} trivialement, ker ρ_{W_Y} contient un hyperplan de $V^{q,q}(Z)$. Mais $\rho_o\omega$ est strictement positif sur tout cycle de Y donc $r\,\omega \notin \ker \rho_o^Y$ d'où finalement : ker $\rho_{W_Y} \oplus \mathbb{C}\,.\,r\,\omega = V^{q,q}(Z)$. Le théorème 2 résulte alors de l'isomorphisme $V^{q,q}(Z) = H^q(Z,\Omega^q)$ pour toute variété kählerienne compacte Z ([O2]).

Théorème 3.- *Soit* Z *une variété algébrique projective de dimension* n, X *une sous-variété de* Z *de codimension* (q+1), $K = V^{q,q}(Z) \cap \ker \rho_o^Y$ *(autrement dit* K *est l'ensemble des classes de formes différentielles* d'd''-*fermées dans* Z *d'intégrale nulle sur tous les cycles compacts contenus dans* Y), *alors* K *et* ker ρ_o^Y *sont canoniquement isomorphes.*

Çorollaire 1.- *Soit* Z *une variété algébrique projective (lisse)*, X *une sous-variété fermée de* Z *de codimension* $q+1$, $Y = Z\setminus X$. $\mathrm{Dim}_{\mathbb{C}}(H^q(Z,\Omega^q)) = 1$ *(en particulier réalisé si* $\dim_{\mathbb{C}} H^{2q}(Z,\mathbb{C}) = 1$) *équivaut à l'injectivité de* ρ_{W_Y}.

Corollaire 2.- *Si* $\dim_{\mathbb{C}} H^q(Z,\Omega^q) = 1$, $\rho_o : V^{q,q}(Y) \to H^0(C_q^+(Y),\mathcal{H})$ *est injective.*

Démonstration.- $\dim_{\mathbb{C}} H^q(Z,\Omega^q) = 1 \iff H^q(Z,\Omega^q) \simeq \mathbb{C}\omega$ et l'injectivité de $\rho_o^{W_Y}$ résulte immédiatement du théorème. Le corollaire 2 s'en déduit aussitôt.

Remarque.- Le corollaire 2 généralise [B] et explique la possibilité dans ce cas ($Z = \mathbb{P}_n$) de se restreindre aux cycles linéaires.

Soit $H_{k,k}(Z)$ *les* cycles d'homologie de Z de dimension $2k$ définissant une forme linéaire non nulle sur les formes harmoniques de type (k,k).

Corollaire 3.- *Si* Z *vérifie*

i) $H_{q,q}(Z)$ *possède une base formée de cycles analytiques*

et

ii) tout cycle analytique de Z *rencontrant* X *est* d-*cohomologue à un cycle analytique ne passant pas par* X

Alors $\rho_o : V^{q,q}(Y) \to H^0(C_q^+(Y),\mathcal{H})$ *est injective.*

Démonstration.- i) $\Longrightarrow \rho_o^Z : V^{q,q}(Z) \to H^0(C_q^+(Z),\mathcal{H})$ est injective ([O2]) et ii) $\Longrightarrow$ (Z étant kählerienne) $V^{q,q}(Z) \cap \ker \rho_o^Y = \ker \rho_o^Z = 0$, d'où $\ker \rho_o^Y = 0$ (théorème 3).

BIBLIOGRAPHIE

[A.N] A. ANDREOTTI et F. NORGUET : Cycles of algebraïc manifolds and d'd"-cohomology, Ann. Sc. Norm. Sup. Pisa, vol. 25, 1971, pp.59-114.

[B] D. BARLET : Espace des cycles et d'd"-cohomologie de $\mathbb{P}_n - \mathbb{P}_k$, Lect. Notes in Math., n°409, Fonctions de plusieurs variables complexes (Sém. F. Norguet), Springer Verlag, pp. 98-213.

[Bi] B. BIGOLIN : Gruppi di Aeppli, Annali Sc. Norm. Sup. Pisa, s.3, vol. 23, 1969, pp. 259-287.

[O1] S. OFMAN : Résidu et dualité, dans ce volume, p. 1.

[O2] S. OFMAN : Injectivité de la transformation obtenue par intégration sur les cycles analytiques. A. Cas d'une variété kählerienne compacte, dans ce volume, p. 183.

[O3] S. OFMAN : Injectivité de la transformation obtenue par intégration sur les cycles analytiques B. Cas d'une variété algébrique projective privée d'un point, dans ce volume, p. 190.

QUELQUES RÉSULTATS SUR LE SCHÉMA DE HILBERT DE $\mathbb{C}^p$ DES SOUS-ENSEMBLES ANALYTIQUES COMPACTS DE DIMENSION 0 DE $\mathbb{C}^p$.

par

Aviva SZPIRGLAS

On rappelle le résultat suivant (cf (2)) :

Soit $g = (g_1, \ldots, g_k)$ et $h = (h_1, \ldots, h_k)$, deux k-uplets de fonctions holomorphes de $\mathbb{C}^p$ dans $\mathbb{C}$; on note $|g| \times |h|$ la fonction de $(\mathbb{C}^p)^k$ dans $\mathbb{C}$ définie par, si $(x_1, \ldots, x_k) \in (\mathbb{C}^p)^k$:

$$|g| \times |h|_{(x_1, \ldots, x_k)} = \det (g_i(x_j)) \det(h_i(x_j))$$

Ceci définit, par passage au quotient, $|g| \times |h|$, de $\mathrm{Sym}^k(\mathbb{C}^p)$ dans $\mathbb{C}$. On note $\mathcal{R}$ l'idéal des germes de fonction holomorphes définies sur $\mathrm{Sym}^k(\mathbb{C}^p)$, engendré par la famille $|g| \times |h|$, où g et h parcourent l'ensemble des k-uplets de fonctions holomorphes de $\mathbb{C}^p$ dans $\mathbb{C}$.

On a le théorème suivant :

<u>Théorème</u> : Soit U un polydisque ouvert de $\mathbb{C}^n$; soit $(X, \mathcal{O}_X)$ un revêtement ramifié de U dans $U \times \mathbb{C}^p$, de degré k. X est défini par $f : U \to \mathrm{Sym}^k(\mathbb{C}^p)$. On suppose que $(X, \mathcal{O}_X)$ est un sous-ensemble analytique réduit de $U \times \mathbb{C}^p$. Alors $(X, \mathcal{O}_X)$ est plat sur U si et seulement si l'idéal $f^*(\mathcal{R})$ est principal.

Il est facile de montrer que ce théorème se généralise au cas où la base du revêtement ramifié est quelconque. On note Δ le lien singulier de $\mathrm{Sym}^k(\mathbb{C}^p)$ et V l'éclaté de $\mathrm{Sym}^k(\mathbb{C}^p)$ le long de $\mathcal{R}$ qui est un idéal de type fini engendré par $(f_0, f_1, \ldots, f_N)$. Si $(t_0, t_1, \ldots, t_N)$ sont les coordonnées homogènes dans $\mathbb{P}_N(\mathbb{C})$ on a :

$$|V| = \{(s,t) \in \mathrm{Sym}^k(\mathbb{C}^p) \times \mathbb{P}_N(\mathbb{C}),\ t_i f_j(s) = t_j f_i(s)\}$$

Soit $\mathrm{Hilb}^k(\mathbb{C}^p)$ le schéma de Hilbert de $\mathbb{C}^p$ formé des sous-ensembles analytiques compacts de $\mathbb{C}^p$ de dimension 0, qui se projette sur $\mathrm{Sym}^k(\mathbb{C}^p)$ par le morphisme j : Douady $\to$ {cycles} (cf (1)) ; et $\mathrm{Hilb}^k_R(\mathbb{C}^p)$ le réduit associé à $\mathrm{Hilb}^k(\mathbb{C}^p)$.

Soit $\tilde{G}_k(\mathbb{C}^p)$ le sous-ensemble de $\mathrm{Hilb}^k(\mathbb{C}^p)$ qui se projette sur $\mathrm{Sym}^k(\mathbb{C}^p)\setminus\Delta$ par ce même morphisme et $G_k(\mathbb{C}^p)$ la composante donnexe de $\mathrm{Hilb}_R^k(\mathbb{C}^p)$ qui contient $\tilde{G}_k(\mathbb{C}^p)$.

Proposition 1 : $G_k(\mathbb{C}^p)$ et V sont isomorphes.

Démonstration : (on note S(V) le lieu singulier de V).

1) Soit Π la projection canonique de V sur $\mathrm{Sym}^k(\mathbb{C}^p)$. Π définit un revêtement ramifié X de degré k de V dans $V \times \mathbb{C}^p$; V étant l'éclaté de $\mathrm{Sym}^k(\mathbb{C}^p)$ le long de $\mathcal{R}$, $\Pi^*(\mathcal{R})$ est principal ét X est donc plat sur V.

Soit Z_u^k, le sous-ensemble analytique universel au-dessus de $\mathrm{Hilb}^k(\mathbb{C}^p)$. X étant plat sur V, on sait qu'il existe un morphisme analytique unique h de V dans $\mathrm{Hilb}^k(\mathbb{C}^p)$ tel que X le produit fibré de V et Z_u^k au-dessus de $\mathrm{Hilb}^k(\mathbb{C}^p)$. Or X est un revêtement analytique de degré k de $V\setminus S(V)$; l'image par h d'un point non singulier de V est donc dans $G_k(\mathbb{C}^p)$, qui est connexe donc fermé. Donc h(V) est inclus dans $G_k(\mathbb{C}^p)$.

2) Soit $G'_k(\mathbb{C}^p)$ le sous-ensemble analytique de $\mathrm{Hilb}^k(\mathbb{C}^p)$ qui ensemblistement est égale à $G_k(\mathbb{C}^p)$ et dont la structure analytique est la restriction à ce sous-ensemble de celle de $\mathrm{Hilb}^k(\mathbb{C}^p)$.

($G_k(\mathbb{C}^p)$ est le réduit associé à $G'_k(\mathbb{C}^p)$).

On en déduit l'éxistence d'un morphisme entre $G_k(\mathbb{C}^p)$ et $\mathrm{Hilb}^k(\mathbb{C}^p)$ via $G'_k(\mathbb{C}^p)$; soit Y le revêtement ramifié (plat) de $G_k(\mathbb{C}^p)$ définit par Z_u^k (par produit fibré au-dessus de $\mathrm{Hilb}^k(\mathbb{C}^p)$). Y est défini par $j : G_k(\mathbb{C}^p) \to \mathrm{Sym}^k(\mathbb{C}^p)$ (j : restriction du morphisme Douady $\to$ {cycles}). Y étant plat sur $G_k(\mathbb{C}^p)$, $J^*(\mathcal{R})$ est principal. Or l'idéal $j^*(\mathcal{R})$ est engendré par $(f_i \circ j)_{0\leq i\leq N}$. L'un de ces générateurs engendrent donc $j^*(\mathcal{R})$, soit par exemple $(f_o \circ j)$. Soit alors x un élément non singulier de $G_k(\mathbb{C}^p)$; j(x) est aussi un élément non singulier de $\mathrm{Sym}^k(\mathbb{C}^p)$ et donc $f_o \circ j(x)$ est non nul. Soit l'élément $t(x) \in \mathbb{P}_N(\mathbb{C})$ défini par :

$t(x) = (t_o ; t_1, \ldots, t_N)$ avec, $\forall i \in [1,N]$;

$t_i = [f_i(j(x))/f_o(j(x))] \times t_o$

On définit ainsi une application holomorphe de $G_k(\mathbb{C}^p) - S(G_k(\mathbb{C}^p))$ dans $\mathbb{P}_N(\mathbb{C})$ ($S(G_k(\mathbb{C}^p)$ étant le lien singulier de $G_k(\mathbb{C}^p)$). Or, pour tout $i \in [1,N]$, $f_i o j$ est dans l'idéal engendré par f_o oj ; donc l'application t définie plus haut se prolonge en une application holomorphe t de $G_k(\mathbb{C}^p)$ dans $\mathbb{P}_N(\mathbb{C})$.

Soit alors θ le morphisme analytique de $G_k(\mathbb{C}^p)$ dans V défini par : $\forall x \in G_k(\mathbb{C}^p)$, $\theta(x) = (j(x), t(x))$. Par construction, θ et h sont réciproques, ce qui permet de conclure que V et $G_k(\mathbb{C}^p)$ sont isomorphes.

Proposition 2 : le lieu singulier de V, et donc de $G_k(\mathbb{C}^p)$ est de codimension supérieure ou égale à 2.

Démonstration : On remarque tout d'abord que le lieu singulier de V est contenu dans $\Pi^{-1}(\Delta)$, qui lui-même est de codimension supérieure ou égale à 1. Les points où $\Pi^{-1}(\Delta)$ est de codimension exactement égale à 1 sont les points de $\Pi^{1}(\Delta-\Delta')$, où $\Delta-\Delta'$ correspond dans $Sym^k(\mathbb{C}^p)$ aux k-uplets d'éléments de $\mathbb{C}^p$ pour lesquels exactement deux éléments sont confondus.

Au voisinage W_x d'un point x_o de $\Delta-\Delta'$, $Sym^k(\mathbb{C}^p)$ est isomorphe à: $Sym^2(\mathbb{C}^p) \times (Sym^{k-2}(\mathbb{C}^p) - \Delta_{k-2})$. (On désigne par Δ_{k-2} le lien singulier de $Sym^{k-2}(\mathbb{C}^p)$). Soit $Sym_o^2(\mathbb{C}^p) = \{x \in Sym^2(\mathbb{C}^p),\ S_1(x) = 0\}$. $Sym^2(\mathbb{C}^p)$ est lui-même isomorphe à $Sym_o^2(\mathbb{C}^p) \times \mathbb{C}^p$. On remarque que éclater $Sym^k(\mathbb{C}^p)$ au voisinage de x_o relativement à $\mathcal{R}$ revient à éclater $Sym_o^2(\mathbb{C}^p)$ en 0. Or, les équations de $Sym_o^2(\mathbb{C}^p)$ dans $\mathbb{C}^{\frac{p(p+1)}{2}}$ sont les suivantes : $s_{ij}^2 = 4\, s_{ii}\, s_{jj}$ pour $1 \leqslant i < j \leqslant p$ ($(s_{ij})_{1 \leqslant i \leqslant j \leqslant p}$ sont les coordonnées dans $\mathbb{C}^{\frac{p(p+1)}{2}}$). Son éclaté en 0 est donc lisse. Au-dessus de W_{x_o}, V est donc lisse.

L'ensemble des points singuliers de V est donc bien de codimension supérieure ou égale à 2.

BIBLIOGRAPHIE

(1) D. BARLET : Espace analytique réduit des cycles ...
Sem. F. Norguet II.
Lect. Notes in Math. n°482 Springer Verlag 1975.

(2) A. SZPIRGLAS : Platitude des revêtements ramifiés. Sem. F. Norguet IV.
Lect. Notes in Maths n°807 Springer Verlag 1980.

FONCTIONS DE TYPE TRACE RÉELLES ET

FORMES HERMITIENNES HORIZONTALES

par

Daniel BARLET

L'objet de cet article est de montrer que les fonctions de type trace (réelles) introduites dans [1] sont reliées à la notion de forme hermitienne horizontale sur un fibré vectoriel holomorphe muni d'une connexion intégrable à points singuliers réguliers le long d'une hypersurface polaire. Ceci permet de généraliser au cas propre et équidimensionnel le résultat suivant de [1] : si $V \overset{\pi}{\to} W$ est propre fini et surjectif entre variétés complexes lisses et connexes, et si f et g sont holomorphes sur V, alors la fonction $\mathrm{trace}_\pi(f \cdot \bar{g})$ est de type trace sur W (voir prop. 4). Une autre application de l'étude des fonctions de type trace réelles sera de montrer que l'appendice de [1] peut s'appliquer à toute fonction de type trace réelle φ sur une variété analytique complexe lisse V et donne que le $D_V^{(*)}$-module engendré par φ dans les distributions sur V est toujours sans O_V-torsion.

§ 1.

Nous avons introduit dans [1] la notion de fonction de type trace ainsi que celle de faisceau de type trace. Contrairement à la définition que nous avions alors adoptée, nous ne supposerons pas ici qu'un faisceau de type trace vérifie la condition iv) qui est rappelée ci-dessous.

Définition (affaiblie)

Soit V une variété analytique complexe, et soit $\mathcal{M}$ un faisceau de O_V-modules sur V. Nous dirons que $\mathcal{M}$ est de type trace sur V s'il vérifie les conditions suivantes :

i) $\mathcal{M}$ est un sous-faisceau de O_V-modules de C_V^0 ;

ii) $\mathcal{M}$ est cohérent ;

iii) la connexion holomorphe naturelle :

$$\nabla : C_V^0 \to \mathcal{D}'_V \underset{O_V}{\otimes} \Omega_V^1$$

donnée par dérivation (holomorphe) au sens des distributions, induit sur $\mathcal{M}$ une connexion méromorphe à points singuliers réguliers.

(*) ici D_V désigne le faisceau des germes d'opérateurs différentiels holomorphes sur V.

Nous dirons qu'une fonction continue sur V est de type trace si elle est, localement sur V, section d'un faisceau de type trace.

Rappelons les conditions iv) et v) introduites également dans [1] pour un faisceau de type trace $\mathcal{M}$.

iv) Soit Δ l'hypersurface polaire de $\mathcal{M}$, et soit $\hat{\mathcal{M}}$ l'extension de Deligne de $\mathcal{M}/V-\Delta$; alors $\mathcal{M} \subseteq \hat{\mathcal{M}}$.

v) $\mathcal{M}$ est localement engendré par ses sections réelles (locales) (*).

Nous nous proposons de montrer ici comment toute fonction de type trace à valeurs réelles peut être construite à partir d'un faisceau cohérent muni d'une connexion méromorphe (intégrable) à points singuliers réguliers, et d'une forme hermitienne horizontale.

Commençons par donner un procédé de construction des fonctions de type trace qui généralise le cas traité dans [1]. On constatera d'ailleurs que la preuve est essentiellement une répétition des arguments de [1] :

Proposition 1 :

Soit V une variété complexe lisse et connexe, et soit Δ une hypersurface de V d'intérieur vide. Soit $\underset{\sim}{E}$ un fibré vectoriel sur $V-\Delta$ muni d'une connexion intégrable ∇. Soit $\check{\underset{\sim}{E}}$ un prolongement cohérent sans torsion de $\underset{\sim}{E}$ à V, et supposons que relativement à cette extension, ∇ présente un pôle le long de Δ avec une singularité régulière.

Soit h une forme hermitienne sur $\underset{\sim}{E}$, horizontale pour ∇, c'est-à-dire vérifiant pour toutes sections locales s et t de $\underset{\sim}{E}$ sur $V-\Delta$, et tout champ de vecteur holomorphe w :

$$< d'h(s,t),w > = h(\nabla_w s,t) \quad \text{où} \quad \nabla_w s = < \nabla s,w > \qquad (**) .$$

Alors pour chaque $v_0 \in V$, si $f=0$ est une équation locale de Δ près de v_0, il existe un entier m tel que pour toutes sections a et b de $\check{\underset{\sim}{E}}$ au voisinage de v_0, la fonction $v \to f^m(v) \cdot h(a(v),b(v))$ définie pour $v \notin \Delta$ se prolonge continuement à tout un voisinage de v_0 en une fonction de type trace.

Démonstration :

Soit $e_1,\ldots,e_p$ une base horizontale multiforme de $\underset{\sim}{E}$. On aura alors pour

(*) Comme une section de $\mathcal{M}$ est une fonction continue, nous dirons qu'elle est réelle si elle prend ses valeurs dans $\mathbb{R}$.

(**) on suppose par exemple h de classe C^1.

tout champ de vecteur holomorphe local w sur $V - \Delta$:

$$< d'h(e_i,e_j),w > = h(\nabla_w e_i,e_j) \equiv 0$$

ce qui montre que $h(e_i,e_j)$ est antiholomorphe (multiforme) sur $V - \Delta$. Comme on a $h(e_j,e_i) = \overline{h(e_i,e_j)}$ puisque h est hermitienne, on en déduit que $h(e_i,e_j)$ est localement constante donc constante sur $V - \Delta$.

Soit U un voisinage ouvert de v_0 , et fixons $b \in H^0(U,\check{\underset{\sim}{E}})$; soit alors :

$$\underset{\sim}{\mathcal{M}} = \{h(a,b) \quad \text{pour} \quad a \in \check{\underset{\sim}{E}}\} .$$

Si $j : U - \Delta \hookrightarrow U$ est l'inclusion, $\underset{\sim}{\mathcal{M}}$ est un sous-faisceau du faisceau $j_* C^0_U$.

Montrons que $\underset{\sim}{\mathcal{M}}$ est un O_U-module localement libre de type fini sur $U - \Delta$: en effet, par définition de $\underset{\sim}{\mathcal{M}}$ on a sur $U - \Delta$ une suite exacte courte de O_U-modules :

$$0 \longrightarrow \text{Ker } Q \longrightarrow \underset{\sim}{E} \xrightarrow{\ Q\ } \underset{\sim}{\mathcal{M}} \longrightarrow 0$$

où $Q(s) = h(s,b)$. Montrons déjà que Ker Q est un sous-O_U-module localement libre (de type fini) de $\underset{\sim}{E}$: si $e_1 ,\ldots, e_p$ est une base horizontale (uniforme) de $\underset{\sim}{E}$ près de $v_1 \in U - \Delta$, $s = \Sigma\, s_i \cdot e_i$ sera dans Ker Q si et seulement si les fonctions holomorphes $s_1 ,\ldots, s_p$ satisfont à $\Sigma\, s_i \cdot h(e_i,b) = 0$. Or les fonctions $h(e_i,b)$ sont antiholomorphes (uniformes) d'après un calcul déjà effectué plus haut. La proposition 1 bis de [1] donne que Ker Q est localement libre de type fini sur O_U , ce qui donne la cohérence de $\underset{\sim}{\mathcal{M}}$ sur $U - \Delta$. Montrons maintenant que $\mathcal{M} /U - \Delta$ est muni d'une connexion holomorphe intégrable donnée par $h(a,b) \to d'h(a,b)$: comme on a :

$$d'h(a,b) = h(\nabla a,b)$$

ceci résulte immédiatement du fait que ∇ est une connexion holomorphe intégrable sur $\underset{\sim}{E}$. De plus la méromorphie de ∇ relativement à $\check{\underset{\sim}{E}}$ donne la méromorphie le long de Δ de la connexion ainsi définies sur $\underset{\sim}{\mathcal{M}} /U - \Delta$. On en conclut donc que $\underset{\sim}{\mathcal{M}} /U - \Delta$ est un fibré vectoriel muni d'une connexion intégrable, qui présente, par rapport à l'extension $\underset{\sim}{\mathcal{M}}$ de $\underset{\sim}{\mathcal{M}}/U - \Delta$ (qui est de type fini, mais que l'on ne sait pas encore être cohérente) un pôle le long de Δ .

Notons par $\check{\underset{\sim}{\mathcal{M}}}$ l'extension de Deligne de $\underset{\sim}{\mathcal{M}} /U - \Delta$; alors $\check{\underset{\sim}{\mathcal{M}}}$ est cohérent sur U . Considérons une équation locale $f = 0$ de Δ près de v_0 ; nous voulons montrer que, quitte à rétrécir U autour de v_0 , il existe un entier m et une inclusion de $f^m \cdot \mathcal{M}$ dans $\check{\mathcal{M}}$, ce qui prouvera simultanément la cohérence de $\check{\mathcal{M}}$ comme sous-module de type fini d'un module cohérent, et la régularité le long de Δ de la connexion méromorphe définie sur $\mathcal{M}$, puisque $\check{\mathcal{M}}$ apparaît alors comme une extension cohérente de $\mathcal{M}/U - \Delta$ qui est méromorphiquement équivalente à l'extension de Deligne.

Soit donc $e_1, \ldots, e_p$ une base horizontale multiforme de $\underset{\sim}{E}$, et $a^1, \ldots, a^q$ un système générateur de $\check{\underset{\sim}{E}}$ au voisinage de v_0. En écrivant

$$a^j = \Sigma\, a_k^j \cdot e_k$$

la régularité de ∇ par rapport à $\check{\underset{\sim}{E}}$ nous dit que les fonctions holomorphes multiformes a_k^j sont à croissance modérée vers Δ. Il existe donc un entier m tel que $f^m \cdot a_k^j$ tende vers 0 quand $v \to \Delta$, pour tout $(j,k) \in [1,q] \times [1,p]$. Mais pour $a \in \check{\underset{\sim}{E}}$ qui s'écrit $a = \Sigma\, a_k \cdot e_k$, l'écriture de $h(a,b)$ dans la base horizontale multiforme de $\mathcal{M}/U - \Delta$ est simplement :

$$h(a,b) = \Sigma\, a_k \cdot h(e_k,b)$$

puisque $h(e_k,b)$ est horizontal multiforme dans $\mathcal{M}/U - \Delta$. On en déduit que pour tout $a \in \check{\underset{\sim}{E}}$ $f^m h(a,b)$ est à croissance logarithmique dans la base horizontale multiforme, et donc définit une section de $\check{\mathcal{M}}$. Comme $\mathcal{M}$ est sans torsion, ceci nous fournit une injection de $f^m\, \mathcal{M}$ dans $\check{\mathcal{M}}$, quitte à rétrécir U autour de v_0.

Ceci achève la démonstration, vue la définition d'une fonction de type trace rappelée plus haut.(*)

Remarque :

Au lieu de considérer $f^m h(a,b)$ ce qui revient à remplacer a par $f^m a$, on aurait pu remplacer b par $f^m b$ ce qui aurait montrer que la fonction $\bar{f}^m h(a,b)$ est également de type trace. Comme h est hermitienne, on en déduit immédiatement que les parties réelle et imaginaire de $f^m h(a,b)$ sont aussi des fonctions de type trace, puisque celles-ci forment une $\mathbb{C}$-algèbre (voir [1] prop. 6).

Nous nous proposons de décrire maintenant que toute fonction de type trace réelle (c'est-à-dire à valeurs réelles) s'obtient par le procédé décrit dans la proposition 1.

Je ne sais pas s'il existe une fonction de type trace dont la partie réelle ne soit pas de type trace.

(*) La continuité est assurée, quitte à choisir m assez grand, car maintenant b a des coordonnées à croissance modérée par rapport à la base horizontale $e_1, \ldots, e_p$ et les $h(e_i, e_j)$ sont localement constantes.

Théorème 1 :

Soit g une fonction de type trace réelle sur une variété complexe lisse. Soit Δ l'hypersurface singulière de g. Alors il existe, localement sur V, un fibré vectoriel $\underset{\sim}{E}$ sur $V - \Delta$ muni d'une connexion holomorphe intégrable ∇, et une extension cohérente $\check{\underset{\sim}{E}}$ sans torsion de $\underset{\sim}{E}$ à V pour laquelle ∇ est méromorphe à points singuliers réguliers, une forme hermitienne h horizontale sur $\underset{\sim}{E}$, et une section locale a de $\check{\underset{\sim}{E}}$ vérifiant :

$$g = h(a,a) .$$

La démonstration de ce théorème sera une conséquence de l'étude qui va suivre des fonctions de type trace réelles.

Lemme 1 :

Soit Z une variété analytique complexe connexe. Soit $e_1, \dots, e_r$ des fonctions holomorphes sur Z, linéairement indépendantes sur $\mathbb{C}$. Soit $f_1, \dots, f_r$ des fonctions holomorphes sur Z vérifiant l'identité :

$$\sum_{j=1}^{r} f_j \cdot \bar{e}_j = \sum_{j=1}^{r} \overline{f_j} \cdot e_j \quad \text{sur } Z \qquad (1) .$$

Alors il existe une unique matrice hermitienne H (r,r) à coefficients dans $\mathbb{C}$ telle que l'on ait $(f) = H(e)$ sur Z.

Démonstration :

Commençons par montrer que pour tout x et y dans Z on a :

$$\sum_{j=1}^{r} f_j(y) \cdot \overline{e_j(x)} = \sum_{j=1}^{r} \overline{f_j(x)} \cdot e_j(y) \qquad (2)$$

Il suffit évidemment de prouver (2) pour x et y assez voisins puisque, pour x fixé, c'est une égalité entre fonctions holomorphes sur Z qui est connexe. Nous pouvons donc supposer que Z est un polydisque ouvert de $\mathbb{C}^n$ centré en x et contenant y. Pour chaque $a \in \mathbb{N}^n$ l'identité (1) donnera par dérivation :

$$\Sigma \frac{\partial^a}{\partial z^a} f_j \cdot \overline{e_j} = \Sigma \overline{f_j} \cdot \frac{\partial^a}{\partial z^a} e_j$$

ce qui donnera en sommant sur a

$$\Sigma\Sigma \left(\frac{\partial^a}{\partial z^a} f_j(x) \cdot \overline{e_j(x)}\right) y^a/a! = \Sigma\Sigma\left(\overline{f_j(x)} \cdot \frac{\partial^a}{\partial z^a} e_j(x)\right) y^a/a!$$

c'est-à-dire l'égalité (2) .

Choisissons maintenant $x_1, \dots, x_r$ dans Z tels que la matrice des $e_j(x_k)$ soit inversible (c'est possible car $e_1, \dots, e_r$ sont linéairement indépendantes sur $\mathbb{C}$ et le dual de l'espace vectoriel qu'elles engendrent est engendré par les masses de Dirac aux points de Z !). En considérant les égalités (2) écrites aux points $x_1, \dots, x_r$ comme un système de Cramer dont les inconnues sont les fonctions holomorphes $f_1, \dots, f_r$ on en déduit l'existence d'une matrice H à coefficients constants telle que $(f) = H(e)$. L'unicité de H résulte immédiatement de l'indépendance sur $\mathbb{C}$ de $e_1, \dots, e_r$. La symétrie hermitienne de H découle de l'unicité en reportant $(f) = H(e)$ dans l'égalité (1) .

Corollaire :

Soit $\mathcal{M}$ un faisceau de type trace sur une variété V , avec ramification le long de Δ . Supposons V connexe, et notons par $\bar{e}_1, \dots, \bar{e}_n$ la base horizontale multiforme (antiholomorphe) de $\mathcal{M}$ sur $V - \Delta$. Alors pour un point $v_0 \in V$ il existe des matrices hermitiennes $H^1, \dots, H^m$ à coefficients constants telles que $\mathcal{M}$ soit engendré au voisinage de v_0 par les sections de la forme ${}^te \cdot H^j \cdot \bar{e} = \sum_{p,q} H^j_{p,q} \cdot e_p \cdot \bar{e}_q$ si et seulement si $\mathcal{M}$ est localement engendré par ses sections réelles, au voisinage de v_0 .

Ce corollaire est une conséquence immédiate du lemme précédent.

Lemme 2 :

Soient $H^1 \dots H^m$ des matrices hermitiennes (n,n) à coefficients complexes. Soit E un espace vectoriel complexe de dimension n et soit $\varepsilon_1 \dots \varepsilon_n$ une base de E . Supposons que les vecteurs de E

$$v^j_p = \sum_{q=1}^{n} H^j_{p,q} \; \varepsilon_q$$

engendrent E pour $(j,p) \in [1,m] \times [1,n]$. Alors les vecteurs $\sum_{p=1}^{n} H^j_{p,q} \, \varepsilon_p = w^j_q$ de E engendrent également E pour $(j,q) \in [1,m] \times [1,n]$.

Démonstration :

La matrice des composantes des vecteurs v^j_p dans la base $\varepsilon_1 \dots \varepsilon_n$ de E s'obtient (pour un ordre convenable !) en mettant côte à côte les matrices ${}^tH^1 \; {}^tH^2 \dots {}^tH^m$ (p est l'indice de ligne, q l'indice de colonne). Celle des composantes des vecteurs w^j_q dans la base $\varepsilon_1 \dots \varepsilon_n$ s'obtient en mettant côte à côte les matrices $H^1 \, H^2 \dots H^m$. Ces deux matrices sont conjuguées puisque les H^j sont hermitiennes et la seconde est donc de rang n quand la première l'est, ce qui prouve le lemme.

Remarque :

L'hypothèse du lemme est vérifiée dès que $\bigcap_{j=1}^{m} \mathrm{Ker}(H^j) = (0)$ dans $\mathbb{C}^n$; en effet si on considère l'application $\mathcal{H}: \mathbb{C}^n \to (\mathbb{C}^n)^m$ donnée par $x \to (\tilde{H}^1(x),\ldots,\tilde{H}^m(x))$ où $\tilde{H}^j$ désigne l'élément de $\mathrm{End}(\mathbb{C}^n)$ ayant H^j comme matrice dans la base canonique (alors le noyau de l'endomorphisme $\tilde{H}^j$ coïncide avec le noyau $\mathrm{Ker}(H^j)$ de la forme hermitienne H^j) , sa matrice dans les bases canoniques est la transposée de la matrice $(H^1 \ldots H^m)$ et donc l'hypothèse de lemme 2 est vérifiée si et seulement si le rang de $\mathcal{H}$ est n , c'est-à-dire si $\mathcal{H}$ est injective. Or le noyau de $\mathcal{H}$ est $\bigcap_{j=1}^{n} \mathrm{Ker}(H^j)$! .

Proposition 2 :

Soit $\mathcal{M}$ un faisceau de type trace sur un variété connexe V ; notons par Δ l'hypersurface de ramification de $\mathcal{M}$. Si $\mathcal{M}$ vérifie la condition v), c'est-à-dire si $\mathcal{M}$ est localement engendré par ses sections réelles au voisinage de chaque point de V , alors les sections horizontales multiformes, (antiholomorphes) de $\mathcal{M}$ sur $V - \Delta$ sont à croissance modérée vers Δ . Si de plus $\mathcal{M}$ vérifie la condition iv) (c'est-à-dire si $\mathcal{M}$ est contenu dans son extension canonique $\hat{\mathcal{M}}$), alors les sections horizontales multiformes sont à croissance logarithmique vers Δ .

Démonstration :

Commençons par remarquer que nous avons à prouver des assertions locales sur V . Nous pouvons donc supposer que $\mathcal{M}$ est engendré sur $\mathcal{O}_V$ par des sections (réelles) de la forme ${}^te \cdot H^j \bar{e}$ où $\bar{e} = (\bar{e}_1,\ldots,\bar{e}_n)$ est la base horizontale multiforme de $\mathcal{M}$ sur $V - \Delta$, et où $H^1,\ldots,H^m$ sont des matrices hermitiennes (n,n) à coefficients constants. Alors on a $\bigcap_{j=1}^{m} \mathrm{Ker}(H^j) = 0$. En effet si ce n'était pas le cas, on aurait, quitte à effectuer un changement de base dans $\mathbb{C}^n$, que le premier vecteur de la base canonique de $\mathbb{C}^n$ est dans $\bigcap_{j=1}^{m} \mathrm{Ker}(H^j)$. Ceci impliquerait que $\bar{e}_2,\ldots,\bar{e}_n$ engendreraient $\mathcal{M}$, comme $\mathcal{O}_V$-module sur $V - \Delta$, ce qui est absurde car n est par définition le rang du fibré vectoriel $\mathcal{M}|_{V-\Delta}$. On a donc bien $\bigcap_{j=1}^{m} \mathrm{Ker}(H^j) = 0$. Le lemme 2 (ou plutôt la remarque qui le suit) montre alors que $e_1,\ldots,e_n$ sont combinaisons linéaires (à coefficients constants) des

$$\sum_{q=1}^{n} H^j_{p,q} \cdot e_p \text{ , pour } (j,q) \in [1,m] \times [1,n] .$$

Mais comme la connexion holomorphe naturelle sur $\mathcal{M}$ est à points singuliers réguliers le long de Δ , les coefficients des sections ${}^te \cdot H^j \cdot \bar{e}$ de $\mathcal{M}$ dans la base horizontale multiforme de $\mathcal{M}$ (qui n'est rien d'autre que $\bar{e}_1 \ldots \bar{e}_n$ par hypothèse) sont à croissance modérée vers Δ . Or ces coefficients sont précisément les fonctions

$\sum_{q=1}^{n} H^{j}_{p,q} \cdot e_p$ pour $(j,q) \in [1,m] \times [1,n]$. Compte tenu de ce qui a été dit plus haut, les fonctions $e_1 \ldots e_n$ sont elles aussi à croissance modérée vers Δ , ce qui est l'assertion (conjuguée) de l'énoncé.

Si on sait de plus que $\mathcal{M}$ satisfait la condition iv), alors les coefficients d'une section de $\mathcal{M}$ dans la base horizontale multiforme sont à croissance logarithmique vers Δ , ce qui donne la croissance logarithmique des e_p vers Δ par le même argument. Ceci achève la preuve de la proposition 2.

Les idées utilisées dans la proposition ci-dessus conduisent facilement à la proposition suivante :

Proposition 3 :

Soit $\mathcal{M}$ un faisceau de type trace sur une variété connexe V ; alors le sous-faisceau de O_V-module de $\mathcal{M}$, noté $\mathcal{M}_{\mathbb{R}}$, qui est localement engendré par les sections réelles de $\mathcal{M}$, est de type trace sur V . Si de plus $\mathcal{M}$ vérifie la condition iv), alors $\mathcal{M}_{\mathbb{R}}$ la vérifie également.

Démonstration :

Comme l'espace vectoriel (sur $\mathbb{R}$) des sections réelles de $\mathbb{R}$ sur un ouvert arbitraire (mais connexe) est de dimension au plus égal à n^2 (où n est le rang de $\mathcal{M}$ sur $V - \Delta$) d'après le lemme 1, la finitude de $\mathcal{M}_{\mathbb{R}}$ sur O_V est évidente. D'où la cohérence, puisque c'est un sous-faisceau de type fini d'un faisceau cohérent. Le problème est de prouver la stabilité de $\mathcal{M}_{\mathbb{R}}$ par ∇ la connexion holomorphe naturelle. Soit W l'espace vectoriel des formes hermitiennes (n,n) H telles que ${}^{t}e \cdot H \cdot \bar{e}$ soit une section (réelle) de $\mathcal{M}$ sur un ouvert donné U de V . Quitte à choisir une autre base horizontale multiforme, on peut supposer que $\bigcap_{H \in W} \operatorname{Ker}(H)$ est le sous-espace vectoriel de $\mathbb{C}^n$ défini par $z_1 = \ldots = z_p = 0$. Alors, sur $U - \Delta$, $\mathcal{M}_{\mathbb{R}}$ s'identifie au sous-faisceau de ∇ engendré par $\bar{e}_{p+1}, \ldots, \bar{e}_n$ (1); ceci donne la stabilité, sur $U - \Delta$, de $\mathcal{M}_{\mathbb{R}}$ par ∇ , et la régularité de cette connexion se déduit immédiatement de la proposition précédente puisque les coefficients dans la base horizontale multiforme des générateurs de $\mathcal{M}_{\mathbb{R}}$ sont des combinaisons linéaires à coefficients constants de $e_{p+1}, \ldots, e_n$. On obtient de même la croissance logarithmique de ces coefficients quand $\mathcal{M}$ satisfait iv).

Démonstration du théorème 1 :

En utilisant le fait que g est réelle et la proposition 3, on peut supposer, quitte à localiser sur V , que g est section d'un faisceau de type trace $\mathcal{M}$ vérifiant la condition v). Soit $\underset{\sim}{E}$ le fibré vectoriel localement constant $\mathcal{M}|_{V - \Delta}$ et

(1) grâce au lemme 2 et la remarque qui le suit.

soit $(\bar{e}) = {}^t(\bar{e}_1, \ldots, \bar{e}_n)$ une base horizontale multiforme de $\underset{\sim}{E}$. On sait, d'après la proposition 2 que $e_1, \ldots, e_n$ sont des fonctions holomorphes (multiformes sur $V - \Delta$) à croissance modérée vers Δ (et de déterminations finies). Notons par $T : \pi_1(V - \Delta) \to G\ell_n(\mathbb{C})$ la représentation donnée par la monodromie agissant sur (e) ; le fibré localement constant $\underset{\sim}{E}$ est alors associé à la représentation conjuguée $\bar{T}$ puisque $\gamma \in \pi_1(V - \Delta)$ agit sur la base horizontale $(\bar{e})$ de $\underset{\sim}{E}$ via $\overline{T(\gamma)}$. Notons par $\underset{\sim}{F}$ le fibré localement constant sur $V - \Delta$ associé à la représentation duale ${}^tT^{-1}$ de T. Alors $\underset{\sim}{F}$ est un fibré vectoriel holomorphe muni d'une connexion intégrable ; notons par (ε) une base horizontale multiforme de $\underset{\sim}{F}$.

Pour définir une forme hermitienne horizontale $\mathcal{H}$ sur $\underset{\sim}{F}$ il suffit de donner une matrice hermitienne H à coefficients constants de manière à poser $\mathcal{H}(\varepsilon_i, \varepsilon_j) = H_{i,j}$, avec la condition suivante : pour tout couple de sections <u>uniformes</u> ${}^ta \cdot \varepsilon$ et ${}^tb \cdot \varepsilon$ de $\underset{\sim}{F}$ la fonction $\mathcal{H}({}^ta \cdot \varepsilon, {}^tb \cdot \varepsilon) = {}^ta \cdot H \cdot \bar{b}$ est uniforme sur $V - \Delta$. Ici a et b désignent des vecteurs colonnes de fonctions holomorphes multiformes, et la condition d'uniformité pour ${}^ta \cdot \varepsilon$ se traduit par le fait que pour tout $\gamma \in \pi_1(V - \Delta)$ la monodromie de γ agit sur a via $T(\gamma)$. En effet, on aura alors la monodromie de γ qui agira sur ${}^ta \cdot \varepsilon$ par

$$ {}^ta \cdot {}^tT(\gamma) \cdot {}^tT(\gamma)^{-1} \cdot \varepsilon = {}^ta \cdot \varepsilon \quad . $$

La condition sera donc que pour tout $\gamma \in \pi_1(V - \Delta)$ on ait :

$$ {}^tT(\gamma) \cdot H \cdot \overline{T(\gamma)} = H \quad . $$

Si on applique le lemme 1 à la section réelle g de $\mathcal{M}$, on obtient l'existence d'une matrice hermitienne h à coefficients constants vérifiant :

$$ g = {}^te \cdot h \cdot \bar{e} = \Sigma\, h_{i,j}\, e_i \cdot \bar{e}_j \quad \text{sur } V - \Delta \quad . $$

L'uniformité de g se traduit alors par l'égalité suivante, pour tout $\gamma \in \pi_1(V - \Delta)$:

$$ {}^tT(\gamma) \cdot h \cdot \overline{T(\gamma)} = h \quad . $$

C'est-à-dire qu'en posant $\mathcal{H}(\varepsilon_i, \varepsilon_j) = h_{i,j}$ on définit bien une forme hermitienne horizontale sur $\underset{\sim}{F}$.

Considérant maintenant la section (à priori multiforme) :

$$ x = {}^te \cdot \varepsilon = \Sigma\, e_j \cdot \varepsilon_j $$

de $\underset{\sim}{F}$ sur $V - \Delta$ (on considère ici les e_j comme des fonctions holomorphes multiformes sur $V - \Delta$). Pour $\gamma \in \pi_1(V - \Delta)$ la monodromie de γ agit sur x pour donner :

$$ {}^t e \cdot {}^t T(\gamma) \cdot {}^t T(\gamma)^{-1} \cdot \varepsilon = {}^t e \cdot \varepsilon \ . $$

Donc la section x de $\underset{\sim}{F}$ sur $V - \Delta$ est uniforme. Elle a de plus des coordonnées à croissance modérée dans la base horizontale multiforme de $\underset{\sim}{F}$, puisque ces coordonnées sont les $e_1, \ldots, e_n$. Donc si $\check{\underset{\sim}{F}}$ est une extension cohérente de $\underset{\sim}{F}$ à V qui est méromorphiquement équivalente à l'extension de Deligne, et convenablement choisie, x sera une section holomorphe sur V de $\check{\underset{\sim}{F}}$. De plus la forme hermitienne horizontale $\mathcal{H}$ définie plus haut sur $\underset{\sim}{F}$ vérifie

$$ \mathcal{H}(x,x) = \Sigma\, h_{i,j} \cdot e_i \cdot \bar{e}_j = g \quad \text{sur } V - \Delta $$

ce qui achève la démonstration du théorème 1.

§ 2.

a) Soit $\pi : X \to S$ un morphisme propre et équidimensionnal entre variétés analytiques complexes lisses et connexes. Soit Δ le discriminant de π, c'est-à-dire l'ensemble des $s \in S$ tels que π ne soit pas lisse le long de $\pi^{-1}(s)$. Posons $n = \dim_{\mathbb{C}} X - \dim_{\mathbb{C}} S$.

Proposition 4 :

Supposons X munie d'une forme de Kähler w, et soit p un entier compris entre 0 et n. Considérons le faisceau $\underset{\sim}{E}_p = \mathbb{R}^p \pi_*(\Omega^{\bullet}_{X/S})$ où $\Omega^{\bullet}_{X/S}$ désigne le complexe de de Rham des formes S-relatives sur X ; c'est un faisceau cohérent sur S (le théorème de Grauert donnant la cohérence de $R^i \pi_*(\Omega^j_{X/S})$) qui coïncide avec le fibré vectoriel localement constant $R^p \pi_* \underset{\sim}{\mathbb{C}}_X \otimes \mathcal{O}_S$ sur $S - \Delta$. De plus la connexion de Gauss-Manin (déduite du sous-faisceau $R^p \pi_* \mathbb{C}_X$ sur $S - \Delta$) est à points singuliers réguliers le long de Δ relativement à l'extension cohérente $\underset{\sim}{E}_p$ du fibré vectoriel $R^p \pi_* \underset{\sim}{\mathbb{C}}_X \otimes \mathcal{O}_S$ (voir [D] au moins pour le cas algébrique projectif).

Alors on a sur $\underset{\sim}{E}_p / S - \Delta$ une forme hermitienne horizontale donnée par :

$$ H_p(\hat{a},\hat{b})(s) = i^p \int_{\pi^{-1}(s)} w^{n-p} \wedge a \wedge \bar{b} $$

où a et b sont des formes C^∞ sur X d''fermées, telles que d'a et d'b soient dans $C^\infty(\sum_{i+j=p} \Omega^i_X \wedge \pi^* \Omega^1_S \otimes \bar{\Omega}^j_X)$, et induisant $\hat{a}$ et $\hat{b}$ dans $\mathbb{R}^p \pi_*(\Omega^{\bullet}_{X/S})$ (on calcule l'hypercohomologie sur $S - \Delta$ en utilisant la résolution de Dolbeault de $\Omega^{\bullet}_{X/S}$ sur $X - \pi^{-1}(\Delta)$).

Démonstration :

Le point crucial, pour prouver l'horizontalité de H_p consiste à prouver la formule suivante : soit α une forme C^∞ de degré $2n$ sur $X - \pi^{-1}(\Delta)$. Soient

$s_1, \ldots, s_N$ des coordonnées locales sur $S' \subset S - \Delta$, et supposons que l'on ait $d\alpha = \Sigma\, \beta_i \wedge ds_i + \gamma_i \wedge d\bar{s}_i$ où les β_i, γ_i sont C^∞ sur $\pi^{-1}(S')$; alors on a

$$\frac{\partial}{\partial s_i}\left(\int_{\pi^{-1}(s)} \alpha\right)_{s=s_0} = \int_{\pi^{-1}(s_0)} \beta_i \quad \left(\text{resp. } \frac{\partial}{\partial \bar{s}_i}\left(\int_{\pi^{-1}(s)} \alpha\right)_{s=s_0} = \int_{\pi^{-1}(s_0)} \gamma_i\right) .$$

En effet, on a, au sens des courants, les égalités suivantes :

$$d \int_{\pi^{-1}(s)} \alpha = d\, \pi_* \alpha = \pi_*(d\alpha)$$

ce qui donne pour η C^∞ à support compact dans S' :

$$< \pi_*(d\alpha), \eta > = < d\alpha, \pi^*\eta > = \int_{\pi^{-1}(S')} d\alpha \wedge \pi^* \eta$$

et donc $< \pi_* d\alpha, \eta > = \Sigma < (\pi_* \beta_i) \cdot ds_i, \eta > + < (\pi_* \gamma_i) \cdot d\bar{s}_i, \eta >$ d'où notre assertion.

Pour $\alpha = a \wedge \bar{b} \wedge w^{n-p}$ on aura puisque $dw = 0$

$$\frac{\partial}{\partial s_i} (H(a,b))(s) = \int_{\pi^{-1}(s)} c_i \wedge \bar{b} \wedge w^{n-p}$$

si $\quad da = \Sigma\, c_i \wedge ds_i$, c'est-à-dire $\nabla_{\frac{\partial}{\partial s_i}} (a) = c_i$.

Ceci prouve l'horizontalité de H_p .

<u>Corollaire</u> :

Dans la situation ci-dessus, soient $\hat{a}$ et $\hat{b}$ des sections de $\mathbb{R}^p \pi_*(\Omega^{\bullet}_{X/S})$ et a et b des représentants de Dolbeault de $\hat{a}$ et $\hat{b}$ sur X (on utilise ici le fait que la résolution de Dolbeault permet de calculer la cohomologie d'un faisceau cohérent non nécessairement localement libre ; voir [M]) . Alors la fonction sur S définie par $s \to \int_{\pi^{-1}(s)} w^{n-p} \wedge a \wedge \bar{b}$ est de type trace.

<u>Preuve</u> :

Il suffit d'appliquer la proposition 1 du § 1 au faisceau cohérent $\mathbb{R}^p \pi_*(\Omega^{\bullet}_{X/S})$ dont la restriction à $S - \Delta$ est munie de la connexion méromorphe régulière de Gauss-Manin et de la forme hermitienne horizontale de la proposition 4 précédente, en remarquant que, grâce au théorème 1 de [4] , la fonction considérée est continue sur S . ∎

b) Commençons par rappeler le résultat de l'appendice de [1] .

Théorème 0 : (prop. 1 de l'appendice de [1]).

Soit V une variété analytique complexe, et soit $\mathcal{M}$ un faisceau de type trace vérifiant la condition iv) et dont les sections horizontales multiformes sont à croissance logarithmique vers l'hypersurface polaire. Alors le D_V-module engendré par $\mathcal{M}$ dans le faisceau des distributions sur V est sans O_V-torsion.

L'étude du § 1 va nous permettre de prouver le corollaire suivant de ce théorème :

Corollaire :

Si φ et φ sont des sections de faisceaux de type trace vérifiant la condition iv) (*), alors le D_V-module engendré par φ dans le faisceau des distributions sur V est sans O_V-torsion.

Ceci signifie que si l'opérateur différentiel holomorphe P annule φ en dehors de l'hypersurface polaire (i.e. où φ est C^∞) alors la distribution $P\varphi$ est nulle sur V .

Preuve du corollaire :

Si φ et $\bar{\varphi}$ sont des sections de $\mathcal{M}_1$ et $\mathcal{M}_2$ respectivement, avec $\mathcal{M}_1$ et $\mathcal{M}_2$ faisceaux de type trace vérifiant la condition iv), alors φ et $\bar{\varphi}$ sont sections de $\mathcal{M} = \mathcal{M}_1 + \mathcal{M}_2$ qui est de type trace et vérifie iv) d'après la proposition 6 de [1] . Alors d'après la proposition 3 du § 1 $\mathcal{M}_{\mathbb{R}}$ est de type trace et vérifie iv) et v). De plus $\frac{1}{2}(\varphi+\bar{\varphi})$ et $\frac{1}{2i}(\varphi-\bar{\varphi})$ sont sections de $\mathcal{M}$ et donc de $\mathcal{M}_{\mathbb{R}}$. Donc φ est section de $\mathcal{M}_{\mathbb{R}}$. Le théorème 0 appliqué à $\mathcal{M}_{\mathbb{R}}$ grâce à la proposition 2 du § 1 (pour savoir que les sections horizontales de $\mathcal{M}_{\mathbb{R}}$ sont à croissance logarithmique) donne le résultat. □

(*) c'est-à-dire que φ et $\bar{\varphi}$ sont de type trace au sens de [1] .

Références

[1] D. Barlet, Fonctions de type trace, Annales de l'Institut Fourier, vol. 33, n° 2 (1983).

[2] D. Barlet, Développements asymptotiques des fonctions obtenues par intégration dans les fibres, Inv. Math. 68 (1982).

[3] D. Barlet, Contributions effective de la monodromie aux développements asymptotiques, à paraître aux Annales Ec. Norm. Sup.

[4] D. Barlet, Convexité de l'espace des cycles, Bull. Soc. Math. France 106 (1978).

[B] J.E. Björk, Rings of differential operators, North Holland (1979).

[D] P. Deligne, Equations différentielles à points singuliers réguliers, Lecture Notes n° 163, Springer-Verlag.

[M] B. Malgrange, Séminaire Bourbaki (1962) exposé n° 246 : Systèmes différentiels à coefficients constants.

SUR L'IMAGE D'UNE VARIÉTÉ KÄHLÉRIENNE COMPACTE

par

J. VAROUCHAS

- Tous les espaces analytiques considérés seront réduits et dénombrables à l'infini.
- Morphisme signifiera application holomorphe.
- p.s.h. signifiera plurisousharmonique ; SP^k strictement p.s.h. de classe C^k.
- Δ sera le disque unité de $\mathbb{C}$.

INTRODUCTION

Considérons les deux théorèmes suivants bien connus :

(A) Si $f : X \to Y$ est un morphisme surjectif et X est de Moišezon, alors Y l'est aussi.

(B) Si X est un espace de Moišezon, alors il existe une variété projective lisse $\widetilde{X}$ et une modification

$$\pi : \widetilde{X} \to X$$

Ces deux assertions ont pour conséquence

(C) Si X est image d'une variété projective (éventuellement singulière) par un morphisme alors X admet une modification projective lisse.

Par ailleurs une variété compacte est projective si et seulement si elle est de Moišezon et kählérienne. On peut ainsi se demander si l'assertion (C) reste vraie quand "projective" est remplacé par "kählérienne". La réponse -affirmative - est donnée par le Théorème 3 ci-dessous.

Notre méthode consiste à donner une caractérisation nouvelle des variétés kählériennes qui s'étend aux espaces analytiques. Si (X,ω) est une variété kählérienne avec $X = \bigcup U_j$ où les U_j sont des ouverts isomorphes à Δ^n, alors il existe sur U_j une fonction C^∞ φ_j avec $\omega|_{U_j} = i\partial\bar{\partial}\varphi_j$, donc φ_j est strictement p.s.h. et $\varphi_j - \varphi_k$ pluriharmonique.

Réciproquement une telle donnée définit une forme de Kähler sur X. Mais on peut démontrer le résultat suivant, qui s'étend au cas singulier :

Théorème 1 : Si un espace analytique X admet un recouvrement ouvert (U_j) et une famille de fonctions continues strictement p.s.h. $\varphi_j : U_j \to \mathbb{R}$ avec $\varphi_j - \varphi_k$ pluriharmonique sur $U_j - U_k$, alors X est kählérien.

Ensuite on constate que si $\mathcal{C}_m(X)$ désigne l'espace (défini par D. Barlet dans [1]) des m-cycles analytiques (compacts) d'une variété kählérienne (X,ω), alors on peut réaliser les hypothèses du Théorème 1 en écrivant au voisinage de chaque m-cycle

$$\omega^{m+1}|_{U_j} = i\partial\bar{\partial}\varphi_j \quad (\varphi_j \text{ forme } C^\infty \text{ de type } (m,m))$$

et en posant $\Phi_j(c) = \int_c \varphi_j$. On vérifie que les Φ_j sont continues strictement p.s.h. et que les $\Phi_j - \Phi_k$ sont pluriharmoniques, donc on obtient le

Théorème 2 : Si X est une variété kählérienne, alors l'espace $\mathcal{C}_m(X)$ des m-cycles analytiques de X est un espace kählérien.

Corollaire : Soit M une variété kählérienne, X un espace analytique et $\pi : M \to X$ un morphisme propre et surjectif dont chaque fibre soit de dimension $m = \dim M - \dim X$ et tel que l'application $x \to \pi^{-1}(x)$ soit un plongement de X dans $\mathcal{C}_m(M)$. Alors X est kählérien.

(L'hypothèse est toujours vérifiée si

- X est normal ou
- π est plat. Le cas du morphisme plat était un problème posé par Hironaka dans [14]).

Finalement nous pouvons formuler le

Théorème 3 : Si M est une variété kählérienne compacte, X un espace analytique et $f : M \to X$ un morphisme surjectif, alors il existe une autre variété kählérienne compacte X et une modification $\pi : \tilde{X} \to X$.

Les espaces vérifiant les hypothèses du Théorème 3 forment la classe $\mathcal{C}$ étudiée par A. Fujiki dans [8] et [9]. Le Théorème 3 résout aussi un problème posé dans [11].

Corollaire : Si une variété compacte X vérifie $X \in \mathcal{C}$ et $h^{0,2}(X) = 0$ alors X est de Moišezon.

(Dans [11] il est indiqué comment le corollaire découlerait du Théorème 3).

On peut remarquer que la classe $\mathcal{C}$ contient les espaces kählériens et les espaces de Moišezon, qu'elle est stable par passage aux sous-espaces, que si $f : X \to Y$ est surjectif et $X \in \mathcal{C}$ on a aussi $Y \in \mathcal{C}$, et que si f est une modification $Y \in \mathcal{C}$ entraîne $X \in \mathcal{C}$. Par ailleurs, les espaces lisses $X \in \mathcal{C}$ vérifient (voir [9] ou [19])

$$H^m(X,\mathbb{C}) \simeq \bigoplus_{p+q=m} H^q(X,\Omega^p) \qquad H^q(X,\Omega^p) \simeq \overline{H^p(X,\Omega^q)}.$$

Pour démontrer le Théorème 3 on utilise le Théorème d'aplatissement géométrique de D. Barlet pour établir une équivalence biméromorphe entre X et un sous-espace X' de $\mathcal{C}_m(M)$ ($m = \dim M - \dim X$). Ensuite on désingularise X' et on utilise le fait que toute modification est dominée par une suite d'éclatements, ces derniers ayant la propriété de conserver la classe des espaces kählériens compacts.

1.- FONCTIONS PLURISOUSHARMONIQUES - ESPACES KÄHLERIENS

Si X est un espace analytique, φ une fonction quelconque sur X et (U_j) un recouvrement ouvert de X tel qu'il existe des plongements $\sigma_j : U_j \to \Omega_j$ (Ω_j ouvert de $\mathbb{C}^{N_j}$), on dira que φ est <u>localement induite par les fonctions</u> $\tilde{\varphi}_j$ ssi pour tout j, $\tilde{\varphi}_j$ est une fonction sur Ω_j telle que $\varphi|_{U_j} = \tilde{\varphi}_j \circ \sigma_j$.

Ainsi on peut définir les notions suivantes :

- φ sera dite p.s.h. ssi elle est localement induite par des fonctions p.s.h.
- φ sera dite strictement p.s.h. ssi elle est localement induite par des fonctions strictement p.s.h.
- φ sera dite SP^∞ ssi elle est localement induite par des fonctions C^∞ strictement p.s.h. (c'est-à-dire ayant une forme de Lévi définie positive).

En 1968, R. Richberg a établi les résultats suivants [17] :

<u>1.1.</u>- Une fonction continue sur X est p.s.h. ssi elle est localement induite par des fonctions à la fois continues et p.s.h.

<u>1.2.</u>- Une fonction continue sur X est strictement p.s.h. ssi elle est localement induite par des fonctions continues strictement p.s.h. (On désignera par $SP^0(X)$ l'ensemble de ces fonctions).

1.3.- Si Y est un sous-ensemble analytique fermé de X et $\varphi \in SP^0(Y)$ (resp. $SP^\infty(Y)$) alors il existe un voisinage U de Y dans X et $\tilde{\varphi} \in SP^0(U)$ (resp. $SP^\infty(U)$) avec $\tilde{\varphi}|_Y = \varphi$.

(1.3. est traditionnellement cité comme Théorème de Richberg).

Il sera commode d'utiliser la définition suivante :

Définition : Si U et V sont deux ouverts d'un espace analytique X, on notera $\mathcal{E}(U,V)$ l'ensemble des $\varphi \in SP^0(U)$ vérifiant $\varphi|_{U\cap V} \in SP^\infty(U \cap V)$.

1.4.- Si $U \subset\subset V \subset\subset X$, A est un ouvert de X et $\varphi \in \mathcal{E}(X,A)$ alors il existe $\psi \in \mathcal{E}(X,A\cup U)$ avec $(\varphi-\psi)|_{X\setminus V} = 0$.

(Richberg démontre ce lemme en conservant la différentiabilité au voisinage de $\bar{A}$. Une légère modification de l'argument faite dans [20] permet d'obtenir 1.4.).

En 1976, Y.T. Siu a démontré en utilisant 1.3. :

1.5.- Tout sous-espace de Stein admet un voisinage de Stein. [18]

Finalement en 1980, J.E. Fornaess et R. Narasimhan ont démontré, en utilisant 1.5. et 1.3. :

1.6.- Si $\varphi : X \to [-\infty,\infty[$ est semi-continue supérieurement, $\not\equiv -\infty$ sur toute composante irréductible de X et si pour toute application holomorphe $h : \Delta \to X$, la composée $\varphi\circ h$ est sous-harmonique (ou $\equiv -\infty$) sur Δ alors φ est p.s.h. sur X.

Nous utiliserons le cas particulier où $\varphi : X \to \mathbb{R}$ est continue.

Nous pouvons maintenant établir le :

1.7.- Lemme de régularisation

Si (W_α) est un recouvrement ouvert d'un espace analytique X et $\varphi_\alpha \in SP^0(W_\alpha)$ avec $\varphi_\alpha-\varphi_\beta$ pluriharmonique sur $W_\alpha \cap W_\beta$, alors il existe $\psi_\alpha \in SP^\infty(W_\alpha)$ avec $\varphi_\alpha-\varphi_\beta = \psi_\alpha-\psi_\beta$ sur $W_\alpha \cap W_\beta$ pour tout α,β.

Démonstration : Nous construirons une fonction continue $\xi : X \to \mathbb{R}$ telle que si $\psi_\alpha = \varphi_\alpha+\xi|_{W_\alpha}$, ψ_α sera dans $SP^\infty(W_\alpha)$. Pour cela choisissons deux recouvrements localement finis de X par des ouverts U_j et V_j $(j \in \mathbb{N})$ tels que pour tout j, $U_j \subset\subset V_j \subset\subset W_{\alpha_j}$ pour un α_j.

Posons $A_0 = \emptyset$ $A_j = U_1\cup\ldots\cup U_j$.

On montrera par récurrence sur j qu'il existe des fonctions continues $\rho_j : X \to \mathbb{R}$ nulles en-dehors de V_j telles que, si $\xi_j = \rho_1+\ldots+\rho_j$ et

$$\varphi_\alpha^j = \varphi_\alpha + \xi_j|_{W_\alpha}$$

on ait $\qquad \varphi_\alpha^j \in \mathcal{E}(W_\alpha, A_j)$.

On pose $\rho_0 = 0$ et on suppose que $\rho_1,\ldots,\rho_{j-1}$ sont construites. On applique 1.4. aux ouverts

$$U_j \subset\subset V_j \subset\subset W_{\alpha_j} \qquad A = A_{j-1} \cap W_{\alpha_j}$$

et à la fonction $\varphi = \varphi_{\alpha_j}^{j-1} = \varphi_{\alpha_j} + (\rho_1 + \ldots + \rho_{j-1})|_{W_{\alpha_j}}$.

On obtient une fonction $\psi = \varphi + \rho_j|_{W_{\alpha_j}}$ où $\rho_j : X \to \mathbb{R}$ est continue, nulle en-dehors de V et $\psi \in \mathcal{E}(W_{\alpha_j}, U_j \cup A_{j-1}) = \mathcal{E}(W_{\alpha_j}, A_j)$. Si l'on définit $\varphi_\alpha^j = \varphi_\alpha^{j-1} + \rho_j|_{W_\alpha}$ pour tout α, ψ n'est autre que $\varphi_{\alpha_j}^j$.

Vérifions que $\varphi_\alpha^j \in \mathcal{E}(W_\alpha, A_j)$ pour tout α.

$$W_\alpha = (W_\alpha \cap W_{\alpha_j}) \cup (W_\alpha \setminus \bar{V}_j) = W'_\alpha \cup W''_\alpha.$$

Sur $W'_\alpha = W_\alpha \cap W_{\alpha_j}$, $\varphi_\alpha^j = (\varphi_\alpha^j - \varphi_{\alpha_j}^j) + \varphi_{\alpha_j}^j = (\varphi_\alpha - \varphi_{\alpha_j}) + \psi$ (car $\varphi_\alpha^j - \varphi_\beta^j$ ne dépend pas de j) et cette dernière fonction est dans $\mathcal{E}(W'_\alpha, A_j)$ puisque le terme $\varphi_\alpha - \varphi_{\alpha_j}$ est pluriharmonique. Sur $W''_\alpha = W_\alpha \setminus \bar{V}_j$, φ_α^j coïncide avec φ_α^{j-1} donc $\varphi_\alpha^j|_{W''_\alpha} \in \mathcal{E}(W''_\alpha, A_{j-1}) = \mathcal{E}(W''_\alpha, A_j)$ (puisque $W''_\alpha \cap A_j = W''_\alpha \cap A_{j-1}$). Ainsi $\varphi_\alpha^j \in \mathcal{E}(W_\alpha, A_j)$ ce qui prouve que les ρ_j sont bien définies pour tout $j \in \mathbb{N}$.

Pour α fixé, la suite $(\varphi_\alpha^j)_{j\geq 1}$ est localement stationnaire, donc sa limite $\psi_\alpha = \varphi_\alpha + \sum_{j\geq 1} \rho_j$ est dans $\mathcal{E}(W_\alpha, \bigcup A_j) = \mathcal{E}(W_\alpha, X) = SP^\infty(W_\alpha)$ et vérifie les propriétés requises.

<u>Définition</u> : Un espace analytique sera dit <u>kählérien</u> s'il admet un recouvrement ouvert (U_j) et un système de fonctions $\varphi_j \in SP^\infty(U_j)$ avec $\varphi_j - \varphi_k$ pluriharmonique sur $U_j \cap U_k$.

(Cette définition a l'avantage de ne pas faire intervenir des formes différentielles sur un espace singulier). De 1.7. on déduit le :

<u>Théorème 1</u> : Un espace analytique est kählérien s'il possède un recouvrement

ouvert (U_j) et un système de fonctions $\varphi_j \in SP^0(U_j)$ telles que $\varphi_j - \varphi_k$ soit pluriharmonique sur $U_j \cap U_k$.

1.8.- Corollaire : Si X est une variété kählérienne, X' est lisse, $\pi : X \to X'$ est un morphisme propre fini et surjectif, alors X' est kählérienne.

Démonstration : Pour tout $x' \in X'$, la fibre $\pi^{-1}(x')$ est un ensemble fini qui a donc un voisinage V isomorphe à une réunion finie disjointe de boules de $\mathbb{C}^n$. Si ω est une forme de Kähler sur X, $\omega|_V = i\partial\bar{\partial}\varphi$ pour une fonction $\varphi \in SP^\infty(V)$. On peut aussi trouver un voisinage U' de x' dans X' tel que $U = \pi^{-1}(U') \subset V$. Finalement, X' admet un recouvrement (U_j') par des ouverts tels que si $U_j = \pi^{-1}(U_j')$, il existe $\varphi_j \in SP^\infty(U_j)$ vérifiant $i\partial\bar{\partial}\varphi_j = \omega|_{U_j}$. Si $\psi_j = \pi_* \varphi_j = \text{trace}(\varphi_j)$ alors les ψ_j sont dans $SP^0(U_j')$, $\psi_j - \psi_k$ est pluriharmonique et on conclut en appliquant le Théorème 1.

1.9.- Soit L un fibré en droites ayant des fonctions de transition $f_{\alpha\beta} \in \mathcal{O}^*(U_\alpha \cap U_\beta)$. S'il existe $h_\alpha : U_\alpha \to \mathbb{R}_+^*$ continue avec $h_\alpha = |f_{\alpha\beta}|^2 h_\beta$ et $\log(h_\alpha)$ strictement p.s.h. sur U_α, alors L est un fibré positif.

2.- ESPACE DES CYCLES D'UNE VARIETE KÄHLERIENNE

Si X est un espace analytique, on note $\mathcal{C}_m(X)$ l'ensemble des sommes finies $c = \Sigma n_i X_i$ où $n_i \in \mathbb{N}$ et X_i est un sous-ensemble analytique irréductible compact de dimension m de X. La structure d'espace analytique de $\mathcal{C}_m(X)$ a été définie par D. Barlet dans [1].

Si X est lisse et φ une forme différentielle de type (m,m) sur X, on pose

$$F_\varphi(c) = \int_c \varphi = \Sigma n_i \int_{X_i} \varphi$$

La fonction F_φ a les propriétés suivantes :

2.1.- F_φ est continue sur $\mathcal{C}_m(X)$.

2.2.- Si $i\partial\bar{\partial}\varphi \geq 0$ au sens de Lelong, alors F_φ est p.s.h. sur $\mathcal{C}_m(X)$. (D. Barlet montre dans [3] que pour toute application holomorphe $\gamma : \Delta \to \mathcal{C}_m(X)$, où Δ est le disque-unité, la composée $F_\varphi \circ \gamma$ est sous-harmonique. On applique 1.6. pour conclure).

Le théorème 3 de [3] prouve

2.3.- Si $i\partial\bar\partial\varphi >> 0$ au sens de Lelong, alors F_φ est strictement p.s.h.

2.4.- Si $\bar\partial\varphi = 0$, alors F_φ est holomorphe [2].

2.5.- Si $\partial\bar\partial\varphi = 0$, alors F_φ est pluriharmonique.

Démonstration : Supposons qu'au voisinage de chaque m-cycle c, on puisse écrire $\varphi = \varphi_1+\bar\varphi_2$ avec $\bar\partial\varphi_1 = \bar\partial\varphi_2 = 0$. Alors $F_\varphi = F_{\varphi_1}+\overline{F}_{\varphi_2}$ sera pluriharmonique.

Reste à montrer qu'on peut obtenir cette écriture.

Pour cela on utilisera

2.6.- Soit Y un sous-ensemble analytique compact de dimension m de X. Alors Y a un système fondamental de voisinages V ayant son type d'homotopie, en particulier tels que $H^q(V,\mathbb{C}) = 0$ pour $q > 2m$.

Démonstration : Il existe une triangulation (topologique) de X dans laquelle Y est un sous-complexe cellulaire fini. En tant que tel, il a un système de voisinages se rétractant continûment sur Y.

2.7.- Avec les hypothèses de 2.6., Y a un système fondamental de voisinages U tels que $H^r(U,\mathcal{F}) = 0$ pour tout $r > m$ et tout faisceau cohérent $\mathcal{F}$.

Démonstration : C'est le théorème des voisinages m-complets de Barlet démontré dans [4].

2.8.- Avec les mêmes hypothèses, supposons en plus X lisse. Soient α et φ deux formes différentielles telles que

(i) α est de type $(m+1,m+1)$ et $d\alpha = 0$.

(ii) φ est de type (m,m) et $\partial\bar\partial\varphi = 0$.

Alors Y a un voisinage U tel que, sur U

(i) $\alpha|_U = i\partial\bar\partial\beta$ pour une forme β de type (m,m) sur U.

(ii) $\varphi|_U = \varphi_1+\varphi_2$ avec $\bar\partial\varphi_1 = \partial\varphi_2 = 0$.

Démonstration : Ceci découle élémentairement de 2.6. et 2.7.

Soit V un voisinage de Y tel que $H^q(V,\mathbb{C}) = 0$ pour $q = 2m+1$ et $2m+2$. Alors α et $\bar\partial\varphi$ admettent des primitives pour d dans V

$$\alpha = d\eta \qquad \bar\partial\varphi = d\psi.$$

Soit U un voisinage m-complet de Y dans V.

En prenant les restrictions à U (qu'on désignera encore par α,η,φ,ψ) on peut décomposer η et ψ en composantes bihomogènes.

(i) $\eta = \sum_{k+\ell=2m+1} \eta^{k,\ell}$ $\quad \alpha = d\eta = \bar\partial\eta^{0,2m+1} + (\partial\eta^{0,2m+1}+\bar\partial\eta^{1,2m}) + \ldots + \partial\eta^{2m+1,0}$

On a $\quad \bar\partial\eta^{0,2m+1} \Rightarrow \eta^{0,2m+1} = \bar\partial\zeta^{0,2m}$ car $H^{2m+1}(U,\mathcal{O}) = 0.$

$$\bar\partial(\eta^{1,2m}-\partial\zeta^{0,2m}) = 0 \Rightarrow \eta^{1,2m} = \partial\zeta^{0,2m} + \bar\partial\zeta^{0,2m-1}$$

et, en itérant m fois,

$$\eta^{m,m+1} = \partial\zeta^{m-1,m+1} + \bar\partial\zeta^{m,m}$$

De même, par annulation de la ∂-cohomologie, il existe des formes $\theta^{k,\ell}$ avec

$$\eta^{2m+1,0} = \partial\theta^{2m,0},\ldots,\eta^{m+1,m} = \partial\theta^{m,m} + \bar\partial\theta^{m+1,m-1}$$

Mais $\quad \alpha = \partial\eta^{m,m+1} + \bar\partial\eta^{m+1,m} = \partial\bar\partial(\zeta^{m,m}-\theta^{m,m}).$

(ii) De façon similaire on trouve des formes $\xi^{k,\ell}$ avec

$$\psi^{0,2m} = \bar\partial\xi^{0,2m-1},\ldots,\psi^{m-1,m+1} = \partial\xi^{m-2,m+1} + \bar\partial\xi^{m-1,m}$$

$$\psi^{m+1,m-1} = \partial\xi^{m,m-1} + \bar\partial\xi^{m+1,m-2} \quad \text{donc}$$

$$\bar\partial\varphi = \bar\partial\psi^{m,m} + \partial\psi^{m-1,m+1} = \bar\partial\psi^{m,m} + \bar\partial\partial\xi^{m-1,m}$$

et $\quad \varphi = \varphi_1+\varphi_2$ où $\varphi_1 = \varphi-\psi^{m,m} + \partial\xi^{m-1,m} + \bar\partial\xi^{m,m-1}$
$\varphi_2 = \psi^{m,m} + \partial\xi^{m-1,m} - \bar\partial\xi^{m,m-1}.$

Comme $\bar\partial\varphi_1 = \partial\varphi_2 = 0$, ceci démontre 2.8. et donc 2.5.

Nous obtenons donc le

<u>Théorème 2</u> : Si X est une variété kählérienne, alors $\mathcal{C}_m(X)$ est un espace kählérien.

<u>Démonstration</u> : Soit ω une forme de Kähler sur X et $c \in \mathcal{C}_m(X)$, Posons $Y = |c|$ le support de c.

Alors Y a un voisinage U tel que $\omega^{m+1}|_U = i\partial\bar{\partial}\varphi$, φ étant une forme C^∞ de type (m,m) sur U. Soit $\mathcal{U}$ un voisinage de c dans $\mathcal{C}_m(X)$ tel que tout élément de $\mathcal{U}$ ait son support contenu dans U. La fonction $\Phi = F_\varphi$ est définie continue et strictement p.s.h. sur $\mathcal{U}$ d'après 2.3. On obtient ainsi un recouvrement ouvert $(\mathcal{U}_j)$ de $\mathcal{C}_m(X)$ et des fonctions $\Phi_j = F_{\varphi_j} \in SP^0(\mathcal{U}_j)$ telles que $\Phi_j - \Phi_k = F_{\varphi_j - \varphi_k}$ soit pluriharmonique sur $\mathcal{U}_j \cap \mathcal{U}_k$ d'après 2.5. Donc X est un espace kählérien d'après le Théorème 1.

Définition : Si $\pi : \tilde{X} \to X$ est un morphisme propre surjectif à fibres équidimensionnelles (de dimension m) on dira que π est <u>géométriquement plat</u> ssi l'application $x \mapsto \pi^{-1}(x)$ est un plongement de X dans $\mathcal{C}_m(\tilde{X})$. C'est le cas si

(i) X est normal ou

(ii) π est plat.

(voir appendice)

2.9.- Corollaire : Si $\pi : \tilde{X} \to X$ est géométriquement plat et $\tilde{X}$ est une variété kählérienne, alors X est un espace kählérien.

On peut aussi démontrer

2.10.- Si $\tilde{X}$ est une variété kählérienne et X une variété analytique complexe n'ayant pas de sous-ensembles analytiques non triviaux autres que des diviseurs, alors si $\pi : \tilde{X} \to X$ est un morphisme propre et surjectif, X est kählérienne (Par exemple : Si X est une surface).

Démonstration : X a un sous-ensemble analytique Y de codimension ≥ 2 en dehors duquel π est à fibres équidimensionnelles. Par hypothèse, Y est discret. Mais il est connu que si le complémentaire d'une partie discrète d'une variété X est kählérien, alors X est kählérienne [16].

(La question dans le cas des surfaces compactes lisses est traitée dans [10] par A. Fujiki en utilisant la classification des surfaces complexes compactes).

3.- LES ESPACES DE LA CLASSE $\mathcal{C}$

Définition : Un espace analytique X appartient à la classe $\mathcal{C}$ ssi X est image d'une variété kählérienne compacte par un morphisme.

On utilisera les résultats suivants.

3.1.- Si X est un espace kählérien compact et $\mathcal{F}$ un faisceau cohérent sur X, alors le projectifié $\mathbb{P}(\mathcal{F})$ est un espace kählérien. En particulier, l'éclaté de X le long d'un idéal de $\mathcal{O}_X$ est kählérien.

Démonstration : Voir [6] ou [8]. C'est un résultat qui revient à dire que tout morphisme projectif est kählérien.

3.2.- Si $\rho : X \to Y$ est une modification, alors il existe une modification $\sigma : Z \to X$ telle que

$$\begin{array}{ccc} Z & \xrightarrow{\sigma} & X \\ {\scriptstyle\pi}\downarrow & \swarrow{\scriptstyle\rho} & \\ Y & & \end{array}$$

$\pi = \rho\circ\sigma : Z \to Y$ est obtenue par une suite localement finie d'éclatements [13].

3.3.- Tout espace complexe admet une désingularisation obtenue par une suite localement finie d'éclatements (C'est la Résolution des Singularités de Hironaka, [12]).

3.4.- Soit $\pi : X \to Y$ un morphisme surjectif entre deux espaces analytiques compacts

(i) Si $X \in \mathcal{C}$ alors $Y \in \mathcal{C}$.

(ii) Si π est une modification et $Y \in \mathcal{C}$, alors $X \in \mathcal{C}$.

Démonstration : Résulte de 3.1. et 3.2.

Le résultat suivant est établi par Barlet dans [5].

3.5.- Si $\pi : M \to X$ est propre et surjectif, $m = \dim M - \dim X$ on pose $U = \{x \in X \mid X \text{ normal en } x \text{ et } \dim \pi^{-1}(x) = m\}$ de sorte que U est un ouvert dense de Zariski dans X et $x \to \pi^{-1}(x)$ est holomorphe sur U. Soit $\xi : U \to X\times\mathcal{C}_m(M)$ définie par $\xi(x) = (x,\pi^{-1}(x))$ et soit $X' = \xi(U)$. Si $p_1 : X' \to X$ et $p_2 : X' \to \mathcal{C}_m(M)$ sont les morphismes naturels (induits par les projections) et si $X'' = p_2(X')$ alors X' est analytique fermé dans $X\times\mathcal{C}_m(M)$ et p_1,p_2 sont des modifications.

$$\begin{array}{ccc} & X' & \\ {\scriptstyle p_2}\swarrow & & \searrow{\scriptstyle p_1} \\ X'' & & X \end{array}$$

On peut alors démontrer le

Théorème 3 : Si $X \in \mathcal{C}$, alors il existe une variété kählérienne X et une modification $\rho : \widetilde{X} \to X$.

Démonstration : Soit $\pi : M \to X$ un morphisme surjectif avec M variété kählérienne compacte et $m = \dim M - \dim X$. On applique 3.5. pour obtenir une paire de

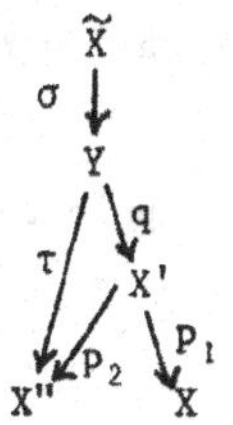

modifications $p_1 : X' \to X$ et $p_2 : X' \to X''$ où $X'' \subset \mathcal{C}_m(M)$ donc (Théorème 2) X" est un espace kählérien.
D'après 3.2., il existe une modification projective (suite finie d'éclatements) $\tau : Y \to X''$ qui domine p_2, donc tel que $\tau = p_2 \circ q$. Y est un espace kählérien par 3.1., donc si l'on prend une désingularisation $\sigma : \widetilde{X} \to Y$ qui soit en plus une modification projective, $\widetilde{X}$ sera une variété kählérienne compacte et $\rho = p_1 \circ q \circ \sigma : \widetilde{X} \to X$ une modification, c.q.f.d.

REFERENCES

[1] BARLET D. : Espace analytique réduit des cycles analytiques complexes de dimension finie. Séminaire F. Norguet, Lecture Notes 482, Springer (1975) p. 1-158.

[2] BARLET D. : Familles analytiques de cycles et classes fondamentales relatives. Séminaire F. Norguet, Lecture Notes 807, Springer (1977-79) p. 1-24.

[3] BARLET D. : Convexité de l'espace des cycles. Bull. Soc. Math. de France 106 (1978) p. 373-397.

[4] BARLET D. : Convexité au voisinage d'un cycle. Séminaire F. Norguet, Lecture Notes 807, Springer, p. 102-121.

[5] BARLET D. : Majoration du volume des fibres génériques et forme géométrique du Théorème d'aplatissement. Séminaire P. Lelong - H. Skoda, 1978-79 Lecture Notes Springer 822, p. 1-17.

[6] CAMPANA F. : Application de l'espace des cycles à la classification biméromorphe des espaces kählériens compacts. Institut Elie Cartan (Nancy 1980).

[7] FORNAESS J.E. - NARASIMHAN R. : The Levi Problem on Complex Spaces with Singularities. Math. Annalen 248 (1980) p. 47-72.

[8] FUJIKI A. : Closedness of the Douady Space of compact Kähler spaces. Publ. RIMS, Kyoto 14 (1978) p. 1-52.

[9] FUJIKI A. : On automorphism groups of compact Kähler manifolds. Inventiones Math. 44 (1978) p. 225-258.

[10] FUJIKI A. : Kählerian normal complex surfaces. Tohôku Math. Journal 35 (1983) p. 101-117.

[11] FUJIKI A. : On a complex manifold in $\mathcal{C}$ without holomorphic 2-forms Publ. RIMS Kyoto 19 (1983) p. 193-202.

[12] HIRONAKA H. : Resolution of Singularities. Annals of Math. 13 (1964).

[13] HIRONAKA H. : Flattening Theorem in Complex-Analytic geometry. American Journal of Mathematics 97 (1975) p. 503-547.

[14] HIRONAKA H. : Fundamental problems on Douady Spaces. Report at the symposium at Kinosaki, 1977 p. 253-261.

[15] LIEBERMAN D. : Compactness of the Chow scheme. Séminaire F. Norguet, Lecture Notes 670, Springer (1976) p. 140-185.

[16] MIYAOKA Y. : Extension theorems of Kähler metrics. Proc. Japan Academy 50 (1974) p. 407-410.

[17] RICHBERG R. : Stetige Streng Pseudokonvexe Funktionen. Math. Annalen 175 (1968) p. 257-286.

[18] SIU Y.T. : Every Stein subvariety has a Stein neighborhood. Inventiones Math. 38 (1976) p. 89-100.

[19] UENO K. : Classification theory of algebraic varieties and compact complex spaces. Lecture Notes 439, Springer (1975).

[20] VAROUCHAS J. : Stabilité de la classe des variétés kählériennes par certains morphismes propres (à paraître).

APPENDICE

MORPHISMES GEOMETRIQUEMENT PLATS.

La définition de la notion de morphisme géométriquement plat donnée dans [5] est la suivante :

D1.- Si $\pi : X \longrightarrow S$ est un morphisme propre surjectif dont chaque fibre est de dimension pure m , π est dit géométriquement plat si l'application $s \longmapsto \pi^{-1}(s)$ (munie de multiplicités convenables) est un morphisme (donc holomorphe) de S dans $\mathcal{C}_m(X)$.

Il s'agit de montrer que le mot "morphisme" peut être remplacé par "plongement".

Pour cela, on utilisera le

Lemme :

Soient Y et Z deux espaces analytiques avec Z réduit et $(X_\alpha)_{\alpha \in A}$ une famille analytique de m-cycles de Z . Soit $f : Z \to Y$ un morphisme tel que $f(X_\alpha) = \{y_\alpha\}$ pour tout $\alpha \in A$. Alors l'application $\psi : \alpha \longmapsto y_\alpha$ est holomorphe de A dans Y .

Démonstration :

Pour tout espace X , désignons par $[x_1, \ldots, x_k]$ l'élément de $\mathrm{Sym}^k(X)$ correspondant au k-uplet $(x_1, \ldots, x_k) \in X^k$.

Il est clair qu'il suffit de montrer le lemme pour $Y = \mathbb{C}$, ce qu'on suppose désormais. Fixons alors $\alpha_0 \in A$, $p \in X_{\alpha_0}$. On montrera que ψ est holomorphe au voisinage de α_0 . Or, le point p a un voisinage W dans Z isomorphe à un sous-ensemble analytique d'un ouvert Ω de $\mathbb{C}^N$, tel que (si l'on identifie W à son image dans Ω) $f|_W$ se prolonge holomorphiquement à Ω tout entier. On note $\tilde{f}$ le prolongement de f . Choisissons alors une écaille adaptée à X_{α_0} (au sens de [1]) au voisinage du point p .

C'est par définition un ouvert

$$E \simeq U \times V \subset\subset \Omega$$

où $(\bar{U} \times \partial V) \cap X_{\alpha_o} = \emptyset$ et $\dim U = m$. Si l'on pose

$$\pi_\alpha = pr_1|_{E \cap X_\alpha} : E \cap X_\alpha \longrightarrow U$$

alors π_α est un revêtement ramifié de degré $k > o$ pour $\alpha \in A'$ (A' étant un voisinage de α_o dans A).

Pour $u \in U$, $\pi_\alpha^{-1}(u)$ peut être identifié à un élément $\xi_\alpha(u)$ de $\mathrm{Sym}^k(\{u\} \times V) \simeq \mathrm{Sym}^k(V)$.

Désignons par

$$\Phi : A' \times U \longrightarrow \mathrm{Sym}^k(V)$$

l'application ainsi obtenue. Le fait que (X_α) est une famille analytique signifie que Φ est holomorphe.

Soit par ailleurs

$F : \mathrm{Sym}^k(V) \to \mathbb{C}$ définie par

$$F([v_1, \ldots, v_k]) = \frac{1}{k} \sum_{j=1}^{k} \tilde{f}(u_o, v_j)$$

où u_o est la projection de p sur U.

F est holomorphe, donc

$$F(\Phi(\alpha, u_o)) = y_\alpha$$

dépend holomorphiquement de $\alpha \in A'$.

Corollaire :

Si un morphisme $\pi : X \longrightarrow S$ est géométriquement plat au sens de la définition D.1. ci-dessus, alors $s \longmapsto \pi^{-1}(s)$ est un plongement de S dans $\mathscr{C}_m(X)$.

Démonstration :

Soit $\rho : S \to \mathscr{C}_m(X)$ le morphisme $s \longmapsto \pi^{-1}(s)$ (avec sa multiplicité) $A = \rho(S)$ et $X_\alpha = \alpha$ la famille tautologique de cycles paramétrée par A . On applique le lemme pour $f = \pi$; $\pi(X_\alpha) = \{s\}$ avec $\rho(s) = \alpha$. Donc s dépend holomorphiquement de α , ce qui prouve que ρ est un plongement.

On peut maintenant donner un énoncé plus précis du théorème d'aplatissement géométrique.

Proposition :

Si $\pi : M \to X$ est propre et surjectif avec M irréductible, $m = \dim M - \dim X$, alors X admet une modification $p : X' \to X$ telle que X' soit isomorphe à un sous-espace analytique de $\mathscr{C}_m(M)$.

Démonstration :

On reprend les notations de 3.5, où X' est un sous-espace de $X \times \mathscr{C}_m(M)$ et X'' de $\mathscr{C}_m(M)$. Il s'agit de montrer que p_2 est un isomorphisme. Mais ceci découle du lemme ci-dessus, car

$$\begin{array}{ccc} & X' & \\ {}^{p_2}\swarrow & & \searrow{}^{p_1} \\ X'' & & X \end{array}$$

si $c \in X''$, alors $\pi(c) = \{x_c\}$ est un point de X tel que $\pi^{-1}(x_c) \subset |c|$, et $c \longmapsto x_c$ est holomorphe ; donc $c \longmapsto (x_c, c)$ est l'inverse de p_2 qui est donc un isomorphisme.

Ce raisonnement permet de simplifier la démonstration du théorème 3 (en prenant $Y = X'$) ; il est dû à une remarque de O. Gabber que je tiens à remercier.

SINGULARITÉS POLAIRES ET POINTS DE WEIERSTRASS

EN CODIMENSION PLUS GRANDE QUE UN.

par

Jon MAGNUSSON (o)

Soit X une variété analytique complexe (lisse) de dimension complexe n et soit Z une sous-variété analytique complexe connexe lisse et fermée de codimension complexe d.

Dans ce qui suit on va étudier le groupe $H^{d-1}(X \setminus Z, F)$, pour F un faisceau analytique localement libre de rang fini, ayant spécialement en vue les trois problèmes suivants:

1) Peut-on généraliser d'une manière cohérente les notions d'un pôle et d'une singularité essentielle le long d'une composante connexe de Z pour un élément de $H^{d-1}(X \setminus Z, F)$; c'est-à-dire est-il possible de définir ces êtres de facon qu'ils coïncident avec les notions classiques dans le cas $d = 1$ et $F = \mathcal{O}_X$?

Et si c'est le cas et si X est compacte:

2) En se donnant pour chaque composante connexe C de Z un entier positif k(C), serait-il possible de déterminer la dimension du sous-espace vectoriel de $H^{d-1}(X \setminus Z, F)$ formé des éléments qui n'admettent que des pôles d'ordre $\leq k(C)$ le long de C?

3) Supposons maintenant Z connexe. On dit qu'un entier positif k est une F-lacune à Z s'il n'existe pas d'élément dans $H^{d-1}(X \setminus Z, F)$ qui a un pôle d'ordre k le long de Z. Soit $1 \leq \nu_1 < \nu_2 < \cdots$ la suite des F-lacunes à Z, appelée la suite lacunaire de F à Z. Comment peut-elle varier pour différentes sous-variétés Z?

(o) *Thèse de 3ème cycle soutenue le 30-10-1981 à l'Université PARIS VII*

Sur une surface de Riemann compacte le problème no. 2 n'est autre que le problème de Riemann-Roch et celui no. 3 est le problème central de la théorie des points de Weierstrass.

Dans le premier chapitre on traite exclusivement le cas où Z est de dimension zéro et le deuxième chapitre est consacré au cas où Z est de dimension supérieure à zéro.

En ce qui concerne le problème no. 1 on arrive à introduire d'une façon "naturelle" les notions de pôle et de singularité essentielle pour les éléments de $H^{d-1}(X \setminus Z, F)$ (pour $\dim Z = 0$, voir ch. I; pour $\dim Z > 0$, voir ch. II).

Dans le premier chapitre ($\dim Z = 0$) on démontre un théorème assez satisfaisant concernant le problème no. 2; c'est un analogue du théorème de Riemann-Roch sur les surfaces de Riemann compactes. On y donne une définition de points de Weierstrass et démontre quelques résultats élémentaires qui les concernent.

L'objet principal d'étude dans le deuxième chapitre est le faisceau $\underline{H}^d_Z(X,F)$. Quant au problème no. 2 nous avons un résultat fort incomplet et en ce qui concerne celui no. 3 rien du tout. Dans la dernière partie de ce chapitre on considère le cas particulier où X est l'espace total d'un fibré vectoriel holomorphe et Z sa section nulle et l'on utilise ces études pour démontrer un "théorème d'annulation" pour les fibrés vectoriels faiblement négatifs.

Chapitre I. Points de Weierstrass et le problème de Riemann-Roch.

Le problème qu'on va traiter dans ce chapitre est le suivant: Soit M une variété analytique complexe (lisse), connexe de dimension complexe n, soit F un faisceau analytique localement libre de rang r sur M et soit $A = \{a_1, \ldots, a_i, \ldots\}$ un sous-ensemble fermé et discret de M. On considère la suite exacte de cohomologie locale:

$$\to H^{n-1}(M,F) \to H^{n-1}(M\setminus A,F) \xrightarrow{r_A} H^n_A(M,F) \to H^n(M,F) \to H^n(M\setminus A,F) \to 0.$$

Si on se donne un élément $\sigma \in H^n_A(M,F)$, quand est-ce qu'il existe $\tilde{\sigma} \in H^{n-1}(M\setminus A,F)$ tel que $r_A(\tilde{\sigma}) = \sigma$?

Comme $H^n_A(M,F) = \prod_{i\in\mathbb{N}} H^n_{\{a_i\}}(M,F)$, la donnée de σ correspond à la donnée d'une famille $(\sigma_i)_{i\in\mathbb{N}}$ avec $\sigma_i \in H^n_{\{a_i\}}(M,F)$ et on cherche $\tilde{\sigma}$ tel que $r_{a_i}(\tilde{\sigma}) = \sigma_i$; $\forall i\in\mathbb{N}$, où $r_{a_i}: H^{n-1}(M\setminus A,F) \to H^n_{\{a_i\}}(M,F)$.

Malgrange [7] a démontré que si M n'est pas compacte alors $H^n(M,F) = 0$. Dans ce cas r_A est surjective et il y a toujours une solution. On peut donc supposer M compacte. Mais pour commencer il nous faut quelques résultats techniques qui n'exigent pas l'hypothèse de compacité pour M.

§1. Description de $H^n_{\{a\}}(M,F)$.

Notations: pour $z = (z_1, \ldots, z_n) \in \mathbb{C}^n$ et $\alpha = (\alpha_1, \ldots, \alpha_n) \in \mathbb{N}^n$, on pose:

$$|\alpha| = \alpha_1 + \cdots + \alpha_n; \quad \alpha! = \alpha_1! \cdots \alpha_n!; \quad \frac{\partial^{|\alpha|}}{\partial z^\alpha} = \frac{\partial^{|\alpha|}}{\partial z_1^{\alpha_1} \cdots \partial z_n^{\alpha_n}};$$

$\|z\| = \left(\sum_{j=1}^n z_j\bar{z}_j\right)^{1/2}$; pour $r > 0$ et $x \in \mathbb{C}^n$ soit:

$$B(x,r) = \{z \in \mathbb{C}^n \mid \|x-z\| < r\};$$

$$\psi_\alpha := \frac{1}{\left[\sum_{j=1}^n z_j^{\alpha_j+1}(\bar{z}_j)^{\alpha_j+1}\right]^n} \sum_{j=1}^n (-1)^{j-1} \bar{z}_j^{\alpha_j+1} \bigwedge_{\substack{1\le k\le n\\ k\ne j}} d(\bar{z}_k^{\alpha_k+1});$$

$\omega = dz_1\wedge\cdots\wedge dz_n$; $\quad K_\alpha^{(n)} = \omega\wedge\psi_\alpha$.

Andreotti et Norguet [1] ont démontré:

Proposition 1. Soit $r>0$. Pour toute fonction f holomorphe au voisinage de $\overline{B}=\overline{B(0,r)}$, on a:

$$(*) \quad \int_{\partial B} f.K_\alpha^{(n)} = \frac{(2\pi i)^n}{(n-1)!}\frac{1}{\alpha!}\frac{\partial^{|\alpha|}f}{\partial z^\alpha}(0) \; ; \quad \forall \alpha\in N^n.$$

B étant orientée de telle facon que la forme différentielle exterieure $(\frac{i}{2})^n\omega\wedge\overline{\omega}$ soit positive et ∂B muni de l'orientation compatible avec la formule de Stokes.

Remarques. 1) Comme les ψ_α sont $\overline{\partial}$-fermées dans $\mathbb{C}^n\setminus\{0\}$, les $f.K_\alpha^{(n)}$ sont d-fermées dans $\mathbb{C}^n\setminus\{0\}$ donc l'intégrale dans (*) ne dépend pas de r (formule de Stokes).

2) Dans le cas $n=1$ (*) est la formule de Chauchy.

Grâce à l'isomorphisme de Dolbeault : $H^p(M,\Omega^q) \to H_{\overline{\partial}}^{q,p}(M)$ on va souvent identifier un élément de $H^p(M,\Omega^q)$ avec son image dans $H_{\overline{\partial}}^{q,p}(M)$ et écrire $[\omega]\in H^p(M,\Omega^q)$; où ω est une forme différentielle de type (q,p) $\overline{\partial}$-fermée et $[\omega]$ sa classe de $\overline{\partial}$-cohomologie.

Soit maintenant D un polydisque centré a l'origine dans $\mathbb{C}^n$; $z=(z_1,\ldots,z_n)\in\mathbb{C}^n$. Chacune des ψ_α définit un élément $[\psi_\alpha]\in H^{n-1}(D\setminus\{0\},\mathcal{O})$.

Proposition 2. (i) $H^n_{\{0\}}(D,\mathcal{O})$ s'identifie à l'espace vectoriel des series $\sum_{|\alpha|\geq 0} a_\alpha\delta^{(\alpha)}$; où δ est la mesure de Dirac à l'origine,

$\delta^{(\alpha)} = \frac{(-1)^{|\alpha|}}{\alpha!}\frac{\partial^{|\alpha|}\delta}{\partial z^\alpha}$; $\alpha\in\mathbb{N}^n$ et $a_\alpha\in\mathbb{C}^n$ avec $\lim_{|\alpha|\to\infty} \sqrt[|\alpha|]{|a_\alpha|} = 0$.

(ii) Pour $n\geq 2$ la flèche r_o: $H^{n-1}(D\setminus\{0\},\mathcal{O}) \to H^n_{\{0\}}(D,\mathcal{O})$ est un isomorphisme et chaque élément de $H^{n-1}(D\smallsetminus\{0\},\mathcal{O})$ admet un représentant de Dolbeault de la forme $\sum_{|\alpha|\geq 0} a_\alpha\psi_\alpha$; où $a_\alpha\in\mathbb{C}$ avec $\lim_{|\alpha|\to\infty} \sqrt[|\alpha|]{|a_\alpha|}=0$.

Ce représentant est unique et on l'appelle le représentant canonique. L'élément qu'il définit sera noté par $\left[\sum_\alpha a_\alpha\psi_\alpha\right]$.

De plus $r_0:\left[\sum_\alpha a_\alpha\psi_\alpha\right]\to\sum_\alpha a_\alpha\frac{(2\pi i)^n}{(n-1)!}\delta^{(\alpha)}$.

(iii) Pour $n=1$ il y a un isomorphisme: $\frac{\mathcal{O}(D\smallsetminus\{0\})}{\mathcal{O}(D)}\to H^1_{\{0\}}(D,\mathcal{O})$,

obtenu par passage au quotient de la flèche:

$$\mathcal{O}(D\smallsetminus\{0\})\to H^1_{\{0\}}(D,\mathcal{O});\quad f\to\sum_{k\geq 0} a_{k+1}2\pi i\delta^{(k)}$$

où $\sum_{k\geq 1} a_k z^{-k}$ est la partie principale de la série de Laurent de f en zéro.

Pour la démonstration de cette proposition nous aurons besoin du théorème suivant de Martineau (voir Siu et Trautmann[9]):

Théorème. Soit X une variété de Stein de dimension complexe n, $K\subset X$ un compact de Stein (c'est-à-dire un compact qui admet un système fondamental de voisinages ouverts de Stein). Alors pour tout faisceau analytique localement libre F sur X on a:

(i) $H^q_K(X,F\otimes_{\mathcal{O}}\Omega^p)=0$ pour $q\neq n$.

(ii) $H^0(K,F^*\otimes_{\mathcal{O}}\Omega^{n-p}):=\varinjlim_{U\supset K} H^0(U,F^*\otimes_{\mathcal{O}}\Omega^{n-p})$; U ouvert,

muni de la topologie de limite inductive est DFS(c'est a dire dual de Fréchet-Schwartz).

(iii) $H^n_K(X,F\otimes_{\mathcal{O}}\Omega^p)$ muni de sa topologie naturelle est le dual fort de $H^0(K,F^*\otimes_{\mathcal{O}}\Omega^{n-p})$.

Démonstration de la proposition.

(i) D'après le théorème $H^n_{\{0\}}(D,\mathcal{O})$ est le dual topologique de $H^0(\{0\},\Omega^n)$ = germes de formes différentielles holomorphes de degré n à l'origine, qui s'identifie à $\mathbb{C}\{z_1,\dots,z_n\}$ = séries entières convergentes.

On voit sans difficulté que chaque forme $\mathbb{C}$-linéaire continue φ sur $\mathbb{C}\{z_1,\dots,z_n\}$ s'écrit de façon unique $\varphi = \sum\limits_{|\alpha| \geqq 0} a_\alpha \delta^{(\alpha)}$;

où $a_\alpha = \langle \varphi, z^\alpha \rangle$.

Or, en particulier φ est continue sur $\mathcal{O}(D(0,r))$; $\forall r > 0$.

$D(0,r)$ étant un polydisque dans $\mathbb{C}^n$ de polyrayon r et centré à l'origine.

Par conséquent on a: $\forall r > 0\ \exists \tilde{r} > 0$ avec $r > \tilde{r} > 0$ et une constante $C(r) \geqq 0$ tels que

$|a_\alpha| = |\langle \varphi, z^\alpha \rangle| \leqq C(r)\tilde{r}^{|\alpha|}$; $\forall \alpha \in \mathbb{N}^n$.

On a donc $\sqrt[|\alpha|]{|a_\alpha|} \leqq \sqrt[|\alpha|]{C(r)}.\tilde{r}$; $\forall \alpha \in \mathbb{N}^n$.

D'où $\limsup\limits_{k \to \infty} \left[\sup\limits_{|\alpha| = k} \sqrt[k]{|a_\alpha|} \right] \leqq \tilde{r}$.

Comme $\tilde{r} \to 0$ lorsque $r \to 0$, on a $\lim\limits_{|\alpha| \to \infty} \sqrt[|\alpha|]{|a_\alpha|} = 0$.

Réciproquement: si $\varphi = \sum\limits_{|\alpha| \geqq 0} a_\alpha \delta^{(\alpha)}$ vérifie $\lim\limits_{|\alpha| \to \infty} \sqrt[|\alpha|]{|a_\alpha|} = 0$, alors φ est une forme $\mathbb{C}$-linéaire continue sur $\mathbb{C}\{z_1,\dots,z_n\}$.

(ii) Les deux suites exactes sont en dualité:

$$\begin{array}{ccccccc}
\to H^{n-1}(D,\mathcal{O}) & \to & H^{n-1}(D \setminus \{0\},\mathcal{O}) & \xrightarrow{r_0} & H^n_{\{0\}}(D,\mathcal{O}) & \to & 0 \\
| & & |(**) & {}^t r_0 & |(*) & & \\
\leftarrow H^1_c(D,\Omega^n) & \leftarrow & H^1_c(D \setminus \{0\},\Omega^n) & \leftarrow & H^0(\{0\},\Omega^n) & \leftarrow & 0
\end{array}$$

La forme bilinéaire qui définit la dualité (**) sera notée par $<\ ,\ >_{**}$ et celle qui définit la dualité (*) par $<\ ,\ >_{*}$.

Si $n \geq 2$ $H^{n-1}(D,\mathcal{O}) = 0$ et r_o est un isomorphisme.

La flèche ${}^t r_o$ s'exprime de façon suivante:

Soit $\omega_0 \in H^{n-1}(\{0\},\Omega^n)$ le germe de la forme différentielle holomorphe ω de degré n, définie dans un voisinage ouvert $U \subset D$ de l'origine.

Soit $\rho \in C_0^\infty(U)$ tel que $\rho = 1$ au voisinage de l'origine, alors $\rho\omega$ se prolonge par zéro à une forme différentielle C^∞ dans D.

$\bar\partial(\rho\omega)$ est C^∞ de type $(n,1)$ et $\bar\partial$-fermée, à support compact dans $D \setminus \{0\}$. Elle définit donc un élément $[\bar\partial(\rho\omega)] \in H_c^1(D\setminus\{0\},\Omega^n)$ et on a ${}^t r_o(\omega_0) = [\bar\partial(\rho\omega)]$.

Maintenant on va démontrer que $r_o([\psi_\alpha]) = \frac{(2\pi i)^n}{(n-1)!}\cdot\delta^{(\alpha)}$.

La dualité (**) est donnée par $<[\beta],[\gamma]>_{**} = \int_{D\setminus\{0\}} \beta\wedge\gamma$.

D'où
$$<r_0([\psi_\alpha]),\omega_0>_* = <[\psi_\alpha],{}^t r_0(\omega_0)>_{**} = <[\psi_\alpha],[\bar\partial(\rho\omega)]>_{**}$$
$$= \int_{D\setminus\{0\}} \psi_\alpha\wedge\bar\partial(\rho\omega).$$

Comme ψ_α est $\bar\partial$-fermée, $\psi_\alpha\wedge\bar\partial(\rho\omega) = \bar\partial(\psi_\alpha\wedge\rho\omega) = d(\psi_\alpha\wedge\rho\omega)$; $\exists\varepsilon > 0$ tel que $\rho = 1$ au voisinage de $\overline{B(0,\varepsilon)}$. Par conséquent $\psi_\alpha\wedge\bar\partial(\rho\omega) = 0$ au voisinage de $\overline{B(0,\varepsilon)}$.

Si on écrit $\omega = f(z)dz_1\wedge\ldots\wedge dz_n$, alors en utilisant la proposition d'Andreotti-Norguet et compte tenu du fait que $\psi_\alpha\wedge\bar\partial(\rho\omega)$ est à support compact dans $D\setminus\{0\}$ on a:

$$\int_{D\setminus\{0\}} \psi_\alpha\wedge\bar\partial(\rho\omega) = \int_{D\setminus B(0,\varepsilon)} d(\psi_\alpha\wedge\rho\omega) = \int_{\partial B(0,\varepsilon)} \psi_\alpha\wedge\omega = \int_{\partial B(C,\varepsilon)} \psi_\alpha\wedge f dz_1\wedge\ldots\wedge dz_n$$
$$= \int_{\partial B(0,\varepsilon)} fK_\alpha^{(n)} = \frac{(2\pi i)^n}{(n-1)!}\,\frac{1}{\alpha!}\,\frac{\partial^{|\alpha|}f}{\partial z^\alpha}(0)$$
$$= \frac{(2\pi i)^n}{(n-1)!} <\delta^{(\alpha)},\omega_0>_*.$$

(iii) On a la suite exacte:

$$0 \to \mathcal{O}(D) \to \mathcal{O}(D \setminus \{0\}) \xrightarrow{r_0} H^1_{\{0\}}(D,\mathcal{O}) \to 0.$$

Pour $n = 1, \psi_\alpha = \frac{1}{z^{\alpha+1}}$; $\forall \alpha \in \mathbb{N}$. D'où le résultat.

c. q. f. d.

En fixant les coordonnées locales $z = (z_1,\dots,z_n)$ centrées en $a \in M$, on voit qu'il y a un isomorphisme de $H^n_{\{0\}}(M,\mathcal{O})$ sur l'espace vectoriel des séries $\sum_{|\alpha| \geq 0} a_\alpha \delta^{(\alpha)}$.

Pour un faisceau analytique localement libre F sur M de rang r, il existe un voisinage U de a et un isomorphisme de faisceaux: $F|_U \to \mathcal{O}^r|_U$ qui induit un isomorphisme:

$$H^n_{\{a\}}(M,F) \to H^n_{\{a\}}(M,\mathcal{O}^r) \approx \left[H^n_{\{a\}}(M,\mathcal{O})\right]^r := H^n_{\{a\}}(M,\mathcal{O}) \oplus \cdots \oplus H^n_{\{a\}}(M,\mathcal{O}),$$

où la somme directe est formée avec r facteurs.

Remarque. En vertu de la proposition 2 (iii) on voit que dans le cas $F = \mathcal{O}$ et $n = 1$ notre problème n'est rien d'autre que le problème de Mittag-Leffler sur une surface de Riemann (c'est-à-dire quitte à fixer les coordonnées locales en chaque point de A on s'y donne une partie principale d'une série de Laurent et on cherche une fonction $f \in \mathcal{O}(M \setminus A)$ qui admet ces parties principales prescrites aux points de A). Il est quand même un peu plus général puisque on n'exclut pas la possibilité de singularités essentielles. D'après ce que nous avons dit au début, ce problème a toujours une solution si la surface n'est pas compacte.

§ 2. Pôles d'un élément de $H^{n-1}(M\smallsetminus A,F)$.

Soit $\sigma\in H^n_{\{a\}}(M,\mathcal{O})$ et $\sum_{|\alpha|\geq 0} a_\alpha\delta^{(\alpha)}$ son représentant canonique pour certaines coordonnées locales $z=(z_1,\ldots,z_n)$ centrées en a. On pose $\nu_z(\sigma):=\sup\left\{|\alpha| \mid a_\alpha\neq 0\right\}$.

Proposition 3. $\nu_z(\sigma)$ ne dépend pas de $z=(z_1,\ldots,z_n)$.

On déduit cette proposition du lemme suivant:

Lemme. Soit U et V deux voisinages ouverts de l'origine dans $\mathbb{C}^n$ et soit $\varphi: U\to V$ une application biholomorphe avec $\varphi(0)=0$;
$\varphi: (z_1,\ldots,z_n)\to(w_1,\ldots,w_n)$.
Soit $\delta_z^{(\alpha)}$ (resp. $\delta_w^{(\alpha)}$) la α-ième dérivée partielle de δ par rapport aux $(z_1,\ldots,z_n)$ (resp. $(w_1,\ldots,w_n)$).

Alors $\varphi^*\delta_w^{(\alpha)}=\sum_{|\beta|\leq|\alpha|} c_\beta\delta_z^{(\beta)}$; $c_\beta\in\mathbb{C}$.

De plus $\exists\beta$ avec $|\beta|=|\alpha|$ tel que $c_\beta\neq 0$.

Démonstration du lemme. Soit ω une forme holomorphe de degré n, définie dans un voisinage de l'origine. ω s'écrit en fonction de $z_1,\ldots,z_n$ comme $\omega=f(z)dz_1\wedge\ldots\wedge dz_n$.

$$\begin{aligned}\text{Or,}\quad \langle\varphi^*\delta_w^{(\alpha)},\omega\rangle &= \langle(\varphi^{-1})_*\delta_w^{(\alpha)},\omega\rangle = \langle\delta_w^{(\alpha)},(\varphi^{-1})^*\omega\rangle \\ &= \langle\delta_w^{(\alpha)},(f\circ\varphi^{-1})\det J(\varphi^{-1})dw_1\wedge\ldots\wedge dw_n\rangle \\ &= \frac{\partial^{|\alpha|}}{\partial w^\alpha}[(f\circ\varphi^{-1})(w)\det J(\varphi^{-1})(w)]\big|_{w=0} \\ &= \sum_{|\beta|\leq|\alpha|} c_\beta\frac{\partial^{|\beta|}f}{\partial z^\beta}(0);\end{aligned}$$

où $J(\varphi^{-1})$ est la matrice jacobienne de φ^{-1}.
D'où $\varphi^*\delta^{(\alpha)}=\sum_{|\beta|\leq|\alpha|} c_\beta\delta^{(\beta)}$, car les c_β ne dépendent que de φ^{-1}.

Supposons maintenant que $c_\beta = 0$; $\forall \beta$ tel que $|\beta| = |\alpha|$. Alors

$\delta_w^{(\alpha)} = (\varphi^{-1})^*(\varphi^*\delta_w^{(\alpha)}) = (\varphi^{-1})^*(\sum_{|\beta|<|\alpha|} c_\beta \delta_z^{(\beta)})$ et $\delta_w^{(\alpha)}$ s'écrit comme combinaison linéaire des $\delta_w^{(\gamma)}$ avec $|\gamma|<|\alpha|$; ce qui est absurde.

Définition. Soient $a \in A$, $\sigma \in H^{n-1}(M \setminus A, \mathcal{O})$ et $r_a : H^{n-1}(M \setminus A, \mathcal{O}) \to H^n_{\{a\}}(M, \mathcal{O})$. On dit que σ a un pôle d'ordre $\nu(r_a(\sigma))+1$ en a, si $\nu(r_a(\sigma)) < \infty$. Sinon, on dit que σ a une singularité essentielle en a.

Remarque. Dans le cas $n = 1$ c'est la définition ordinaire d'un pôle et d'une singularité essentielle d'une fonction méromorphe(voir proposition 2 (iii)).

Soit F un faisceau analytique localement libre de rang r sur M. Alors il existe un voisinage ouvert U de $a \in M$ et un $\mathcal{O}_U$-isomorphisme Φ_U: $F|_U \to \mathcal{O}^r|_U$. Φ_U induit un isomorphisme au niveau de cohomologie locale, noté par:

$$\hat{\Phi}_U:\ H^n_{\{a\}}(M,F) \to H^n_{\{a\}}(M,\mathcal{O}^r) = \left[H^n_{\{a\}}(M,\mathcal{O})\right]^r;\ \sigma \to (\sigma_1,\dots,\sigma_r).$$

On étend alors la définition de ν en posant:

Définition. $\nu(\sigma) := \max\left\{\nu(\sigma_1),\dots,\nu(\sigma_r)\right\}$.

Proposition 4. $\nu(\sigma)$ ne dépend pas de Φ_U.

On déduira la proposition du lemme suivant:

Lemme. Soient U un voisinage ouvert de a et Φ: $\mathcal{O}^r|_U \to \mathcal{O}^r|_U$ un $\mathcal{O}_U$-isomorphisme. Soit $\hat{\Phi}$ l'automorphisme de $H^n_{\{a\}}(M,\mathcal{O}^r)$ induit par Φ. Alors $\nu(\hat{\Phi}(\sigma)) = \nu(\sigma)$; $\forall \sigma \in H^n_{\{a\}}(M,\mathcal{O}^r)$.

Démonstration du lemme. Il suffit de démontrer le lemme dans le cas $M = D(0,r)$ et Φ est un $\mathcal{O}$-isomorpmisme global et $a = 0$.

On suppose que $n \geq 2$. Considérons le diagramme:

$$\begin{array}{ccc} H^{n-1}(D\setminus\{0\},\mathcal{O}^r) & \xrightarrow{r_0} & H^n_{\{0\}}(D,\mathcal{O}^r) \\ \downarrow \check{\Phi} & & \downarrow \hat{\Phi} \\ H^{n-1}(D\setminus\{0\},\mathcal{O}^r) & \xrightarrow{r_0} & H^n_{\{0\}}(D,\mathcal{O}^r) \end{array}$$

Où $\check{\Phi}$ et $\hat{\Phi}$ sont les automorphismes induits par Φ.

$n \geq 2 \Rightarrow r_0$ est un isomorphisme. Par abus de notation on va écrire $\nu(\sigma)$ au lieu de $\nu(r_0(\sigma))$ pour $\sigma \in H^{n-1}(D\setminus\{0\},\mathcal{O}^r)$.

Nous allons démontrer $\nu(\check{\Phi}(\sigma)) = \nu(\sigma)$; $\forall \sigma \in H^{n-1}(D\setminus\{0\},\mathcal{O}^r)$.

Soit $\underline{A}^{(0,q)}$ le faisceau de formes différentielles $\mathcal{C}^\infty$ de type $(0,q)$ sur $D\setminus\{0\}$, alors:

$$0 \to \mathcal{O}^r \xrightarrow{(i)^r} (\underline{A}^{(0,0)})^r \xrightarrow{(\bar\partial)^r} (\underline{A}^{(0,1)})^r \xrightarrow{(\bar\partial)^r} \cdots$$

est une résolution molle de $\mathcal{O}^r$ sur $D\setminus\{0\}$; oú $\underline{A}^{(0,q)}_= \underline{A}^{(0,q)} \oplus \cdots \oplus \underline{A}^{(0,q)}$ et $(\bar\partial)^r = \bar\partial \oplus \cdots \oplus \bar\partial$.

Il existe des $\mathcal{O}$-isomorphismes Φ_q: $(\underline{A}^{(0,q)})^r \to (\underline{A}^{(0,q)})^r$ tels que $\Phi_q \circ (\bar\partial)^r = (\bar\partial)^r \circ \Phi_{q-1}$; $q \geq 1$ et $\Phi_0 \circ (i)^r = (i)^r \circ \Phi$ et de plus, si on note par $\Gamma(\Phi_q)$ (resp. $\Gamma(\Phi)$) l'isomorphisme induit par Φ_q (resp. Φ) sur $\left[A^{(0,q)}(D\setminus\{0\})\right]^r$ (resp. $\left[\mathcal{O}(D\setminus\{0\})\right]^r$), alors $\Gamma(\Phi)$ est donné par une $r\times r$-matrice (a_{kj}) avec $a_{kj} \in \mathcal{O}(D)$ et les $\Gamma(\Phi_q)$ aussi.

On en déduit que $\check{\Phi}$ est donné par

$$\check{\Phi}: \left[H^{n-1}(D\setminus\{0\},\mathcal{O})\right]^r \to \left[H^{n-1}(D\setminus\{0\},\mathcal{O})\right]^r;$$

$$([\beta_1],\ldots,[\beta_r]) \to \Big([\sum_{j=1}^r a_{1j}\beta_j],\ldots,[\sum_{j=1}^r a_{rj}\beta_j]\Big).$$

Sous-lemme. Soit $g \in \mathcal{O}(D)$, alors $[g\psi_\alpha] = [\sum_{\beta \leqq \alpha} \lambda_\beta \psi_\beta] = \sum_{\beta \leqq \alpha} \lambda_\beta [\psi_\beta]$; où $\lambda_\beta \in \mathbb{C}$ et $\beta \leqq \alpha \Leftrightarrow \beta_i \leqq \alpha_i$; $i = 1,\dots,n$.

Preuve. Soit f une fonction holomorphe dans un voisinage V de zéro et soit $\varepsilon > 0$ tel que $\overline{B(0,\varepsilon)} \subset V$. Alors:

$$\int_{\partial B(0,\varepsilon)} g\psi_\alpha \wedge f dz_1 \dots dz_n = \int_{\partial B(0,\varepsilon)} (gf) K_\alpha^{(n)} = \frac{\partial^{|\alpha|}}{\partial z^\alpha}(gf)(0) = \sum_{\beta \leqq \alpha} \lambda_\beta \frac{\partial^{|\beta|} f}{\partial z^\beta}(0);$$

où les λ_β ne dépendent que de g. D'oú le resultat.

Sous-lemme $\Rightarrow \nu(a_{kj}\beta_j) \leqq \nu(\beta_j)$.

Comme $\nu([\sum_{j=1}^{r} a_{kj}\beta_j]) \leqq \max_{1 \leqq j \leqq r} \nu([a_{kj}\beta_j])$, $k = 1,\dots,r$ on a finalement:

$$\begin{aligned}\nu(\mathfrak{F}([\beta_1],\dots,[\beta_r])) = \max_{1 \leqq k \leqq r} \nu([\sum_{j=1}^{r} a_{kj}\beta_j]) &\leqq \max_{1 \leqq k,j \leqq r} \nu([a_{kj}\beta_j]) \\ &\leqq \max_{1 \leqq j \leqq r} \nu([\beta_j]) \\ &= \nu([\beta_1],\dots,[\beta_r]).\end{aligned}$$

On a donc démontré: si Φ est un $\mathcal{O}$-isomorphisme sur D, alors $\nu(\hat{\Phi}(\partial)) \leqq \nu(\sigma)$; $\forall \sigma \in H^n_{\{0\}}(D,\mathcal{O}^r)$. En appliquant ce résultat a Φ^{-1} on trouve $\nu(\hat{\Phi}(\sigma)) = \nu(\sigma)$; $\forall \sigma \in H^n_{\{0\}}(D,\mathcal{O}^r)$.

Le cas $n = 1$ ne pose aucun problème.

Définition. Soient $a \in A$, $\sigma \in H^{n-1}(M \setminus A, F)$ et

$r_a \colon H^{n-1}(M \setminus A, F) \to H^n_{\{a\}}(M,F)$.

Si $\nu(r_a(\sigma)) < \infty$, on dit que σ a un pôle d'ordre $\nu(r_a(\sigma))+1$ en a. Sinon, on dit que a est une singularité essentielle de σ.

§3. Le problème de Riemann-Roch.

Dorénavant on supposera M compacte. Dans ce cas les sous-ensembles fermés et discrets, autrement dit les sous-ensembles analytiques de dimension zéro de M sont finis.

Soit $A = \{a_1, \ldots, a_k\} \subset M$ fixé et soit F un faisceau analytique localement libre sur M.

Nous considérons les deux suites exactes:

$$\text{(I)}\qquad \begin{array}{ccccccc} \to H^{n-1}(M\setminus A,F) & \xrightarrow{r_A} & H^n_A(M,F) & \xrightarrow{\alpha_A} & H^n(M,F) & \to H^n(M\setminus A,F) \to 0 \\ & & |(*) & & | & \\ & \leftarrow & H^0(A,F^*\otimes\Omega^n) & \xleftarrow{{}^t\alpha_A} & H^0(M,F^*\otimes\Omega^n) & \leftarrow 0 \end{array}$$

Où $F^* = \underline{\mathrm{Hom}}(F,\mathcal{O})$ et $|$ désigne la dualité entre les termes en haut et en bas.

Comme $M\setminus A$ n'est pas compacte $H^n(M\setminus A,F) = 0$, d'après le résultat de Malgrange cité au début. α_A est donc surjective. On a:

$$H^n_A(M,F) = \bigoplus_{i=1}^{k} H^n_{\{a_i\}}(M,F);$$

$$H^0(A,F^*\otimes\Omega^n) = \bigoplus_{i=1}^{k} H^0(\{a_i\},F^*\otimes\Omega^n).$$

La dualité (*) est donnée par:

$$\left[\bigoplus_{i=1}^{k} H^0(\{a_i\},F^*\otimes\Omega^n)\right]\times\left[\bigoplus_{i=1}^{k} H^n_{\{a_i\}}(M,F)\right] \xrightarrow{<\,,\,>_A} \mathbb{C};$$

$$((f_{a_1},\ldots,f_{a_k}),(\sigma_{a_1},\ldots,\sigma_{a_k})) \longrightarrow \sum_{i=1}^{k} <f_{a_i},\sigma_{a_i}>.$$

<u>Proposition 5.</u> Soit $\sigma \in H^n_A(M,F)$; $\sigma = (\sigma_1,\ldots,\sigma_k)$. Alors il existe $\tilde{\sigma} \in H^{n-1}(M\setminus A,F)$ avec $r_A(\tilde{\sigma}) = \sigma$ si, et seulement si:

$$\sum_{i=1}^{k} <\sigma_i,\omega_{a_i}> = 0;\ \forall\omega \in H^0(M,F^*\otimes\Omega^n),$$ où ω_{a_i} est le germe de ω en a_i.

Démonstration. En considérant (I)on voit tout de suite que

$\sigma \in \mathrm{Im}(r_A) \neq \mathrm{Ker}(\alpha_A) \Leftrightarrow \langle\sigma, {}^t\alpha_A(\omega)\rangle_A = 0; \ \forall\omega \in H^0(M, F^*\otimes\Omega^n)$.

Or, ${}^t\alpha_A(\omega) = (\omega_{a_1}, \dots, \omega_{a_k})$ et $\langle\sigma, {}^t\alpha_A(\omega)\rangle_A = \sum_{i=1}^{k} \langle\sigma_i, \omega_{a_i}\rangle$

c.q.f.d.

On envisage maintenant le problème suivant:

Soient M, F et A comme avant et soient $n_1, \dots n_k$ des entiers positifs, alors est-ce qu'on peut déterminer la dimension du sous-espace vectoriel de $H^{n-1}(M \setminus A, F)$ formé avec les éléments qui ont un pôle d'ordre $\leqq n_i$ en a_i; pour $i = 1, \dots, k$.

Remarque. Pour $n = 1$ ce problème est celui de Riemann-Roch sur une surface de Riemann compacte pour un diviseur positif.

Notations et définitions. Pour un zéro-cycle sur M, $D = \sum_{i=1}^{k} n_i x_i$; $x_i \in M$, $n_i > 0$ on pose $|D| = \{x_1, \dots, x_k\}$, appelé le support de D;

$$H^{n-1}(M \setminus |D|, F; D) := \left\{\sigma \in H^{n-1}(M \setminus |D|, F) \mid \sigma \text{ a un pôle d'ordre} \leqq n_i \text{ en } x_i\right\}$$

$$H^n_{|D|}(M, F; D) := \left\{\sigma \in H^n_{|D|}(M, F) = \bigoplus_{i=1}^{k} H^n_{\{x_i\}}(M, F) \mid \nu(\sigma_{x_i}) + 1 \leqq n_i\right\}$$

$$H^0(M, F; D) := \left\{\sigma \in H^0(M, F) \mid \sigma \text{ s'annule d'ordre} \geqq n_i \text{ en } x_i\right\}.$$

Théorème. Soient $D = \sum_{i=1}^{k} n_i x_i$ et F un faisceau analytique localement libre de rang r sur M. Alors on a la formule suivante:

$$\dim H^{n-1}(M \setminus |D|, F; D) = \dim H^{n-1}(M, F) + rc(D) - \dim H^0(M, F^*\otimes\Omega^n) + \dim H^0(M, F^*\otimes\Omega^n; D)$$

où $c(D) = \sum_{i=1}^{k} \binom{n_i - 1 + n}{n}$.

Démonstration. On a la suite exacte:

$$0 \to H^{n-1}(M,F) \xrightarrow{j_{|D|}} H^{n-1}(M\setminus|D|,F) \xrightarrow{r_{|D|}} H^n_{|D|}(M,F) \xrightarrow{\alpha_{|D|}} H^n(M,F) \to 0$$

L'injectivité de $j_{|D|}$ est dû au fait que $H^p_{|D|}(M,F) = 0$ pour $p \neq n$ (voir le théorème de Martineau).

Comme $\dim .H^{n-1}(M\setminus|D|,F;D) = \dim H^{n-1}(M,F) + \dim r_{|D|}\left[H^{n-1}(M\setminus|D|,F;D)\right]$ il suffit de montrer que:

$$(*) \quad \dim r_{|D|}\left[H^{n-1}(M\setminus|D|,F;D)\right] = rc(D) - \dim H^0(M,F^*\otimes\Omega^n) + \dim H^0(M,F^*\otimes\Omega^n;D).$$

En vertu de la proposition 5 on a:

$$(**) \quad r_{|D|}\left[H^{n-1}(M\setminus|D|,F;D)\right] = \left\{\sigma \in H^n_{|D|}(M,F;D) \mid \langle\sigma,\omega_{|D|}\rangle = 0,\ \forall\omega \in H^0(M,F^*\otimes\Omega^n)\right\}.$$

Où $\omega_{|D|}$ est l'image de ω dans $H^0(|D|,F^*\otimes\Omega^n)$.

Pour $x \in M$ et k un entier positif on pose:

$J^q_x(F^*\otimes\Omega^n) := \dfrac{(F^*\otimes\Omega^n)_x}{m^{q+1}_x(F^*\otimes\Omega^n)_x}$; où $(F^*\otimes\Omega^n)_x$ est l'espace de germes de sections locales de $F^*\otimes\Omega^n$ en x et m_x est l'idéal maximal de $\mathcal{O}_x$. $J^q_x(F^*\otimes\Omega^n)$ est appelé l'espace de q-jets de $F^*\otimes\Omega^n$ en x. C'est un $\mathbb{C}$-espace vectoriel de dimension $\binom{q+n}{n}r$.

<u>Lemme.</u> Les espaces vectoriels $H^n_{|D|}(M,F;D) = \bigoplus_{i=1}^{k} H^n_{\{x_i\}}(M,F;n_ix_i)$ et $\bigoplus_{i=1}^{k} J^{n_i-1}_{x_i}(F^*\otimes\Omega^n)$ sont en dualité (induite par la dualité entre $H^n_{|D|}(M,F)$ et $H^0(|D|,F^*\otimes\Omega^n)$).

<u>Démonstration du lemme.</u> En considérant la dualité entre $H^n_{\{x_i\}}(M,F)$ et $(F^*\otimes\Omega^n)_{x_i}$ on voit que $H^n_{\{x_i\}}(M,F;n_ix_i)$ est le sous-espace totalement orthogonal au sous-espace $(m_{x_i})^{n_i}(F^*\otimes\Omega^n)$ qui est l'espace

des germes qui s'annulent d'ordre $\geq n_i$. Par conséquent $H^n_{\{x_i\}}(M,F;n_ix_i)$ et $J^{n_i}_{x_i}(F^*\otimes\Omega^n)$ sont en dualité.

Ce qui achève la démonstration du lemme.

On a la situation suivante:

$$\begin{array}{ccccccc}
H^{n-1}(M\setminus|D|,F;D) & \xrightarrow{r_{|D|}} & H^n_{|D|}(M,F;D) & \to & H^n_{|D|}(M,F) & \xrightarrow{\alpha_{|D|}} & H^n(M,F) \\
 & & | & & | & & | \\
 & & \bigoplus_{i=1}^{k} J^{n_i-1}_{x_i}(F^*\otimes\Omega^n) & \xleftarrow{\pi_D} & \bigoplus_{i=1}^{k}(F^*\otimes\Omega^n)_{x_i} & \xleftarrow{{}^t\alpha_{|D|}} & H^0(M,F^*\otimes\Omega^n)
\end{array}$$

où | désigne la dualité et π_D est la projection canonique.

On vérifie immédiatement:

(a) $\dim r_{|D|}\left[H^{n-1}(M\setminus|D|,F;D)\right]=\dim H^n_{|D|}(M,F;D) - \dim\mathrm{Im}(\pi_D\circ{}^t\alpha_{|D|})$; (voir l'identité (**)).

(b) $\dim H^n_{|D|}(M,F;D)=\dim(\bigoplus_{i=1}^{k} J^{n_i-1}_{x_i}(F^*\otimes\Omega^n)=r\sum_{i=1}^{k}\binom{n_i-1+n}{n}=rc(D)$.

(c) $\dim\mathrm{Im}(\pi_D\circ{}^t\alpha_{|D|})=\dim H^0(M,F^*\otimes\Omega^n) - \dim\mathrm{Ker}(\pi_D\circ{}^t\alpha_{|D|})$.

En remarquant que $\mathrm{Ker}(\pi_D\circ{}^t\alpha_{|D|})=H^0(M,F^*\otimes\Omega^n;D)$ on a:

(a), (b), (c) $\Rightarrow$ (*).

Ce qui achève la démonstration du théorème.

<u>Remarque.</u> Si $n=1$, M est une surface de Riemann compacte et le théorème précédent est essentiellement le théoreme de Riemann-Roch classique:

Dans ce cas un zéro-cycle est un diviseur positif. Comme d'habitude on associe à un diviseur D sur M, défini par une famille $(d_i,U_i)_i$ avec U_i un ouvert de M et d_i une fonction méromorphe sur U_i, un fibré holomorphe en droites sur M, noté par [D] et défini par le cocycle $(g_{ij}, U_i)_{ij}$ avec $g_{ij} \in \mathcal{O}^*(U_i \cap U_j)$, définie par $g_{ij} = d_i/d_j$.

Notations. 1) pour un fibré holomorphe en droites E, on note par $\mathcal{O}(E)$ le faisceau des germes de sections holomorphes locales de E et on pose $h^0(E) := \dim_{\mathbb{C}} H^0(M, \mathcal{O}(E))$.

2) on note par κ le fibré canonique de M (c'est-à-dire le fibré holomorpme en droites associé à Ω^1) et on pose $g := h^0(\kappa)$ (appelé le genre de la surface M).

Pour un zéro-cycle D il existent des isomorphismes:

$$H^0(M \setminus |D|, \mathcal{O}(E); D) \to H^0(M, \mathcal{O}(E \otimes [D]));$$

$$H^0(M, (E^*) \otimes \Omega^1; D) \to H^0(M, \mathcal{O}(E^* \otimes \kappa \otimes [-D])).$$

De plus on a $c(D) = \deg(D)$.

Pour $F = \mathcal{O}(E)$ notre formule s'écrit alors:

$$(1)\quad h^0(E \otimes [D]) = h^0(E) + \deg(D) - h^0(E^* \otimes \kappa) + h^0(E^* \otimes \kappa \otimes [-D]).$$

En particulier si E est le fibré trivial on a:

$$(2)\quad h^0([D]) = 1 + \deg(D) - g + h^0(\kappa \otimes [-D]).$$

Pour tout E fibré vectoriel holomorphe en droites sur M il existe un diviseur D tel que $E = [D]$. On peut écrire $D = D^+ - D^-$ avec $D^+ \geqq 0$ et $D^- \geqq 0$.

D'après (1) on a:

$$h^0([D^+]) = h^0([D] \otimes [D^-]) = h^0([D]) + \deg(D^-) - h^0(\kappa \otimes [-D]) + h^0(\kappa \otimes [-D^+])$$

et d'après (2) on a:

$$h^0([D^+]) = 1 + \deg(D^+) - g + h^0(\kappa \otimes [-D^+]).$$

On en déduit:

$$1 - g = h^0([D]) - h^0(\kappa \otimes [-D]) - \deg(D).$$

Et cette formule est celle de Riemann-Roch.

§4. Points de Weierstrass.

Rappel. (voir[5]). Soit M une surface de Riemann compacte et soit $p \in M$. On dit qu'un entier positif k est une lacune de Weierstrass en p s'il n'existe pas de fonction méromorphe globale sur M dont l'unique pôle est p d'ordre k; autrement dit si

$$H^0(M \setminus \{p\}, \mathcal{O}; (k-1)p) = H^0(M \setminus \{p\}, \mathcal{O}; kp).$$

On démontre alors que

1) pour chaque p le nombre de lacunes est égal à g,

2) les lacunes en p sont contenues dans l'ensemble $\{1,\ldots,2g-1\}$,

3) si on note par $\nu_1(p),\ldots,\nu_g(p)$ les lacunes en p, alors en dehors d'un ensemble fini de M, $\{\nu_1(p),\ldots,\nu_g(p)\} = \{1,\ldots,g\}$.

Un point $p \in M$ est par définition un point de Weierstrass si, et seulement si $\{\nu_1(p),\ldots,\nu_g(p)\} \neq \{1,\ldots,g\}$.

On se propose de généraliser cette notion de point de Weierstrass en prenant pour M une variété analytique complexe de dimension quelconque, compacte et lisse.
Soit M une telle variété et soit F un faisceau analytique localement libre de rang r sur M.

Définition. Soit $p \in M$. On dit qu'un entier positif k est une F-lacune (de Weierstrass) en p s'il n'existe pas d'élément dans $H^{n-1}(M \setminus \{p\}, F)$ qui a un pôle d'ordre k. Autrement dit k est une

F-lacune en p si, et seulment si

$$H^{n-1}(M\setminus\{p\},F;(k-1)p) = H^{n-1}(M\setminus\{p\},F;kp).$$

Pour fixer les notations on pose:

α_p: $H^c(M,F^*\otimes\Omega^n) \to (F^*\otimes\Omega^n)_p$; $p\in M$.

j_p^k: $(F^*\otimes\Omega^n)_p \to J_p^k(F^*\otimes\Omega^n)$; $p\in M$, $k \geqq 0$.

π_p^k: $J_p^k(F^*\otimes\Omega^n) \to J_p^{k-1}(F^*\otimes\Omega^n)$; $p\in M$, $k\geqq 1$.

r_p: $H^{n-1}(M\setminus\{p\},F) \to H^n_{\{p\}}(M,F)$; $p\in M$.

On considère le diagramme suivant:

$$\begin{array}{ccccccc}
0 \to H^n_{\{p\}}(M,F;(k-1)p) & \xrightarrow{i} & H^n_{\{p\}}(M,F;kp) \to & & \\
| & & | & & \\
0 \longleftarrow J_p^{k-2}(F^*\otimes\Omega^n) & \xleftarrow{\pi_p^{k-1}} & J_p^{k-1}(F^*\otimes\Omega^n) & \xleftarrow{j_p^{k-1}\circ\alpha_p} & H^0(M,F^*\otimes\Omega^n) \longleftarrow
\end{array}$$

$\forall\nu\geqq 1$ nous avons par définition

$H^{n-1}(M\setminus\{p\},F;\nu p) = r_p^{-1}\left[H^n_{\{p\}}(M,F;\nu p)\right]$ et nous avons démontré que

$r_p\left[H^{n-1}(M\setminus\{p\},F;\nu p)\right] = (\mathrm{Im}(j_p^{\nu-1}\circ\alpha_p))^{\perp}$. D'où: k est une F-lacune en p

$\Leftrightarrow H^{n-1}(M\setminus\{p\},F;(k-1)p) = H^{n-1}(M\setminus\{p\},F;kp)$

$\Leftrightarrow \left[\mathrm{Im}(j_p^{k-2}\circ\alpha_p)\right]^{\perp} = \left[\mathrm{Im}(j_p^{k-1}\circ\alpha_p)\right]^{\perp}$

$\Leftrightarrow \mathrm{Ker}(\pi_p^{k-1}) \subset \mathrm{Im}(j_p^{k-1}\circ\alpha_p)$.

Or, $\dim_{\mathbb{C}}\mathrm{Ker}(\pi_p^{k-1}) = \dim_{\mathbb{C}} J_p^{k-1}(F^*\otimes\Omega^n) - \dim_{\mathbb{C}} J_p^{k-2}(F^*\otimes\Omega^n)$

$$= r\binom{n+k-1}{n} - r\binom{n+k-2}{n} = \begin{cases} r\binom{n+k-2}{n-1}, & \text{si } k\geqq 2. \\ r, & \text{si } k=1. \end{cases}$$

Pour simplifier les notations on pose $H := H^0(M, F^* \otimes \Omega^n)$ et $h := \dim_{\mathbb{C}} H$. Soient $\nu_1, \dots, \nu_m$ les F-lacunes en p, alors

$h \geq r\left[\binom{n+\nu_1-2}{n-1} + \dots + \binom{n+\nu_m-2}{n-1}\right]$; où on remplace $\binom{n+\nu_1-2}{n-1}$ par 1 si

$\nu_1 = 1$. On a $1 \leq \nu_1 < \nu_2 < \dots < \nu_m$, donc $i \leq \nu_i$ pour i 1,...,m.

Comme $\binom{n+i-2}{n-1} \leq \binom{n+\nu_i-2}{n-1}$, on a

$h \geq r\left[1 + \binom{n}{n-1} + \dots + \binom{n+m-2}{n-1}\right] = r\binom{n+m-1}{n}$. D'oú la

<u>Proposition 6.</u> (i) Soit m le plus grand entier tel que $r\binom{n+m-1}{n} \leq h$,

alors $\forall p \in M$ le nombre de F-lacunes en p est $\leq m$.

(ii) Soit m le plus grand entier tel que $r\binom{n+m-2}{n-1} \leq h$, alors $\forall p \in M$

les F-lacunes en p sont $\leq m$.

<u>Remarque.</u> Dans le cas $n = 1$, il faut comprendre (ii) de la proposition de la facon suivante: m est zéro si $r < h$ et $m = \infty$ sinon.

<u>Lemme. (voir [8]).</u> $\forall k \geq 0$ l'ensemble

$\left\{ p \in M \mid H \xrightarrow{j_p^k} J_p^k(F^* \otimes \Omega^n) \text{ n'est pas surjective} \right\}$ est un sous-ensemble

analytique de M; on le note par $W_{k+1}(F)$.

<u>Démonstration.</u> Soit $J^k(F^* \otimes \Omega^n)$ le fibré en jets associé au faisceau $F^* \otimes \Omega^n$. Soit $c(k) :=$ rang de $J^k(F^* \otimes \Omega^n) = \binom{n+k}{n} r$. Si k est tel que $c(k) > h$, alors le sous-ensemble en question est M tout entière. On suppose donc k tel que $c(k) \leq h$. On a un morphisme de fibrés

$M \times H \xrightarrow{j^k} J^k(F^* \otimes \Omega^n)$; $(p, \omega) \to j_p^k(\omega)$. D'où un autre morphisme:

$M \times (\overset{c(k)}{\Lambda} H) \xrightarrow{\overset{c(k)}{\Lambda} j^k} \det(J^k(F^* \otimes \Omega^n))$.

Celui-ci induit une section globale du fibré

$$\mathrm{Hom}(M\times(\overset{c(k)}{\Lambda} H),\det(J^k(F^*\otimes\Omega^n)) \approx (M\times(\overset{c(k)}{\Lambda} H))^*\otimes\det(J^k(F^*\otimes\Omega^n)).$$

Où $\approx$ désigne un isomorphisme. L'ensemble de zéros de cette section est l'ensemble en question.

c. q. f. d.

Soit $k \geqq 1$. Pour $p \in M \setminus W_k(F)$ on voit que les k premières F-lacunes en p sont 1,...k. Il est donc raisonnable de donner la définition suivante:

Définition. Soit k le plus grand entier tel que $W_k(F) \neq M$. Alors les éléments de $W_k(F)$ sont appelés les F-points de Weierstrass de M.

Les F-points de Weierstrass de M sont donc les points dont la suite des F-lacunes ne commence pas par 1,...,k.

Il peut fort bien arriver qu'il existe k tel que $c(k-1) \leqq h$ et $W_k(F) = M$. Le problème est donc de trouver la plus petite valeur de k telle que $W_k(F) \neq M$. Voici quelques résultats partiels:

1) Si F est de rang 1 et $h \geqq 1$, alors $W_1(F) \neq M$.

Preuve: $W_1(F) = M \Leftrightarrow$ toute section globale de $F^*\otimes\Omega^n$ s'annule partout c'est-à-dire $h = 0$.

Donc dans ce cas, pour un point générique p il n'existe pas d'élément dans $H^{n-1}(M\setminus\{p\},F)$ qui a un pôle d'ordre 1.

Par contre si F est de rang > 1 on ne peut rien affirmer, même si h est grand: soit E un fibré vectoriel sur M tel que $F = \mathcal{O}(E)$ et soit κ le fibré canonique de M, alors $F^*\otimes\Omega^n = \mathcal{O}(E^*\otimes\kappa)$ et $W_1(F) = M$ si, et seulment si les sections globales du fibré $E^*\otimes\kappa$ n'engendrent aucune fibre de $E^*\otimes\kappa$.

2) Soient $k \geqq 1$ tel que $W_k(F) \neq M$ et $m := h-c(k-1)$. Soit $G_{h,m}(H)$ la variété grassmannienne de m-plans de H. On a une application holomorphe:

$$M \setminus W_k(F) \xrightarrow{\Phi_F^k} G_{h,m}(H); \ p \to \mathrm{Ker} j_p^{k-1}$$

Ogawa [8] a démontré le théorème suivant:

<u>Théorème.</u> L'ensemble de points de $M \setminus W_k(F)$ où Φ_F^k n'est pas une immersion est contenu dans $W_{k+1}(F)$.

Φ_F^k induit une application méromorphe de M sur une variété algébrique projective. Nous en déduisons:

<u>Corollaire 1.</u> $W_{k+1}(F) \neq M$ si, et seulement si $\dim_{\mathbb{C}} \Phi_F^k(M) = \dim_{\mathbb{C}} M$.

<u>Preuve:</u> clair!

En particulier:

<u>Corollaire 2.</u> Si $a(M) :=$ dim algébrique de $M < \dim_{\mathbb{C}} M$, alors $W_2(F) = M$.

<u>Preuve:</u> $\dim_{\mathbb{C}} \Phi_F^1(M) \leqq a(M)$.

Chapitre II: Sous-faisceaux polaires de $\underline{H}^d_Z(X,\Omega^p)$.

Notations et définitions.

Dans ce qui suit X sera une variété analytique complexe(lisse), connexe et de dimension complexe n; Z une sous-variété analytique (fermée), connexe de X de codimension d et supposée lisse aussi.

Pour un faisceau analytique F sur X et $\forall i \geq 0$ on désigne par $H^i_Z(X,F)$ le i-ième groupe de cohomologie locale à coefficients dans F et à support dans Z.

Par $\underline{H}^i_Z(X,F)$ on désigne le faisceau associé au préfaisceau:

$U \to H^i_{Z\cap U}(U,F)$; $U \subset X$ et $i \geq 0$.

De même $\underline{H}^i(X \setminus Z,F)$ désignera le faisceau associé au préfaisceau:

$U \to H^i(U \setminus Z\cap U,F)$; $U \subset X$ et $i \geq 0$.

Pour tout ouvert $U \subset X$ on a la suite exacte de cohomologie locale:

$$0 \to H^0_{Z\cap U}(U,F) \to H^0(U,F) \to H^0(U \setminus U\cap Z,F) \to H^1_{Z\cap U}(U,F) \to \cdots$$

D'où un morphisme de faisceaux:

$$\underline{H}^{i-1}(X \setminus Z,F) \xrightarrow{\underline{r}^i} \underline{H}^i_Z(X,F); \; i \geq 1.$$

Si F est cohérent $\underline{r}^i$ est un isomorphisme pour $i \geq 2$ et pour $i = 1$ nous avons une suite exacte de faisceaux:

$$0 \to \underline{H}^0_Z(X,F) \to F \to \underline{H}^0(X \setminus Z,F) \xrightarrow{\underline{r}^i} \underline{H}^1_Z(X,F) \to 0.$$

On va maintenant introduire la notion d'un pôle d'un élément ω dans $H^{d-1}(U \setminus U\cap Z,F)$ (resp. $H^d_{U\cap Z}(U,F)$), pour $F = \Omega^p$ = faisceau de germes de formes différentielles holomorphes; $p = 0,\ldots n$ et U un ouvert de X. Ou plus généralement pour un $\omega \in \Gamma(U,\underline{H}^{d-1}(X \setminus Z,F))$ (resp. $\Gamma(U,\underline{H}^d_Z(X,F))$ avec les mêmes hypothèses sur F et U.

§1. Cas local.

Soit $\mathbb{C}^n = \mathbb{C}^{n-d} \times \mathbb{C}^d$; $(z,w) = (z_1,\dots,z_{n-d},w_1,\dots,w_d)$.

On identifiera $\mathbb{C}^d$ avec $\{(z,w) \in \mathbb{C}^n \mid z = 0\}$ et $\mathbb{C}^{n-d}$ avec l'ensemble $\{(z,w) \in C^n \mid w = 0\}$.

Soient $p_1: \mathbb{C}^n \to \mathbb{C}^{n-d}$; $(z,w) \to z$

et $p_2: \mathbb{C}^n \to \mathbb{C}^d$; $(z,w) \to w$.

Soit U un ouvert de Stein connexe de $\mathbb{C}^n$ tel que $U \cap \mathbb{C}^{n-d} \neq \emptyset$.

On pose $V := U \cap \mathbb{C}^{n-d}$ et $U^* := U \setminus V$.

Nous commençons par étudier les groupes $H^i_V(U,\mathcal{O})$. On sait que $H^i_V(U,\mathcal{O}) = 0$, si $i \neq d$ et que $H^d_V(U,\mathcal{O})$ ne dépend que de V; c'est-à-dire si W est un autre ouvert de $\mathbb{C}^n$ tel que $W \cap \mathbb{C}^{n-d} = V$, alors $H^d_V(U,\mathcal{O}) = H^d_V(W,\mathcal{O})$.

Supposons $d > 1$, alors il y a un isomorphisme $H^{d-1}(U^*,\mathcal{O}) \to H^d_V(U,\mathcal{O})$.

On considère le diagramme suivant:

$$\begin{array}{ccc} H^{d-1}(p_1^{-1}(V) \setminus V,\mathcal{O}) & & \\ \downarrow \rho_U & \searrow \text{res.} & \\ H^{d-1}(U^*,\mathcal{O}) & \xrightarrow{\text{res.}} & H^{d-1}(p_1^{-1}(V) \cap U^*,\mathcal{O}). \end{array}$$

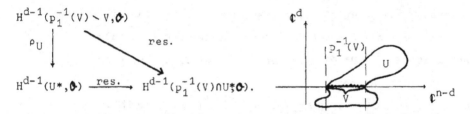

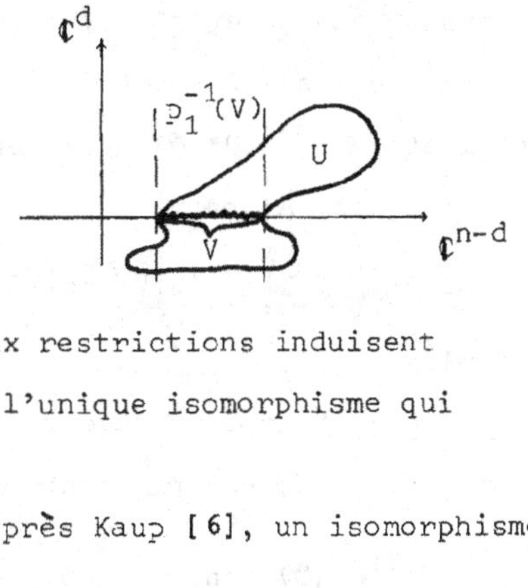

D'après ce qu'on vient de dire les deux restrictions induisent des isomorphismes et on prend pour ρ_U l'unique isomorphisme qui rend le diagramme commutatif.

Comme $p_1^{-1}(V) \setminus V = V \times (\mathbb{C}^d \setminus \{0\})$ on a, d'après Kaup [6], un isomorphisme:

$$H^{d-1}(p_1^{-1}(V) \setminus V,\mathcal{O}) \to H^0(V,\mathcal{O}) \hat{\otimes} H^{d-1}(\mathbb{C}^d \setminus \{0\},\mathcal{O}).$$

Donc chaque $\gamma \in H^{d-1}(p_1^{-1}(V) \setminus V,\mathcal{O})$ admet un représentant de Dolbeault unique de la forme $\sum_{\substack{|\alpha| \geq 0 \\ \alpha \in \mathbb{N}^d}} (f_\alpha \circ p_1) p_2^*(\psi_\alpha)$; où f_α est une fonction holomorphe sur V et $\lim_{k\to\infty} \sup_{|\alpha|=k} \sqrt[k]{\|f_\alpha\|_K} = 0$; pour tout compact K de V, et

ψ_α est la α-ième forme de Martinelli (voir Chapitre I, p.1) sur $\mathbb{C}^d \setminus \{0\}$. Pour simplifier la notation on écrit souvent $f_\alpha \psi_\alpha$ au lieu de $(f_\alpha \circ p_1) p_2^* \psi_\alpha$. Ce représentant est appelé le <u>représentant canonique de γ</u>. On peut associer à chaque $\omega \in H^{d-1}(U^*, \mathcal{O})$ le représentant canonique de $\rho_U^{-1}(\omega)$ et on l'appelle aussi le représentant canonique de ω.

Soit $z_0 \in V$ et soit $D_r(0) := \{w \in \mathbb{C}^d \mid |w_i| < r;\ i = 1, \ldots, d\}$.
Pour r assez petit on a $\{z_0\} \times D_r(0) \subset U$. On considère l'application

$$i_{z_0} : D_r(0) \to U;\ w \to (z_0, w).$$

Soit $\omega \in H^{d-1}(U^*, \mathcal{O})$ et soit $\sum_{|\alpha| \geqq 0} f_\alpha \psi_\alpha$ son représentant canonique, alors $i^*_{z_0}(\omega) \in H^{d-1}(D_r(0) \setminus \{0\}, \mathcal{O})$ et son représentant canonique est $\sum_{|\alpha| \geqq 0} f_\alpha(z_0) \psi_\alpha$.

Supposons V connexe et soit $\hat{V}$ un ouvert de V. Pour $z \in \hat{V}$ il existe un polydisque $D(z) \subset \mathbb{C}^d$ centré à l'origine tel que $\{z\} \times D(z) \subset U$.
Soient ω et $\sigma \in H^{d-1}(U^*, \mathcal{O})$ et soient $\Sigma f_\alpha \psi_\alpha$ et $\Sigma g_\alpha \psi_\alpha$ ses représentants canoniques. Alors:

$$i_z^*(\omega) = i_z^*(\sigma);\ \forall z \in \hat{V} \Leftrightarrow f_\alpha|_{\hat{V}} \equiv g_\alpha|_{\hat{V}};\ \forall \alpha \in \mathbb{N}^d \Leftrightarrow f_\alpha \equiv g_\alpha;\ \forall \alpha \in \mathbb{N}^d.$$

Cela implique:

<u>Proposition 1.</u> Soit $\hat{U}$ un ouvert de U tel que $\hat{V} := \hat{U} \cap \mathbb{C}^{n-d} \neq \emptyset$, alors l'homomorphisme de restriction: $H^d_V(U, \mathcal{O}) \to H^d_{\hat{V}}(\hat{U}, \mathcal{O})$ est injectif.

Pour $\omega \in H^{d-1}(U^*, \mathcal{O})$ dont le représentant canonique est $\Sigma f_\alpha \psi_\alpha$ on pose $\nu(\omega) := \sup\{|\alpha| \mid f_\alpha \not\equiv 0\}$.

<u>Définition.</u> Si $\nu(\omega) < \infty$ on dit que ω a un pôle d'ordre $\nu(\omega)+1$ le long de V; sinon on dit que ω a une singularité essentielle le long de V.

§2. Cas global.

Soient X et Z comme avant.

Définition. On dit qu'une carte (U_i,φ_i) est une bonne carte (pour Z) si U_i est de Stein, $U_i\cap Z$ est connexe et $\varphi_i(U_i\cap Z)=\varphi_i(U_i)\cap\mathbb{C}^{n-d}$.

Notations. Pour $U\subset X$ un ouvert soit $U^*:=U\smallsetminus U\cap Z$;
pour une bonne carte (U_i,φ_i) on pose $W_i:=\varphi_i(U_i)$ et
$W_i^*:=W_i\smallsetminus W_i\cap\mathbb{C}^{n-d}=\varphi_i(U_i)\smallsetminus\varphi_i(U_i\cap Z)$.

Soit U un ouvert de X, alors $\forall z\in U\cap Z$ il existe une bonne carte (U_i,φ_i) avec $z\in U_i\subset U$. Nous avons les homomorphismes suivants:

$$H^{d-1}(U^*,\mathcal{O})\xrightarrow{res_i}H^{d-1}(U_i^*,\mathcal{O})\xrightarrow{\hat{\varphi}_i}H^{d-1}(W_i^*,\mathcal{O});$$

où $\hat{\varphi}_i$ est l'isomorphisme induit par $\varphi_i|_{U_i^*}$.

Proposition 2.(et définition). Soit (U_j,φ_j) une autre bonne carte telle que $z\in U_j\subset U$, alors $\nu(\hat{\varphi}_i(res_i\omega))=\nu(\hat{\varphi}_j(res_j\omega))$, $\forall\omega\in H^{d-1}(U^*,\mathcal{O})$. On pose alors $\nu_z(\omega):=\nu(\varphi_i(res_i\omega))$. Si $\nu_z(\omega)<\infty$, on dit que ω a un pôle d'ordre $\nu_z(\omega)+1$ en z. Sinon on dit que ω a une singularité essentielle en z.

Démonstration. Soit C la composante connexe de $U_i\cap U_j\cap Z$ qui contient z et soit $W\subset U_i\cap U_j$ un ouvert de Stein tel que $W\cap Z=C$. On a donc $\varphi_i(W)\subset W_i$ et $\varphi_j(W)\subset W_j$ et on pose $\varphi_i(W)^*=\varphi_i(W)\smallsetminus\varphi_i(W)\cap\mathbb{C}^{n-d}$. On a:

$$\begin{array}{ccc}H^{d-1}(W_i^*,\mathcal{O}) & \xrightarrow{res} & H^{d-1}(\varphi_i(W)^*,\mathcal{O})\\ & & \uparrow g_{ij}\\ H^{d-1}(W_j^*,\mathcal{O}) & \xrightarrow{res} & H^{d-1}(\varphi_j(W)^*,\mathcal{O})\end{array}$$

où g_{ij} est l'isomorphisme induit par $\varphi_i\circ\varphi_j^{-1}|_{\varphi_j(W)}$.

D'après proposition 1 les deux restrictions conservent l'ordre de pôle(ou la singularité essentielle). Il suffit donc de montrer que g_{ij} le conserve aussi. Ça résulte du lemme suivant.

Lemme. Soient U_1 et U_2 deux ouverts de $\mathbb{C}^n = \mathbb{C}^{n-d} \times \mathbb{C}^d \ni (z,w)$, tels que $U_1 \cap \mathbb{C}^{n-d}$ et $U_2 \cap \mathbb{C}^{n-d}$ soient connexes et non-vides. Soit $F: U_1 \to U_2$ une application biholomorphe de U_1 sur U_2 telle que $F(U_1 \cap \mathbb{C}^{n-d}) = U_2 \cap \mathbb{C}^{n-d}$. Soit f une fonction holomorphe sur $U_2 \cap \mathbb{C}^{n-d}$ et soit ψ_α la α-ième forme de Martinelli sur $\mathbb{C}^d \setminus \{0\}$.
$(f \circ p_1) p_2^* \psi_\alpha$ définit une classe de cohomologie
$[f\psi_\alpha] \in H^{d-1}(U_2 \cap \mathbb{C}^{n-d} \times (\mathbb{C}^d \setminus \{0\}), \mathcal{O})$; d'où une autre
$\rho_U [f\psi_\alpha] \in H^{d-1}(U_2^*, \mathcal{O})$. Soit $F^*: H^{d-1}(U_2^*, \mathcal{O}) \to H^{d-1}(U_1^*, \mathcal{O})$ l'isomorphisme induit par F. Alors le représentant canonique de
$F^*(\rho_U [f\psi_\alpha]) \in H^{d-1}(U_1^*, \mathcal{O})$ est de la forme $\sum_{|\beta| \leqq |\alpha|} g_\beta \psi_\beta$; de plus il existe $\beta_0 \in \mathbb{N}^d$ tel que $|\beta_0| = |\alpha|$ et $g_{\beta_0} \not\equiv 0$.

Démonstration du lemme. Soit $D^{n-d} \subset U_1 \cap \mathbb{C}^{n-d}$ un polydisque et soit D^d un polydisque dans $\mathbb{C}^d$ centré à l'origine tel que
$D^n := D^{n-d} \times D^d \subset U_1$ et $F(D^n) \subset p_1^{-1}(U_2 \cap C^{n-d})$. $\forall z \in D^{n-d}$ on a une application $i_z: D^d \to U_1$; $w \to (z,w)$.
Soit $\sum_{|\beta| \geqq 0} g_\beta \psi_\beta$ le représentant canonique de $F^*(\rho_U [f\psi_\alpha])$. On va démontrer que $g_\beta \equiv 0$, $\forall \beta$ tel que $|\beta| > |\alpha|$.
Or, $\sum_{|\beta| \geqq 0} g_\beta(z) \psi_\beta$ est le représentant canonique de $i_z^* F^*(\rho_U [f\psi_\alpha])$.
Si on pose $F_1 := p_1 \circ F$ et $F_2 := p_2 \circ F$, on a
$i_z^* \circ F^*(\rho_U [f\psi_\alpha]) = i_z^* \circ (F_{|D^n})^*([(f \circ p_1) p_2^* \psi_\alpha]) = [f \circ F_1(z,\cdot)(F_2(z,\cdot)^* \psi_\alpha)]$.

On considère l'application holomorphe:

$F_2(z,\cdot) = p_2 \circ F \circ i_z: D^d \to C^d$; $w \mapsto F_2(z,w)$.

Vu l'hypothèse sur F, on a $F_2(z,0) = 0$. On en déduit que le déterminant de la matrice jacobienne de $F_2(z,\cdot)$ à l'origine est $\neq 0$, puisque F est biholomorphe. Par conséquent $F_2(z,\cdot)$ est une application biholomorphe d'un voisinage de l'origine de $\mathbb{C}^d$ sur un autre voisinage de l'origine de $\mathbb{C}^d$.

D'après un résultat du premier chapitre (sous-lemme de proposition 3, page 7), on a $[F_2(z,\cdot)*\psi_\alpha] = [\sum_{|\beta| \leq |\alpha|} c_\beta \psi_\beta]$; $c_\beta \in \mathbb{C}$.

Comme $f(F_1(z,\cdot))$ est holomorphe, $f(F_1(z,\cdot))F_2(z,\cdot)*\psi_\alpha$ est $\bar{\partial}$-cohomologue à $f(F_1(z,\cdot))(\sum_{|\beta| \leq |\alpha|} c_\beta \psi_\beta)$. Alors d'après un autre résultat du même chapitre(sous-lemme, page 10), on a:

$$[f(F_1(z,\cdot)) \sum_{|\beta| \leq |\alpha|} c_\beta \psi_\beta] = \left[\sum_{|\beta| \leq |\alpha|} c_\beta \left(\sum_{\gamma \leq \beta} \frac{\partial^{|\gamma|}(f(F_1(z,\cdot))}{\partial w^\gamma}(0)\psi_{\beta-\gamma}\right)\right].$$

Nous avons donc démontré (vu l'unicité des représentants canoniques):

$g_\beta(z) = 0$, $\forall z \in D^{n-d}$ et $\forall \beta$ avec $|\beta| > |\alpha|$.

Le principe de prolongement analytique nous donne alors $g_\beta \equiv 0$, car $U_1 \cap \mathbb{C}^{n-d}$ est connexe, $\forall \beta$ avec $|\beta| > |\alpha|$.

En appliquant ce resultat à F^{-1}, on obtient l'existence de β_0 avec $|\beta_0| = |\alpha|$ et tel que $g_\beta \not\equiv 0$.

Ce qui achève la démonstration du lemme.

Théorème. Soit U un ouvert de X tel que $U \cap Z$ est connexe. Soit $\omega \in H^{d-1}(U^*, \mathcal{O})$. Alors $\nu_z(\omega)$ ne dépend pas de $z \in Z \cap U$.

Démonstration. En effet pour $z_0 \in Z \cap U$ fixé on démontre sans difficulté que l'ensemble $\{z \in Z \cap U \mid \nu_z(\omega) = \nu_{z_0}(\omega)\}$ est ouvert et fermé dans $Z \cap U$.

c. q. f. d.

<u>Définition.</u> Avec les mêmes hypothèses sur U, on pose $\nu(\omega) := \nu_z(\omega)$, pour $\omega \in H^{d-1}(U^*, \mathcal{O})$ et $z \in U \cap Z$.

Si $\nu(\omega) < \infty$, on dit que ω a un pôle d'ordre $\nu(\omega)+1$ le long de $Z \cap U$.

Sinon, on dit que ω a une singularité essentielle le long de $Z \cap U$.

<u>Remarques.</u> 1) Si l'ouvert U est tel que $U \cap Z$ n'est pas connexe, alors on définit l'ordre de pôle le long de chaque composante connexe de $U \cap Z$.

2) Si $d = 1$, nous avons à considérer les groupes $H^0(U^*, \mathcal{O})$ dont les éléments sont les fonctions holomorphes sur $U \setminus U \cap Z$ et les notions d'un pôle et d'une singularité essentielle sont classiques.

Comme trivialement $\nu(\omega_1 + \omega_2) \leqq \max\{\nu(\omega_1), \nu(\omega_2)\}$ et $\nu(\lambda\omega) = \nu(\omega)$; $\forall \omega_1, \omega_2, \omega \in H^{d-1}(U^*, \mathcal{O})$ et $\forall \lambda \in \mathbb{C} \setminus \{0\}$, on a une **filtration** de $H^{d-1}(U^*, \mathcal{O})$ formée des sous-espaces vectoriels:

$$P^k(U) := \{\omega \in H^{d-1}(U^*, \mathcal{O}) \mid \nu(\omega) \leqq k-1\}$$
$$= \{\omega \in H^{d-1}(U^*, \mathcal{O}) \mid \omega \text{ a un pôle d'ordre } \leqq k \text{ le long de } Z \cap U\}.$$

On considère maintenant le faisceau $\underline{H}_Z^d(X, \mathcal{O})$.

Soit U un ouvert de X tel que $U \cap Z \neq \emptyset$. A chaque $s \in \Gamma(U, \underline{H}_Z^d(X, \mathcal{O}))$ correspond la donnée d'une famille $\{s_i, (U_i, \varphi_i, W_i)\}$; où (U_i, φ_i, W_i) est une bonne carte et $s_i \in H^d_{\mathbb{C}^{n-d} \cap W_i}(W_i, \mathcal{O})$, telle que $U \cap Z \subset \bigcup_i U_i$ et

$\rho_{ji}(s_i|_{\varphi_i(U_i \cap U_j)}) = s_j|_{\varphi_j(U_i \cap U_j)}$; où ρ_{ji} est l'isomorphisme induit par le changement des cartes et $s_i|$ désigne l'image de s_i par l'homomorphisme de restriction.

Si $d > 1$, $H^{d-1}(U_i^*, \mathcal{O})$ et $H^d_{U_i \cap Z}(U_i, \mathcal{O})$ sont isomorphes et on peut parler de l'ordre de pôle de s_i le long de $\varphi_i(U_i \cap Z)$. Comme les changements des bonnes cartes conservent l'ordre de pôle(voir le lemme à la page 5), l'ordre de pôle de s le long de $U \cap Z$ est bien défini.

Pour $d=1$ on a $s_i \in H^1_{\mathbb{C}^{n-1}\cap W_i}(W_i, \mathcal{O})$ et les éléments de ce groupe sont représentés par des séries de Laurent $\sum_{j=1} f_j \frac{1}{z^j}$; où les f_j sont des fonctions holomorphes sur $\mathbb{C}^{n-1} \cap W_i$.
Les changements des bonnes cartes conservent également l'ordre de pôle dans ce cas-là (classique, mais la démonstration donnée pour les séries de formes de Martinelli est aussi applicable, grâce à la formule de Cauchy).

Pour chaque $k \geq 1$ on définit un sous-faisceau de $\underline{H}^d_Z(X,\mathcal{O})$, noté par $\underline{P}^k$ et défini par

$$\underline{P}^k(U) := \{s \in \Gamma(U, \underline{H}^d_Z(X,\mathcal{O})) \mid \nu_z(s) \leq k-1;\ \forall z \in Z \cap U\};\ \text{pour } U \text{ ouvert de } X.$$

$\underline{P}^k$ est d'ailleurs le faisceau engendré par le préfaisceau $U \to P^k(U)$.
$0 \to \underline{P}^1 \to \underline{P}^2 \to \cdots \to \underline{P}^k \to \cdots \to \underline{H}^d_Z(X,\mathcal{O})$ est donc une filtration de sous-faisceaux (d'espaces vectoriels).

Soit N le fibré normal de Z dans X, $S^k(N)$ sa k-ième puissance symétrique et $\det N = \overset{d}{\Lambda} N$ sa d-ième puissance exterieure.
Soit $i\colon Z \to X$ l'inclusion canonique. Pour un faisceau F sur Z on note par i_*F son image directe par i. Pour un fibré vectoriel E on note par $\mathcal{O}(E)$ le faisceau analytique localement libre associé a E.
Soit $\underline{P}^0$ le faisceau nul sur X.

<u>Théorème.</u> Pour tout $k \geq 0$ le faisceau quotient $\underline{P}^{k+1}/\underline{P}^k$ est isomorphe au faisceau $i_*\mathcal{O}_Z(S^k(N)\otimes \det N)$.

<u>Démonstration.</u> Soit U un ouvert de X. On va démontrer que $\Gamma(U, \underline{P}^{k+1}/\underline{P}^k)$ et $\Gamma(U, i_*\mathcal{O}(S^k(N)\otimes \det N))$ sont isomorphes.
A un élément $\gamma \in \Gamma(U, \underline{P}^{k+1}/\underline{P}^k)$ correspond la donnée d'une famille $(\gamma_s, (U_s, \varphi_s, W_s))_s$; où (U_s, φ_s, W_s) est une bonne carte et $\gamma_s \in \underline{P}^{k+1}(U_s)$,

tels que $\underset{s}{\psi}(U_s \cap Z) = U \cap Z$ et:

(*) $\gamma_s|_{U_s \cap U_t} - \gamma_t|_{U_s \cap U_t} \in \underline{P}^k(U_s \cap U_t)$.

Soit $\tilde{\hat{\varphi}}_s$: $H^d_{U_s \cap Z}(U_s, \mathcal{O}) \to H^d_{\mathbb{C}^{n-d} \cap W_s}(W_s, \mathcal{O})$ l'isomorphisme induit par φ_s.

Soit $\sum_{\substack{\alpha \in \mathbb{N}^d \\ |\alpha| \leq k}} f^s_\alpha \psi_\alpha$ le représentant canonique de $\hat{\varphi}_s(\gamma_s)$ (sa série de Laurent si $d = 1$). On a $\varphi_t \circ \varphi_s^{-1}$: $\varphi_s(U_s \cap U_t) \to \varphi_t(U_s \cap U_t)$ et soit ρ_{ts} l'isomorphisme induit par cette application au niveau de cohomologie locale. Alors la condition (*) est vérifiée si, et seulement si $\rho_{ts}(\varphi_s \gamma_s|_{\varphi_s(U_s \cap U_t)}) - \varphi_t \gamma_t|_{\varphi_t(U_s \cap U_t)}$ a un pôle d'ordre $\leq k$ le long de $\varphi_t(U_s \cap U_t) \cap \mathbb{C}^{n-d}$. Nous avons:

$$H^d_{\mathbb{C}^{n-d} \cap W_s}(W_s, \mathcal{O}) \to H^{d-1}(W_s^*, \mathcal{O}) \xrightarrow{\text{res}} H^{d-1}(\varphi_s(U_s \cap U_t)^*, \mathcal{O});$$

$$\hat{\varphi}_s(\gamma_s) \quad \to \quad \rho_{W_s}\left[\Sigma f^s_\alpha \psi_\alpha\right] \quad \to \quad \text{res}(\rho_{W_s}[\Sigma f^s_\alpha \psi_\alpha]) =: \omega_s$$

La condition (*) est vérifiée $\Leftrightarrow$ $(\varphi_t \circ \varphi_s^{-1})^* \omega_t - \omega_s$ n'a que des pôles d'ordre $\leq k$ $\Leftrightarrow$ la composante homogène de degré k du représentant canonique de $(\varphi_t \circ \varphi_s^{-1})^* \omega_t$ est égale à $\sum_{|\alpha| = k} f^s_\alpha \psi_\alpha$.

Pour simplifier les notations on pose:

$F := \varphi_t \circ \varphi_s^{-1}|_{\varphi_s(U_s \cap U_t)}$ et $F_1 := P_1 \circ F$ et $F_2 := p_2 \circ F$.

D'après la démonstration du sous-lemme de proposition 2, on a:

Soit D^d un polydisque centré à l'origine de $\mathbb{C}^d$ et D^{n-d} un polydisque dans $\mathbb{C}^{n-d}$ tels que $D := D^{n-d} \times D^d \subset \varphi_s(U_s \cap U_t)$ et $F(D) \subset p_1^{-1}(\varphi_s(U_s \cap U_t) \cap \mathbb{C}^{n-d})$, alors $F^* \omega_t|_D = \left[\sum_{|\beta| \leq k} f^t_\beta(F_1(z,\cdot)) F_2(z,\cdot)^* \psi_\beta\right]$; où $F_i(z,\cdot)$: $D^d \to \mathbb{C}^d$,

$w \to F_i(z,w)$.

Soit $\sum_{|\alpha| \leq |\beta|} g^\beta_\alpha(z) \psi_\alpha$ le représentant canonique de $[F_2(z,\cdot)^* \psi_\beta]$. Alors:

$$F^*\omega_{\beta}|_D = \left[\sum_{|\beta|\leq k} \ \sum_{|\alpha|\leq|\beta|} f^t_{\beta}(F_1(z,w)) g^{\beta}_{\alpha}(z)\psi_{\alpha} \right].$$

Comme $[f^t_{\beta}(F_1(z,w))g^{\beta}_{\alpha}(z)\psi_{\alpha}] = \left[\sum_{\gamma\leq\alpha} g^{\beta}_{\alpha}(z)\frac{\partial^{|\gamma|} f^t_{\beta}(F_1(z,\cdot))}{\partial w^{\gamma}}\Big|_{w=0} \psi_{\alpha-\gamma} \right]$,

la composante homogène de degré k du représentant canonique de $F^*\omega_{\beta}|_D$

est $\sum_{|\beta|=k} \ \sum_{|\alpha|=k} f^t_{\beta}(F_1(z,0))g^{\beta}_{\alpha}(z)\psi_{\alpha}$. Il reste donc à calculer $g^{\beta}_{\alpha}(z)$

pour $|\alpha| = |\beta| = k$.

Soit $J(z)$ la matrice jacobienne de $F_2(z,\cdot)$ en $w=0$. Comme $\det J(z) \neq 0$ on peut considérer son inverse, noté $J(z)^{-1} = (a_{ij})_{1\leq i,j\leq d}$. Soit $S^k(J(z)^{-1}) = (a_{\alpha\beta}(z))_{\substack{\alpha,\beta\in\mathbb{N}^d \\ |\alpha|=|\beta|=k}}$ la k-ième puissance symétrique de $J(z)^{-1}$

Alors $g^{\beta}_{\alpha}(z) = a_{\alpha\beta}(z)\det J(z)^{-1}$.

Preuve: pour chaque $z\in D^{n-d}$ il existe deux voisinages U(z) et V(z) de l'origine de $\mathbb{C}^d$ tels que $F_2(z,\cdot)$ applique U(z) biholomorphiquement sur V(z). Soit $H(z) = (h_1,\dots,h_d)$: $V(z) \to U(z)$ son inverse.

D'après chapitre I, page 7 on a $\forall z\in D^{n-d}$:

$$\begin{aligned} g^{\beta}_{\alpha}(z) &= \frac{1}{(2\pi i)^n}\int_{S(z)} (F_2(z,\cdot)^*\psi_{\beta})\wedge w^{\alpha} dw_1\wedge\dots\wedge dw_d \\ &= \langle\delta_0^{(\beta)}, h_1^{\alpha_1}\cdots h_d^{\alpha_d}\cdot\det J(H(z))\rangle, \end{aligned}$$

où $S(z)\subset U(z)$ est une sphère centrée à l'origine et $J(H(z))$ est la matrice jacobienne de $H(z)$.

Or, les h_i sont des fonctions holomorphes sur U(z) avec $h_i(0) = 0$, elles s'écrivent donc à l'origine comme

$h_i(u_1,\dots,u_d) = a_{i1}u_1+\dots+a_{id}u_d+\Sigma$(termes de degré ≥ 2).

Puisque $|\alpha| = |\beta| = k$, on a:

$$\begin{aligned} g^{\beta}_{\alpha}(z) &= \langle\delta_0^{(\beta)}, (a_{11}u_1+ \quad +a_{1d}u_d)^{\alpha_1}\cdots(a_{d1}u_1+\dots+a_{dd}u_d)^{\alpha_d}\det J(z)^{-1}\rangle \\ &= a_{\alpha\beta}(z)\det J(z)^{-1}. \end{aligned}$$

Nous avons donc démontré: (*) est vérifiée si, et seulement si

$$f_\alpha^s(z) = \sum_{|\beta|=k} a_{\alpha\beta}(z)\det J(z)^{-1} f_\beta^t(F_1(z,0)); \ \forall z \in D^{n-d} \text{ et } \forall \alpha \in \mathbb{N}^d, \ |\alpha|=k.$$

En termes des $\binom{d+k}{d-1}$-vecteurs $(f_\alpha^s(z))_{|\alpha|=k}$ et $(f_\beta^t(F_1(z,0)))_{|\beta|=k}$ ça s'écrit:

$$(f_\alpha^s(z))_{|\alpha|=k} = \det J(z)^{-1} S^k(J(z)^{-1})(f_\beta^t(F_1(z,0)))_{|\beta|=k},$$

ou bien:

$$(**) \quad \det J(z) S^k(J(z))(f_\alpha^s(z))_{|\alpha|=k} = (f_\beta^t(F_1(z,0)))_{|\beta|=k}.$$

En tenant compte du fait que $J(z)$ est la matrice jacobienne à l'origine de l'application $w \to [p_2 \circ (\varphi_t \circ \varphi_s^{-1} |_{\varphi_s(U_s \cap U_t)})](z,w)$ et $F_1(z,0) = [p_1 \circ (\varphi_t \circ \varphi_s^{-1} |_{\varphi_s(U_s \cap U_t)})](z,0)$, la donnée pour chaque s d'un $\binom{d+k}{d-1}$-vecteur $(f_\alpha^s)_{|\alpha|=k}$ de fonctions holomorphes sur $W_s \cap \mathbb{C}^{n-d} = \varphi_s(U_s \cap Z)$ telle que la condition (**) est vérifiée $\forall s$ et $\forall t$ est équivalente à la donnée d'une section holomorphe du fibré $S^k(N) \otimes \det N$ au-dessus de $Z \cap U$.

Nous avons établi un isomorphisme pour chaque ouvert U de X et comme ces isomorphismes sont compatibles avec les restrictions, le théorème est démontré.

c. q. f. d.

Pour chaque $k \geq 1$ il y a une suite exacte:

$$0 \to \underline{P}^k \to \underline{P}^{k+1} \to i_* \mathcal{O}_Z(S^k(N) \otimes \det N) \to 0.$$

On remarque que chaque $\underline{P}^k$ est muni d'une structure de faisceau $\mathcal{O}_X$-analytique telle que les flèches dans la suite exacte sont $\mathcal{O}_X$-linéaires.

<u>Proposition</u> **3.** 1) $\underline{P}^k$ est cohérent $\forall k \geq 1$.

2) $\underline{\mathrm{Ann}}_{\mathcal{O}_X}(\underline{P}^k) :=$ le sous-faisceau maximal d'idéaux de $\mathcal{O}_X$ qui annule $\underline{P}^k$ est égale à I_Z^k, où I_Z est le sous-faisceau maximal d'idéaux de $\mathcal{O}_X$ qui définit Z.

3) $\underline{P}^k$ est le sous-faisceau de $\underline{H}^d_Z(X,\mathcal{O})$ annulé par I^k_Z. Autrement dit $\underline{P}^k$ est le noyau du morphisme:

$\underline{H}^d_Z(X,\mathcal{O}) \to \underline{\mathrm{Hom}}(I^k_Z, \underline{H}^d_Z(X,\mathcal{O}))$; $f_x \to (s_x \to s_x f_x)$.

Démonstration. 1) $\underline{P}^1 = i_*\mathcal{O}(\det N)$ et $\underline{P}^{k+1}/\underline{P}^k$ sont cohérents, $\forall k \geq 1$, donc par récurrence sur k les $\underline{P}^k$ sont cohérents, $\forall k \geq 1$.

2) Soit $z \in Z$ et soit f_z le germe d'une fonction holomorphe, définie dans un voisinage de z dans X. Soit $(U_\alpha, \varphi_\alpha, W_\alpha)$ une bonne carte centrée en z et soit f^α l'expression de f dans cette carte. Il existe un polydisque $D = D^{n-d} \times D^d \ni (z,w)$ centré en zéro dans $\mathbb{C}^n$ tel que f^α est holomorphe sur D. Dire que $f_z s_z = 0$, $\forall s_z \in (\underline{P}^k)_z$, équivaut à dire que $f^\alpha \psi_\mu$ est $\bar\partial$-cohomologue à zéro, $\forall \mu \in \mathbb{N}^d$ avec $|\mu| \leq k-1$, dans un voisinage de l'origine. Or, nous avons démontré la formule:

$$[f^\alpha \psi_\mu] = \left[\sum_{\nu \leq \mu} \frac{\partial^{|\nu|} f^\alpha}{\partial w^\nu}(z,0)\psi_{\mu-\nu} \right].$$ D'où:

$$[f^\alpha \psi_\mu] = 0,\ \forall \mu \in \mathbb{N}^d \text{ avec } |\mu| \leq k-1 \Leftrightarrow \frac{\partial^{|\nu|} f^\alpha}{\partial w^\nu}(z,0) = 0,\ \forall \nu \in \mathbb{N}^d \text{ avec } |\nu| \leq k-1$$

et z dans un voisinage de 0 dans D^{n-d}

$$\Leftrightarrow f_z \in (I^k_Z)_z.$$

3) est évident, vu les considérations dans la démonstration de 2).

c. q. f. d.

Jusqu'à maintenant on n'a considéré que le faisceau $\mathcal{O}_X$. On va indiquer comment ce qu'on a fait se généralise pour les faisceaux Ω^p, $p=1,\dots,n$. Soit $\mathbb{C}^n = \mathbb{C}^{n-d} \times \mathbb{C}^d \ni (z,w)$. Soit U un ouvert de Stein dans $\mathbb{C}^{n-d}$. D'après Kaup [6], on a:

$$H^{d-1}(U \times (\mathbb{C}^d \setminus \{0\}), \Omega^p) = \bigoplus_{j=0}^{p} H^0(U, \Omega^j_U) \hat\otimes H^{d-1}(\mathbb{C}^d \setminus \{0\}, \Omega^{p-j}_{\mathbb{C}^d}).$$

Chaque élément ω de $H^{d-1}(U \times (\mathbb{C}^d \setminus \{0\}), \Omega^p)$ admet donc un représentant de Dolbeault unique de la forme: $\sum_{j=0}^{p}\Big(\sum_{|\alpha|\geq 0}\ \sum_{|I|=p-j}\omega_{\alpha,I}\wedge(\psi_\alpha\wedge dw_I)\Big)$, si on suppose $d>1$ (le cas $d=1$ se fait de manière analogue).

Pour chaque j on pose $\nu_j(\omega):=\sup\{|\alpha|\mid \omega_{\alpha,I}\neq 0,\ |I|=p-j\}$ et $\nu(\omega)=\max\{\nu_0(\omega),\dots,\nu_p(\omega)\}$.

En recollant d'après les changements de bonnes cartes on voit que la décomposition par rapport à j se conserve et on a une décomposition:

$$\underline{H}^{d-1}(X\smallsetminus Z,\Omega^p)=\bigoplus_{j=0}^{p}(\underline{H}^{d-1}(X\smallsetminus Z,\Omega^p))_j .$$

On considère ensuite les sous-faisceaux polaires de $\underline{H}^d_Z(X,\Omega^p)$ définis par $\underline{P}^k(\Omega^p)(U):=\{\omega\in\Gamma(U,\underline{H}^d_Z(X,\Omega^p)\mid \nu(\omega)\leq k-1\}$; $k\geq 1$.

On a une décomposition correspondante: $\underline{P}^k(\Omega^p)=\bigoplus_{j=0}^{p}(\underline{P}^k(\Omega^p))_j$

On démontre alors que:

$(\underline{P}^{k+1}(\Omega^p))_j/(\underline{P}^k(\Omega^p))_j\simeq i_*\mathcal{O}(S^k(N)\otimes\overset{j}{\Lambda}(T^*_Z)\otimes\overset{d-p+j}{\Lambda}(N))$; où T^*_Z est le fibré cotangent holomorphe de Z et $\overset{q}{\Lambda}(N)=0$ si $q<0$. Par conséquent:

$\underline{P}^{k+1}(\Omega^p)/\underline{P}^k(\Omega^p)\simeq i_*\mathcal{O}(S^k(N)\otimes[\bigoplus_{j=0}^{p}\overset{j}{\Lambda}(T^*_Z)\otimes\overset{d-p+j}{\Lambda}(N)])$. Où $\simeq$ désigne que les termes à gauche et àdroite sont isomorphes.

L'annulateur de $\underline{P}^k(\Omega^p)$ est I^k_Z et $\underline{P}^k(\Omega^p)$ est le sous-faisceau maximal de $\underline{H}^d_Z(X,\Omega^p)$ annulé par I^k_Z.

On sait que $\underline{\mathrm{Ext}}^d(\mathcal{O}_X/I^k_Z,\Omega^p)$ se plonge dans $\underline{H}^d_Z(X,\Omega^p)$, car Ω^p est localement libre, et son image dedans est le sous-faisceau maximal annulé par I^k_Z (voir Grothendieck [4]). D'où un isomorphisme:

$$\underline{P}^k(\Omega^p)\simeq\underline{\mathrm{Ext}}^d(\mathcal{O}_X/I^k_Z,\Omega^p).$$

En particulier, si on prend $d=p$, on a:

$\underline{\mathrm{Ext}}^d(\mathcal{O}_X/I_Z,\Omega^d)\simeq\mathcal{O}_Z\oplus\Omega^1_Z\otimes\mathcal{O}(N)\oplus\cdots\oplus\Omega^d_Z\otimes\mathcal{O}(\overset{d}{\Lambda}(N))$ et la classe fondamentale de Z est l'élément $c_Z\in\mathrm{Ext}^d(\mathcal{O}_X/I_Z,\Omega^d)\simeq\Gamma(X,\mathcal{O}_Z)\oplus\cdots$ qui correspond à la section 1 dans $\Gamma(X,\mathcal{O}_Z) = \Gamma(Z,\mathcal{O}_Z)$. Vis-à-vis de $\underline{P}^1(\Omega^d)$ c'est l'élément dont le représentant canonique dans chaque bonne carte est $\psi_{\mathcal{O}}\, dw_1\wedge\cdots\wedge dw_d$.

Finalement on va traiter le cas où F est un faisceau analytique localement libre de rang r sur X, mais dans ce cas on n'a plus les moyens de calcul explicite.

Pour chaque $z \in Z$ il existe un voisinage ouvert V de z dans X et un isomorphisme $\mathcal{O}_X$-linéaire φ: $F_{|V} \to (\mathcal{O}_{|V})^r$. Il induit un $\mathcal{O}_X$-isomorpmisme $\hat{\varphi}$: $\underline{H}^d_Z(X,F) \to \underline{H}^d_Z(X, \ )\oplus\cdots\oplus\underline{H}^d_Z(X, \ )$; $\hat{\varphi} = (\hat{\varphi}_1,\ldots,\hat{\varphi}_r)$.
Soit $s \in \Gamma(U,\underline{H}^d_Z(X,F))$, où U est un ouvert de X avec $U\cap Z$ connexe et non vide. Soit $k(z,\varphi)$ le maximum des ordres de pôles de $\hat{\varphi}_i(s)$ en z.
Or, $\underline{\mathrm{Ext}}^d(\mathcal{O}_X/_{I^k_Z},F)$ s'identifie avec le sous-faisceau de $\underline{H}^d_Z(X,F)$ annulé par I^k_Z et quelque soit l'isomorphisme $F_{|V} \simeq (\mathcal{O}_{|V})^r$ il induit un isomorphisme $\underline{\mathrm{Ext}}^d(\mathcal{O}_X/_{I^k_Z},F)_{|V} \simeq \underline{P}^k\oplus\cdots\oplus\underline{P}^k{}_{|V}$. On voit donc que $k(z,\varphi)$ ne dépend pas de φ et $k(z,\varphi) = k(z) := \inf\{k\in\mathbb{N} \mid s_z \in \underline{\mathrm{Ext}}^d(\mathcal{O}_X/_{I^k_Z},F)\}$.
Il est aisé de voir que pour tout $k\in\mathbb{N}$ l'ensemble :
$E(k) := \{z \in Z\cap U \mid k(z) = k\}$ est un ouvert, donc aussi fermé. Il en résulte que s a ou bien un pôle d'ordre fixe le long de $Z\cap U$ ou bien une singularité essentielle le long de $Z\cap U$.

<u>Remarque.</u> $\varinjlim_k \mathrm{Ext}^d(\mathcal{O}_X/_{I^k_Z},F)$ s'identifie avec un sous-espace vectoriel de $H^d_Z(X,F)$, **appelé la partie** algébrique de $H^d_Z(X,F)$. D'après ce que nous avons dit la partie algébrique est justement le sous-espace vectoriel de $H^d_Z(X,F)$ formé avec les éléments qui ont une singularité polaire le long de Z.

Supposons maintenant que X soit compacte. Soit $H^{d-1}(X\smallsetminus Z,\Omega^p;k)$ le sous-espace vectoriel de $H^{d-1}(X\smallsetminus Z,\Omega^p)$ formé des éléments qui ont un pôle d'ordre $\leqq k$ le long de Z. On veut déterminer sa dimension. Considérons la suite exacte:

$$0 \to H^{d-1}(X,\Omega^p) \to H^{d-1}(X\smallsetminus Z,\Omega^p;k) \to H^0(X,\underline{P}^k(\Omega^p)) \xrightarrow{\alpha} H^d(X,\Omega^p) \to$$

On a $\dim H^{d-1}(X\smallsetminus Z,\Omega^p;k) = \dim H^{d-1}(X,\Omega^p) + \dim\mathrm{Ker}(\alpha)$. Grâce à l'isomorphisme: $\underline{P}^k(\Omega^p) \simeq \underline{\mathrm{Ext}}^d(\mathcal{O}_X/_{I_Z^k},\Omega^p)$ et la dualité entre $\underline{\mathrm{Ext}}^d(\mathcal{O}_X/_{I_Z^k},\Omega^p)$ et $H^{n-d}(X,\mathcal{O}_X/_{I_Z^k}\otimes\Omega^{n-p})$, les espaces $H^0(X,\underline{P}^k(\Omega^p))$ et $H^{n-d}(X,\mathcal{O}_X/_{I_Z^k}\otimes\Omega^{n-p})$ sont en dualité (ça se démontre d'ailleurs directement). De plus la transposée de α, ${}^t\alpha$, est la flèche canonique:
$H^{n-d}(X,\Omega^{n-p}) \xrightarrow{\text{can}} H^{n-d}(X,\mathcal{O}_X/_{I_Z^k}\otimes\Omega^{n-p})$. D'où:

$$\dim H^{d-1}(X\smallsetminus Z,\Omega^p;k) = \dim\mathrm{Ext}^d(\mathcal{O}_X/_{I_Z^k},\Omega^p) - \dim\mathrm{Im}(\text{can}).$$

Soit $h^0(m,p) := \dim_{\mathbb{C}} H^0(Z,S^m(N)\otimes[\bigoplus_{j=0}^{p} \Lambda^j T_Z^*\otimes \Lambda^{d-p+1}(N)])$.

En considérant les suites exactes:
$0 \to \underline{P}^k \to \underline{P}^{k+1} \to \underline{P}^{k+1}/_{\underline{P}^k_{k-1}} \to 0$, nous avons:
$\dim_{\mathbb{C}}\mathrm{Ext}(\mathcal{O}_X/_{I_Z^k},\Omega^p) \leqq \sum_{m=0}^{} h^0(m,p)$ (avec une égalité stricte si Z admet un voisinage tubulaire holomorphe dans X; voir le paragraphe suivant).
Donc $\dim_{\mathbb{C}} H^{d-1}(X\smallsetminus Z,\Omega^p;k) \leqq \sum_{m=0}^{k-1} h^0(m,p) - \dim_{\mathbb{C}}\mathrm{Im}(\text{can})$.

§3. Cas où la variété ambiante est l'espace total d'un fibré vectoriel holomorphe.

Soit π: E → Z un fibré vectoriel holomorphe de rang d, sur une variété analytique complexe (lisse) de dimension complexe n-d.
On identifie Z à la section nulle dans E et on considère le faisceau $\underline{H}_Z^d(E,\Omega^p)$. On peut prendre des bonnes cartes de la forme $\pi^{-1}(U)$, où U est un ouvert de Stein trivialisant, φ_U: $\pi^{-1}(U) \to U\times\mathbb{C}^d$. Les changements de telles cartes sont linéaires sur les fibres et par conséquent conservent les composantes homogènes des représentants canoniques.
Cela implique:

$$(1)\quad \underline{P}^{k+1}(\Omega^p) = \bigoplus_{m=0}^{k} (i_*\mathcal{O}(S^m(E)\otimes[\bigoplus_{j=0}^{p} \Lambda^j T_Z^*\otimes \Lambda^{d-p+j}(E)]).$$

De plus on a: la donnée d'un élément $\omega \in H^d_{Z\cap U}(U,\Omega^p)$, U ouvert de E, est équivalente à la donnée d'une famille $(f_k)_{k \geq 0}$, avec $f_k \in \Gamma(U\cap Z, \mathcal{O}(S^k(E)\otimes[\bigoplus_{j=0}^{p} \overset{j}{\Lambda} T_Z \otimes \overset{d-p+1}{\Lambda}(E)]))$, telle que pour chaque compact K contenu dans un ouvert trivialisant on ait: $\lim_{k\to\infty} \sqrt[k]{\|f_k\|_K} = 0$.

Remarque. Pour que les $\underline{P}^k(\Omega^p)$ soient de la forme (1), $\forall k \geq 1$, il faut et il suffit que les suites exactes:

$0 \to \underline{P}^k(\Omega^p) \to \underline{P}^{k+1}(\Omega^p) \to \underline{P}^{k+1}(\Omega^p)/\underline{P}^k(\Omega^p) \to 0$

soient scindées; $\forall k \geq 1$.

On en déduit que si X est une variété analytique lisse et Z une sous-variété fermée et lisse, alors l'existence d'un voisinage tubulaire holomorphe exige que ces suites soient scindées, pour tout k.

§4. Fibrés vectoriels holomorphes, faiblement négatifs.

Soit Z une variété analytique complexe (lisse), connexe de dimension complexe n et soit π: E $\to$ Z un fibré vectoriel holomorphe de rang $r \geq 1$. Soit Z identifiée à la section nulle dans E.

Soit F un faisceau analytique cohérent sur Z. Le faisceau $\underline{H}^r_Z(E,\pi^*F)$ est engendré par le préfaisceau $U \to H^r_U(\pi^{-1}(U),\pi^*F)$. Si U est un ouvert de Stein trivialisant on a:

$H^r_U(\pi^{-1}(U),\pi^*F) \simeq H^r_U(U\times\mathbb{C}^r,\pi^*F) \simeq H^0(U,F)\hat{\otimes}H^r_{\{0\}}(\mathbb{C}^r,\mathcal{O})$.

Avec les méthodes des paragraphes précédents on démontre qu'il y a une graduation naturelle pour tout ouvert U de Z:

$$\mathrm{Gr}\Gamma(U,\underline{H}^r_Z(E,\pi^*F)) \simeq \bigoplus_{k\geq 0} \Gamma(U,\mathcal{O}(S^k(E)\otimes\det(E))\otimes F).$$

Comme $H^{p+r}_Z(E,\pi^*F) = H^p(Z,\underline{H}^r_Z(E,\pi^*F)$, on a:

Proposition. Il existe une graduation sur $H^{p+r}_Z(E,\pi^*F)$, $\forall p \geq 0$, telle que $\mathrm{Gr}H^{p+r}_Z(E,\pi^*F) \simeq \bigoplus_{k\geq 0} H^p(Z,\mathcal{O}(S^k(E)\otimes\det(E))\otimes F)$.

On va utiliser ce résultat pour démontrer

Théorème. Si Z est compacte et E faiblement négatif, alors pour tout faisceau analytique cohérent F sur Z, il existe un entier positif k(F) tel que $H^p(Z,\mathcal{O}(S^k(E)\otimes F)) = 0$ pour tout $k \geq k(F)$ et $0 \leq p \leq \operatorname{prof}(F)-1$.

Rappel. 1) (voir Grauert [3]): E est dit faiblement négatif si sa section nulle, Z, admet un voisinage U fortement pseudoconvexe. Ceci implique qu'il existe une application holomorphe propre $\Phi: U \to V$; où V est une variété analytique telle que l'image de Z par Φ est un seul point, $\Phi(Z) = y \in V$, et $\Phi_{|U \setminus Z}: U \setminus Z \to V \setminus \{y\}$ est biholomorphe. Quitte à restreindre U on peut supposer V de Stein.

2) Soit A un anneau local noethérien, I son idéal maximal et k son corps résiduel. Soit M un A-module de type fini.

Une suite $x_1,\dots,x_r$ est dite M-régulière si chaque x_i n'est pas un diviseur de zéro dans $M/\sum_{j=1}^{i-1} x_j M$.

On désigne par prof(M) ou $\operatorname{prof}_A(M)$ la profondeur de M, définie par:

$\operatorname{prof}(M) := \sup\{ r \mid$ il existe une suite M-régulière formée avec r éléments de I $\}$.

Pour un faisceau analytique cohérent F sur Z, on définit la profondeur de F par: $\operatorname{prof}(F) := \inf_{z \in Z} \operatorname{prof}_{\mathcal{O}_z}(F_z)$.

Démonstration du théorème. On considère les suites exactes:

$$\to H^{p+r-1}(U,\pi^*F) \xrightarrow{\alpha_p} H^{p+r-1}(U \setminus Z,\pi^*F) \to H_Z^{p+r}(U,\pi^*F) \to H^{p+r}(U,\pi^*F) \to$$

$$\downarrow \text{isom.}$$

$$H^{p+r-1}(V,\Phi_*\pi^*F) \xrightarrow{\tilde{\alpha}_p} H^{p+r-1}(V \setminus \{y\},\Phi_*\pi^*F) \to H_{\{y\}}^{p+r}(V,\Phi_*\pi^*F) \to H^{p+r}(V,\Phi_*\pi^*F) \to$$

Si $\dim_{\mathbb{C}} Z = 0$ il n'y a rien à démontrer. On suppose donc $\dim_{\mathbb{C}} Z = n > 0$. Il suffit de démontrer $\dim H_Z^{p+r}(U,\pi^*F) < \infty$, pour $0 \leq p \leq \operatorname{prof}(F) - 1$, car $H_Z^{p+r}(U,\pi^*F) = H_Z^{p+r}(E,\pi^*F)$ et d'après notre proposition on a:

$\dim H_Z^{p+r}(E,\pi^*F) \geq \sum_{k \geq 0}^{\infty} \dim H^p(Z,\mathcal{O}(S^k(E)\otimes\det(E))\otimes F)$. Il existerait donc un entier $k(F)$ tel que $\dim H^p(Z,\mathcal{O}(S^k(E)\otimes\det(E))\otimes F) = 0$, $\forall k \geq k(F)$ et $0 \leq p \leq \mathrm{prof}(F) - 1$. En remplaçant F par $\det(E^*)\otimes F$ on aurait le résultat désiré.

Comme U est **fortement pseudoconvexe** $\dim H^{p+r}(U,\pi^*F) < \infty$ pour $p = 0,\dots,n$ car π^*F est cohérent. D'où:

$\dim H_Z^{p+r}(U,\pi^*F) < \infty \Leftrightarrow \dim \mathrm{Coker}(\alpha_p) < \infty$.

Nous allons démontrer que $\dim\mathrm{Coker}(\alpha_p) < \infty$, pour $0 \leq p \leq \mathrm{prof}(F) - 1$.

Dans le cas $p+r-1 = 0$ (ça ne se produit que si $r = 1$ et $p = 0$) on a: $\dim\mathrm{Coker}(\alpha_p) = \dim\mathrm{Coker}(\tilde{\alpha}_p) = \dim H_{\{y\}}^{p+r}(V,\Phi_*\pi^*F)$, car $\Phi_*\pi^*F$ est cohérent et V est de Stein.

Si $p+r-1 > 0$, on a: $\dim\mathrm{Coker}(\alpha_p) \leq \dim H^{p+r-1}(V\setminus\{y\},\Phi_*\pi^*F)$
$= \dim H_{\{y\}}^{p+r}(V,\Phi_*\pi^*F)$.

Alors il ne reste qu'à démontrer: $\dim H_{\{y\}}^{p+r}(V,\Phi_*\pi^*F) < \infty$, pour $0 \leq p \leq \mathrm{prof}F-1$

Pour cela nous avons besoin du résultat suivant:

<u>Proposition.</u>(voir Banica et Stanasila [2; ch. 2, §4]).

Soit X un espace complexe, x un point de X, F un faisceau analytique cohérent sur X et q un nombre entier. Alors les espaces $H_{\{x\}}^i(X,F)$ sont de dimension finie pour $i \leq q$ si, et seulement si, il existe un voisinage U de x ayant la propriété que $\mathrm{prof}(F_{|U\setminus\{x\}}) \geq q+1$.

Soit $\tilde{V}$ un voisinage de y dans V, alors

$\mathrm{prof}(\Phi_*\pi^*F_{|\tilde{V}\setminus\{y\}}) = \mathrm{prof}(\pi^*F_{|\Phi^{-1}(V)\setminus Z})$, car $\Phi_{|\Phi^{-1}(\tilde{V})\setminus Z}$ est un isomorphisme analytique. Par définition on a:

$\mathrm{prof}(\pi^*F_{|\Phi^{-1}(\tilde{V})\setminus Z}) = \inf\{\, \mathrm{prof}_{\mathcal{O}_{E,y}}(\pi^*F)_y \mid y \in \Phi^{-1}(\tilde{V})\setminus Z \,\}$.

D'autre part $(\pi^*F)_y \simeq (\pi^*F)_{\pi(y)} = \mathcal{O}_{E,\pi(y)}\otimes F_{\pi(y)}$ et

$\mathrm{prof}_{\mathcal{O}_{E,\pi(y)}}(\mathcal{O}_{E,\pi(y)}\otimes F_{\pi(y)}) = \mathrm{prof}_{\mathcal{O}_{Z,\pi(y)}}(F_{\pi(y)}) + r$. Par conséquent:

$\mathrm{prof}(\Phi_* \pi^* F_{|\tilde{V} \setminus \{y\}}) = \mathrm{prof}(F) + r$, quelque soit le voisinage V de y.
On en déduit que $\dim H^{p+r}_{\{y\}}(V, \Phi_* \pi^* F) < \infty$, pour $0 \leqq p \leqq \mathrm{prof}(F) - 1$.

Remarques. 1) Il résulte de la démonstration que pour $p = \mathrm{prof}(F)$, $H^{p+r}_y(V, \Phi_* \pi^* F)$ n'est pas de dimension finie et par conséquent $H^{p+r}_Z(E, \pi^* F)$ non plus.

2) En particulier si F est localement libre il existe un entier $k(F)$ tel que $H^p(Z, \mathcal{O}(S^k(E)) \otimes F) = 0$, pour $p = 0, \ldots n-1$ et $k \geqq k(F)$. Par dualité on a le résultat suivant:

Si E est un fibré positif sur Z et F un faisceau localement libre de rang fini sur Z, alors il existe un entier $k(F)$ tel que $H^p(Z, \mathcal{O}(S^k(E)) \otimes F) = 0$, pour $p = 1, \ldots, n$ et $k \geqq k(F)$.

Si E est un fibré en droites ce résultat est le "théorème d'annulation" de Kodaira pour des faisceax analytiques localement libres.

Corollaire. Soit X une variété analytique complexe (lisse) de dimension complexe n et compacte. Soit Z une sous-variété analytique complexe (fermée), connexe et lisse, de codimension n-d. Si le fibré normal de Z dans X est faiblement négatif, alors:

1) pour chaque p, $0 \leqq p \leqq n$, il existe un entier $k(p) \geqq 0$ tel que $H^i(X, \underline{P}^k(\Omega^p)) = H^i(X, \underline{P}^{k+1}(\Omega^p))$, $\forall k \geqq k(p)$ et $i = 0, \ldots, n-d-1$.

2) L'espace vectoriel formé avec les éléments de $H^{d-1}(X \setminus Z, \Omega^p)$ qui ont une singularité polaire le long de Z est de dimension finie. De plus tout $k \geqq k(p)$ est une lacune (c'est-à-dire il n'y a pas d'élément de $H^{d-1}(X \setminus Z, \Omega^p)$ qui a un pôle d'ordre k le long de Z).

Démonstration. 1) Associée à la suite exacte de faisceaux:

$$0 \to \underline{P}^k(\Omega^p) \to \underline{P}^{k+1}(\Omega^p) \to \underline{P}^{k+1}(\Omega^p)/\underline{P}^k(\Omega^p) \to 0$$

il y a la suite exacte de cohomologie:

$$0 \to H^0(X, \underline{P}^k(\Omega^p)) \to H^0(X, \underline{P}^{k+1}(\Omega^p)) \to H^0(X, \underline{P}^{k+1}(\Omega^p)/\underline{P}^k(\Omega^p)) \to \cdots$$

$$\cdots \to H^{n-d}(X,\underline{P}^k(\Omega^p)) \to H^{n-d}(X,\underline{P}^{k+1}(\Omega^p)) \to H^{n-d}(X,\underline{P}^{k+1}(\Omega^p)/\underline{P}^k(\Omega^p)) \to 0.$$

Comme $\underline{P}^{k+1}(\Omega^p)/\underline{P}^k(\Omega^p) \simeq i_*\mathcal{O}(S^k(N)\otimes G)$; ou G est un faisceau analytique localement libre de rang fini (qui ne dépend que de p), le théorème précédent implique l'existence d'un entier $k(p) \geqq 0$ tel que $H^i(X,\underline{P}^{k+1}(\Omega^p)/\underline{P}^k(\Omega^p)) = 0$, $\forall k \geqq k(p)$ et $i = 0,\ldots n-d-1$. D'ou le résultat.

2) est une conséquence immédiate de 1).

Ce qui achève la démonstration.

Bibliographie.

[1] A. Andreotti et F. Norguet: "Problème de Levi et convexité holomorphe pour les classes de cohomologie". Ann. Sc. Norm. Sup. Pisa, vol. XX (1966).

[2] C. Banica et O. Stanasila: "Méthodes algébriques dans la théorie globale des espaces complexes". Gauthier-Villars. Paris, 1977.

[3] H. Grauert: "Über Modificationen und exzeptionelle analytische mengen". Math. Annalen 146, 331-368 (1962).

[4] A. Grothendieck: "Local Cohomology". Lect. Notes in Math. 41. Springer-Verlag, 1967.

[5] R. C. Gunning: "Lectures on Riemann surfaces". Princeton University Press, 1966.

[6] L. Kaup: "Eine Künnethformel für Fréchetgarben". Math. Zeitschr. 97, 158-168 (1967).

[7] B. Malgrange: "Faisceaux sur des variétés analytiques-réelles". Bull. Soc. Math. France 85, 231-237 (1957).

[8] R. H. Ogawa: "On the points of Weierstrass in dimension greater than one". Trans. Amer. Math. Soc. 184, 401-417 (1973).

[9] Y.-T. Siu et Günther Trautmann: "Gap-sheaves and Extensions of Coherent Analytic Subsheaves". Lect. Notes in Math. 172. Springer,1971.